普通高等教育“十三五”规划教材

工程力学（Ⅱ）

（第2版）

主　编　王海容
副主编　胡玮军　危洪清

中国水利水电出版社
www.waterpub.com.cn
·北京·

内 容 提 要

《工程力学》是根据教育部制定的普通高等学校“理论力学”和“材料力学”教学基本要求编写的，分为（Ⅰ）（Ⅱ）两册，其中：（Ⅰ）为理论力学部分，包括静力学、运动学、动力学的全部必修基本内容和部分选修内容共12章；（Ⅱ）为材料力学部分全部必修基本内容和部分选修内容，包括杆件的轴向拉压、扭转、剪切、弯曲、组合变形、压杆稳定、动载荷、能量方法等共10章。本书内容严谨，结构紧凑，表述简洁，与后续弹性力学、流体力学、机械原理等课程建立了自然的联系。书末附有附录和习题答案。

本书可作为高等院校土木、交通、水利、地矿、材料、能源、动力和机械类等专业本科生教材或教学参考书，也可供相关工程技术人员参考使用。

图书在版编目（CIP）数据

工程力学. Ⅱ / 王海容主编. -- 2版. -- 北京 : 中国水利水电出版社, 2018.7(2023.5重印)
普通高等教育“十三五”规划教材
ISBN 978-7-5170-6591-3

Ⅰ. ①工… Ⅱ. ①王… Ⅲ. ①工程力学－高等学校－教材 Ⅳ. ①TB12

中国版本图书馆CIP数据核字(2018)第147556号

书　　名	普通高等教育“十三五”规划教材 **工程力学（Ⅱ）（第2版）** GONGCHENG LIXUE（Ⅱ）
作　　者	主　编　王海容　副主编　胡玮军　危洪清
出版发行	中国水利水电出版社 （北京市海淀区玉渊潭南路1号D座　100038） 网址：www.waterpub.com.cn E-mail：sales@mwr.gov.cn 电话：（010）68545888（营销中心）
经　　售	北京科水图书销售有限公司 电话：（010）68545874、63202643 全国各地新华书店和相关出版物销售网点
排　　版	中国水利水电出版社微机排版中心
印　　刷	北京市密东印刷有限公司
规　　格	184mm×260mm　16开本　16.25印张　385千字
版　　次	2011年8月第1版第1次印刷 2018年7月第2版　2023年5月第3次印刷
印　　数	6001—9000册
定　　价	**45.00**元

前　言

《工程力学》根据教育部高等教育司组织制定的普通高等学校“理论力学”和“材料力学”教学基本要求，针对应用型人才培养目标，在满足教学基本要求的基础上，以实用为主、够用为度的原则对传统经典教材内容进行整合，在内容的叙述、逻辑关系的展开、应用问题等方面加以改编，其问题的提出、概念的引入、例题和习题的选取尽可能“源于工程、适于工程、用于工程”。

《工程力学（Ⅱ）》为材料力学部分，主要任务是研究构件在外力作用下的变形规律和材料的力学性能，从而建立构件满足强度、刚度和稳定性要求所需的条件，为安全、经济地设计构件提供必要的理论基础和科学的计算方法。内容包括杆件的轴向拉压、扭转、剪切、弯曲、组合变形、压杆稳定、动载荷、能量方法等，共有10章内容并附有附录和习题答案。本书在第1版内容的基础上做了较大幅度的修改，修订工作由胡玮军、危洪清完成，其中胡玮军修订了第1章、第2章、第4章、第5章、第6章、第7章、第9章、第10章和附录部分，危洪清修订了第3章和第8章。主要修订工作如下：

（1）对本套书内容的语言叙述部分进行了调整，对原来某些叙述过于简单，读者反映不易理解的部分和某些论述不太清晰的部分进行了重新编排，力求更加浅显、明确和严谨，以利于读者阅读理解。

（2）对书中的一些例题进行了调整，在例题中增加了分析部分，介绍其工程背景和分析思路，加强对读者力学建模能力的培养。

（3）删减了个别不太合适的习题，增加了习题总体数量，使读者能有更大的选择余地。

（4）在第1章绪论中增加了“1.4 变形与应变”一节。

（5）在第2章中增加了“2.2.3 斜截面上的应力”一小节。

（6）对原书中9.2节和9.3节进行了大幅修改，对动载荷问题进行了分类说明。

本书可作为高等院校土木、交通、水利、地矿、材料、能源、动力和机械类等专业本科生教材或教学参考书。也可供有关工程技术人员参考使用。

在本书的编写过程中得到了邵阳学院机械与能源工程系领导、老师们的大力支持，在此深表感谢！

由于编者水平有限，书中难免存在疏漏和不妥之处，恳请读者批评指正。

编　者

2018 年 4 月

目　录

第1章　绪　　论

1.1　材料力学的任务

工程中各种机械设备和产品或建筑物都是由很多部件（零件）组成的，这些部件（零件）称为构件。在工作中，各构件都将受到各种外力的作用，这些外力称为载荷，如吊车梁承受吊车和起吊重物的重力、车床主轴将受到齿轮的啮合力和切削力的作用。构件在载荷的作用下将产生变形，为保证整个结构或设备的安全、正常工作，要求每个构件均能正常工作，为此必须要求构件在承受载荷时具有足够的承载能力。在材料力学中，主要通过以下三个方面来衡量构件的承载能力。

（1）构件在载荷作用下具有足够的抵抗破坏的能力，即构件必须具有足够的强度。如：机床主轴如果因载荷过大而发生断裂，则整个机床就无法正常工作；承受内压的压力容器不能因压力过大而发生爆炸等。

（2）构件在载荷作用下具有足够的抵抗变形的能力，即构件必须具有足够的刚度。例如，车床主轴虽然没有断裂，但若产生过大的变形，也将影响到零件的加工精度。

（3）构件在载荷作用下保持原有稳定平衡状态的能力，即构件必须具有足够的稳定性。例如，房屋中承受压力的细长柱，当压力超过一定限度后就可能发生明显的弯曲变形，甚至导致房屋倒塌。

在结构设计中，一方面往往要求构件必须满足强度、刚度及稳定性要求，另一方面要尽量降低成本和减轻结构的自重。前者往往要求使用更多的材料，而后者则要求减少材料用量，两者之间存在着矛盾。材料力学的任务就是合理地解决这种矛盾，在保证满足承载能力要求的前提下，又能合理地降低成本，提高经济效益。材料力学就是研究构件在外力作用下变形与破坏的规律，为构件选择恰当的材料，确定最合理的截面形状与尺寸，提供理论依据、计算方法和试验技术。

构件的强度、刚度和稳定性问题均与构件所用的材料的力学性能（主要是指在外力作用下材料的变形与所受外力之间的关系，以及材料抵抗变形和破坏的能力）有关，这些力学性能均需通过材料试验来测定。此外，有些单靠现有理论难以解决的问题，也需借助试验来解决。因此，试验研究和试验技术在材料力学中具有重要的作用。

工程中的构件，根据其几何特征可分为杆件、板、壳、块体和薄壁杆件等。工程结构中很多构件，其纵向（长度方向）尺寸远大于横向（垂直于长度方向）尺寸，常称为杆件（图1.1）。杆有两个主要的几何因素，即轴线和横截面。所谓轴

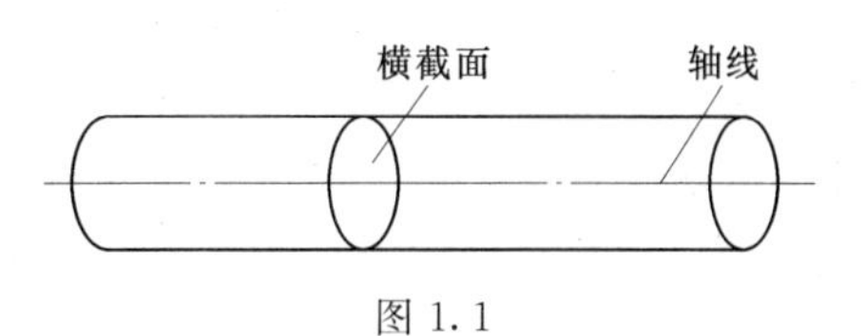

图1.1

线是指杆件各横截面形心的连线；所谓横截面就是杆件上与轴线正交的各截面。如果杆的轴线为直线，则称为直杆；若直杆的各横截面形状及面积均相等，称其为等直杆；若杆的轴线为曲线，通常称为曲杆；横截面大小不等的杆称为变截面杆。梁、柱和传动轴等都可抽象为直杆。杆件无论是几何构成还是承受的外力都比较简单，材料力学作为变形体力学的基础，主要研究等截面的直杆和直梁。

1.2 变形固体的基本假设

构件材料的物质结构和性质是多种多样的，但通常都是固体，并且在载荷的作用下都会发生变形——形状和尺寸的变化。因此，这些材料统称为变形固体。材料力学的研究对象是变形固体。对变形固体制成的构件，为了简化计算常根据所研究问题的性质，略去一些次要因素，将它们抽象为理想化的材料，从而使所研究的问题简化。材料力学中对变形固体做了如下几个假设。

1.2.1 连续均匀性假设

认为变形固体在其整个几何体内毫无空隙地充满了物质，并且整个几何体内材料的结构和性质相同。事实上，组成固体的粒子之间并不连续，但它们之间所存在的空隙与构件的尺寸相比极其微小，可以忽略不计。根据这一假设，可从变形固体中取任何微小部分来研究材料的性质，然后将结果延拓于整个构件。物体内的一些物理量（如应力、变形和位移等）可用位置坐标的连续函数表示。

1.2.2 各向同性假设

认为变形固体在各个方向具有相同的力学性质。具备这种属性的材料称为各向同性材料。工程中的金属材料，每个晶粒在不同的方向有不同的性质。但构件中晶粒的数量极多，晶粒的尺寸及其间的间隙与构件尺寸相比均极其微小，且晶粒在构件内错综交叠地排列着，所以材料的力学性质是组成材料的所有晶粒的性质的统计平均量，在宏观上可以认为晶体结构的材料是各向同性的。至于均匀的非晶体材料，如塑料、玻璃等都可认为是各向同性的。根据这一假设，我们就可在材料的某一处研究某一方向的性质后，将其结果用于其他方向。

1.2.3 小变形假设

认为变形固体在外力作用下产生的变形与构件原有尺寸相比非常微小。根据这一假设，在计算中可以不考虑外力作用点处微小位移，在研究构件的平衡和运动以及内部受力和变形等问题时，均可按构件的原始尺寸、形状和位置进行计算。

工程中的材料，在载荷作用下发生变形，当载荷不超过一定的限度时，大部分的材料在载荷解除后均可恢复原状。在载荷超过一定限度后，载荷卸除后只能部分地复原而残留下一部分变形不能消失。卸载后能完全消失的变形称为弹性变形，不能消失而残留下来的变形称为塑性变形。只要载荷不超过一定限度，材料发生的变形就完全是弹性变形。工程中常要求构件在正常工作中只发生弹性变形，一旦发生塑性变形，则认为材料的强度失效。所以在材料力学中所研究的大部分问题，多局限于弹性变形范围。

综上所述，在材料力学中把实际材料看成是连续均匀的、各向同性的变形固体，并且在大部分场合下局限在弹性变形范围和小变形条件下进行研究。

1.3 内 力 和 应 力

1.3.1 内力

对于研究的构件来讲，其他构件和物体作用其上的力均为外力。作用于构件上的外力企图改变构件的形状和大小，则在构件内部将产生附加内力以抵抗外力，阻止构件发生变形和破坏。这种附加内力与材料原本具有的内力（材料各部分相互作用的分子力乃至原子力）不同，是由于外力作用下物体内部各部分之间因相对位置改变而引起的附加相互作用力。这种在外力作用下由于变形而产生的构件相连两部分的相互作用力，在材料力学中称为内力。这种内力随外力增加而增大，当达到某一限度时物体就会发生破坏，所以它与构件的承载能力密切相关。

截面法是求解内力的基本方法，用截面法求内力，可以归纳为三个字——截、代、平。

截：欲求某一截面的内力，则沿该截面将构件假想地截开为两部分，并取其中任一部分为研究对象，弃去另一部分。

代：用作用于截面上的内力代替弃去部分对留下部分的作用。

平：在选取的研究对象上，列出力的平衡方程，确定未知的内力。

截面法求内力的具体求解方法将在后面章节中有详细的介绍。

1.3.2 应力

所谓应力指内力在截面上的密集程度，即内力集度。实际上上述内力是某截面上无穷个点上内力的合力，内力在截面上是连续分布的，但不一定是均匀分布的，因而有必要分析内力在截面上的分布情况，即分析截面上的应力。

在截面上围绕一点 M 取一个微小面积 ΔA（图 1.2），其上的内力为 ΔP，则称 ΔP 与 ΔA 的比值为面积 ΔA 上的平均应力，即

$$p_{\mathrm{m}}=\frac{\Delta P}{\Delta A} \tag{1.1}$$

当 ΔA 趋于零则得到点 M 的应力，即

$$p=\lim_{\Delta A\to 0}\frac{\Delta P}{\Delta A}=\frac{\mathrm{d}P}{\mathrm{d}A} \tag{1.2}$$

图 1.2

式中 p——截面上点 M 的全应力。

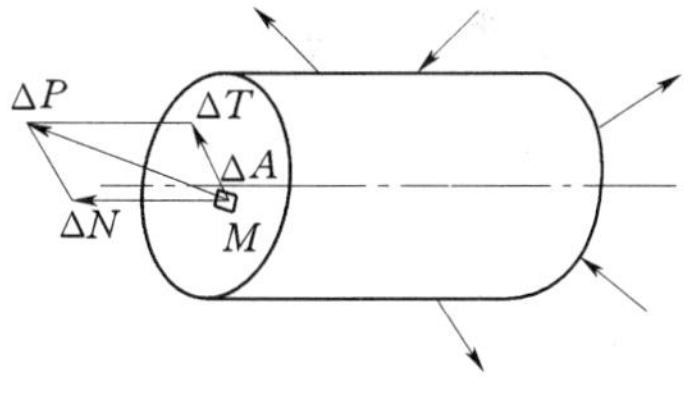

应力的量纲为 $\mathrm{L^{-1}MT^{-2}}$，在国际单位制中，应力的单位是帕斯卡（Pa），$1\mathrm{Pa}=1\mathrm{N/m^2}$，通常还有兆帕（MPa），$1\mathrm{MPa}=10^6\mathrm{Pa}$；吉帕（GPa），$1\mathrm{GPa}=10^9\mathrm{Pa}$。

由于力是矢量，因此截面上应力也是矢量。若将力 ΔP 分解为垂直于截面的分力 ΔN（法向分力）和平行于截面的分力 ΔT（切向分力），则可得

$$\sigma=\lim_{\Delta A\to 0}\frac{\Delta N}{\Delta A},\quad \tau=\lim_{\Delta A\to 0}\frac{\Delta T}{\Delta A} \tag{1.3}$$

式中 σ——点 M 的正应力；

τ——点 M 的切应力，又称剪应力。

因通过一点 M，可做出无穷多个截面，故描述给定点处的应力时，不仅要说明其大小，而且还要说明其所在的截面方位。

1.4　变形与应变

载荷作用在变形体上将引起各质点相互位置的变化，在假设变形体受到约束而不产生刚性位移时，这种质点之间的相互位移将使物体产生变形，包括尺寸的改变和形状的改变。

如图 1.3 所示，变形体在载荷作用下发生变形，线段 AB 变形后的位置为 $A'B'$。线段 AB 原始长度为 Δx，变形后长度为 $\Delta x+\Delta s$，则定义

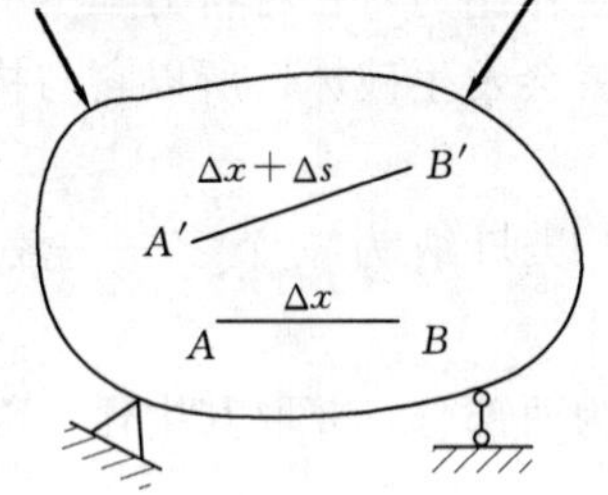

图 1.3

$$\varepsilon_{\mathrm{m}}=\frac{\Delta s}{\Delta x} \tag{1.4}$$

为线段 AB 的平均正应变。当 Δs 逐渐缩小，趋近于零时，ε_{m} 的极限为

$$\varepsilon=\lim_{\Delta s\to 0}\frac{\Delta s}{\Delta x} \tag{1.5}$$

ε 称为正应变（或线应变），简称为应变。正应变的量纲为一，其物理意义是构件上一点沿某一方向相对变形量的大小。

构件变形时通常不光有线段长度的改变，两正交线段的夹角也往往发生变化。如图 1.4 所示，变形前两垂直的线段 $\mathrm{d}x$ 和 $\mathrm{d}y$，变形后的位置如图 1.4 中虚线所示，则定义其夹角的改变量 γ 为切应变（或角应变），即

$$\gamma=\alpha+\beta \tag{1.6}$$

在小变形的前提下，切应变就是直角的两棱边夹角的改变量。切应变的量纲为一。

正应变 ε 和切应变 γ 是度量一点处变形程度的两个基本量。应力和应变都是“微观量”，与应力对应的“宏观量”是力，与应变对应的“宏观量”是变形。

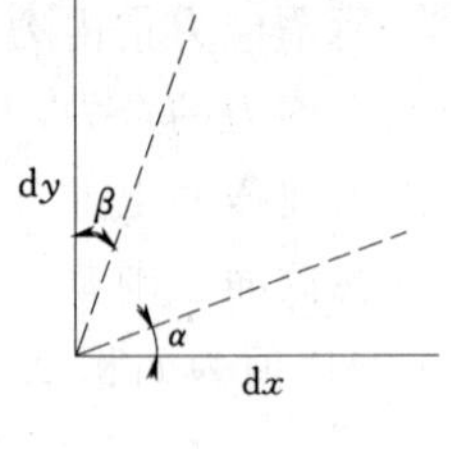

图 1.4

1.5　杆件变形的基本形式

杆件受力的情况各种各样，相应的变形也形式各异。然而变形的基本形式有以下四种。

（1）轴向拉伸或轴向压缩。在一对作用线与直杆轴线重合的外力作用下，直杆的主要变形是长度的改变，这种变形形式称为轴向拉伸［图 1.5（a）］或轴向压缩［图 1.5（b）］。简单桁架结构在载荷作用下，桁架中的杆件就发生轴向拉伸或轴向压缩，起吊重物的钢索、内燃机中的活塞杆等，也都属于这种变形。

（2）剪切。在一对相距很近的大小相同、指向相反的横向外力作用下，直杆的主要变形是横截面沿外力作用方向发生的相对错动［图 1.5（c）］，这种变形称为剪切。机械中的连接件，如键、铆钉、螺栓等都产生剪切变形。

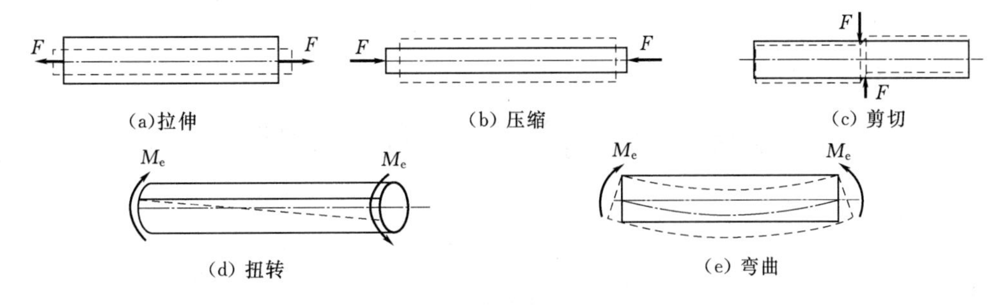

图 1.5

（3）扭转。在一对转向相反、作用面垂直于直杆轴线的外力偶的作用下，直杆的相邻横截面将绕轴线发生相对转动，杆件表面纵向线将变成螺旋线，而轴线仍保持为直线［如图 1.5（d)］，这种变形称为扭转。机械中传动轴的主要变形就包括扭转。

（4）弯曲。在一对转向相反、作用面在杆件的纵向平面（包含杆轴线在内的平面）内的外力偶作用下，直杆的相邻横截面将绕垂直于杆轴线的直线（中性轴）发生相对转动，变形后的杆件轴线将弯曲成曲线。这种变形形式称为纯弯曲［图 1.5（e)］。梁在横向力作用下也产生弯曲变形，但同时还发生剪切变形，称为横力弯曲。传动轴的变形往往是扭转和弯曲变形的组合。

工程中常用构件大多数为上述几种基本变形的组合，纯属一种基本变形形式的构件较为少见。但若以某种基本变形为主要变形形式，其他的变形属于次要变形，则可按该基本变形来计算。若其他几种变形均不能忽略，则属于组合变形问题。

第2章 轴向拉伸、压缩和剪切

2.1 概　　述

在工程中经常见到承受拉伸或压缩的杆件，例如：紧固螺钉［图2.1（a)］，当拧紧螺帽时，被压紧的工件对螺钉有反作用力，螺钉承受拉力，螺杆将在拉力作用下变长；千斤顶的螺杆［图2.1（b)］在顶起重物时承受压力，螺杆将被压缩而缩短。这种以轴向拉伸压缩为主要变形形式的杆称为拉压杆。

轴向拉伸或压缩变形的特点如下：

（1）外力。外力是大小相等、方向相反的一对力，外力作用线与杆件轴线是重合的。

（2）变形。产生沿轴线方向的伸长或缩短。

（3）力学模型。若把承受轴向拉伸或压缩的杆件的形状和受力情况进行简化，则可以简化为如图2.2所示。图2.2中用实线表示受力前的外形，虚线表示变形后的形状。

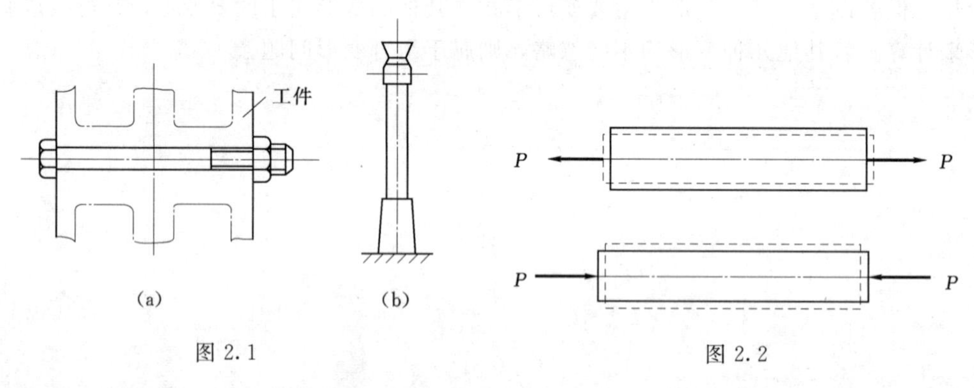

图2.1　　　　图2.2

本章研究拉（压）杆的强度和刚度问题以及连接件的强度实用计算，并介绍材料的基本力学性质和材料力学的一些基本概念和分析方法。

2.2 轴向拉伸或压缩时内力和应力

2.2.1 轴力与轴力图

为了对拉（压）杆进行强度和变形计算，首先需要分析其内力。内力的计算方法采用截面法，计算过程以图2.3为例。

1）“截取”：为显示出拉杆横截面上的内力，假想将杆沿 m—m 截面处切开，分为Ⅰ、Ⅱ两部分。

2）“代替”：假定保留Ⅰ部分，则Ⅱ部分对保留下来的Ⅰ部分的作用用内力来代替，

设其合力为 N，作用在截面的形心上，如图 2.3（b）所示。

3）“平衡”：由于直杆原来处于平衡状态，切开后各部分仍应维持平衡。根据保留部分的平衡关系由图 2.3（b）可得

$$N=P$$

当然也可保留Ⅱ部分［图 2.3（c）］，这时用 N' 代表Ⅰ部分对Ⅱ部分的作用力，同样可得

$$N'=P$$

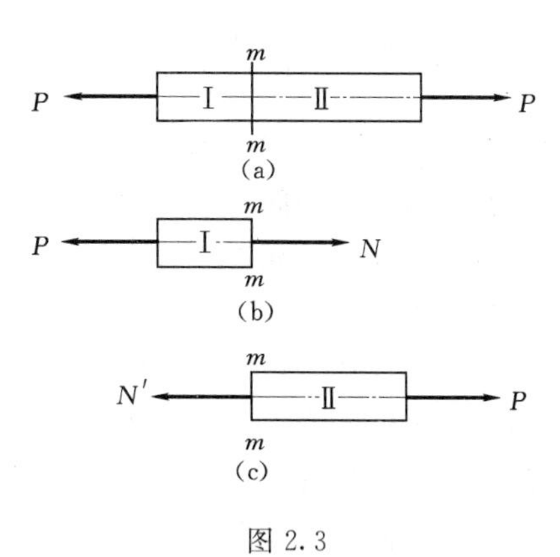

图 2.3

因为外力 P 的作用线与杆件的轴线重合，内力的合力 N 的作用线也必然与杆件的轴线重合，所以 N 称为轴力，并且规定当杆件受拉伸，即轴力 N（或 N'）方向背离截面时为正号，反之杆件受压缩，即 N 指向截面时为负号。

当沿杆件轴线作用的外力多于两个时，在杆件各部分的截面上轴力不尽相同。为了表示轴力随截面位置的变化，往往画出轴力沿杆件轴向方向变化的图形，即轴力图。

【例 2.1】 试画出如图 2.4（a）所示直杆的轴力图。

分析：此杆在 A、B、C、D 点承受轴向外力，外力作用的截面称为控制截面，控制截面将杆分成几段，各段的内力不相同，要分别取各段为研究对象。

解： 首先研究 AB 段，采用截面法计算内力，在 AB 段内任意取 1—1 截面，假想地将直杆分成两段，保留左段，并画出左段的受力图［图 2.4（b）］，用 N_1 表示右段对左段的作用。设 N_1 为拉力（一般情形下均假设内力为正），由此段的平衡方程 $\sum F_x=0$，得

$$N_1-2P=0$$

所以 $$N_1=2P(\text{拉力})$$

N_1 得正号，说明原先假设拉力是正确的。

求 BC 段的内力，同理在段内任取截面 2—2，由截面左边一段［图 2.4（c）］的平衡方程 $\sum F_x=0$ 得

$$N_2+3P-2P=0$$

所以 $$N_2=-P(\text{压力})$$

N_2 得负号，说明原先假设为拉力是不正确的，应为压力。

类似地，取 CD 段内截面 3—3［图 2.4（d）］，得

$$N_3+P+3P-2P=0$$

即 $$N_3=-2P(\text{压力})$$

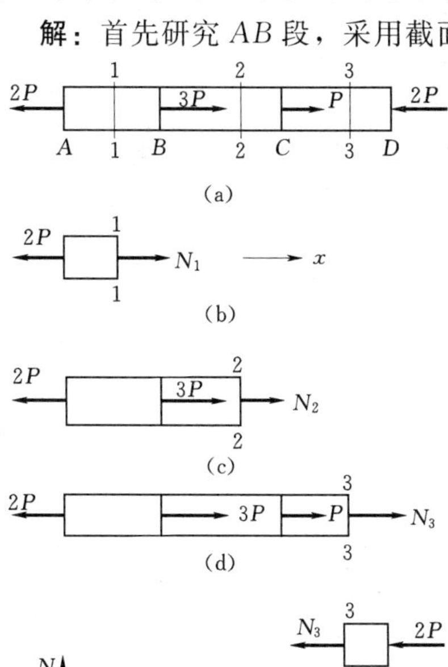

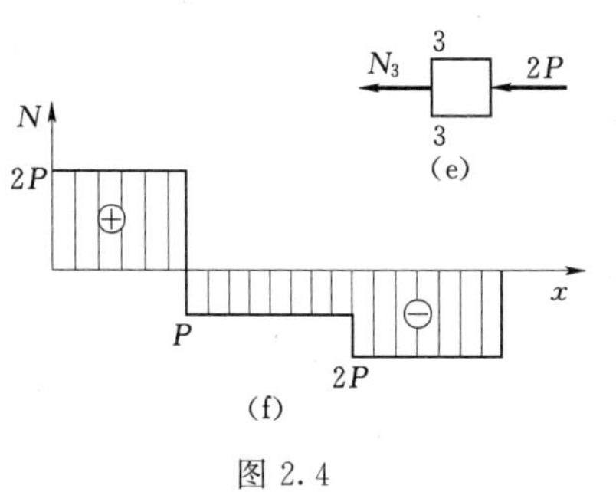

图 2.4

如果研究截面 3—3 右边一段，如图 2.4（e）

所示，由平衡方程$\sum F_x=0$得

$$N_3+2P=0$$

即
$$N_3=-2P(压力)$$

所得结果与前面相同。

然后以x轴表示截面的位置，以垂直x轴的坐标表示对应截面的轴力，即可按选定的比例尺画出轴力图［图2.4（f）］。在轴力图中，将拉力画在x轴的上侧，压力画在x轴的下侧。这样，轴力图不但可以非常直观地显示出杆件各段的轴力的大小，而且还可以表示出各段内的变形是拉伸还是压缩。

2.2.2 横截面上的应力

应用截面法可以求得任意横截面上的内力，但内力在横截面上的分布情况还未知。如果内力是非均匀分布，则各点的内力集度（应力）是不一样的，而构件的破坏往往是从危险应力（最大应力）点开始的，因此，知道内力数值而应力数值未知也不能确定构件的危险点。下面需要进一步分析横截面上的应力情况。

横截面上的应力是内力的分布集度，应力在面积上的合力等于轴力，两者之间的关系为

$$N=\int_A \sigma \mathrm{d}A \tag{2.1}$$

式（2.1）其实是静力平衡方程，由于内力在横截面上的分布情况未知，无法从式（2.1）推导出应力的计算公式，即该问题属于静不定问题，必须寻求其他的办法。下面采用的方法是材料力学研究问题最基本的方法，即解决静不定问题所需要的条件是：必须确定静力方程（平衡方程）、几何方程（变形协调方程）和物理方程（本构方程），综合利用这三种关系来求解问题。内力和应力往往是看不见的或不易测量的，而变形是可见的或容易测量的，因而经常通过观察（或测量）变形体的变形，推理分析得到变形规律，然后利用物体变形和力之间的关系，来得出应力的分布规律，从而推导出应力的计算公式。这种方法在后面的章节中多次采用。

首先通过试验观察直杆受力后的变形现象，现取一个等直杆，拉压变形前在其表面上画垂直于杆轴的直线ab和cd（图2.5）。拉伸变形后，发现ab和cd仍为直线，且仍垂直于轴线，只是分别平行地移动至$a'b'$和$c'd'$。于是，我们可以作出如下假设：直杆在轴向拉压时横截面仍保持为平面。根据这个“平面假设”可知，杆件在它的任意两个横截面之间的伸长变形是均匀的，这样就得到了拉压杆变形的协调关系，即各点的应变是相等的。又因材料是均匀连续的，所以可以从变形的均匀性推出内力的分布也是均匀的，即在横截面上各点处的正应力都相等，这就是材料的物理关系。再考虑式（2.1）的平衡方程，若杆的轴力为N，横截面面积为A，于是得

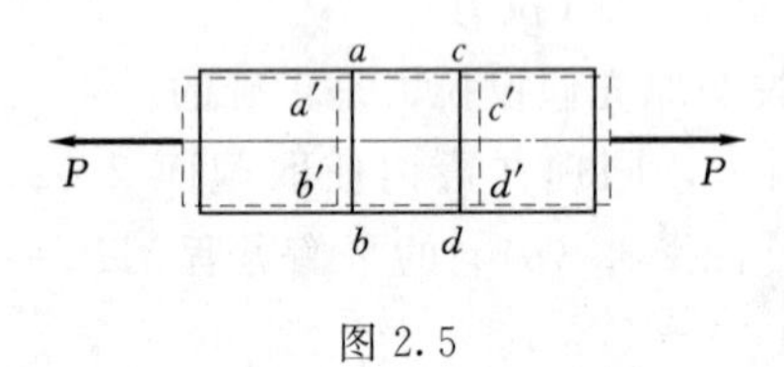

图2.5

$$\sigma=\frac{N}{A} \tag{2.2}$$

正应力符号规定：拉应力为正，压应力为负。

【例2.2】 图2.6（a）为一变截面拉压杆件，其受力情况如图2.6（a）所示，试计算各段的应力并确定最大应力所在的位置。

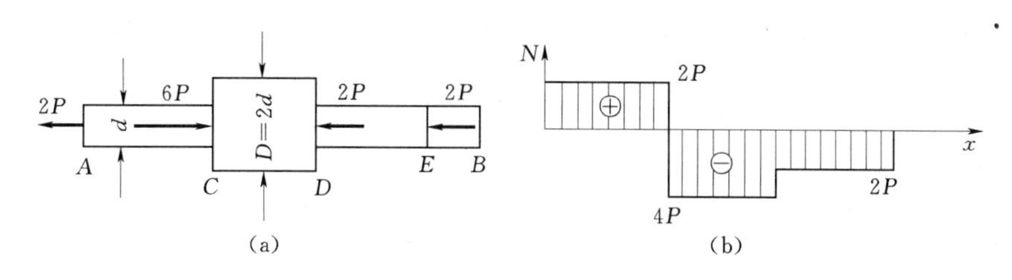

图 2.6

分析：该变截面杆受多个力的作用，力作用截面即为控制截面，将杆分成 AC、CD、DE、EB 四段，各段的内力和应力要分别计算。

解： 运用截面法求各段内力，作轴力图［图 2.6（b）］。

AC 段：$N_1=2P$　　　　CD 段：$N_2=-4P$

DE 段：$N_3=-2P$　　　　EB 段：$N_4=0$

根据内力计算应力，则得

AC 段：

$$\sigma_1=\frac{N_1}{\frac{\pi d^2}{4}}=\frac{8P}{\pi d^2}$$

CD 段：

$$\sigma_2=\frac{N_2}{\frac{\pi D^2}{4}}=\frac{-4P}{\pi d^2}$$

DE 段：

$$\sigma_3=\frac{N_3}{\frac{\pi d^2}{4}}=-\frac{8P}{\pi d^2}$$

EB 段

$$\sigma_4=0$$

$$\sigma_{max}=\sigma_1=|\sigma_3|$$

由计算可知，AC 段和 DE 段为最大应力所在截面。

2.2.3　斜截面上的应力

上面已经推导出了拉压杆横截面上的应力计算公式，下面将进一步讨论斜截面上的应力。

如图 2.7（a）所示为一个轴向拉伸的直杆，与杆轴线呈任意角度 α 的 $m—m$ 斜截面（称为 α 截面），在拉力 F 的作用下将产生移动，其变形后仍保持为直线，且与原直线位置平行，由此可以推断出斜截面上的应力应该是均匀分布的。采用截面法，假想用 $m—m$ 截面将杆截取为两部分，取左半部分为研究对象，其受力图如图 2.7（b）所示，由于轴力 N 在斜截面上均匀分布，故 α 截面上的应力为

$$p_\alpha=\frac{N}{A_\alpha} \tag{2.3}$$

式中　p_α——α 截面上的全应力，方向与杆的轴线平行；

A_α——α 截面的面积。

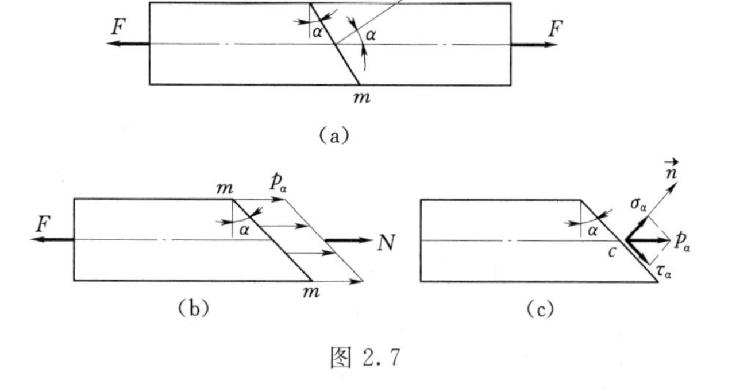

图 2.7

斜截面的面积与横截面面积 A 之间的关系是

$$A_\alpha = \frac{A}{\cos\alpha} \tag{2.4}$$

将式（2.4）代入式（2.3），得

$$p_\alpha = \frac{N}{A}\cos\alpha = \sigma\cos\alpha$$

式中　σ——横截面上的正应力。

但全应力一般没有什么工程意义，通常的做法是将该应力向截面的法向和切向分解，得到斜截面上的正应力 α_α 和切应力 τ_α：

$$\sigma_\alpha = p_\alpha\cos\alpha = \sigma\cos^2\alpha = \frac{\sigma}{2}(1+\cos2\alpha) \tag{2.5}$$

$$\tau_\alpha = p_\alpha\sin\alpha = \sigma\sin\alpha\cos\alpha = \frac{\sigma}{2}\sin2\alpha \tag{2.6}$$

式（2.5）和式（2.6）表示拉压杆斜截面上同时既存在正应力又存在切应力，并且数值随截面位置而变化。

当 $\alpha=0°$时，斜截面成为横截面，正应力 σ_α 为最大值，而切应力 $\tau_\alpha=0$，即

$$\sigma_{0°} = \sigma_{\max} = \sigma,\quad \tau_{0°} = 0$$

当 $\alpha=\pm45°$时，切应力 τ_α 分别为最大值与最小值，即

$$\tau_{45°} = \tau_{\max} = \frac{\sigma}{2},\quad \tau_{-45°} = \tau_{\min} = -\frac{\sigma}{2}$$

但此截面上的正应力并不为零，而是

$$\sigma_{45°} = \frac{\sigma}{2},\quad \sigma_{-45°} = \frac{\sigma}{2}$$

轴向拉伸（压缩）时，杆内最大正应力产生在横截面上，工程中把它作为建立拉（压）杆强度计算的依据；而最大切应力产生在与杆件轴线成 45°的斜截面上，其数值等于横截面上正应力的一半。

值得注意的是，用式（2.2）计算杆件外力作用区域附近截面上各点的正应力时是不准确的，在此区域内正应力的分布与外力作用方式有关。理论与试验均证明：“力作用于杆端方式的不同，只会使与杆端距离不大于杆的横向尺寸的范围内受到影响。”这就是圣维南原理。

该原理表明，在外力作用部位，不同形式的外力只要是静力等效的，它们对远处的影响就是相同的，外力的不同形式只影响外力作用点附近的区域。

2.3　材料的力学性能

构件的强度和变形不仅与构件的尺寸和所承受的载荷有关，而且还与构件所用材料的力学性能有关。材料的力学性能一般通过试验得到。

这里，主要介绍材料在常温（就是室温）、静载（加载速度平稳、载荷缓慢地逐渐增加）下的拉伸试验和压缩试验。这是材料力学性能试验中最常用的试验。

为了便于比较试验所得的结果，对试件的形状、加工精度、加载速度、试验环境等，国家标准《金属材料拉伸试验 第1部分：室温试验方法》（GB/T 228.1—2010）都有统一规定。在试件上取长为 l 的一段（图2.8）作为试验段，l 称为标距。对圆截面试件，标距 l 与直径 d 有两种比例，即：$l=5d$ 和 $l=10d$。前者称为5倍试件，后者称为10倍试件。

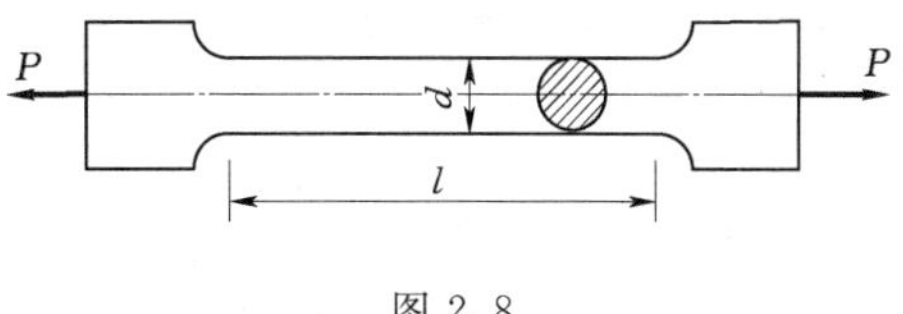

图2.8

2.3.1 低碳钢拉伸时的力学性能

低碳钢是指含碳量在0.25%以下的碳素钢。这类钢材在工程中使用较广，在拉伸试验中表现出的力学性能也最为典型，因此常用它来阐明塑性材料的一些特性。

1. 试验方法

拉伸试验在万能试验机上进行。把试件安装在试验机上后开动机器，试件受到自零渐增拉力 P 的作用，这时在试件标距 l 长度内所产生的相应的拉伸变形为 Δl。把对应的 P 和 Δl 绘制成 $P-\Delta l$ 曲线，称为拉伸图。一般试验机能自动绘出 $P-\Delta l$ 曲线。

如图2.9所示的拉伸图，描绘了低碳钢试件从开始加载直至断裂的全过程中力和变形的关系。但这图形受到试件几何尺寸的影响。为了消除尺寸的影响，获得反映材料性质的图线，将纵坐标 P 及横坐标 Δl 分别除以试件原来的截面面积 A 及原来的长度 l，由此得出材料的应力 $\sigma=\dfrac{P}{A}$ 与应变 $\varepsilon=\dfrac{\Delta l}{l}$ 的关系曲线，称为应力应变曲线或 $\sigma-\varepsilon$ 曲线。

2. 低碳钢的 $\sigma-\varepsilon$ 曲线

低碳钢的应力应变曲线如图2.10所示。根据它的变形特点，大致可分为以下四个阶段。

（1）弹性阶段。在图2.10中 oa' 段内材料是弹性的，即卸载后变形能够完全恢复，这种变形称为弹性变形。在弹性阶段，卸载后的试件其长度不变。

在弹性阶段中，从 o 点到 a 是直线，这说明在 oa 范围内应力 σ 与应变 ε 成正比。与 a 点相对应的应力值，称为比例极限，以符号 σ_p 表示。比例极限是材料的应力与应变成正

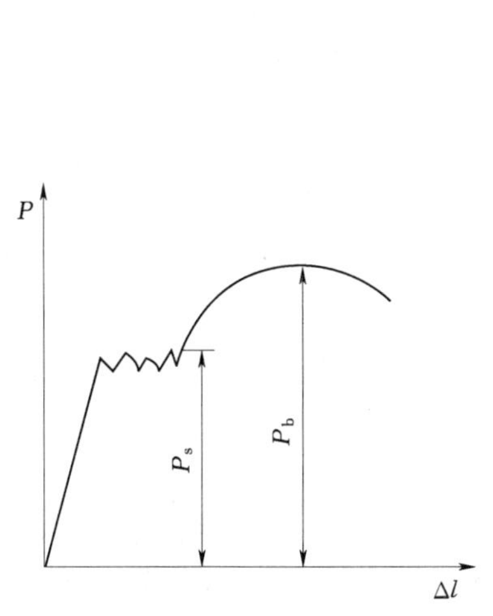

图2.9 低碳钢的拉伸图

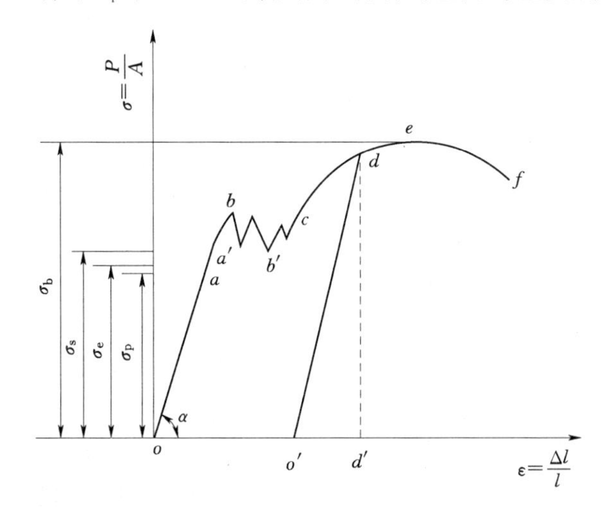

图2.10 低碳钢的应力应变曲线

比的最大应力。因此，胡克定律只适用在应力不超过比例极限的范围内，低碳钢的比例极限 σ_p = 190～200MPa。

图 2.10 中倾角 α 的正切为

$$\tan\alpha=\frac{\sigma}{\varepsilon}=E \tag{2.7}$$

由此可由 $\overline{oa}$ 直线的斜率确定材料的弹性模量 E。

图 2.10 中的 a 点比 a' 略低，aa' 段已不是直线，稍有弯曲，但仍属于弹性阶段，与 a' 点相对应的应力值称为弹性极限，以符号 σ_e 表示。比例极限与弹性极限的概念不同，但两者的数值很接近，所以有时也把两者不加以区别地统称为弹性极限。在工程应用中，一般均使构件在弹性变形范围内工作。

（2）屈服阶段。弹性阶段后，在 $\sigma-\varepsilon$ 曲线上出现水平或是上下发生微小波动的一段，如图 2.10 上的 bc 段。此时试件的应力基本上不变，但应变却迅速增长，说明材料对增长的变形暂时失去抵抗能力，变形好像在流动，这种现象称为材料的屈服或流动。在屈服阶段，对应于 b 点的应力称为上屈服极限，对应于 b' 点的应力称为下屈服极限。工程上通常取下屈服极限作为材料的屈服强度，其对应应力值以 σ_s 表示，称为屈服极限或流动极限。它的计算式为

$$\sigma_s=\frac{P_s}{A}$$

式中　P_s——对应于试件中屈服极限的拉力；

A——试件横截面的原面积。

表面磨光的试件屈服时，表面将出现与轴线大致成 45°倾角的条纹（图 2.11）。这是由于材料内部相对滑移形成的，称为滑移线。因为拉伸时在与杆轴成 45°倾角的斜截面上切应力为最大值，可见屈服现象的出现与最大切应力有关。

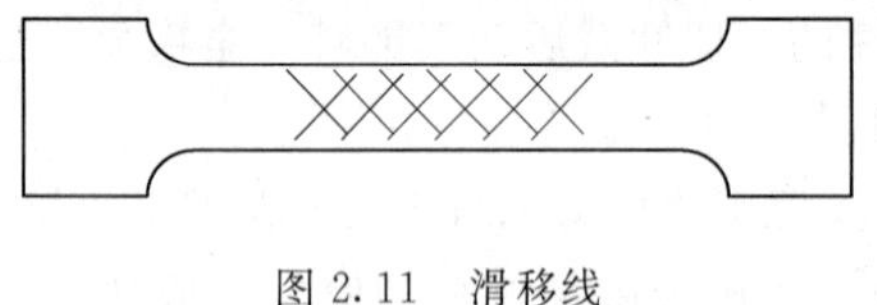

图 2.11　滑移线

材料屈服表现为显著的塑性变形，而零件的塑性变形将影响机器的正常工作，所以屈服极限 σ_s 是衡量材料强度的重要指标。

（3）强化阶段。即图 2.10 中的曲线 ce 部分。超过屈服阶段后，要使试件继续变形必须增加应力，这种形象称为材料的强化。这时 $\sigma-\varepsilon$ 曲线又逐渐上升，直到曲线的最高点 e，相应的应力达到最大值。这个最大载荷除以试件横截面原面积得到的应力值称为强度极限，以符号 σ_b 表示。它是衡量材料强度的另一项重要指标。在强化阶段中，试件的横向尺寸有明显的缩小。

（4）局部变形阶段。应力达到强度极限 σ_b 后，试件的变形开始集中于某一局部区域，这时该区域内的横截面逐渐收缩，形成颈缩现象。由于局部截面收缩，试件继续变形时所需的拉力逐渐变小，最后在颈缩处被拉断。

低碳钢在拉伸过程中经历了上述的弹性、屈服、强化和局部变形四个阶段，并有 σ_p、σ_e、σ_s 和 σ_b 四个强度特征值。其中屈服极限 σ_s 和强度极限 σ_b 是衡量其强度的主要指标。正确理解比例极限 σ_p 的概念，对于掌握胡克定律、杆件的应力分析和压杆的稳定计算都

十分重要。

试件断裂后，变形中的弹性部分消失，但塑性变形（残余变形）部分则遗留下来。试件工作段的长度（标距）由 l 伸长为 l'，断口处的横截面面积由原来的 A 缩减为 A'，它们的相对残余变形常用来衡量材料的塑性性能。工程中常用的两个塑性指标为

1）延伸率：

$$\delta=\frac{l'-l}{l}\times 100\% \tag{2.8}$$

2）断面收缩率：

$$\psi=\frac{A-A'}{A}\times 100\% \tag{2.9}$$

在工程上，根据断裂时塑性变形的大小，通常把延伸率 $\delta \geqslant 5\%$ 的材料称为塑性材料，如钢材、铜、铝等；延伸率 $\delta < 5\%$ 的材料称为脆性材料，如铸铁、砖石等。必须指出，上述的划分是以材料在常温、静载和简单拉伸的前提下所得到的延伸率 δ 为依据的。而温度、变形速度、受力状态和热处理等都会影响材料的性质。材料的塑性和脆性在一定条件下可以互相转化。

工程上常用的轴、齿轮和连杆等零件，由于承受的不是静载荷，因而制造这些零件的材料，除了要有足够的强度外，还需要有足够的塑性指标值。

3. 卸载定律及冷作硬化

如果把试件拉到超过屈服极限的 d 点（图 2.10），然后逐渐卸除拉力，应力和应变关系将沿着斜直线 do' 回到 o' 点，斜直线 do' 近似平行于 oa。这说明：在卸载过程中，应力和应变按直线规律变化。这就是卸载定律。拉力完全卸除后，应力-应变图中，$o'd'$ 表示消失了的弹性变形，而 oo' 表示没有消失的塑性变形。

卸载后，如在短期内再次加载，则应力和应变大致上沿卸载时的斜直线 $o'd$ 变化。直到 d 点后，又沿曲线 def 变化。可见在再次加载时，直到 d 点以前材料的变形是弹性的，过 d 点后才开始出现塑性变形。比较图 2.10 中 $oabcdef$ 和 $o'def$ 两条曲线，可见在第二次加载时，其比例极限（亦即弹性阶段）得到了提高，但塑性变形和伸长率却有所降低，这种现象称为冷作硬化。冷作硬化现象经退火后又可消除。

工程中经常利用冷作硬化来提高材料的弹性极限，如起重机用的钢索和建筑用的钢筋，常用冷拔工艺以提高强度。又如对某些零件进行喷丸处理，使其表面发生塑性变形，形成冷硬层，以提高零件表面层的强度。但另一方面，零件初加工后，由于冷作硬化使材料变脆变硬，给下一步加工造成困难，且容易产生裂纹，往往就需要在工序之间安排退火，以消除冷作硬化的影响。

2.3.2 其他塑性材料拉伸时的力学性能

工程中常用的塑性材料，除低碳钢外，还有中碳钢、高碳钢、合金钢、铝合金、青铜、黄铜等，图 2.12 中给出了几种常用的金属材料在拉伸时的 $\sigma-\varepsilon$ 曲线。从曲线上可以看到：有色金属中的青铜强度较低，但塑性较高；合金钢中的锰钢强度很高，塑性也不差；强铝和退火球墨铸铁的强度和塑性都比较好。（b）、（c）、（d）、（e）四种材料与低碳

钢在图形上有一个显著的区别，就是前者没有明显的屈服阶段。对于没有明显屈服阶段的塑性材料，通常用名义屈服极限这个指标。可以取对应于试件卸载后产生 0.2%的残余正应变时的应力值作为材料的屈服极限，以 $\sigma_{0.2}$ 表示，见图 2.13。图中虚线与弹性阶段的直线相平行。

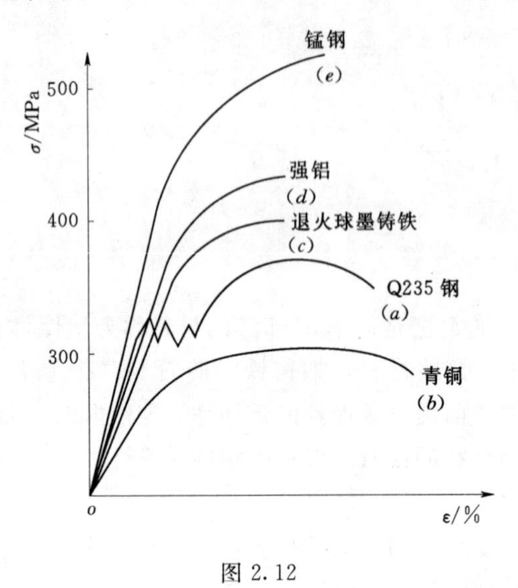

图 2.12

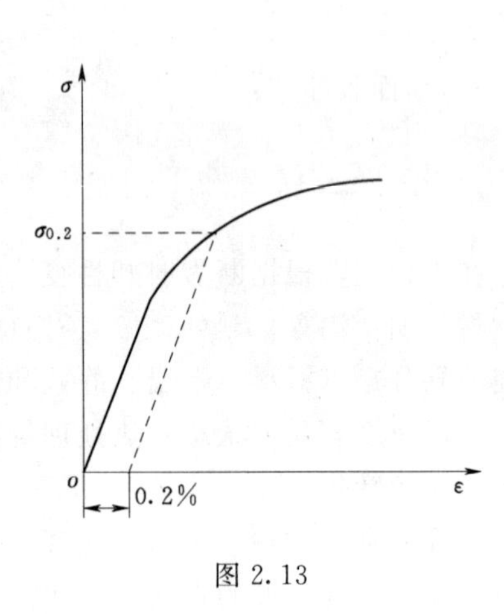

图 2.13

2.3.3　铸铁在拉伸时的力学性能

灰口铸铁拉伸时的应力-应变关系是一段微弯曲线，如图 2.14 所示。没有明显的直线部分，应力和应变不再成正比关系，弹性模量数值随应力的大小而变。在工程计算中，通常取 $\sigma-\varepsilon$ 曲线的一条割线来近似代替开始部分的曲线，从而认为材料服从胡克定律。它在较小的拉应力下就被拉断，没有屈服和颈缩现象，拉断前的应变很小，延伸率也很小，是典型的脆性材料。铸铁拉断时的应力称为强度极限，用 σ_b 表示。它的计算式为

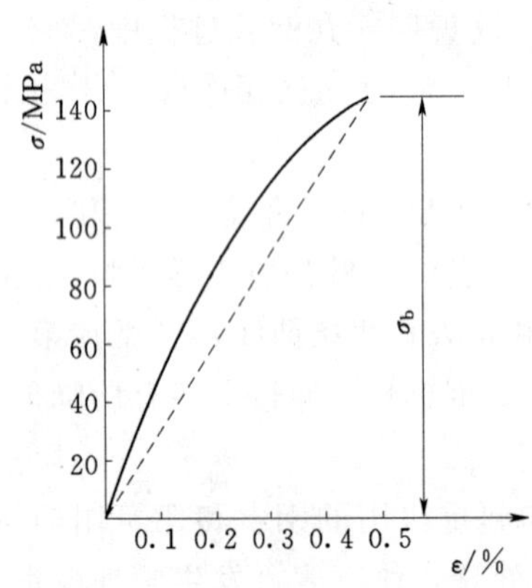

图 2.14　铸铁的应力-应变曲线

$$\sigma_b=\frac{P_b}{A}$$

式中　P_b——试件拉断时的最大拉力；

A——试件的原横截面面积。

强度极限 σ_b 是衡量铸铁材料强度的唯一指标，铸铁等脆性材料的抗拉强度很低，所以不宜作为抗拉零件的材料。

铸铁经球化处理成为球墨铸铁后，力学性能有明显变化，见图 2.12 中退火球墨铸铁的 $\sigma-\varepsilon$ 曲线。

2.3.4　材料在压缩时的力学性能

金属材料的压缩试件通常用短圆柱体。为避免试件在压缩过程中发生弯曲，圆柱体直径 d 与高度 l 的比值一般规定为 1∶1.5～1∶3。混凝土的标准试件则做成 200mm×

200mm×200mm 的立方体。

低碳钢压缩时，将圆柱体压缩试件置于万能试验机的两压座间，使之受压。采用与拉伸试验类似的方法，得到低碳钢受压时的$\sigma-\varepsilon$曲线，如图 2.15 所示。试验表明：低碳钢压缩时的弹性模量E、比例极限σ_p和屈服极限σ_s都与拉伸时大致相同。屈服阶段后，试件越压越扁，横截面面积不断增大，试件抗压能力也继续增加，并不断裂，因而得不到压缩时的强度极限。由于可从拉伸试验测定低碳钢压缩时的主要性能，所以不一定要进行压缩试验。

图 2.16 表示铸铁压缩时的$\sigma-\varepsilon$曲线。铸铁压缩时变形较拉伸时的变形要大得多，随着压力增加试件略呈鼓形，仍然在较小的变形下突然断裂。破坏断面的法线与横截面大致成 45°～55°的倾角，表明试件沿斜截面因相对错动而破坏。铸铁的抗压强度比抗拉强度高 4～5 倍。其他脆性材料如混凝土、砖石等，抗压强度也远高于抗拉强度。

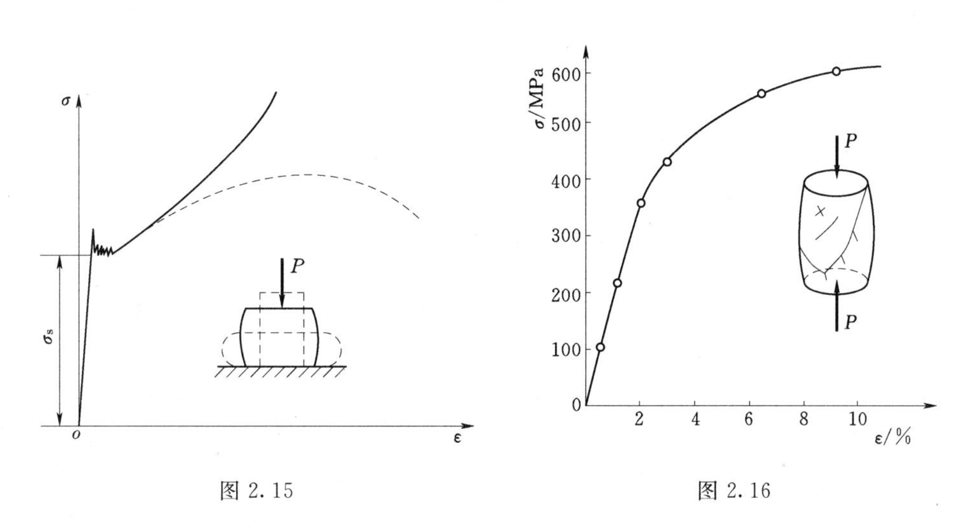

图 2.15　　图 2.16

脆性材料拉伸时的强度极限低、塑性差，但抗压能力却较强，因此脆性材料多用作承压构件。铸铁坚硬耐磨，易于浇铸成形状复杂的零部件，具有良好的吸振能力，广泛用于铸造机床床身、机座、缸体及轴承座等受压零部件。因此，其压缩试验比拉伸试验更为重要。

表 2.1 给出几种工程上常用材料在室温、静载情况下拉伸和压缩时的主要力学性能。

2.3.5　温度和时间因素对材料的力学性能的影响

前几节所讨论的是材料在常温、静载荷下的力学性能。然而，结构物和机械（例如喷气发动机等）在高温情况下工作及工作时间的长短，都会影响到材料的力学性能。这里简单介绍一些试验结果。

图 2.17 给出了高温和短期（指只在几分钟内拉断）静载荷下，低碳钢在拉伸时的材料力学性能随时间而改变的情况。一般情况下，超过一定温度后，材料的塑性指标δ和ψ随温度升高而显著增大，强度指标σ_s和σ_b随温度升高而减小。低碳钢和 16Mn 的δ、ψ及δ和σ_b在 200～300℃前有相反现象，不过这并不是所有金属材料都具有的典型特征。

表 2.1　　几种常用材料在拉伸和压缩时的力学性能（常温、静载下）

材料名称	牌号	屈服极限 σ_s/MPa	强度极限 σ_b/MPa	塑性性质 δ_5/%
普通碳素钢	Q235	216～235	373～461	25～27
	Q255	255～275	490～608	19～21
优质碳素结构钢	40	333	569	19
	45	353	598	16
普通低合金机构钢	Q345	274～343	471～510	19～21
	Q390	333～412	490～549	17～19
合金结构钢	20Cr	540	835	10
	40Cr	785	980	9
	50Mn	790	930	9
碳素铸铁	ZG270—500	270	500	18
铝合金		274	412	19
球墨铸铁	QT40—10	290	390	10
灰铸铁	HT150		120～175	

注　δ_5 是指 $l=5d$ 的标准试件的延伸率。

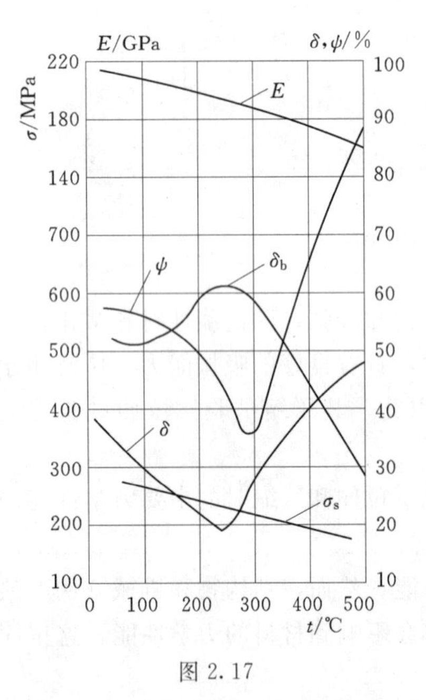

图 2.17

在试验中可以发现：处于高温及数值不变的应力作用下，材料的变形随着时间而不断地慢慢增加，这一现象称为蠕变。蠕变变形是塑性变形，它不会随卸载而消失。在高温下工作的零件往往因蠕变而引起事故，例如汽轮机的叶片可能因蠕变发生过大的塑性变形，以致与轮壳相碰而打碎。

低熔点金属（如铅和锌等），在常温下就有蠕变；而高熔点金属，只在高温下才发生蠕变。蠕变现象并非金属所独有，其他材料，如沥青、木材、混凝土及各种塑料，都有蠕变。

材料的蠕变可以看成为缓慢的屈服。由于蠕变所产生的塑性变形，常使应力发生变化，甚至使整个零件中的应力重新分布。有时，在某些情况下，零件的总变形不能随时间而随意改变，而由于蠕变作用，零件的塑性变形不断增加，弹性变形却随时间而减小，致使应力降低。这种由于蠕变变形增加及弹性变形逐渐减小所引起的应力的降低称为应力松弛。例如，在高压蒸汽管凸缘的紧固螺栓中，其初应力常会随时间的增长而降低，出现了松弛。为了保证联结紧密，防止漏气，常需定期拧紧螺栓。对高温下的工程问题进行计算时，都需要了解材料在高温、长期静载荷作用下的力学性能。对此，可参阅其他有关书籍和资料。

2.4 许用应力、轴向拉（压）杆的强度计算

工程中所设计的结构或构件都具备一定的功能，需要承受载荷并且产生变形。为保证能正常安全的工作，结构和构件必须具有适当的强度和刚度。

所谓强度就是结构或构件抵抗破坏的能力。若结构或构件足以承担预定的载荷而不发生破坏，则称其具有足够的强度。不允许破坏的结构和构件，因为强度不足而发生破坏，是不能允许的。另一方面，在某些情况下，如剪板机剪板、冲床冲孔、压力锅上的安全阀等，需要破坏的构件因为强度过大而不破坏，也是失败的设计。因此，所有的构件都有必要的强度要求。

所谓刚度则是结构或构件抵抗变形的能力。若结构或构件在设计载荷的作用下所发生的变形小，能保证结构或构件完成其预定的功能，则称其具有足够的刚度。因为固体的弹性变形较小，刚度一般是足够的。但对于一些设计精度较高的、有特殊要求的结构或构件，如传动轴、大跨梁等，也必须考核其是否满足刚度要求，使变形限制在保证正常工作所允许的范围内。

在进行强度计算时应该考虑两个方面的问题：

（1）构件在载荷作用下所产生的工作应力。

（2）构件所用材料的力学性能。

构件在可能受到的最大工作载荷作用下的应力称为工作应力。通过材料力学性能的试验研究，得到了材料可以承受的极限应力指标。对于脆性材料，应力到达强度极限 σ_b 时会发生断裂；对于塑性材料，应力到达屈服强度 σ_s 时会因屈服而产生显著的塑性变形，导致结构或构件不能正常工作。屈服和断裂都是材料破坏的形式，故在进行强度设计时，分别以 σ_s 和 σ_b 作为塑性和脆性材料的极限应力。因此，强度条件是结构或构件的工作应力 σ 小于材料的极限应力 σ_s（或 σ_b），可写为

$$\sigma \leqslant \sigma_s (\text{或 } \sigma_b)$$

但是，仅仅将工作应力限制在极限应力内，还不足以保证结构或构件的安全。因为上述判据的两端都可能有误差存在，因此，必须将工作应力限制在某一小于极限应力的范围内，提供一定的安全储备，才能保证结构和构件能安全地工作。换言之，实际工程设计中允许使用的应力称为许用应力，应当比材料的极限应力更低一些。工程设计中规定的许用应力 $[\sigma]$ 为

$$[\sigma] \leqslant \begin{cases} \dfrac{\sigma_s}{n} & (\text{塑性材料}) \\ \dfrac{\sigma_b}{n} & (\text{脆性材料}) \end{cases}$$

式中 n 是一个大于 1 的系数，称为安全系数。即材料的许用应力等于其极限应力除以安全系数，或安全系数是极限应力与许用应力之比。将许用应力与极限应力之差作为安全储备，以期保证安全。

各种不同情况下安全系数的选取，可以参照有关设计规范和手册的规定。如一般情况

下，钢材的安全系数取 $n=1.2\sim2.5$，脆性材料取 $n=2.0\sim3.5$，而铸件取 $n=4$ 等等。随着力学分析方法的进步，材料制造、加工水平的提高，对工程系统力学性态有更加充分了解后，可以降低安全系数的取值，在保证安全的条件下进一步提高设计的经济性。

为了保证拉（压）杆的正常工作，必须使杆件的工作应力不超过材料在轴向拉伸（压缩）时的许用应力，即

$$\sigma=\frac{N}{A}\leqslant[\sigma] \tag{2.10}$$

式（2.10）称为杆件受轴向拉伸或压缩时的强度条件。运用此式可以解决工程中下列三方面的强度计算问题：

（1）强度校核。已知杆件的材料、尺寸及所受载荷（即已知 $[\sigma]$、A 及 N），可以用式（2.10）检查杆件的强度。

（2）选择截面。已知杆件所受载荷及所用材料（即已知 N 和 $[\sigma]$），可将式（2.10）变换成

$$A\geqslant\frac{N}{[\sigma]} \tag{2.11}$$

从而确定杆件的安全截面面积。

（3）确定许可载荷。已知杆件的材料及尺寸（即已知 $[\sigma]$ 和 A），可按式（2.10）计算此杆所能承受的最大轴力为

$$N\leqslant A[\sigma] \tag{2.12}$$

从而确定此结构的承载能力。

【例 2.3】 冷锻机的曲柄滑块机构如图 2.18 所示。锻压工件时连杆接近水平位置，承受的镦压力 $P=1100\text{kN}$。连杆的截面为矩形，高与宽之比为 $h/b=1.4$。材料为 45 号钢，许用应力为 $[\sigma]=58\text{MPa}$（由于考虑到稳定效应影响，此处的 $[\sigma]$ 已相应降低），试确定截面尺寸 h 和 b。

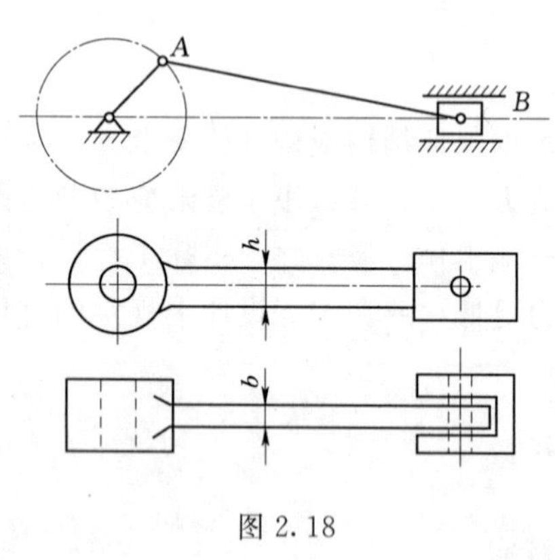

图 2.18

分析：曲柄滑块机构连杆两端约束均为圆柱形铰链，是二力杆。A、B 两点所受的约束力是一对大小相等，方向相反的力，作用线与连杆轴线是重合的，且是压力，将使 AB 杆产生轴向压缩变形。确定杆件变形形式后，先计算轴力，然后计算出杆的工作应力，利用拉压杆的强度条件可确定截面的几何尺寸。

解： 由于锻压时连杆位于水平，连杆所受压力等于锻压力 P，轴力

$$N=P=1100(\text{kN})$$

利用强度条件式（2.11）得

$$A\geqslant\frac{N}{[\sigma]}$$

又因为连杆为矩形截面，其面积 $A=bh=1.4b^2$，所以

$$b \geqslant \sqrt{\frac{N}{1.4[\sigma]}} = \sqrt{\frac{1100 \times 10^3}{1.4 \times 58 \times 10^6}} = 0.1164(\mathrm{m}) = 116.4(\mathrm{mm})$$

$$h = 1.4b \geqslant 162.9(\mathrm{mm})$$

可选取　　$b = 118\mathrm{mm},\quad h = 164\mathrm{mm}$

【例 2.4】 重物 P 由铝丝 CD 悬挂在钢丝 AB 的中点 C 处，如图 2.19（a）所示，已知铝丝直径 $d_1 = 2\mathrm{mm}$，许用应力$[\sigma]_1 = 100\mathrm{MPa}$，钢丝直径 $d_2 = 1\mathrm{mm}$，许用应力$[\sigma]_2 = 240\mathrm{MPa}$，且 $\alpha = 30°$，试求许可载荷 $[P]$。

若不更换铝丝和钢丝，如何提高许可载荷？提高后的许可载荷 $[P]^*$ 是多少（结构仍保持对称）？

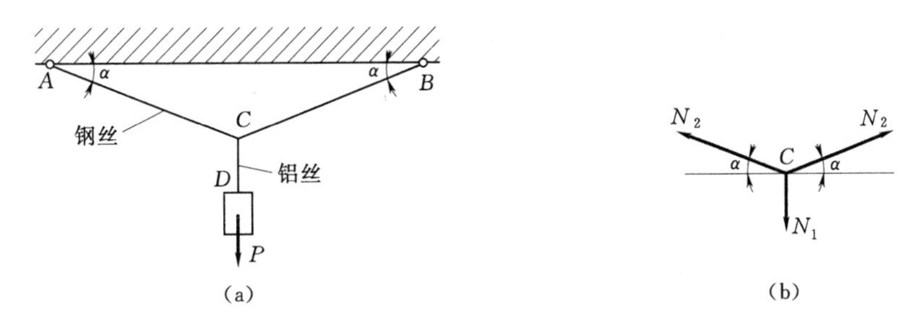

图 2.19

分析：结构中的钢丝和铝丝均受拉力作用，将产生轴向拉伸变形，可简化成拉杆模型利用式（2.2）计算工作应力。由于两拉杆的受力大小和材料都不相同，因而各杆能承受的许可载荷是不一样的。结构的许可载荷应取其中最小值。

如果在不改变结构的情况下，要提高承载能力，可使两杆的工作应力分别达到各自的许用应力，这是强度设计中的最佳状态。

解：（1）设铝丝和钢丝的张力分别 N_1 和 N_2，则 C 点受力如图 2.19（b）所示，由平衡条件可得

$$2N_2\sin\alpha = N_1 = P$$

所以

$$N_2 = \frac{P}{2\sin\alpha}$$

（2）由强度条件可得

铝丝：

$$\sigma_1 = \frac{N_1}{A_1} = \frac{4P}{\pi d_1^2} \leqslant [\sigma]_1$$

$$[P]_1 \leqslant \frac{\pi d_1^2[\sigma]_1}{4} = \frac{\pi \times (2 \times 10^{-3})^2 \times 100 \times 10^6}{4} = 314(\mathrm{N})$$

钢丝：

$$\sigma_2 = \frac{N_2}{A_2} = \frac{2P}{\pi d_2^2 \sin\alpha} \leqslant [\sigma]_2$$

$$[P]_2 \leqslant \frac{\pi d_2^2 \sin\alpha[\sigma]_2}{2} = \frac{\pi \times (10^{-3})^2 \times \sin 30° \times 240 \times 10^6}{2} = 188(\mathrm{N})$$

比较 $[P]_1$ 和 $[P]_2$，则结构的许可载荷$[P] = 188\mathrm{N}$。

结构的许可载荷受到钢丝的限制，钢丝所受张力随 α 角的增加而减小，因而增加 α 角可提高结构的许可载荷，而结构的最大许可载荷同时也会受到铝丝的限制。当 $\alpha \geqslant \alpha^*$（0

$\leqslant\alpha\leqslant 90°$）时，钢丝的许可载荷大于或等于铝丝的许可载荷，即$[P]_2\geqslant[P]_1$，此时有

$$\frac{\pi d_2^2[\sigma]_2\sin\alpha^*}{2}\geqslant\frac{\pi d_1^2[\sigma]_1}{4}$$

$$\alpha^*\geqslant\sin^{-1}\left[\frac{d_1^2[\sigma]_1}{2d_2^2[\sigma]_2}\right]=\sin^{-1}\left[\frac{100\times10^6\times(2\times10^{-3})^2}{2\times240\times10^6\times(10^{-3})^2}\right]=56.4(°)$$

因此，当 $90°\geqslant\alpha\geqslant\alpha^*=56.4°$时，结构的许可载荷提高为

$$[P]^*=[P]_1=314(\mathrm{N})$$

【例 2.5】 已知方形石柱的自重为 $\rho g=23\mathrm{kN/m^3}$，许用应力 $[\sigma]=1\mathrm{MPa}$，求石柱的截面尺寸。

分析：石柱的自重是体积力，轴力沿轴线成线性分布，最大轴力（危险截面）在石柱的底部。

解：（1）受力分析。任意取一横截面，轴力由截面法可得

$$N(x)=F+\rho gAx$$

则石柱最大轴力在底部截面上：

$$N_{\max}=F+\rho gAH$$

画轴力图如图 2.20 所示。

（2）强度条件，由式（2.10）有

$$\sigma_{\max}=\frac{N_{\max}}{A}=\frac{F}{A}+\rho gH\leqslant[\sigma]$$

$$A\geqslant\frac{F}{[\sigma]-\rho gH}=\frac{1000\times10^3}{1\times10^6-23\times10^3\times24}=2.23(\mathrm{m^2})$$

故方形截面的边长为

$$a=\sqrt{A}=\sqrt{2.23}=1.49(\mathrm{m})$$

若石柱改为阶梯形柱（图 2.21），如何设计？请读者自己思考。

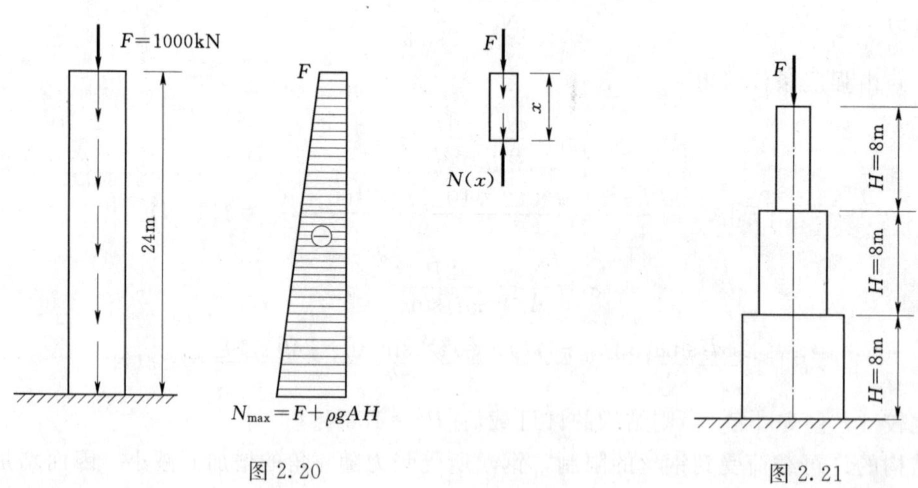

图 2.20　　　　图 2.21

2.5 轴向拉伸和压缩的变形

2.5.1 构件上一点处的应变

在外力作用下，构件发生变形，同时引起应力。为了研究构件的变形及其内部的应力分布，需要了解构件内部各点处的变形。为此，假想地将构件分割成许多细小的单元体。

构件受力后，各单元体的位置发生变化，同时，单元体棱边的长度发生改变［图 2.22（a）］，相邻棱边所夹直角一般也发生改变［图 2.22（b）］。

设棱边 KA 的原长为 Δs，变形后的长度为 $\Delta s+\Delta u$，即长度改变量为 Δu，则 Δu 与 Δs，的比值，称为棱边 KA 的平均正应变，并用 $\bar{\varepsilon}$ 表示，即

$$\bar{\varepsilon}=\frac{\Delta u}{\Delta s} \tag{2.13}$$

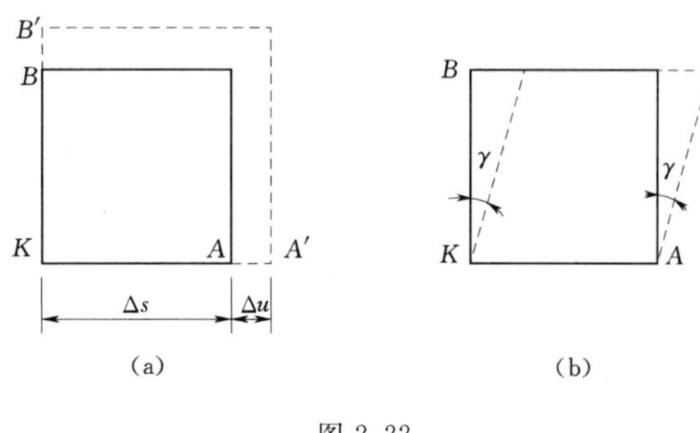

图 2.22

一般情况下，棱边 KA 各点处的变形程度并不相同，平均正应变的大小将随棱边的长度而改变。为了精确地描写 K 点沿棱边 KA 的变形情况，应选取无限小的单元体即微体，由此所得平均正应变的极限值称为 K 点沿棱边 KA 方向的正应变，即

$$\varepsilon=\lim\frac{\Delta u}{\Delta s} \tag{2.14}$$

采用类似方法，还可确定 K 点沿其他方向的正应变。

当棱边长度发生改变时，相邻棱边之夹角一般也发生改变。微体相邻棱边所夹直角的改变量［图 2.22（b）］称为切应变，并用 γ 表示。切应变的单位为 rad。

综上所述，构件的整体变形，是各微体局部变形组合的结果，而微体的局部变形，则可用正应变与切应变度量。

2.5.2 轴向拉压杆的变形

杆件受轴向拉力时，纵向尺寸会伸长，而横向尺寸将缩小；当受轴向压力时，则纵向尺寸要缩短，而横向尺寸将增大。

设拉杆原长为 l，横截面面积为 A（图 2.23）。在轴向拉力 P 作用下，长度由 l 变为 l_1，杆件在轴线方向的伸长为 Δl，而 $\Delta l=l_1-l$。

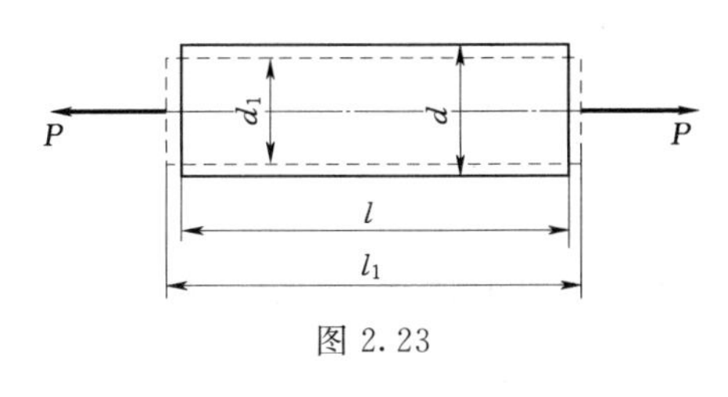

图 2.23

试验表明，工程上使用的大多数材料都有一个弹性阶段，在此阶段范围内，轴向拉压杆件的伸长或缩短量 Δl，与轴力 N 和杆长 l 成正比，与横截面积 A 成反比。即 $\Delta l\infty\frac{Nl}{A}$，引入比例常数 E，得

$$\Delta l=\frac{Nl}{EA} \tag{2.15}$$

式（2.15）就是计算拉伸（或压缩）变形的公式，称为胡克定律。比例常数 E 称为材料的弹性模量，它表征材料抵抗弹性变形的性质，其数值随材料的不同而异。几种常用材料的 E 值已列入表 2.2 中。从式（2.15）可以看出，乘积 EA 越大，杆件的拉伸（或压缩）变形越小，所以 EA 称为杆件的抗拉（压）刚度。

表 2.2　　几种常用材料的 E 和 μ 的约值

材料名称	E/GPa	μ	材料名称	E/GPa	μ
碳钢	196～216	0.24～0.28	铜及其合金	72.6～128	0.31～0.42
合金钢	186～206	0.25～0.30	铝合金	70	0.33
灰铸铁	78.5～157	0.23～0.27			

式（2.15）可改写为

$$\frac{N}{A}=E\,\frac{\Delta l}{l} \tag{2.16}$$

其中 $\frac{N}{A}=\sigma$，而 $\frac{\Delta l}{l}$ 表示杆件单位长度的伸长或缩短，就是正应变（简称应变）ε，即 $\varepsilon=\frac{\Delta l}{l}$。$\varepsilon$ 是一个无量纲的量，规定伸长为正，缩短为负。

则式（2.16）可改写为

$$\sigma=E\varepsilon \tag{2.17}$$

式（2.17）表示，在弹性范围内，正应力与正应变成正比，这一关系通常也称为胡克定律。

杆件在拉伸（或压缩）时，横向也有变形。设拉杆原来的横向尺寸为 d，变形后为 d_1（图 2.23），则横向应变 ε' 为

$$\varepsilon'=\frac{\Delta d}{d}=\frac{d_1-d}{d}$$

试验指出，当应力不超过比例极限时，横向应变 ε' 与轴向应变 ε 之比的绝对值是一个常数。即

$$\left|\frac{\varepsilon'}{\varepsilon}\right|=\mu \tag{2.18}$$

式（2.18）中 μ 称为横向变形系数或泊松比，是一个无量纲的量。和弹性模量 E 一样，泊松比 μ 也是材料固有的弹性常数。

因为当杆件轴向伸长时，横向缩小；而轴向缩短时，横向增大，所以 ε' 和 ε 符号是相反的。

【例 2.6】 图 2.24 中的 M12 螺栓内径 $d=10.1$mm，拧紧后在计算长度 $l=80$mm 上产生的总伸长 $\Delta l=0.03$mm。钢的弹性模量 $E=200$GPa。试计算螺栓内的应力和螺栓的预紧力。

分析：螺栓拧紧后预紧力对螺杆将产生拉力，使得螺杆伸长。可先计算出应变，再通

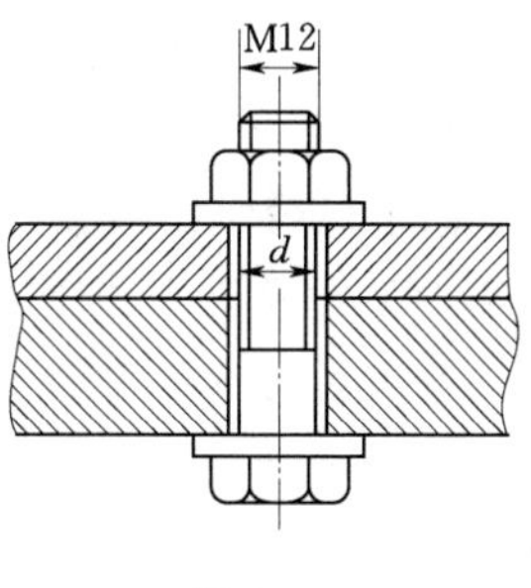

图 2.24

过胡克定律计算应力。

解： 拧紧后螺栓的应变为

$$\varepsilon=\frac{\Delta l}{l}=\frac{0.03}{80}=0.000375$$

根据胡克定律，可得螺栓内的拉应力为

$$\sigma=E\varepsilon=200\times10^{9}\times0.000375=75(\text{MPa})$$

螺栓的预紧力为

$$P=A\sigma=\frac{\pi}{4}\times(10.1\times10^{-3})^{2}\times75\times10^{6}=6(\text{kN})$$

以上问题求解时，也可以先由胡克定律的另一表达式［式（2.15)］，即

$$\Delta l=\frac{Nl}{EA}$$

求出预紧力 P，然后再由预紧力 P 计算应力 σ。

【例 2.7】 图 2.25（a）为一等截面钢杆，横截面面积 $A=500\text{mm}^2$，弹性模量 $E=200\text{GPa}$。钢杆所受轴向外力如图 2.25 所示，当应力未超过 200MPa 时，其变形将在弹性范围内。试求钢杆的总伸长。

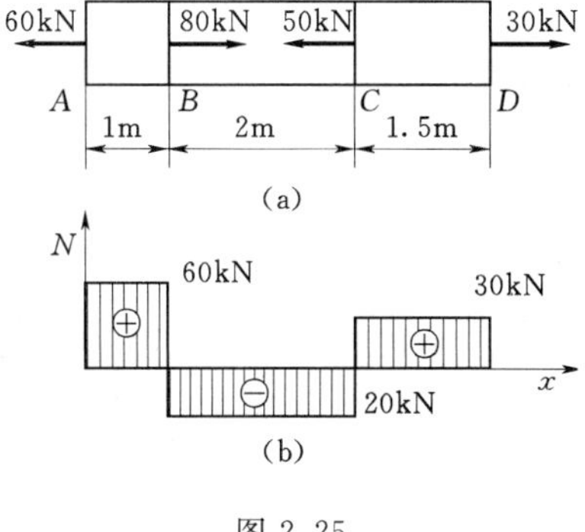

图 2.25

分析：多力杆中每段杆的轴力各不相同，应力也不相同，要分别计算应力值。胡克定律只有在应力不超过比例极限时才能使用。杆的总变形量等于各段变形量之代数和。

解： 应用截面法求得各段横截面上的轴力如下：

AB 段　　$N_1=60(\text{kN})$

BC 段　　$N_2=60-80=-20(\text{kN})$

CD 段　　$N_3=30(\text{kN})$

由此可得轴力图［图 2.25（b)］

由式（2.2）可得各段横截面上的正应力为

AB 段　　$$\sigma_1=\frac{N_1}{A}=\frac{60\times10^3}{500}=120(\text{MPa})$$

BC 段　　$$\sigma_2=\frac{N_2}{A}=\frac{-20\times10^3}{500}=-40(\text{MPa})$$

CD 段　　$$\sigma_3=\frac{N_3}{A}=\frac{30\times10^3}{500}=60(\text{MPa})$$

由于各段内的正应力都小于 200MPa，即未超过弹性限度，所以均可应用胡克定律来计算其变形。全杆总长的改变量为各段长度改变量之和。由式（2.15）可得

$$\begin{aligned}\Delta l&=\Delta l_1+\Delta l_2+\Delta l_3\\&=\frac{1}{EA}(N_1l_1+N_2l_2+N_3l_3)\\&=\frac{1}{200\times10^{9}\times500\times10^{-6}}\times(60\times10^{3}\times1-20\times10^{3}\times2+30\times10^{3}\times1.5)\end{aligned}$$

$=0.65\times10^{-3}(\mathrm{m})$

所以
$$\Delta l=0.65\times10^{-3}\mathrm{m}$$

【例 2.8】 如图 2.26 所示，铅直悬挂的等截面直杆承受自身的重量，其横截面面积为 A，弹性模量 E，比重为 ρg，试求其长度的伸长。

分析：任意水平横截面上的应力是由于截面以下杆段重量引起的，横截面上的轴力与应力是关于截面位置的函数，因而变形也是变化的。在计算总伸长时，要采用积分的方法。

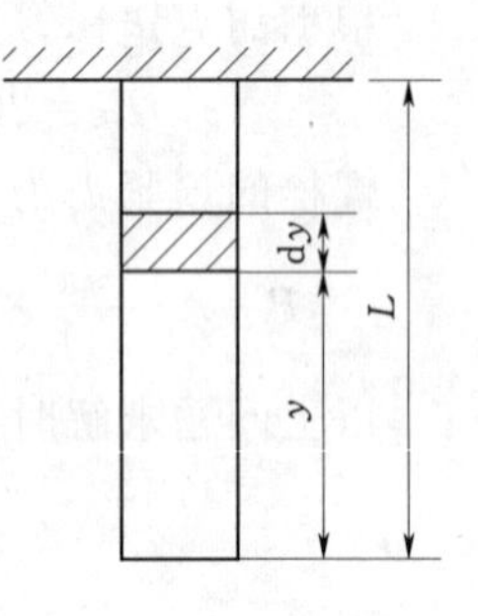

图 2.26

解： 建立坐标系如图 2.26 所示，取长度为 $\mathrm{d}y$ 的微段，该微段的伸长量为

$$\mathrm{d}\Delta=\frac{Ay\rho g}{AE}\mathrm{d}y$$

将上式积分，杆的总伸长为

$$\Delta=\int_0^L\frac{Ay\rho g}{AE}\mathrm{d}y=\frac{A\rho g}{AE}\frac{L^2}{2}=\frac{(A\rho gL)L}{2AE}=\frac{WL^2}{2AE}$$

其中，W 表示杆的重量。注意，自重作用下杆产生的总伸长等于将同样的重量施加在杆端时杆伸长的 1/2。

2.6　拉伸和压缩的超静定问题

2.6.1　超静定问题的解法

在前面讨论的问题中，凡是未知的约束力和内力均可由平衡方程确定，这种问题称为静定问题。如图 2.27 (a) 所示结构的 1、2 杆的轴力有 2 个未知量，考虑 A 点的平衡，属于平面汇交力系，可以列出 2 个平衡方程，从而可解出全部的轴力，即完全利用平衡方程就可解出未知量，这是静定问题。

但在某些情况下，作用在研究对象上的未知力多于静力平衡方程的数目，仅仅根据平衡方程尚不能全部求解的问题，称为超静定问题。如图 2.27 (b) 所示结构的各杆的轴力属超静定问题。节点 A 的静力平衡方程为

$$\begin{aligned}&\sum F_x=0,\quad N_1\sin\alpha-N_2\sin\alpha=0\\&\sum F_y=0,\quad N_3+2N_1\cos\alpha-P=0\end{aligned}\tag{2.19}$$

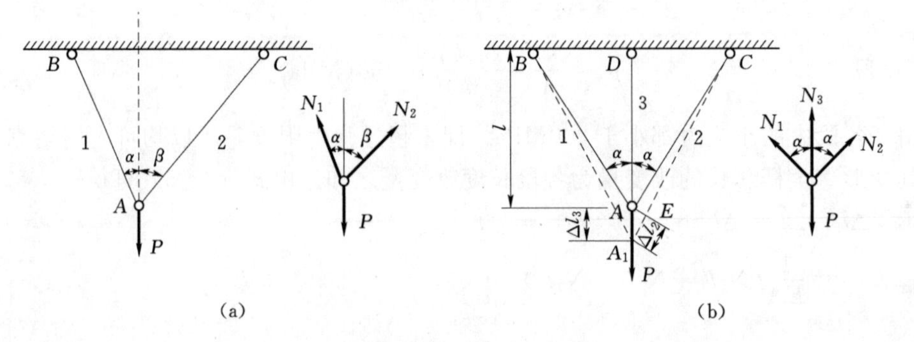

图 2.27

这里静力平衡方程有 2 个，但未知力有 3 个，只凭静力平衡方程不能求得全部的未知力，故是超静定问题。

超静定系统（或构件）存在多余约束，所以超静定问题的未知力数大于有效平衡方程数目，两者之差称为超静定的次数。

为了求得问题的解，在静力平衡方程之外，还必须寻求补充方程。下面以图 2.27 (b) 桁架为例，来说明拉压杆超静定问题的解法。为简单起见，设 1、2 杆的刚度相同，杆的长度相同，3 杆垂直放置，桁架的结构关于 3 杆是对称的。

(1) 静力平衡方程。首先进行静力分析，列出平衡方程，如式 (2.19)，其中有 3 个未知量，只有 2 个方程，暂时不能求解全部未知量。

(2) 几何协调方程。由于结构的变形是协调的，可以列出几何协调方程。在该例中，不管受力如何，结构中的杆始终是铰接在一起的，A 点受力后移动到 A' 点，如图 2.28 所示。在小变形的情况下，基于原始尺寸原理，先假设各杆自由独立变形，1 杆在轴力作用下有伸长 Δl_1，杆端点将移动到 A_1 点；2 杆有伸长 Δl_2，杆端移动到 A_2 点。事实上 A 点是铰接在一起的，严格地讲，应该分别以 B 点和 C 点为圆心，以 $l_1+\Delta l_1$ 和 $l_2+\Delta l_2$ 为半径画圆弧，交点 A' 即为铰链移动后的位置。但在小变形的情况下，过杆端点 A_1 和 A_2 做切线，交点 A'' 即可认为是铰链 A 点变形后的近似位置，见图 2.28。

在小变形的前提下，A' 和 A'' 的位置误差很小，可以忽略，而且可以认为角度 α 不变。

而 3 杆由于铰链 A 的约束作用，其杆端点必定也移动至 A'' 点的位置，$\overline{AA''}$ 即为 3 杆的变形。三根杆始终是铰接在一起的，这样三根杆必须满足的关系，即几何协调关系为

$$\Delta l_1=\Delta l_2=\Delta l_3\cos\alpha \tag{2.20}$$

(3) 物理方程。若 1、2 两杆的抗拉刚度为 E_1A_1，3 杆的抗拉刚度为 E_3A_3，由胡克定律得

$$\Delta l_1=\frac{N_1 l}{E_1A_1\cos\alpha},\quad \Delta l_3=\frac{N_3 l}{E_3A_3} \tag{2.21}$$

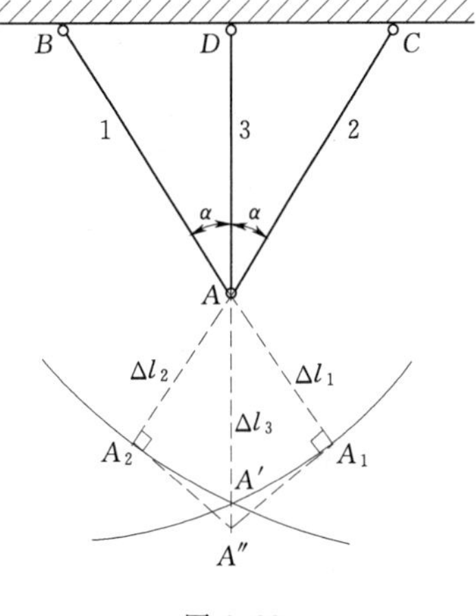

图 2.28

这两个表示变形与轴力关系的式子称为物理方程，将其代入式 (2.20)，得

$$\frac{N_1 l}{E_1A_1\cos\alpha}=\frac{N_3 l}{E_3A_3}\cos\alpha \tag{2.22}$$

这是在静力平衡方程之外得到的补充方程。由式 (2.19) 和式 (2.22) 解得

$$N_1=N_2=\frac{F\cos^2\alpha}{2\cos^3\alpha+\dfrac{E_3A_3}{E_1A_1}},\quad N_3=\frac{F}{1+2\dfrac{E_1A_1}{E_3A_3}\cos^3\alpha}$$

以上例子表明，超静定问题是综合静力平衡方程、变形协调方程（几何方程）和物理方程等三方面的关系求解的。杆的轴力 N 不仅与载荷 F 及杆间的夹角 α 有关，而且与杆的抗拉（压）刚度有关。一般来说，增大某杆的刚度，该杆的轴力亦相应增加。这也是超静定问题区别于静定问题的一个重要特征。

【例 2.9】 如图 2.29 所示的两端固定杆件，其长度、横截面面积及弹性模量依次为 l_1、l_2、A、E。试求施加载荷 P 后，l_1 和 l_2 两段的内力。

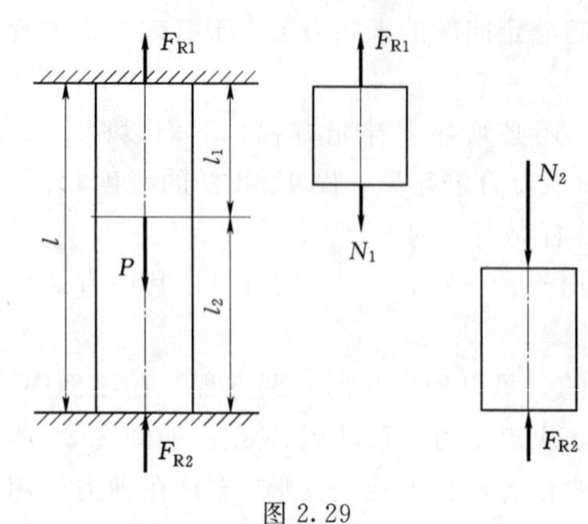

图 2.29

分析：杆件在施加载荷 P 后，上下两段的内力并不相等，静力平衡方程只有 1 个，未知量则有 2 个，是超静定问题。考虑杆端的约束作用，杆的变形协调关系应该是杆总变形等于零，最后可以将由胡克定律得出的物理方程作为补充方程，联立平衡方程求解未知量。

解： 设 F_{R1}、F_{R2} 分别为上、下端的约束反力，并假设它们的方向均向上，由截面法可知上下两段的轴力为

$$N_1 = F_{R1}, \quad N_2 = F_{R2}$$

考虑杆件的受力，静力平衡方程为

$$\sum F_y = 0, F_{R1} + F_{R2} = P$$

即

$$N_1 + N_2 = P \tag{a}$$

它有 2 个未知力，这是 1 次超静定问题。

由于杆件两固定端间的距离不变，所以上段的伸长量与下段的压缩量之和为零。变形协调方程为

$$\Delta l_1 + \Delta l_2 = 0 \tag{b}$$

通过物理方程把变形用未知力来表示，补充方程即为

$$\frac{N_1 l_1}{EA} - \frac{N_2 l_2}{EA} = 0$$

化简得

$$\frac{N_1}{N_2} = \frac{l_2}{l_1} \tag{c}$$

联立式（a）、式（c），求解得

$$N_1 = \frac{l_2}{l_1 + l_2} P, \quad N_2 = \frac{l_1}{l_1 + l_2} P$$

所得的 N_1、N_2 为正号，说明其假设的方向与实际的一致。

【例 2.10】 刚性杆 AB 的左端铰支，两根长度相等、横截面面积相同的钢杆 CD 和 EF 使该刚性杆处于水平位置，如图 2.30（a）所示。如已知 $F = 50\text{kN}$，两根钢杆的横截面面积 $A = 1000\ \text{mm}^2$，试求两杆的轴力和应力。

分析：这是一个静不定度为 1 次的超静定问题。AB 杆为刚性杆，在受力时不会变形，AB 始终为直线，因而结构的变形图如图 2.30（c）所示，图中虚线代表 AB 杆的最终平衡位置。

解： 1、2 杆均受拉力，受力如图 2.30（b）所示，列平衡方程：

$$\sum M_A = 0, \quad N_1 a + N_2 \times 2a - F \times 3a = 0$$

$$N_1 + 2N_2 = 3F \tag{a}$$

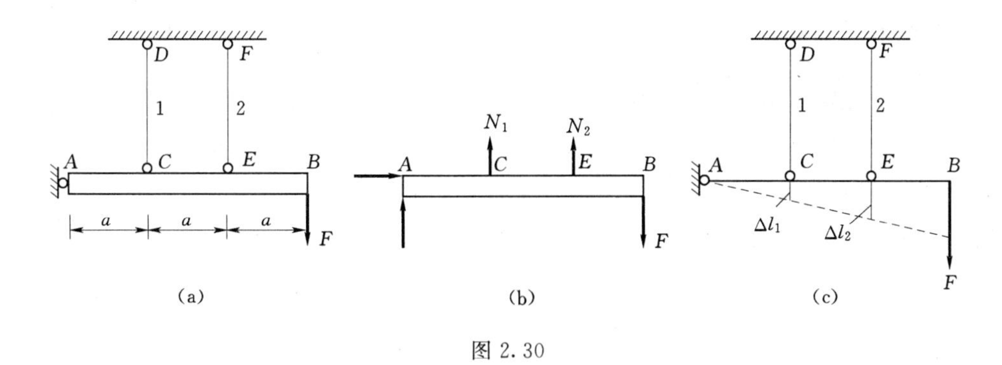

图 2.30

由于 AB 为刚性杆，在外力作用下杆的位移情况如图 2.30（c）所示，1、2 杆均被拉长，变形协调关系为

$$\Delta l_1=\frac{\Delta l_2}{2}$$

由物理方程有

$$\Delta l_1=\frac{N_1 l}{EA},\quad \Delta l_2=\frac{N_2 l}{EA}$$

即

$$N_1=\frac{1}{2}N_2 \tag{b}$$

联立式（a）、式（b），解得

$$N_1=F_{\mathrm{CD}}=\frac{3}{5}F=30(\mathrm{kN}),\quad N_2=F_{\mathrm{EF}}=\frac{6}{5}F=60(\mathrm{kN})$$

则 1、2 杆的应力分别为

$$\sigma_{\mathrm{CD}}=\frac{F_{\mathrm{CD}}}{A}=\frac{30\times10^3}{1000\times10^{-6}}=30(\mathrm{MPa}),\quad \sigma_{\mathrm{EF}}=\frac{F_{\mathrm{EF}}}{A}=\frac{60\times10^3}{1000\times10^{-6}}=60(\mathrm{MPa})$$

2.6.2　装配应力

加工构件时，尺寸上的一些微小误差是难以避免的。对静定结构，加工误差只不过是造成结构几何形状的轻微变化，不会引起应力。例如，在如图 2.31（a）所示的结构中，若杆 1 加工得比原设计长度 l 稍短了 $\delta(\delta\ll1)$，则横梁装配后将成 $A'C'B'$。在没有外力作用时，不管这些杆长的准确度怎样，杆 1 和杆 2 的内力均等于零。

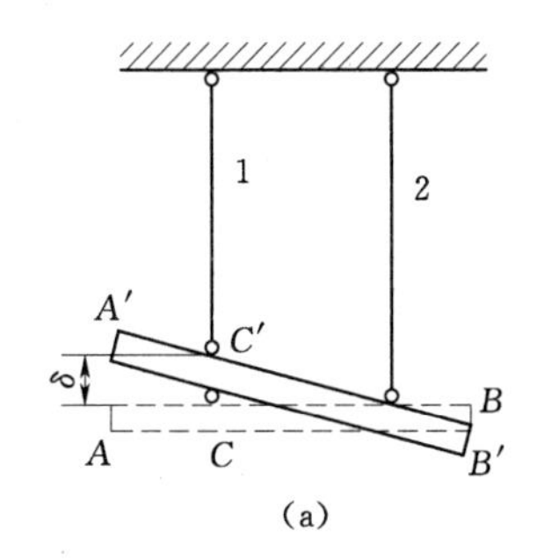

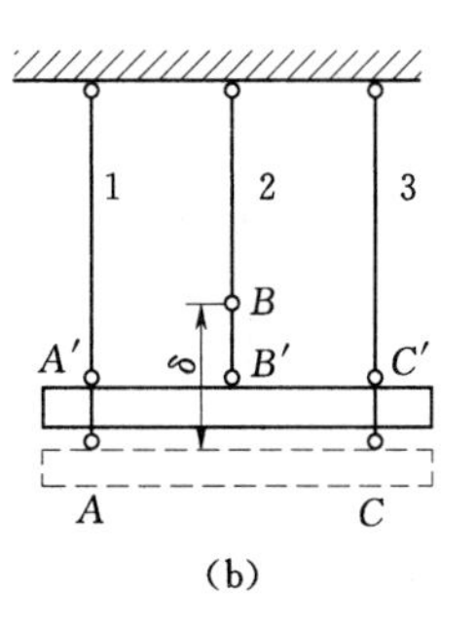

图 2.31

但对超静定结构，加工误差却往往要引起内力。例如，在如图 2.31（b）所示的结构中，ABC 杆视为刚体，如图中的虚线位置。杆 2 的端点在 B 点，长度比应有的长度 l 短了 δ，在装配时必须把杆 2 拉长至 B'，同时把杆 1 和杆 3 分别压至 A'和 C'，才能装配成如图 2.31（b）中实线所示的位置。这样装配后，结构虽未受载荷作用，但各杆中已有内力。这时引起的应力称为装配应力。

【例 2.11】 有一不计自重的刚梁挂在三根平行的金属杆上，1、3 两杆与杆 2 之间的距离均为 a，横截面面积为 A，材料的弹性模量 E 均相同，如图 2.32（a）所示。其中杆 2 加工后比原设计长度 l 短了 $\delta(\delta \ll 1)$，装配后要求刚梁水平，当在 B 处受载荷 P 时，试求各杆的内力。

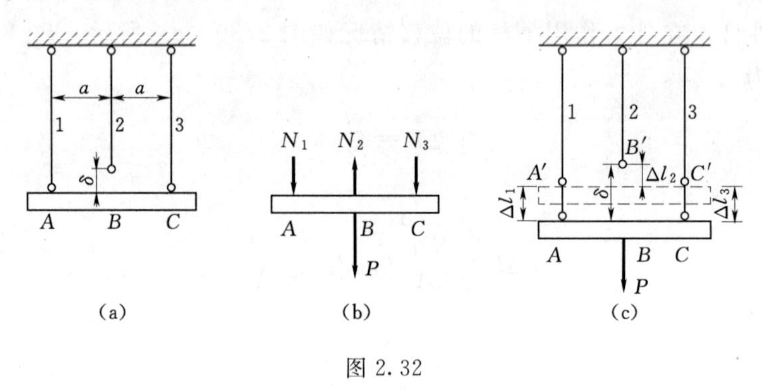

图 2.32

分析：图 2.32（c）中杆的实线表示的是装配之前的位置，1、3 杆的长度均为 l。由于杆 2 的加工误差，结构如要装配在一起，则必须先施加拉力使杆 2 伸长，同时施加压力使 1、3 杆缩短至图 2.32（c）中的虚线位置，从变形图中可以得出变形协调关系，再利用胡克定律可补充方程，联立平衡方程可解出内力。

解：（1）静力学关系。以刚梁 ABC 为研究对象，可以判断 1、3 杆受压力作用，杆 2 受拉力作用，作受力图［图 2.32（b）］。这是平行力系，只能写出两个平衡方程，但有三个未知力：N_1、N_2 和 N_3。显然，这是 1 次超静定问题。其静力平衡方程为

$$\sum F_y=0,\quad N_2-N_1-N_3-P=0 \tag{a}$$

$$\sum M_B=0,\quad N_1=N_3 \tag{b}$$

（2）变形几何协调关系。结构及载荷具有对称性，故刚梁 ABC 受载荷作用后将平移至新的位置 $A'B'C'$［图 2.32（c）］，2 杆伸长量为 Δl_2，1、3 杆的压缩量为 Δl_1、Δl_3。

变形协调方程为

$$\Delta l_1=\Delta l_3=\delta-\Delta l_2 \tag{c}$$

（3）物理关系。杆的变形与轴力满足胡克定律：

$$\Delta l=\frac{Nl}{EA}$$

代入式（c），得补充方程：

$$\frac{N_1 l}{EA}=\delta-\frac{N_2 l}{EA} \tag{d}$$

联立式（a）、式（b）、式（d），解得

$$N_1=N_3=\frac{EA}{3l}\delta-\frac{P}{3}$$

$$N_2=\frac{P}{3}+\frac{2EA}{3l}\delta$$

2.6.3　温度应力

由物理学可知，温度的变化将会引起构件尺寸的变化。在静定结构中，由于杆件能够自由变形，故这种变形不会在杆件中引起应力。但在超静定结构中这种变形将引起内力，由此产生的应力称为温度应力或热应力。

例如长为 L 的杆 BC，截面积为 A，二端固定支承如图 2.33 所示。已知材料弹性模量 E 和温度改变时的线膨胀系数α，尽管杆上无外力作用，若温度升高 ΔT，则杆 BC 将受热伸长。而两端固定约束限制其自由伸长，会引起约束力作用，约束力作用的结果是使杆在轴向受压缩短，其变形量为零。

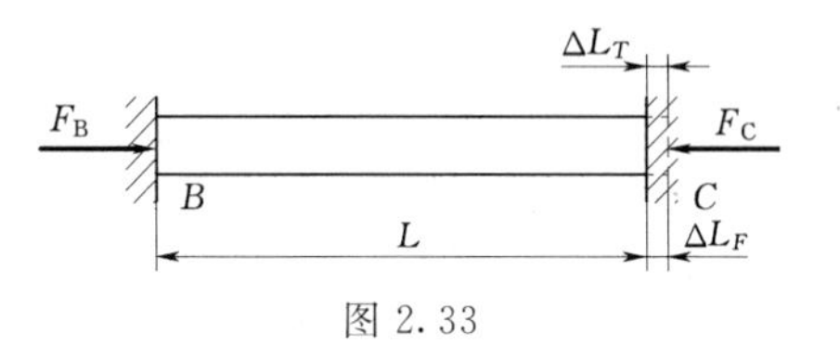

图 2.33

杆上只有 2 个共线约束力作用，由力的平衡得

$$\sum F_x=F_B-F_C=0$$

即

$$F_B=F_C=F$$

设杆在温度升高后的伸长量为 ΔL_T，根据温度与变形、力与变形间的物理关系，则由温度改变产生的伸长量

$$\Delta L_T=\alpha\Delta TL$$

注意杆的轴力为 $N=F$（压力），故力所引起的缩短量 ΔL_F 为

$$\Delta L_F=\frac{NL}{EA}=\frac{FL}{EA}$$

再考虑其变形几何协调条件。两端固定约束要保持杆长不变，必须有

$$\Delta L_T=\Delta L_F$$

即

$$\alpha\Delta TL=\frac{FL}{EA}$$

可解得两端约束反力为

$$F=\alpha\Delta TEA$$

杆内的应力（压应力）为

$$\sigma_T=\frac{N}{A}=\frac{F}{A}=\alpha\Delta TE$$

讨论：对于超静定构件，在没有外力作用的情况下，由于温度变化也会引起应力。温度应力与材料的线膨胀系数 α、弹性模量 E 和温升ΔT 成正比。

碳钢的线膨胀系数和弹性模量分别为

$$\alpha=12.5\times10^{-6}(℃)^{-1},\quad E=200\text{GPa}$$

所以

$$\sigma_T=12.5\times10^{-6}\times200\times10^3\Delta T=2.5\Delta T(\text{MPa})$$

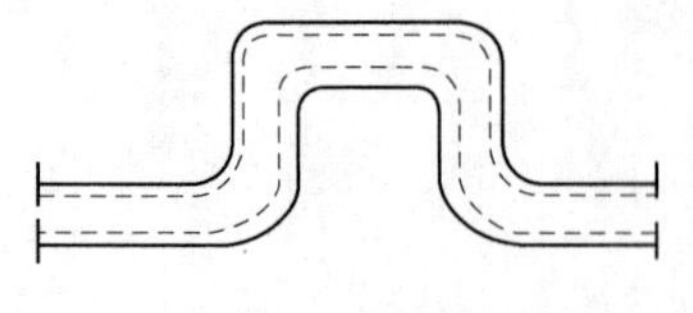

图 2.34

可见当 ΔT 较大时，σ_T 的数值便非常可观。为了避免过高的温度应力，在管道中有时增加伸缩节（图 2.34），如在钢轨各段之间有伸缩缝，这样就可以削弱对膨胀的约束，降低温度应力。

【例 2.12】　一外直径 $D=45\text{mm}$，厚度 $\delta=3\text{mm}$ 的钢管，与直径 $d=30\text{mm}$ 的实心铜杆同心地装配在一起，两端均固定在刚性平板上，如图 2.35（a）所示。已知钢和铜的弹性模量及线膨胀系数分别为 $E_s=210\text{GPa}$，$\alpha_s=12\times10^{-6}$（℃）$^{-1}$；$E_c=110\text{GPa}$，$\alpha_c=18\times10^{-6}$（℃）$^{-1}$。装配时的温度为 20℃，若工作环境的温度升高至 170℃，试求钢管和铜杆横截面上的应力及组合筒的伸长。

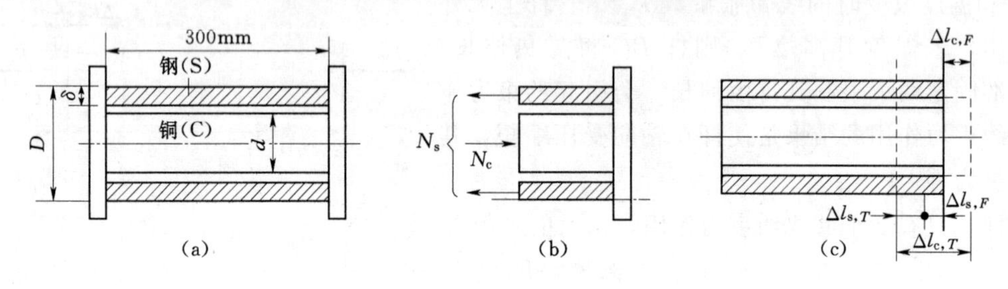

图 2.35

分析：由于钢管和铜杆的热膨胀系数不同，两构件由于温度改变而产生的变形则不一样，铜杆的膨胀要大于钢管。但由于受到刚性平板的约束，铜杆将受到压力而缩短，钢管受到拉力而伸长，由于没有其他的外力，压力和拉力在数值上是相等的，会在横截面上产生应力。铜杆最后的变形等于温度产生的伸长量（$\Delta l_{c,T}$）减去压力产生的缩短量（$\Delta l_{c,F}$），钢管最后的变形等于温度产生的伸长量（$\Delta l_{s,T}$）加上拉力产生的伸长量（$\Delta l_{s,F}$），总之铜杆最后的变形应该等于钢管最后的变形，这就是变形协调关系。

解：（1）静力学关系。由平衡方程求出钢管和铜杆轴力［图 2.35（b）］：

$$\sum F_x=0,\quad N_s=N_c=N$$

（2）变形协调关系。组合筒的变形协调方程［图 2.35（c）］为

$$\Delta l_{c,T}-\Delta l_{c,F}=\Delta l_{s,T}+\Delta l_{s,F}$$

将力（温度）与变形间的物理关系代入上式，得补充方程为

$$\alpha_c\Delta tl-\frac{Nl}{E_cA_c}=\alpha_s\Delta tl+\frac{Nl}{E_sA_s}$$

钢管的面积

$$A_s=\frac{\pi}{4}[D^2-(D-2\delta)^2]$$

铜杆的面积

$$A_c=\frac{\pi}{4}d^2$$

则解得钢管和铜杆的轴力为

$$N=N_s=N_c=\frac{(\alpha_c-\alpha_s)\Delta tE_sA_sE_cA_c}{E_sA_s+E_cA_c}=36.2\text{kN}$$

(3) 计算应力。钢管横截面上的应力

$$\sigma_s=\frac{N_s}{A_s}=\frac{36.2\times10^3}{\frac{\pi}{4}\times[(45)^2-(45-2\times3)^2]\times10^{-6}}=91.5(\text{MPa})(\text{拉应力})$$

铜杆横截面上的应力

$$\sigma_c=\frac{N_c}{A_c}=\frac{36.2\times10^3}{\frac{\pi}{4}\times(30)^2\times10^{-6}}=51.2(\text{MPa})(\text{压应力})$$

(4) 组合筒的伸长。

$$\Delta=\Delta l_{s,T}+\Delta l_{s,F}=\alpha_s\Delta tl+\frac{N_sl}{E_sA_s}$$

$$=12\times10^{-6}\times(170-20)\times0.3+\frac{36.2\times10^3\times0.3}{210\times10^9\times\frac{\pi}{4}\times[(45)^2-(45-2\times3)^2]\times10^{-6}}$$

$$=0.67(\text{mm})$$

2.7 应 力 集 中

等截面直杆受轴向拉伸或压缩时，横截面上的应力是均匀分布的。由于实际需要，有些零件必须有切口、切槽、油孔、螺纹、轴肩等，以致在这些部位上截面尺寸发生突然变化。试验结果和理论分析表明，在零件尺寸突然改变处的横截面上，应力并不是均匀分布的。例如，图 2.36 中平板受拉时，中点截面 $a—a$ 由于二端对称性仍保持在 $a—a$ 处，截面 $b—b$ 则移至 $b'—b'$，截面 $a—a$ 与 $b—b$ 间的任一线段都发生了相同的伸长，如图 2.36 (a) 所示。其线应变为

$$\varepsilon=\frac{bb'}{ab}=\text{常数}$$

这一结果可以由试验测量截面 $a—a$、$b—b$ 间线段长度的改变而证明，或直接用电阻应变片测量截面 $a—a$ 上的应变，更精确地证明截面 $a—a$ 上各点的应变为常量。在弹性小变形时材料服从胡克定律，则正应力 σ 在横截面上均匀分布，如图 2.36 (b) 所示，且

$$\sigma=\frac{N}{A}=\sigma_{ave}$$

即均匀拉压变形时横截面应力 σ 等于平均应力 σ_{ave}。这正是前面讨论杆的拉伸与压缩时的结果。

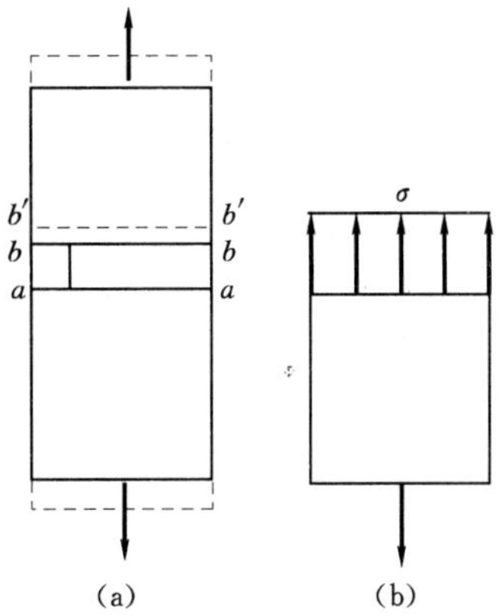

再考虑图 2.37 中带中心圆孔的平板受拉。此时，通过试验测得截面 $a—a$ 上各点的应变 ε 如图 2.37 (a) 所示。应变显然不再是均匀分布的，孔边最大值为 $\varepsilon=\varepsilon_{max}$。同样可由胡克定律知截面 $a—a$ 上的应力分布也不是均匀的，如图 2.37 (b) 所示，越靠近孔边，应力越大。孔边最大应力为

$$\sigma_{max}=k\sigma_{ave} \tag{2.23}$$

(a) (b)

图 2.36

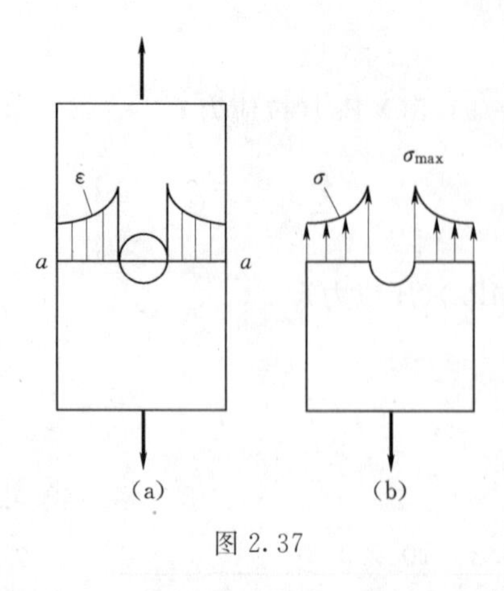

图 2.37

式（2.23）中 $k>1$，是孔边最大应力与平均应力之比，称为理论应力集中系数。一些常见细节形式的理论应力集中系数可由手册查出，圆孔边的应力集中系数 $k=3$。

这一类在构件几何形状改变的局部出现的应力增大现象称为应力集中，发生应力集中的区域称为应力集中区。当 σ_{max} 在弹性范围内时，应力集中区最大应力由式（2.23）给出。在截面几何发生突然改变的位置，如孔、缺口、台阶等处，通常都有应力集中发生。几何改变越剧烈，应力集中越严重。故在必须改变构件几何时，应尽可能用圆弧过渡以减小应力集中的程度。应力集中常常是构件出现裂纹（甚至发生破坏）的重要原因，应当引起注意。

各种材料对应力集中的敏感程度并不相同。塑性材料有屈服阶段，当局部的最大应力 σ_{max} 达到屈服极限 σ_s 时，该处材料的变形可以继续增长，而应力却不再加大。如外力继续增加，增加的力就由截面上尚未屈服的材料来承担，使截面上其他点的应力相继增大到屈服极限。这就使截面上的应力逐渐趋于平均，降低了应力不均匀程度，也限制了最大应力 σ_{max} 的数值。因此，用塑性材料制成的零件在静载作用下，可以不考虑应力集中的影响。脆性材料没有屈服阶段，当载荷增加时，应力集中处的应力一直领先，首先达到强度极限 σ_b，该处将首先产生裂纹。所以对于脆性材料制成的零件，应力集中的危害性显得严重。这样，即使在静载下，也应考虑应力集中对零件承载能力的削弱。至于灰铸铁，其内部的不均匀性和缺陷往往是产生应力集中的主要因素，而零件外形改变所引起的应力集中就可能成为次要因素，对零件的承载能力不一定造成明显的影响。

2.8 剪切和挤压的实用计算

2.8.1 剪切的实用计算

在工程实际中，常常会遇到剪切问题。例如，如图 2.38 所示剪切钢板、冲孔及各种连接件（螺栓、铆钉及键连接等）的失效，都与剪切破坏有关。

由图 2.38 可见，剪切的特点如下：

（1）外力。构件上作用着一对大小相等、方向相反、作用线间的距离很小（转动效果可以忽略）的平行力。

（2）变形。剪切变形的特点是在二力间的截面发生相互错动，直至发生剪切破坏。

可能发生剪切破坏的截面称为剪切面。

剪切面可以是平面，如：图 2.38（a）中剪板时的剪切面在力 F 与支反力 F_1 之间，剪切面的面积等于板宽乘以板厚；图 2.38（c）中铆钉连接的剪切面在两板之间，剪切面面积等于铆钉的横截面积；图 2.38（d）中键连接情况下的剪切面在轴和齿轮连接处键的切面上，剪切面面积等于键的宽度乘长度。这些剪切面都是平面，且图 2.38（c）中两块板用铆钉连接的情况，只有一个剪切平面，称为单剪；三块板用铆钉连接的情况，有两个剪切平面，称为双剪。

剪切面也可以不是平面，如图 2.38（b）中冲孔时的剪切面是圆柱面，剪切面面积等于落料（被冲落的部分材料）的周长乘以其厚度。作用在剪切面上的内力称为剪力，记作 Q。因为 Q 是内力，故需要用截面法沿剪切面将构件切开，在剪切面上画出剪力 Q，然后再由平衡方程求得，如图 2.38 所示。

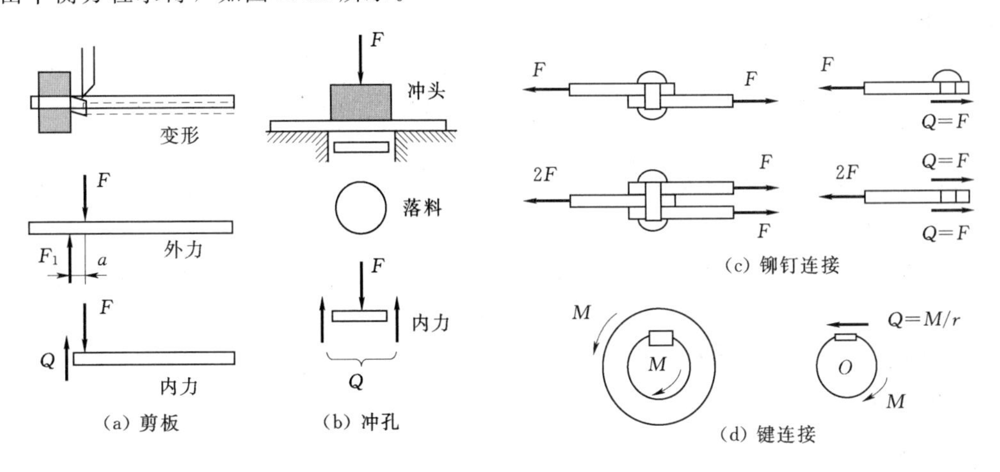

图 2.38

连接件一般并非细长杆，剪切变形发生在靠近载荷作用的局部，不利于变形观测，情况比较复杂。这里仅介绍根据实践经验进行简化后，给出的实用剪切强度计算方法。以图 2.38（c）中两块板用铆钉连接的单剪情况为例，取沿剪切面切开的部分铆钉来研究，受力如图 2.39 所示，剪切面上的内力称为剪力，由平衡条件容易得出

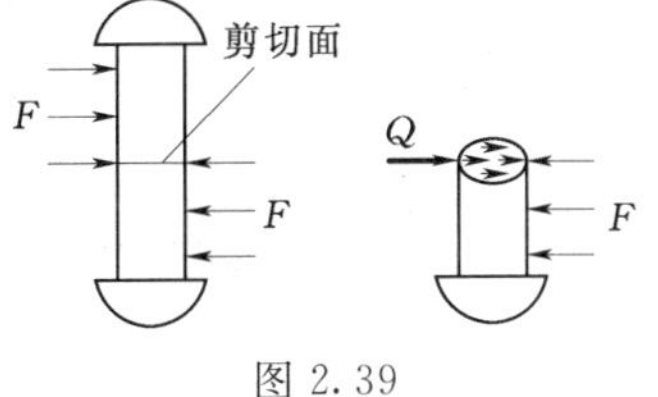

图 2.39

$$Q=F$$

剪力 Q 分布作用在剪切面上，其实际分布情况相当复杂。工程中假定其分布是均匀的，以平均切应力作为剪切面上的切应力（称为名义切应力），则有

$$\tau=\frac{Q}{A} \tag{2.24}$$

即切应力 τ 等于截面上的剪力 Q 除以剪切面面积 A。

为了保证构件不发生剪切破坏，由式（2.24）计算的工作切应力应当不大于材料的许用切应力 $[\tau]$，故剪切强度条件写为

$$\tau=\frac{Q}{A}\leqslant[\tau]=\frac{\tau_b}{n} \tag{2.25}$$

式中　τ_b——材料的剪切强度，由剪切试验确定；

　　　n——大于 1 的剪切安全系数，它为构件抵抗剪切破坏提供了必要的安全储备。

可以看出，强度条件的左端都是工作状态下的控制参量（如工作应力），由分析计算给出；右端则都是由试验确定的，该控制参量的临界值为考虑安全储备后的许用值。

而对于剪板、冲孔等，则要求需要时应保证工件被剪断，故应满足剪断条件：

$$\tau=\frac{Q}{A}>\tau_b \tag{2.26}$$

一般情况下，金属材料的许用切应力与许用拉应力间有下述经验关系：

对于塑性材料　　　　　　　$[\tau]=(0.6\sim0.8)[\sigma]$

对于脆性材料　　　　　　　$[\tau]=(0.8\sim1.0)[\sigma]$

2.8.2　挤压的实用计算

工程实际中，构件在承受剪切的同时，往往还有挤压现象伴随在一起。图 2.40 中显示出了图 2.38 中铆钉、键连接情况下，与剪切同时发生的挤压现象。

挤压的特点是：

(1) 外力。在接触面间承受着压力，如钉和孔壁间、键和键槽壁间都有相互作用的压力。

(2) 变形。若在构件相互接触的表面上作用的挤压力过大，则接触处局部会发生显著的塑性变形（塑性材料）或压碎（脆性材料）。

接触面间所承受的压力称为挤压力（这里应当指出，对于相接触的两者而言，挤压力并不是内力），记作 F_{jy}。只需将相互挤压的两物体分离开，任取其一研究，即可由平衡方程确定挤压力 F_{jy}，如图 2.40 所示。挤压力作用的接触面称为挤压面，挤压面可以是平面，如图 2.40 所示键的挤压面，也可以不是平面，如图 2.40 所示钉的挤压面为半个圆柱面。钉与孔间的挤压将会使钉、孔的圆形截面变扁，导致连接松动而影响正常工作；键与键槽间的挤压过大会造成键或槽的局部变形或压碎，导致键连接不能传递足够的扭矩甚至发生事故。

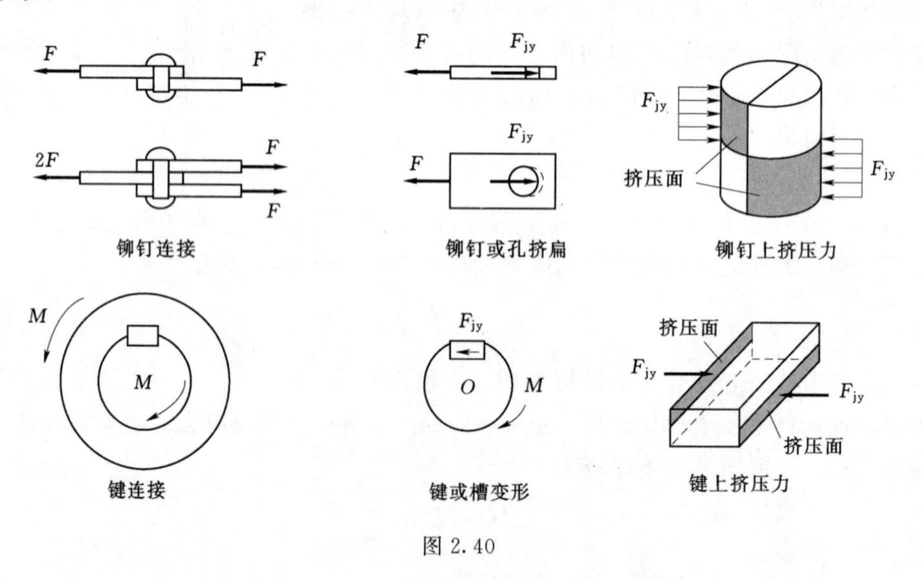

图 2.40

在工程中，假定挤压力均匀分布在计算挤压面上，定义挤压应力 σ_{jy} 为

$$\sigma_{jy}=\frac{F_{jy}}{A_{jy}} \tag{2.27}$$

式中　F_{jy}——挤压力；

A_{jy}——挤压面的计算挤压面积。

若挤压面为平面，计算挤压面积 A_{jy} 即为实际挤压面面积，如图 2.40 中键的挤压面。若挤压面是曲面，则以挤压面在垂直于挤压力之平面上的投影面积作为计算挤压面积。如图 2.40 之铆钉与板连接中，半圆柱挤压面的计算挤压面积等于其在垂直于挤压力 F_{jy} 之平面上的投影面积，即 A_{jy} 等于铆钉直径 d 与板厚 t 之积，如图 2.41（a）所示。因为挤压面是构件（如板和钉）间的相互接触面，故与钉连接的板上的孔边挤压面也为圆柱面，其计算挤压面积同样为 $A_{jy}=td$。

图 2.41（b）表示的是挤压面上的实际应力分布情况，按照式（2.27）计算的挤压应力（名义挤压应力 σ_{jy}）如图 2.41（c）所示。

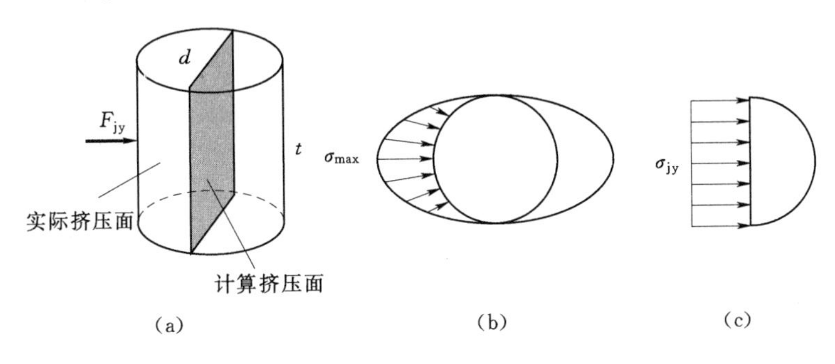

图 2.41

挤压强度条件可写为

$$\sigma_{jy}=\frac{F_{jy}}{A_{jy}}\leqslant[\sigma_{jy}]=\frac{\sigma_{jyb}}{n_{jy}} \tag{2.28}$$

材料的极限挤压应力 σ_{jyb} 也应由试验测定，许用挤压应力 $[\sigma_{jy}]$ 同样应由试验确定的极限挤压应力 σ_{jyb} 除以安全系数后给出。一般情况下，有

对于塑性材料　　$[\sigma_{jy}]=(1.5\sim2.5)[\sigma]$

对于脆性材料　　$[\sigma_{jy}]=(0.9\sim1.5)[\sigma]$

【例 2.13】 联轴节如图 2.42 所示。四个螺栓对称配置在 $D=480\text{mm}$ 的圆周上，传递扭矩 $T=24\text{kN}\cdot\text{m}$。若所选用材料的 $[\tau]=80\text{MPa}$，$[\sigma_{jy}]=120\text{MPa}$，试设计螺栓的直径 d 和连接法兰最小厚度 t。

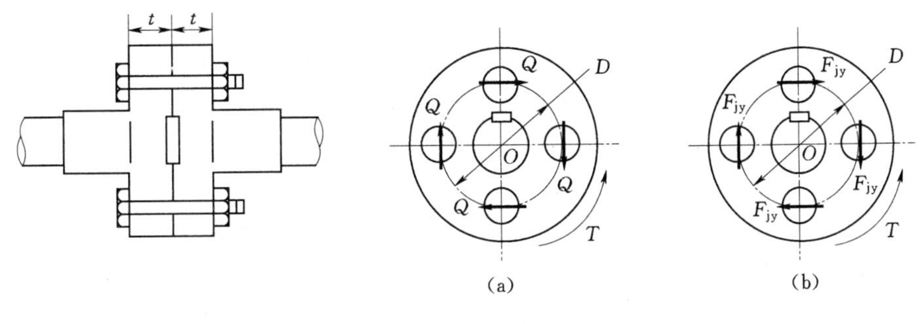

图 2.42

分析：螺栓成轴对称分布，可以认为每个螺栓的受力是相同的。螺栓杆和孔壁之间作用有挤压力，挤压力对圆心产生的力矩与传递的扭矩平衡，可以由平衡方程求出。螺栓杆

中剪切面上的剪力如图 2.39 所示。一般先考虑螺栓杆的剪切强度，再考虑挤压强度。

解：（1）考虑螺栓剪切强度。沿剪切面将螺栓截断，取右段研究，受力如图 2.42（a）所示，由平衡条件有

$$4Q\frac{D}{2}=T$$

即每个螺栓承受的剪力为

$$Q=\frac{T}{2D}=\frac{24\times10^3}{2\times0.48}=25(\mathrm{kN})$$

螺栓杆的剪切强度条件为

$$\tau=\frac{Q}{\frac{\pi d^2}{4}}\leqslant[\tau]$$

得到

$$d\geqslant\sqrt{\frac{4Q}{\pi[\tau]}}=\sqrt{\frac{4\times25\times10^3}{3.14\times80\times10^6}}=0.0199(\mathrm{m})=19.9(\mathrm{mm})$$

可取

$$d=20\mathrm{mm}$$

（2）考虑螺栓挤压强度。解除螺栓约束，取右端法兰盘研究，受力如图 2.42（b）所示，由平衡条件有

$$4F_{jy}\frac{D}{2}=T$$

则

$$F_{jy}=25\mathrm{kN}$$

挤压强度条件为

$$\sigma_{jy}=\frac{F_{jy}}{A_{jy}}=\frac{F_{jy}}{td}\leqslant[\sigma_{jy}]$$

即有

$$t\geqslant\frac{F_{jy}}{d[\sigma_{jy}]}=\frac{25\times10^3}{20\times120\times10^6}=0.0104(\mathrm{m})=10.4(\mathrm{mm})$$

故设计中可选用

$$t=12\mathrm{mm}$$

【例 2.14】 如图 2.43（a）所示为铆接接头，板厚 $t=2\mathrm{mm}$，板宽 $b=15\mathrm{mm}$，板端部长 $a=8\mathrm{mm}$，铆钉直径 $d=4\mathrm{mm}$，拉力 $P=1.25\mathrm{kN}$。铆钉材料的许用剪切应力 $[\tau]=100\mathrm{MPa}$，许用挤压应力 $[\sigma_{jy}]=300\mathrm{MPa}$，拉板的挤压强度与铆钉相同，拉板的拉伸许用应力 $[\sigma]=160\mathrm{MPa}$。试校核此接头的强度。

分析：整个接头的强度问题包含以下四个方面：①铆钉的剪切强度；②铆钉与拉板钉孔处的挤压强度，由于两种材料的挤压强度相同，只计算一个就可以了；③拉板端部纵向截面积［图 2.43（c）中的 2—2 截面］处的剪切强度，但是若端部长度 a 大于铆钉直径 d 的两倍，则钉孔后面拉板纵截面的剪切强度是安全的，不会被“豁开”；④拉板因钉孔处截面“净面积”被削弱，需要考虑此处的拉伸强度。

解：（1）铆钉剪切与挤压强度计算。铆钉的剪切面为 1—1 截面［图 2.43（a)］，其

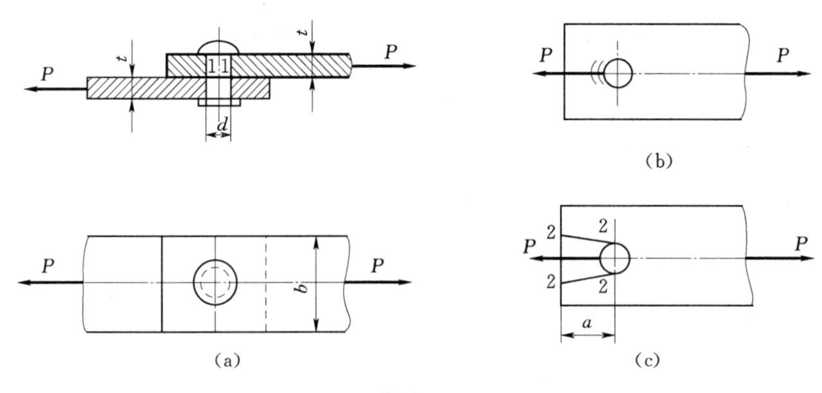

图 2.43

上剪力为

$$Q=P$$

则剪切面上的切应力

$$\tau=\frac{Q}{A}=\frac{4\times1.25\times10^{3}}{\pi\times4^{2}\times(10^{-3})^{2}}=99.5(\mathrm{MPa})<[\tau]$$

铆钉所受的挤压力为 P，铆钉与板实际接触面为半个圆柱面，有效挤压面积为 $A_{jy}=dt$，挤压强度条件为

$$\sigma_{jy}=\frac{P}{A_{jy}}=\frac{1.25\times10^{3}}{4\times2\times10^{-6}}=156(\mathrm{MPa})<[\sigma_{jy}]$$

因拉板与铆钉的材料相同，故其挤压强度计算与铆钉相同。

(2) 拉板被削弱截面的拉伸强度计算。拉板削弱处 [图 2.43 (b)] 的截面面积为$A=t(b-d)$，故拉应力为

$$\sigma=\frac{P}{A}=\frac{1.25\times10^{3}}{2\times(15-4)\times10^{-6}}=56.8(\mathrm{MPa})<[\sigma]$$

因此，本例接头强度是安全的。

【例 2.15】 如图 2.44 所示，将板 1 焊接在板 2 上，已知焊缝材料的许用剪切应力 $[\tau]=110\mathrm{MPa}$，所受拉力 $P=120\mathrm{kN}$，板 1 的厚度 $t=8\mathrm{mm}$，试求图示焊缝的长度 l。

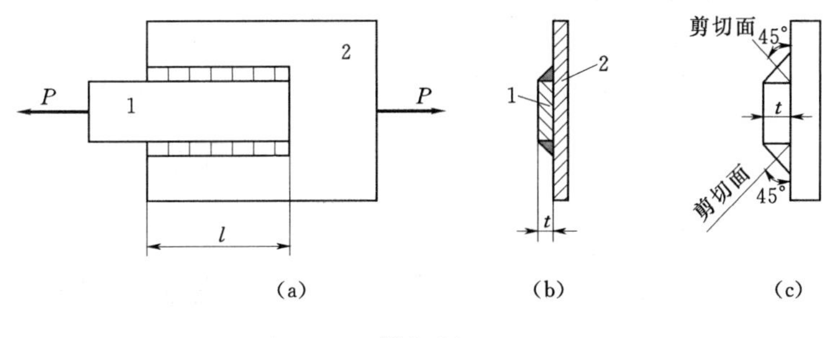

图 2.44

分析：边焊缝的破坏是沿最小的剪切面发生剪断的。一般将焊缝截面近似为一个等腰三角形 [图 2.44 (b)]，则最小剪切面的一边就是此三角形斜边的高，而剪切面积 $A=tl\sin45^{\circ}$。

解：剪切面上的剪力

$$Q=\frac{P}{2}=60(\text{kN})$$

焊缝的剪切强度条件为

$$\tau=\frac{Q}{A}=\frac{Q}{tl\sin 45^{\circ}}\leqslant[\tau]$$

所以
$$l\geqslant\frac{Q}{t[\tau]\sin 45^{\circ}}=\frac{60\times10^{3}\times2}{\sqrt{2}\times8\times10^{-3}\times110\times10^{6}}$$
$$=9.64\times10^{-2}(\text{m})=9.64(\text{cm})$$

按工程规范，焊缝长度应比计算值增加 1cm。

所以
$$l=11(\text{cm})$$

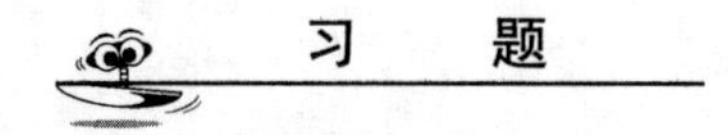

习　　题

2.1　试求如习题 2.1 图所示等直杆横截面 1—1、2—2、3—3 截面的轴力，并作轴力图。若横截面面积 $A=400\text{mm}^2$，求各横截面上的应力。

2.2　如习题 2.2 图所示在圆钢杆上铣去一个槽。已知钢杆受拉力 $F=15\text{kN}$ 作用，钢杆直径 $d=20\text{mm}$。试求截面 1—1 和 2—2 上的应力（铣去槽的面积可近似作为矩形，面积为 $d\,\dfrac{d}{4}$）。

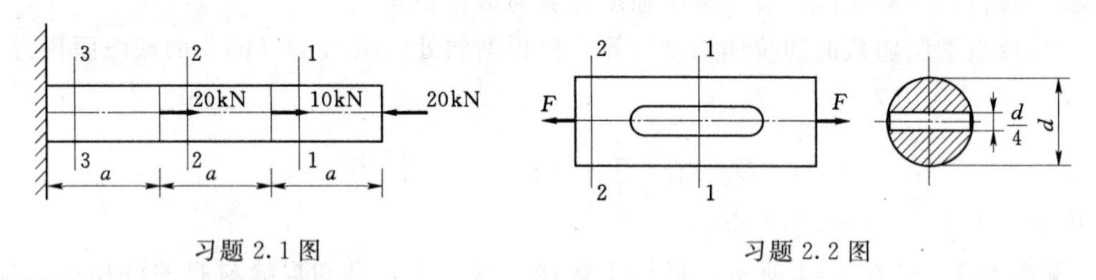

习题 2.1 图　　　　习题 2.2 图

2.3　在如习题 2.3 图所示结构中，若钢拉杆 BC 的横截面直径为 10mm，试求拉杆内的应力。设由 BC 连接的两部分均为刚体。

2.4　在如习题 2.4 图所示结构中，1、2 两杆的横截面直径分别为 20mm 和 10mm，试求两杆内的应力。设两根横梁皆为刚体。

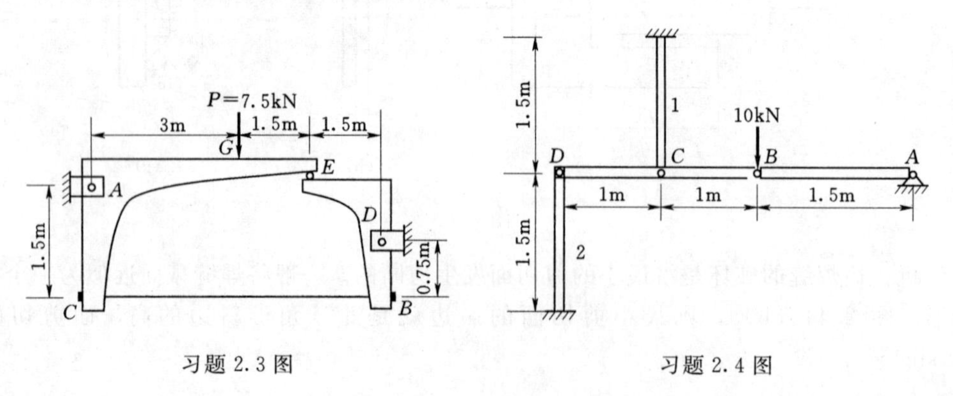

习题 2.3 图　　　　习题 2.4 图

2.5　如习题 2.5 图所示拉杆承受轴向力 $F=10\text{kN}$，杆的横截面面积 $A=100\text{mm}^2$。如以 α 表示斜截面与横截面的夹角，试求：

（1）当 $\alpha=0°$、$30°$、$-60°$时各斜截面上的正应力和切应力。

（2）拉杆的最大正应力和最大切应力及其作用的截面。

2.6　承受载荷 P 和 $2P$ 的桁架如习题 2.6 图所示。已知各杆具有相同的横截面面积 S，求杆 AB 和杆 AF 的应力。

2.7　一个内半径为 r，厚度为 $\delta\left(\delta\leqslant\dfrac{r}{10}\right)$，宽度为 b 的薄壁圆环。在圆环的内表面承受均匀分布的压力 p（习题 2.7 图），试求：

（1）由内压力引起的圆环径向截面上的周向应力。

（2）由内压力引起的圆环半径的增大量。

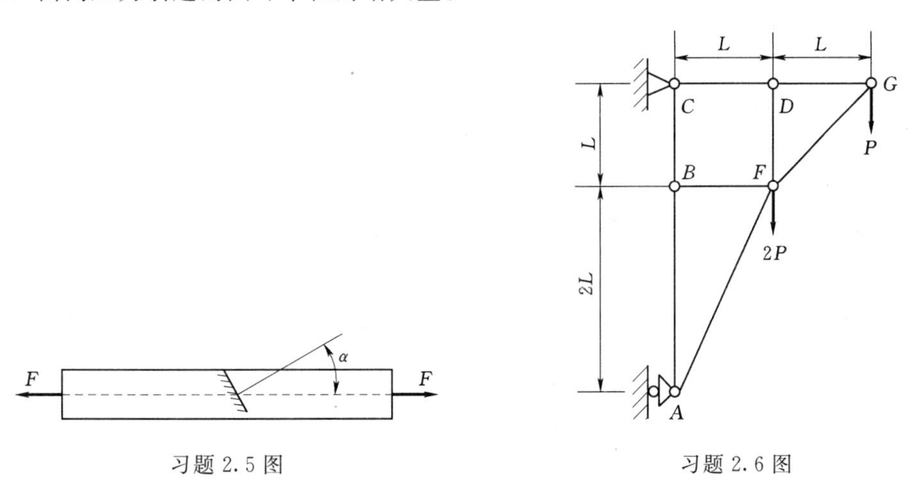

习题 2.5 图　　　　习题 2.6 图

2.8　如习题 2.8 图所示双杠夹紧机构，需产生一对 20kN 的夹紧力，试求水平杆 AB 及二斜杆 BC 和 BD 的横截面直径。设三杆的材料相同，$[\sigma]=100\text{MPa}$，$\alpha=30°$。

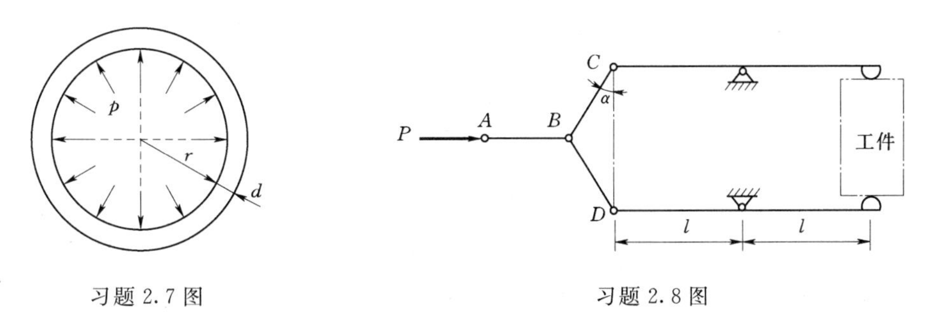

习题 2.7 图　　　　习题 2.8 图

2.9　如习题 2.9 图所示为钢制阶梯形直杆，材料比例极限 $\sigma_p=200\text{MPa}$，许用应力 $[\sigma]=160\text{MPa}$，各段截面面积分别为 $A_1=A_3=300\text{mm}^2$，$A_2=200\text{mm}^2$，材料的弹性模量 $E=200\text{GPa}$。

（1）试求各段的横截面上的正应力。这杆强度够吗？

（2）计算杆的总变形。

2.10　如习题 2.10 所示的平板拉伸试件，宽度 $b=29.8\text{mm}$，厚度 $h=4.1\text{mm}$，在拉

伸试验时，每增加 3kN 拉力，利用电阻丝测得沿轴线方向产生应变 $\varepsilon_1=120\times10^{-6}$，横向应变 $\varepsilon_2=-38\times10^{-6}$。求试件材料的弹性模量 E 及横向变形系数 μ。

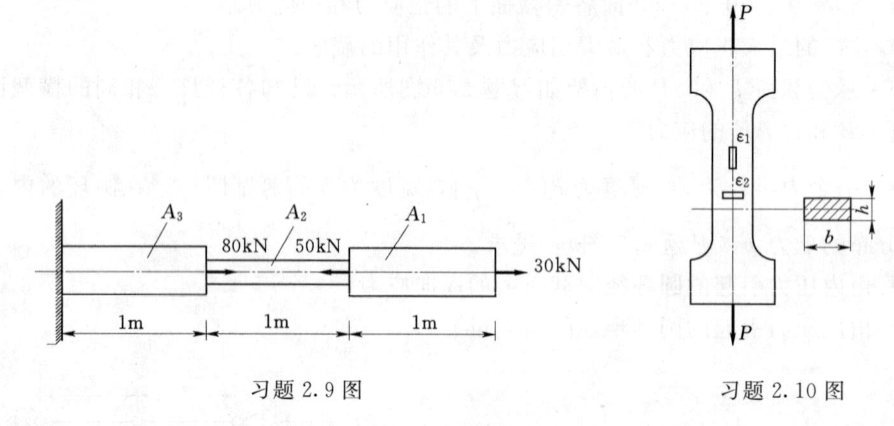

习题 2.9 图　　习题 2.10 图

2.11　如习题 2.11 图所示为由两种材料组成的圆杆，直径 $d=40$mm，杆的总伸长 $\Delta l=0.126$mm，钢的弹性模量 $E_1=210$GPa，铜的弹性模量 $E_2=100$GPa。试求载荷 P 及在 P 力作用下杆内的最大正应力。

2.12　横截面尺寸为 75mm×75mm 的短木柱（习题 2.12 图），承受轴向压缩。欲使木柱任意截面的正应力不超过 2.4MPa，剪应力不超过 0.77 MPa，求其最大载荷 P。

2.13　吊车在如习题 2.13 所示托架的 AC 梁上移动，斜钢杆 AB 的截面为圆形，直径为 20mm，$[\sigma]=120$MPa。试校核斜杆 AB 的强度（提示：应考虑危险工作状况）。

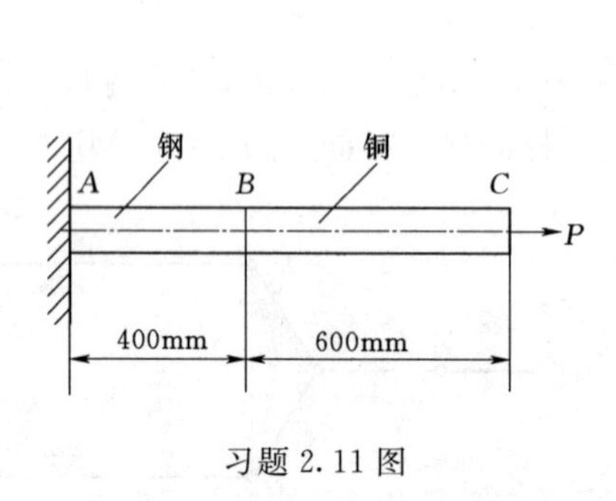

习题 2.11 图

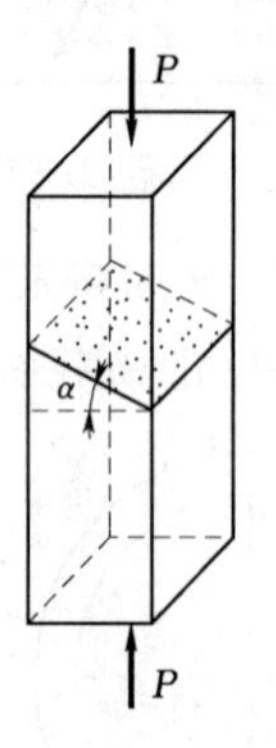

习题 2.12 图

2.14　如习题 2.14 图所示，BC 为铜杆，DG 为钢杆，两杆的横截面面积分别为 A_1 和 A_2，弹性模量分别为 E_1 和 E_2。如要求 CG 始终保持水平位置，试求 x。

2.15　在如习题 2.15 图所示简单杆系中，设 AB 和 AC 分别为直径是 20mm 和 24mm 的圆截面杆，$E=200$GPa，$F=5$kN。试求 A 点的垂直位移。

2.16　由五根钢杆组成的杆系如习题 2.16 图所示。各杆横截面面积均为 500mm²，$E=200$GPa。设沿对角

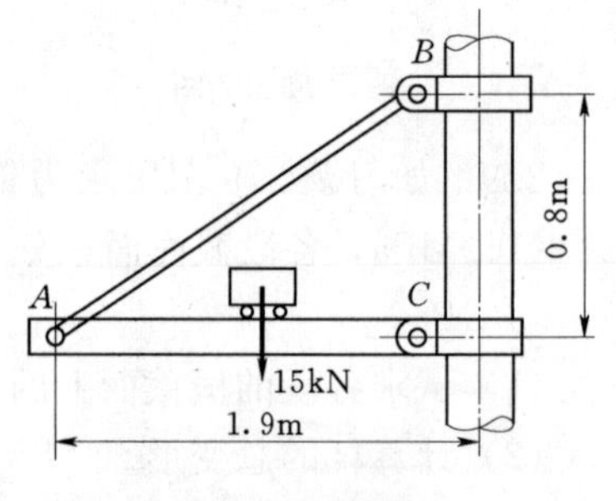

习题 2.13 图

线 AC 方向作用一对 20kN 的力，试求 A、C 两点的距离改变。

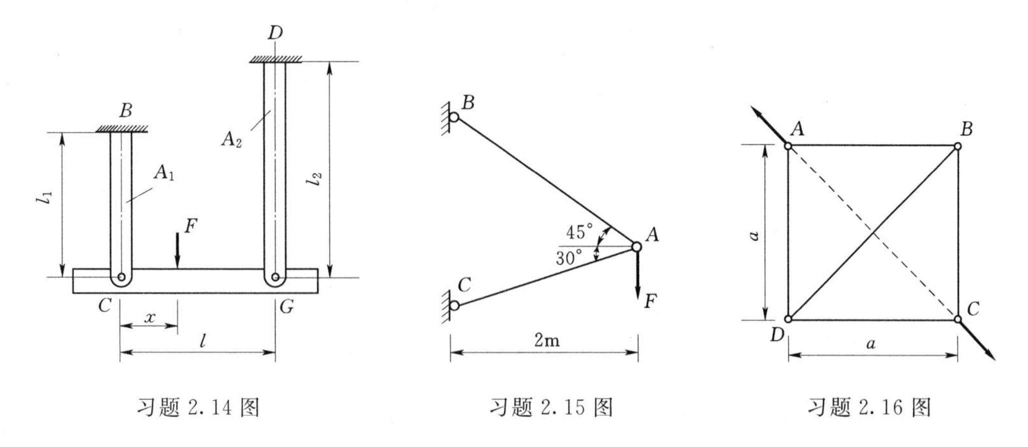

习题 2.14 图　　习题 2.15 图　　习题 2.16 图

2.17　刚性厚板质量为 3200kg，由三根立柱支承，如习题 2.17图所示。其中左右两根为混凝土柱，长度为 $l_1=4$m，$E_1=20$GPa，$A_1=0.08\text{m}^2$；中间一根为木柱，$l=4$m，$E_2=12$GPa，$A_2=0.04\text{m}^2$。求每根立柱的压力为多少。

2.18　水平刚性梁横梁 AB 上部由杆 1 和杆 2 悬挂，下部由铰支座 C 支承，如习题 2.18图所示。由于制造误差，杆 1 的长度短了 $\delta=1.5$mm。已知两杆的材料和横截面面积均相同，且 $E_1=E_2=E=200$GPa，$A_1=A_2=A$。试求装配后两杆横截面上的应力。

2.19　如习题 2.19 图所示阶梯形钢杆的两端在 $T_1=5$℃时被固定，杆件上下两段的横截面面积分别是 $A_上=5\ \text{cm}^2$，$A_下=10\ \text{cm}^2$。当温度升高至 $T_2=25$℃时，试求杆内各部分的温度应力。钢材的 $\alpha_t=12.5\times10^{-6}$℃$^{-1}$，$E=200$GPa。

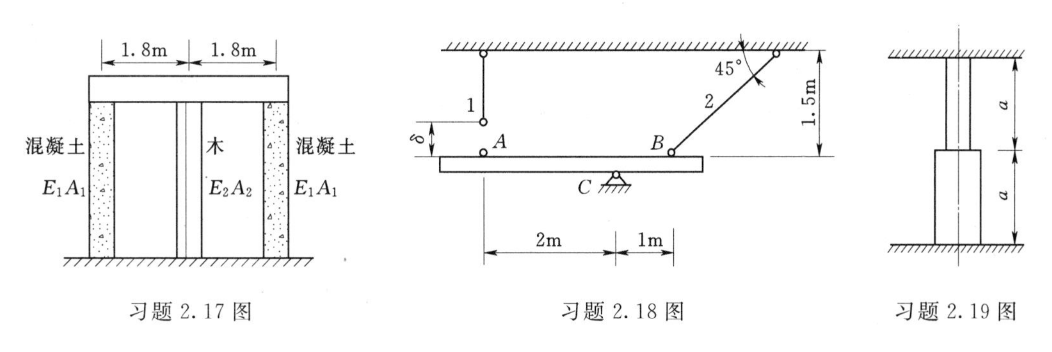

习题 2.17 图　　习题 2.18 图　　习题 2.19 图

2.20　在如习题 2.20 图所示结构中，1、2 两杆的抗拉刚度同为 E_1A_1，杆 3 为 E_3A_3。杆 3 的长度为 $l+\delta$，其中 δ 为加工误差。试求将杆 3 装入 AC 位置后 1、2、3 杆的内力。

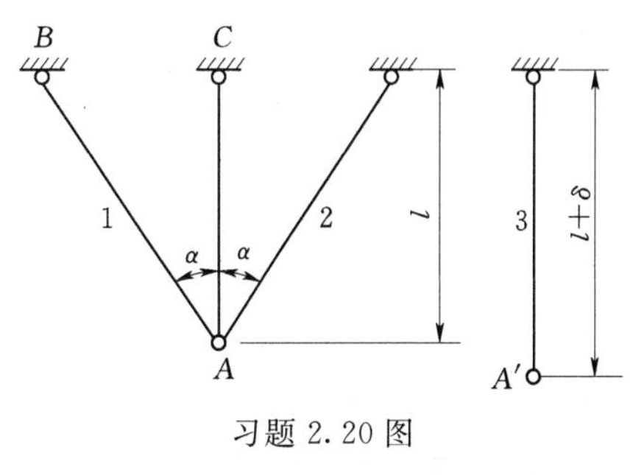

习题 2.20 图

2.21　如习题 2.21 图所示钢筋混凝土柱中钢筋面积与混凝土面积之比为 1∶40，而它们弹性模量之比为 10∶1，加在顶端的载荷 $F=300$kN，试问它们各承受多少载荷？

2.22　如习题 2.22 图所示为一螺栓接头。已知 $F=40$kN，螺栓的许用切应力 $[\tau]=$

130MPa，许用挤压应力为 $[\sigma_{jy}]=300\text{MPa}$。试计算螺栓所需的直径。

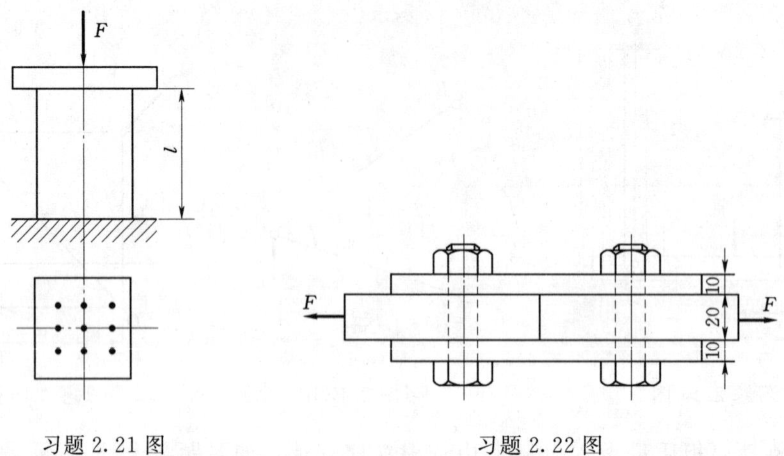

习题 2.21 图　　　　习题 2.22 图

2.23　承受拉力 $F=80\text{kN}$ 的螺栓连接如习题 2.23 图所示。已知 $b=80\text{mm}$，$\delta=10\text{mm}$，$d=22\text{mm}$，螺栓的许用切应力 $[\tau]=130\text{MPa}$，钢板的许用挤压应力 $[\sigma_{jy}]=300\text{MPa}$，许用拉应力 $[\sigma]=170\text{MPa}$。试校核接头的强度。

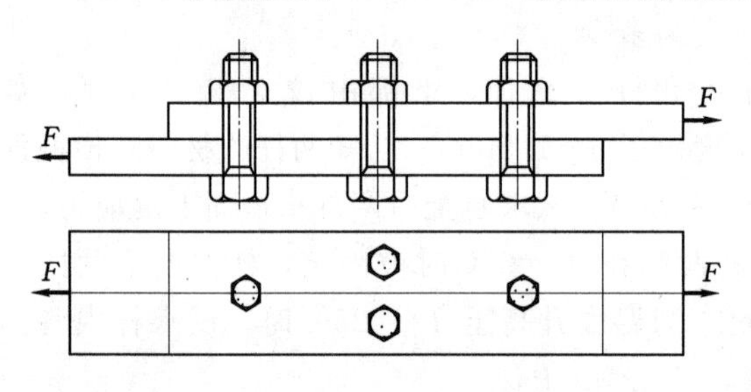

习题 2.23 图

2.24　如习题 2.24 图所示为一矩形界面的拉伸试件，为了使拉力通过试件的轴线，试件两段开有圆孔，孔内插有销钉，载荷通过销钉而传至试件。若试件与销钉材料的许用应力相同，$[\tau]=100\text{MPa}$，$[\sigma_{jy}]=320\text{MPa}$，$[\sigma]=160\text{MPa}$，抗拉强度 $[\sigma_b]=400\text{MPa}$，为了保证试件在中部被拉断，试确定试件端部所需尺寸 a、b 及销钉直径 d。

2.25　在厚度为 $t=5\text{mm}$ 的薄钢板上，冲出一个如习题 2.25 图所示的孔，钢板的极限切应力 $\tau^0=320\text{MPa}$，求冲床必须具有的冲击力 P。

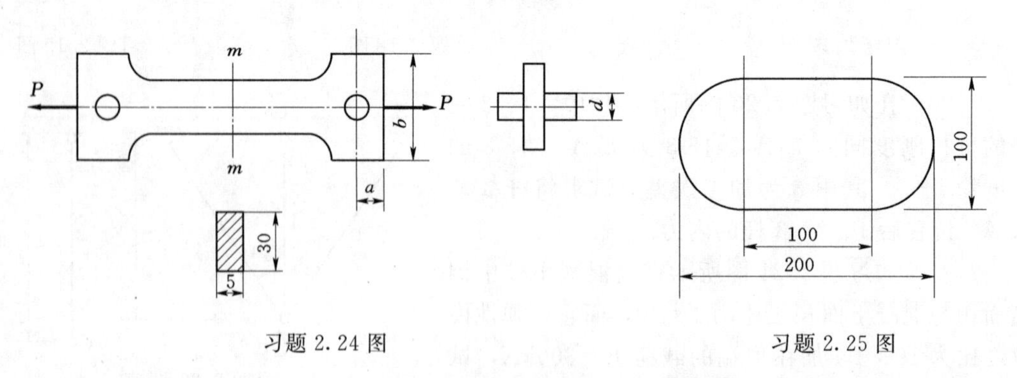

习题 2.24 图　　　　习题 2.25 图

2.26　如习题 2.26 图所示，车床的传动光杆装有安全联轴器，过载时安全销将先被剪断。已知安全销的平均直径为 5mm，材料为 45 钢，其剪切极限应力为 $\tau^0=370\text{MPa}$，求联轴器所能传递的最大力偶矩 M。

2.27　木榫接头如习题 2.27 图所示。$a=b=120\text{mm}$，$h=350\text{mm}$，$c=45\text{mm}$，$F=40\text{kN}$。试求接头的剪切和挤压应力。

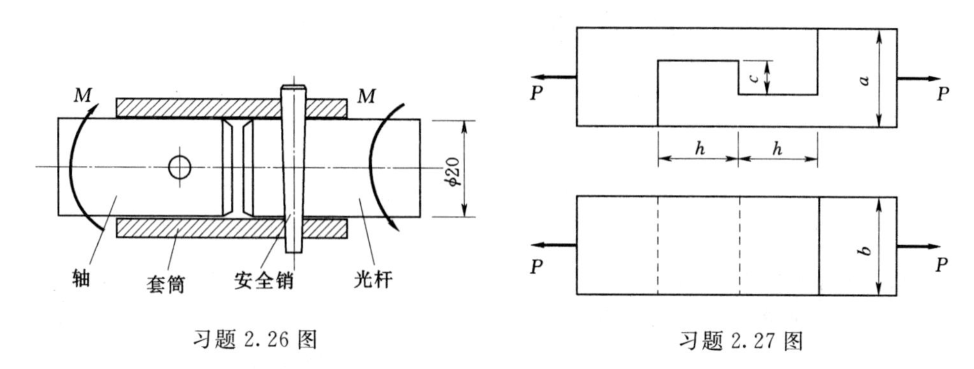

习题 2.26 图　　　　习题 2.27 图

2.28　拉伸试件的夹头如习题 2.28 图所示。已知试件材料的 $[\tau]=80\text{MPa}$，$[\sigma_{jy}]=300\text{MPa}$。若最大拉力 $P_{max}=35\text{kN}$，$d_0=10\text{mm}$，$d=14\text{mm}$，试设计试件端部圆头的尺寸 D 和 h。

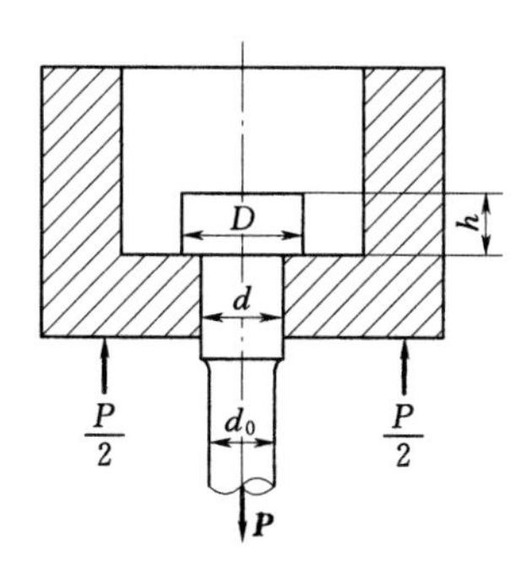

习题 2.28 图

第3章 扭 转

3.1 概 述

在杆件两端垂直于杆轴线的平面内，作用两个大小相等、方向相反的力偶力时，杆件将产生扭转变形。如图3.1所示，此时杆的各横截面绕杆轴线发生相对转动，杆中任意两横截面产生相对转角。

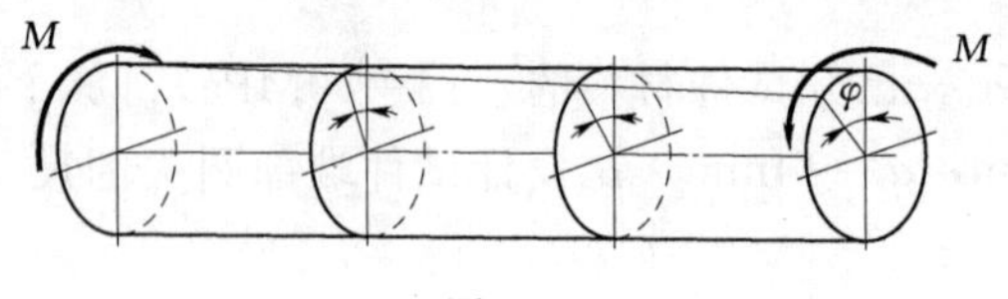

图3.1

3.1.1 扭转构件的工程实例

在工程中经常遇到扭转变形的构件，车床的光杆、搅拌机轴、汽车传动轴等都是受扭构件，例如如图3.2所示汽车方向盘下的转向轴和如图3.3所示的传动轴。还有一些轴类零件，如电动机主轴、水轮机主轴、机床传动轴等，除扭转变形外还有弯曲变形，属于组合变形。以扭转变形为主要变形的受力构件称为轴，工程上轴的横截面多采用圆形截面，即为圆轴。本章主要研究等直圆轴扭转问题，对于非圆截面杆件的扭转，本章只对矩形截面杆的扭转做简单介绍。

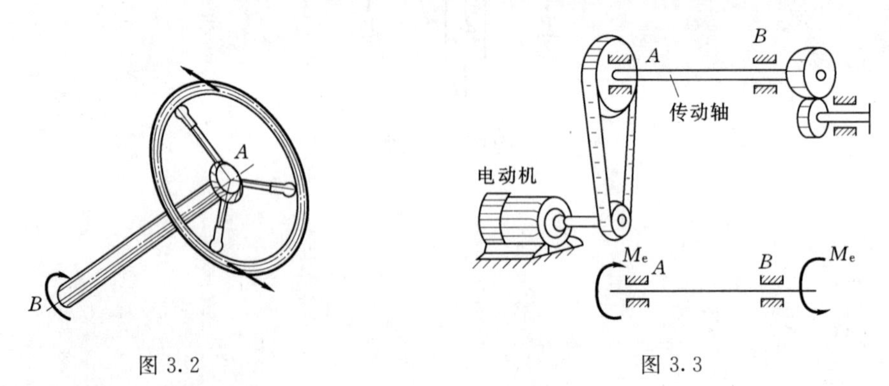

图3.2　　图3.3

3.1.2 传动轴扭转力偶矩的计算

轴扭转时的外力通常用外力偶矩 M_e 表示。但工程上许多受扭构件，如传动轴等，往往并不直接给出其外力偶矩，而是给出轴所传递的功率和转速，这时可用下述方法计算作用于轴上的外力偶矩。

设某轴传递的功率为 P_k，单位为千瓦（kW），转速为 n，单位 r/min（每分钟转速），作用在该轴的力偶矩为 M_e，由理论力学可知

$$P_k \times 1000 = M_e \omega$$

式中　ω——该轴的角速度，rad/s。

$$\omega=\frac{2\pi n}{60}$$

则

$$M_e=P_k\times1000\times\frac{60}{2\pi n}\approx9549\,\frac{P_k}{n}(\text{N}\cdot\text{m})\tag{3.1}$$

在作用于轴上的所有外力偶矩都求出后，即可用截面法研究横截面上的扭转内力。

3.2 轴扭转时的内力

3.2.1 截面法求扭转内力

现以如图 3.4 所示的圆轴为例，假想地将圆轴沿 $m—m$ 截面分成两部分，任取其中一部分，如取部分Ⅰ作为研究对象。由于整个轴是平衡的，所以Ⅰ部分也平衡，由平衡条件 $\sum M_x=0$，则

$$T-M_e=0,\quad T=M_e$$

T 称为 $m—m$ 截面上的扭矩，它是Ⅰ、Ⅱ部分在 $m—m$ 截面上相互作用的分布内力系的合力偶矩。如果取部分Ⅱ为研究对象，可得到相同结果，只是扭矩 T 的方向相反。

扭矩 T 符号规定如下：如图 3.5 所示，按右手螺旋法则把 T 表示为矢量，当矢量方向与截面的外法线的方向一致时，T 为正；反之为负。例如图 3.4 中，Ⅰ部分或Ⅱ部分的 $m—m$ 截面上的扭矩都为正。按照这种规定，不管取哪一部分作为研究对象，在 $m—m$ 截面上都可以得到相同代数值的内力。

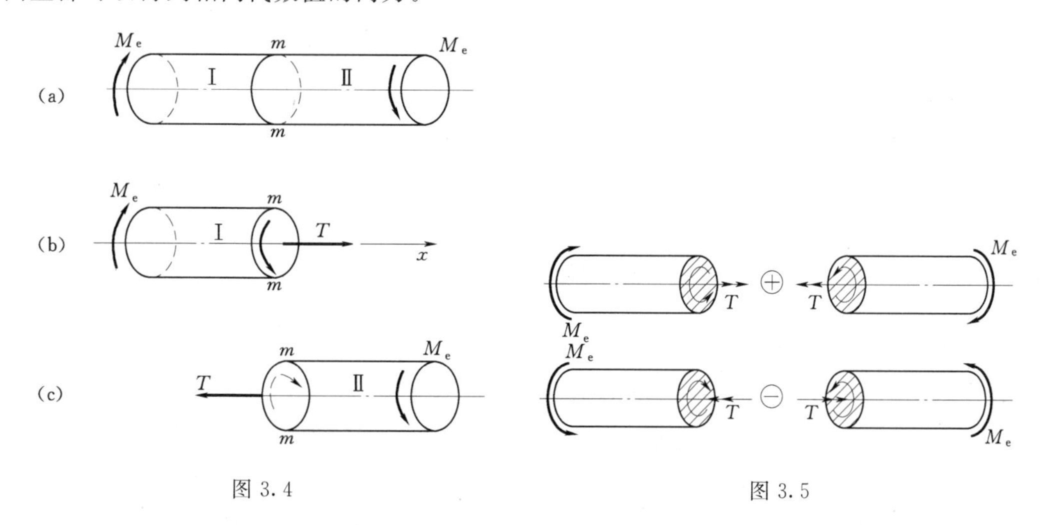

图 3.4

图 3.5

3.2.2 扭转轴的扭矩图

当轴上作用有两个以上的外力偶时，其各段截面上的扭矩是不相等的，这时需分段应用截面法和平衡条件求出扭矩。为了将各段的扭矩清楚地表示出来，和画轴力图一样，用图线表示扭矩沿轴线变化的情况。用横轴表示横截面的位置 x，纵轴表示相应截面上的扭矩 T，这种描绘扭矩沿轴线变化规律的图线称为扭矩图。画扭矩图时应注意：

（1）扭矩图应画在原图的下面，上下对齐，并标出坐标轴 $x-T$。

（2）需标出扭矩 T 的正负号，用小圆圈住。

（3）要标出扭矩 T 的区域，用垂直于轴线的细线表示。

（4）要标出扭矩 T 的单位和突变处的值。

下面举例说明扭矩的计算和扭矩图的画法。

【例 3.1】 传动轴如图 3.6 所示，主动轮 A 输出功率 $P_A=36\text{kW}$，从动轮 B、C、D 输出功率分别为 $P_B=P_C=11\text{kW}$，$P_D=14\text{kW}$，轴的转速为 $n=300\text{r/min}$。试作轴的扭矩图。

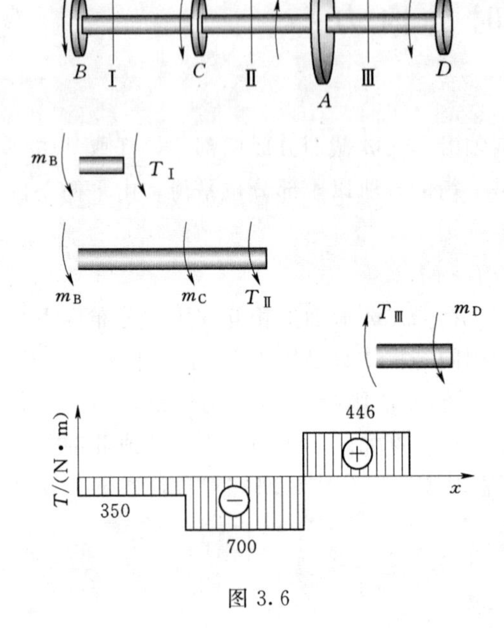

图 3.6

解：（1）求外力偶矩。

$$m_A=9549\,\frac{P_A}{n}=9549\times\frac{36}{300}=1146(\text{N}\cdot\text{m})$$

$$m_B=m_C=9549\,\frac{P_B}{n}=9549\times\frac{11}{300}=350(\text{N}\cdot\text{m})$$

$$m_D=9549\,\frac{P_D}{n}=9549\times\frac{14}{300}=446(\text{N}\cdot\text{m})$$

（2）求截面内扭矩。

在 BC 段内：

$$T_{\text{I}}+m_B=0$$

$$T_{\text{I}}=-m_B=-350\text{N}\cdot\text{m}$$

在 CA 段内：

$$T_{\text{II}}+m_C+m_B=0$$

$$T_{\text{II}}=-m_C-m_B=-700\text{N}\cdot\text{m}$$

在 AD 段内：

$$T_{\text{III}}=m_D=446\text{N}\cdot\text{m}$$

（3）画扭矩图。

由扭矩图图 3.6 可知，最大扭矩发生在 CA 段内，且 $T_{max}=700\text{N}\cdot\text{m}$。

3.3 纯 剪 切

3.3.1 薄壁圆筒扭转时的应力

如图 3.7（a）所示的圆筒，平均半径为 r，壁厚度为 t，当 $r\gg t$ 时，称为薄壁圆筒。薄壁圆筒的计算结果是近似的，其误差取决于 r 和 t 的比值（理论上 r/t 越大计算精度越高）。当 $r/t>8$ 时，通常满足工程计算中精度的要求。对薄壁圆筒进行扭转试验后发现：

（1）圆筒表面的各圆周线的形状、大小和间距均未改变，只是绕轴线作了相对转动。

（2）各纵向线均倾斜了同一微小角度 γ。

（3）所有矩形网格均歪斜成同样大小的平行四边形。

根据试验现象及受力和变形的轴对称性质，首先可以假定横截面上没有正应力，原因如下：①在扭转变形发生过程中，薄壁圆筒的表面形状、长度和大小都没有改变；②假定横截面上的切应力方向与径向垂直，如果横截面上的切应力与径向不垂直，即有径向切应力分量。其作用结果必然使变形失去轴对称性质，这与试验结果不相符；③由于 t 很小，可以假定横截面上的切应力在厚度方向上均匀分布而无变化。

以上三个假定中，前两个得到了理论和试验的证明，第三个假定是与实际不相符合的，主要是为了计算方便。根据以上假定，应用截面法，并考虑图 3.7（c）中 $q—q$ 截面左侧部分的平衡方程：

$$\sum M_x=0,\quad m=2\pi rt\tau r$$

故

$$\tau=\frac{T}{2\pi r^2 t} \tag{3.2}$$

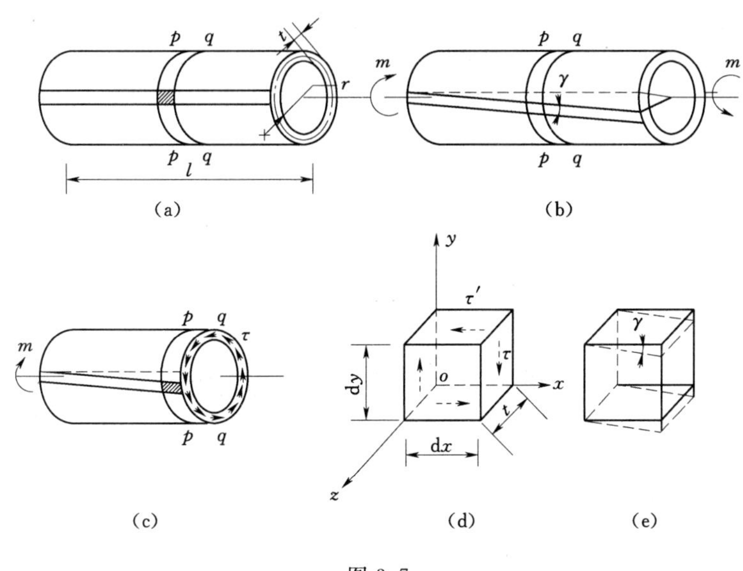

图 3.7

3.3.2 切应力互等定理

图 3.7（d）是从图 3.7（c）薄壁圆筒上截取的小方块单元体，它的厚度为圆筒壁厚 t，宽度和高度分别为 $\mathrm{d}x$、$\mathrm{d}y$。当薄壁圆筒受扭时，此单元体分别相应于 $p—p$、$q—q$ 圆周面的左、右侧面，因此在这两个侧面上有剪力 $\tau t\mathrm{d}y$，而且这两个侧面上剪力大小相等而方向相反，形成一个力偶，其力偶矩为 $(\tau t\mathrm{d}y)\mathrm{d}x$。为了平衡这一力偶，上、下水平面上也必须有一对切应力 τ' 作用（据 $\sum F_x=0$，也应大小相等，方向相反）。对整个单元体，必须满足 $\sum M_z=0$，即

$$(\tau t\mathrm{d}y)\mathrm{d}x=(\tau' t\mathrm{d}x)\mathrm{d}y$$

所以

$$\tau=\tau' \tag{3.3}$$

式（3.3）表明，在一对相互垂直的微面上，垂直于交线的切应力应大小相等，方向共同指向或背离交线，这就是切应力互等定理。

3.3.3 剪切胡克定律

单元体各面上只有切应力，没有正应力的情形称为纯剪切。如图 3.7（e）所示，此时单元体的相对两侧面将发生微小的相对错动，原来互相垂直的两个棱边的夹角改变了一个微量 γ，这就是切应变。由图 3.7（b）可知，若 φ 为薄壁圆筒两端的相对转角，l 为圆

筒的长度，则切应变为

$$\gamma=\frac{r\varphi}{l} \tag{3.4}$$

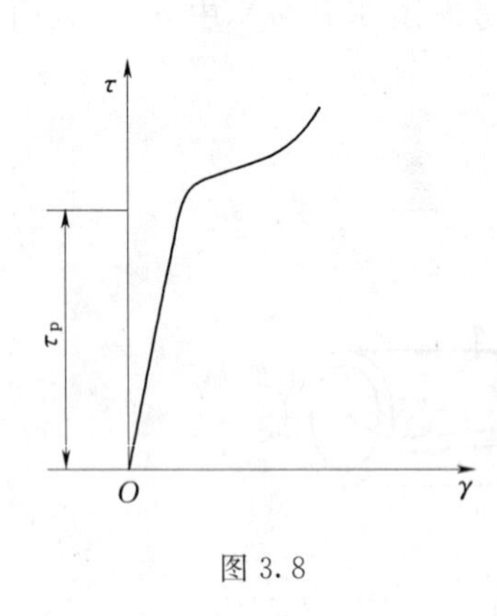

图3.8

利用上述薄壁圆筒的扭转可以实现纯剪切试验。通过试验，我们可以得到材料的切应力τ和相应切应变γ的关系曲线。如图3.8所示，对于大多数材料而言，τ不是很大时，即$\tau\leqslant\tau_p$时，τ和γ之间是线性的关系，这个极限切应力τ_p叫作剪切比例极限，τ-γ的线性关系可以写成

$$\tau=G\gamma \tag{3.5}$$

式中　G——剪切弹性模量，是τ和γ的比例常数。

对各向同性材料，弹性模量E、剪切弹性模量G和泊松比μ，有如下关系：

$$G=\frac{E}{2(1+\mu)} \tag{3.6}$$

因此各向同性线弹性材料只有两个独立的弹性常量（E、G和μ其中的两个）。

3.4　圆轴扭转时的应力和变形

3.4.1　圆轴扭转时横截面上的应力

在已知圆轴横截面上的扭矩后，应进一步研究横截面上的应力分布规律，以便求出整个截面的最大应力。要解决这一问题，须联合应用下列三个关系，即：根据变形现象找出变形几何关系；利用物理关系找出应力分布规律；利用静力学关系，导出应力计算公式。

1. 变形几何关系

为观察实心圆轴的扭转变形，与薄壁圆筒受扭一样，在圆轴表面上做圆周线和纵向线［在图3.9（a）中，变形前的纵向线由虚线表示］。在扭转力偶矩M_e作用下，得到与薄壁圆筒受扭时相似的现象。即：各圆周线绕轴线相对地旋转了一个角度，但大小、形状和相邻圆周线间的距离不变。在小变形的情况下，纵向线仍近似地是一条直线，只是倾斜了一个微小的角度。变形前表面上的方格，变形后错动成菱形。

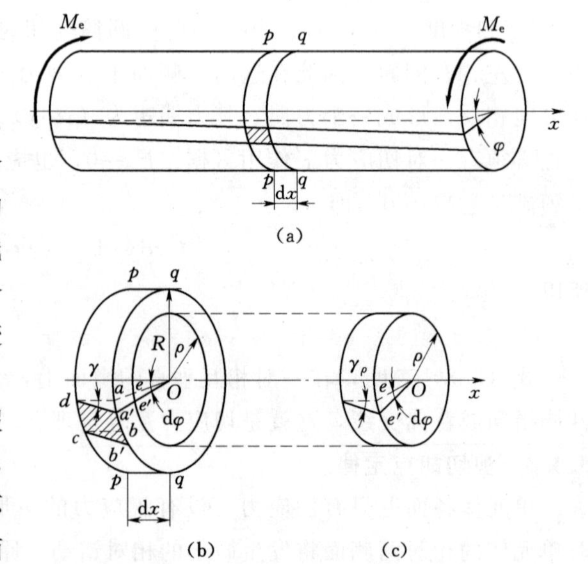

图3.9

根据观察到的现象，做下述基本假设：圆轴扭转变形前原为平面的截面，变形后仍保持为平面，形状和大小不变，半径仍保持为直线，且相邻两截面间的距离不变。这就是圆轴扭转的平面

假设。按照这一假设，扭转变形中，圆轴的横截面就像刚性平面一样，绕轴线旋转了一个角度。以平面假设为基础导出的应力和变形计算公式，符合试验结果，且与弹性力学一致，这说明假设是合理的。

在图 3.9（a）中，φ 表示圆轴两端截面的相对转角，称为扭转角，其单位为 rad。用相邻的横截面 $p—p$ 和 $q—q$ 从轴中取出长为 $\mathrm{d}x$ 的微段，并放大为图 3.9（b）。若截面 $p—p$ 和 $q—q$ 的相对转角为 $\mathrm{d}\varphi$，则根据平面假设，横截面 $q—q$ 像刚性平面一样，相对于 $p—p$ 绕轴线旋转了一个角度 $\mathrm{d}\varphi$，半径 Oa 转到了 Oa'。于是，表面方格 $abcd$ 的 ab 边相对于 cd 边发生了微小的错动，错动的距离是

$$aa'=R\mathrm{d}\varphi$$

因而引起原为直角的$\angle abc$ 角度发生改变，改变量

$$\gamma=\frac{\overline{aa'}}{\overline{ad}}=R\frac{\mathrm{d}\varphi}{\mathrm{d}x} \tag{3.7}$$

即为圆轴截面边缘上 a 点的切应变。显然，γ 发生在垂直于半径 Oa 的平面内。

根据变形后横截面仍为平面，半径仍为直线的假设，用相同的方法，并参考图 3.9（c），可以求得距圆心为 ρ 处的切应变为

$$\gamma_\rho=\rho\frac{\mathrm{d}\varphi}{\mathrm{d}x} \tag{3.8}$$

与式（a）中的 γ 一样，γ_ρ 也发生在垂直于半径 Oa 的平面内。在式（3.7）和式（3.8）中，$\frac{\mathrm{d}\varphi}{\mathrm{d}x}$是扭转角 φ 沿 x 轴的变化率，又称为单位长度扭转角。对一个给定的截面来说，它是常量。故式（3.8）表明，横截面上任意点的切应变与该点到圆心的距离 ρ 成正比。

2. 物理关系

以 τ_ρ 表示横截面上距圆心为 ρ 处的切应力，由剪切胡克定律知

$$\tau_\rho=G\gamma_\rho \tag{3.9}$$

将式（3.8）代入式（3.9）得

$$\tau_\rho=G\rho\frac{\mathrm{d}\varphi}{\mathrm{d}x} \tag{3.10}$$

这表明，横截面上任意点的切应力 τ_ρ 与该点到圆心的距离 ρ 成正比。因为 γ_ρ 发生在垂直于半径的平面内，所以 τ_ρ 也与半径垂直，如再注意到切应力互等定理，则在纵向截面和横截面上，沿半径切应力的分布如图 3.10 所示。

因为式（3.10）中的单位长度扭转角$\frac{\mathrm{d}\varphi}{\mathrm{d}x}$尚未求出，所以仍不能用它计算切应力，这就要用静力关系来解决。

3. 静力关系

图 3.11 的横截面内，按极坐标取微面积 $\mathrm{d}A=\rho\mathrm{d}\theta\mathrm{d}\rho$。$\mathrm{d}A$ 上的微内力为 $\tau_\rho\mathrm{d}A$，对圆心的力矩为 $\rho\tau_\rho\mathrm{d}A$。积分得横截面上内力系对圆心的力矩为 $\int_A\rho\tau_\rho\mathrm{d}A$ 。可见，这里求出的内力系对圆心的力矩就是截面上的扭矩，即

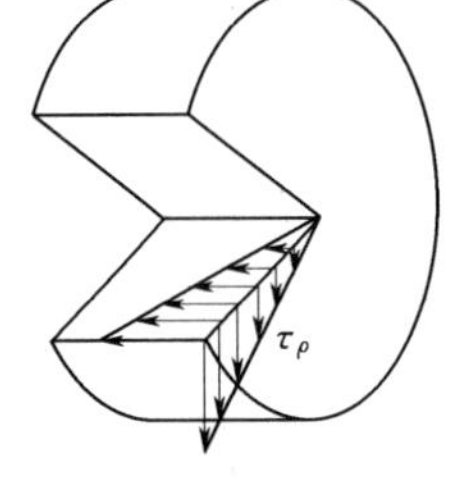

图 3.10

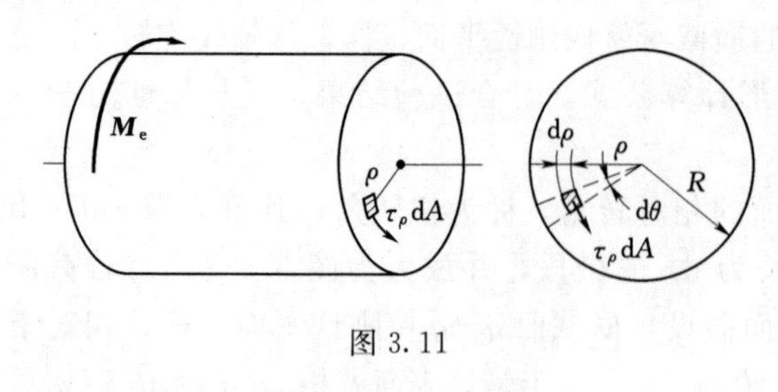

图 3.11

$$T = \int_A \rho \tau_\rho \mathrm{d}A \tag{3.11}$$

将式（3.10）代入式（3.11），并注意到在给定的截面上，$\frac{\mathrm{d}\varphi}{\mathrm{d}x}$为常量，于是有

$$T = \int_A \rho \tau_\rho \mathrm{d}A = G\frac{\mathrm{d}\varphi}{\mathrm{d}x}\int_A \rho^2 \mathrm{d}A \tag{3.12}$$

以 I_p 表示上式中的积分，即

$$I_p = \int_A \rho^2 \mathrm{d}A \tag{3.13}$$

I_p 称为横截面对圆心 O 点的极惯性矩。这样，式（3.12）便可写成

$$T = GI_p \frac{\mathrm{d}\varphi}{\mathrm{d}x} \tag{3.14}$$

从式（3.10）和式（3.14）中消去$\frac{\mathrm{d}\varphi}{\mathrm{d}x}$，得

$$\tau_\rho = \frac{T\rho}{I_p} \tag{3.15}$$

由以上公式，可以算出横截面上距圆心为 ρ 的任意点的切应力。

在圆截面边缘上，ρ 为最大值 R，得最大切应力为

$$\tau_{max} = \frac{TR}{I_p} \tag{3.16}$$

引用记号

$$W_t = \frac{I_p}{R} \tag{3.17}$$

W_t 称为抗扭截面系数，便可把式（3.16）写成

$$\tau_{max} = \frac{T}{W_t} \tag{3.18}$$

以上诸式是以平面假设为基础导出的。试验结果表明，只有对横截面不变的圆轴，平面假设才是正确的，所以这些公式只适用于等直圆杆。对圆截面沿轴线变化缓慢的小锥度锥形杆，也可近似地用这些公式计算。此外，导出以上诸式时使用了胡克定律，因而只适用于 τ_{max} 低于剪切比例极限的情况。

3.4.2　常见截面的极惯性矩 I_p 和抗扭截面系数 W_t 的计算

直接用积分就可以求出圆截面的极惯性矩和抗扭截面系数，见图 3.12。

取微面积 $\mathrm{d}A = \rho \mathrm{d}\theta \mathrm{d}\rho$，代入到式（3.13）中，得到极惯性矩，即

$$I_p = \int_A \rho^2 \mathrm{d}A = \int_0^{2\pi}\int_0^R \rho^3 \mathrm{d}\theta \mathrm{d}\rho = \frac{\pi R^4}{2} = \frac{\pi D^4}{32} \tag{3.19}$$

把式 3.19 代入到式（3.17）中得到抗扭截面系数为

$$W_t = \frac{\pi R^3}{2} = \frac{\pi D^3}{16} \tag{3.20}$$

对于如图 3.13 所示的空心圆截面，用相同的的方法可以求出其极惯性矩和抗扭截面系数：

$$I_p = \int_A \rho^2 dA = \int_0^{2\pi}\int_r^R \rho^3 d\theta d\rho$$
$$= \frac{\pi R^4}{2} - \frac{\pi r^4}{2} = \frac{\pi R^4}{2}(1-\alpha^4)$$
$$= \frac{\pi D^4}{32}(1-\alpha^4) \tag{3.21}$$

$$W_t = \frac{\pi R^3}{2}(1-\alpha^4) = \frac{\pi D^3}{16}(1-\alpha^4) \tag{2.22}$$

其中，α 是内径与外径之比，即

$$\alpha = \frac{r}{R} = \frac{d}{D}$$

空心圆截面上的切应力分布如图 3.14 所示。

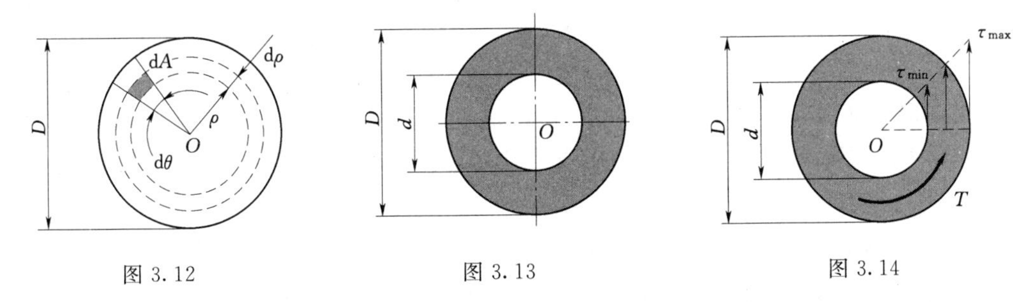

图 3.12　　图 3.13　　图 3.14

【例 3.2】 如图 3.15（a）所示的一端固定的阶梯圆轴，受到外力偶 M_1 和 M_2 的作用，$M_1=1800\text{N}\cdot\text{m}$，$M_2=1200\text{N}\cdot\text{m}$。求固定端截面上 $\rho=25\text{mm}$ 处的切应力，以及轴内的最大切应力。

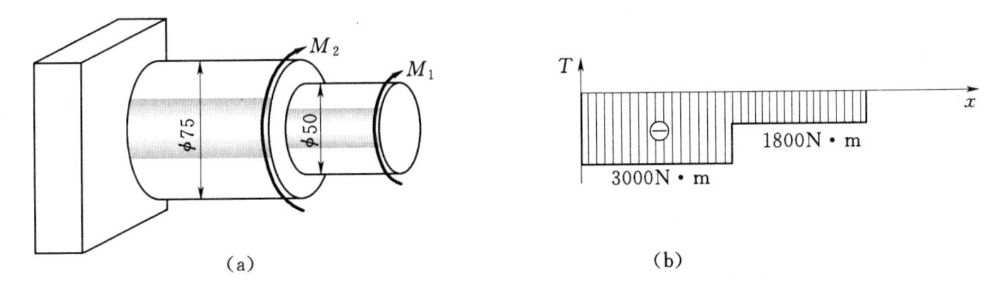

图 3.15

解：（1）画扭矩图。用截面法求阶梯圆轴的内力并画出扭矩图［图 3.15（b）］。

（2）求固定端截面上指定点的切应力。

$$\tau_\rho = \frac{T_1\rho}{I_p} = \frac{3000\times 0.025}{\frac{1}{32}\pi\times 0.075^4} = 24.1(\text{MPa})$$

（3）求最大切应力。分别求出粗段和细段内的最大切应力：

$$\tau_{max1} = \frac{T_1}{W_{t1}} = \frac{16T_1}{\pi d_1^3} = \frac{16\times 3000}{\pi\times 0.075^3} = 36.2(\text{MPa})$$

$$\tau_{max2}=\frac{T_2}{W_{t2}}=\frac{16T_2}{\pi d_2^3}=\frac{16\times1200}{\pi\times0.05^3}=48.9(\text{MPa})$$

比较后得到圆轴内的最大切应力发生在细段内：

$$\tau_{max}=\tau_{max2}=48.9\ (\text{MPa})$$

由此可知，直径对切应力的影响比扭矩对切应力的影响要大，所以在阶梯圆轴的扭转变形中，直径较小的截面上往往发生较大的切应力。

3.5　圆轴扭转时的强度和刚度计算

3.5.1　圆轴的扭转失效

通过扭转试验发现，不同材料的圆轴在扭转破坏时，断口的形状也不一样。塑性材料在扭转时，当外力偶矩逐渐增大时，材料首先屈服，在圆试件的表面出现纵向和横向的滑移线，此时横截面上的最大切应力称为扭转屈服应力。当外力偶矩增大到某个数值时，试件就在某一横截面处发生剪断，如图3.16（a）所示，这时破坏截面上的最大切应力称为扭转强度极限。而当脆性材料在扭转时，扭转变形很小，没有明显的屈服阶段，最后发生约45°的螺旋面的断裂破坏，如图3.16（b）所示。扭转的屈服应力和强度极限称为扭转的极限应力，用τ_u表示。

(a)　　(b)

图3.16

3.5.2　强度条件和强度计算

从扭转试验得到了扭转的极限应力，再考虑一定的安全裕度，即将扭转极限应力除以一个安全系数，就得到扭转的许用切应力为

$$[\tau]=\frac{\tau_u}{n} \tag{3.23}$$

这个许用切应力是扭转的设计应力，即圆轴内的最大切应力不能超过许用切应力。

对于等截面圆轴，各个截面的抗扭截面系数相等，所以圆轴的最大切应力将发生在扭矩数值最大的截面上，强度条件为

$$\tau_{max}=\frac{T_{max}}{W_t}\leqslant[\tau] \tag{3.24}$$

而对于变截面圆轴，则要综合考虑扭矩的数值和抗扭截面系数，所以强度条件是

$$\tau_{max}=\left|\frac{T}{W_t}\right|_{max}\leqslant[\tau] \tag{3.25}$$

【例3.3】　驾驶盘的直径$\phi=520$mm，加在盘上的平行力$P=300$N，盘下面的竖轴的材料许用切应力$[\tau]=60$MPa。

（1）当竖轴为实心轴时，设计轴的直径。

（2）采用空心轴，且 $\alpha=0.8$，设计内外直径。

（3）比较实心轴和空心轴的重量比。

解： 先计算外力偶和内力。作用在驾驶盘上的外力偶与竖轴内的扭矩相等，计算如下：

$$T=M=P\phi=300\times0.52=156(\mathrm{N\cdot m})$$

（1）设计实心竖轴的直径。

$$\tau_{\max}=\frac{T}{W_{\mathrm{t}}}=\frac{16T}{\pi D_1{}^3}\leqslant[\tau]$$

$$D_1\geqslant\sqrt[3]{\frac{16T}{\pi[\tau]}}=\sqrt[3]{\frac{16\times156}{\pi\times60\times10^6}}=23.7(\mathrm{mm})$$

（2）设计空心竖轴的直径。

$$\tau_{\max}=\frac{T}{W_{\mathrm{t}}}=\frac{16T}{\pi D_2{}^3(1-\alpha^4)}\leqslant[\tau]$$

$$D_2\geqslant\sqrt[3]{\frac{16T}{\pi[\tau](1-\alpha^4)}}=\sqrt[3]{\frac{16\times156}{\pi\times60\times10^6\times(1-0.8^4)}}=28.2(\mathrm{mm})$$

（3）实心轴与空心轴的重量之比等于横截面面积之比。

$$\frac{G_1}{G_2}=\frac{\frac{1}{4}\pi D_1^2}{\frac{1}{4}\pi(D_2^2-d_2^2)}=\frac{D_1^2}{D_2^2(1-\alpha^2)}=\frac{23.7^2}{28.2^2\times(1-0.8^2)}=1.97$$

在强度相等的条件下，$\alpha=0.8$ 时该实心轴的重量约是空心轴的 2 倍。所以在工程上，经常使用空心圆轴。

3.5.3　刚度条件和刚度计算

在纯扭转的等截面圆轴中，从式（3.14）可以得到 $\mathrm{d}\varphi=\frac{T}{GI_{\mathrm{p}}}\mathrm{d}x$，它表示圆轴中相距 $\mathrm{d}x$ 的两个横截面之间的相对转角，所以长为 l 的两个端截面之间的扭转角可以通过对相对转角积分得到：

$$\varphi=\int_l\frac{T}{GI_{\mathrm{p}}}\mathrm{d}x \tag{3.26}$$

因为在纯扭转中，扭矩 T 和扭转刚度 GI_{p} 是常量，所以式（3.26）可以简化成

$$\varphi=\frac{Tl}{GI_{\mathrm{p}}} \tag{3.27}$$

如果是阶梯形圆轴并且扭矩是分段常量，则式（3.26）的积分可以写成分段求和的形式，即圆轴两端面之间的扭转角是

$$\varphi=\sum_{i=1}^{n}\frac{T_il_i}{GI_{\mathrm{p}i}} \tag{3.28}$$

在应用上式计算扭转角时要注意扭矩的符号。

在工程上，对于发生扭转变形的圆轴，除了要考虑圆轴不发生破坏的强度条件之外，还要注意扭转变形问题，这样才能满足工程机械的精度等工程要求。所以用扭曲率作为衡量扭转变形的程度，它不能超过规定的许用值，即要满足扭转变形的刚度条件。

对于扭矩是常量的等截面圆轴，扭曲率最大值一定发生在扭矩最大的截面处，所以，刚度条件可以写成

$$\theta_{\max}=\frac{T_{\max}}{GI_{\mathrm{p}}}\leqslant[\theta] \tag{3.29}$$

式（3.29）中，扭曲率的单位是 rad/m。如果使用工程中常用的°/m 单位，则式（3.29）可以写成

$$\theta_{\max}=\frac{T_{\max}}{GI_{\mathrm{p}}}\frac{180^{\circ}}{\pi}\leqslant[\theta] \tag{3.30}$$

对于扭矩是分段常量的阶梯形截面圆轴，其刚度条件是

$$\theta_{\max}=\left|\frac{T}{GI_{\mathrm{p}}}\right|_{\max}\leqslant[\theta] \tag{3.31}$$

或者写成

$$\theta_{\max}=\left|\frac{T}{GI_{\mathrm{p}}}\right|_{\max}\frac{180^{\circ}}{\pi}\leqslant[\theta] \tag{3.32}$$

【例 3.4】 机器的传动轴如图 3.17（a）所示，传动轴的转速 $n=300\mathrm{r/min}$，主动轮输入功率 $P_1=367\mathrm{kW}$，三个从动轮的输出功率分别是：$P_2=P_3=110\mathrm{kW}$，$P_4=147\mathrm{kW}$。已知 $[\tau]=40\mathrm{MPa}$，$[\theta]=0.3^{\circ}/\mathrm{m}$，$G=80\mathrm{GPa}$，试设计轴的直径。

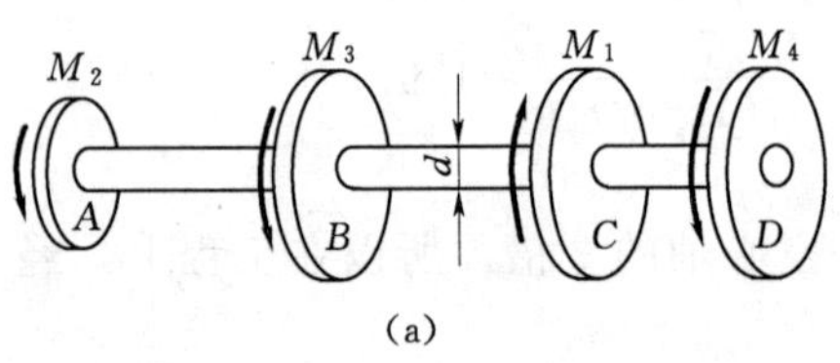

(a)

(b)

图 3.17

解：（1）求外力偶矩。根据轴的转速和输入与输出功率计算外力偶矩：

$$M_1=9549\,\frac{P_1}{n}=9549\times\frac{367}{300}=11.67(\mathrm{kN\cdot m})$$

$$M_2=M_3=9549\,\frac{P_2}{n}=9549\times\frac{110}{300}=3.49(\mathrm{kN\cdot m})$$

$$M_4=9549\,\frac{P_4}{n}=9549\times\frac{147}{300}=4.69(\mathrm{kN\cdot m})$$

（2）画扭矩图。用截面法求传动轴的内力并画出扭矩图［图 3.17（b）］。

从扭矩图中可以得到传动轴内的最大的扭矩值为

$$T_{\max}=6.98\mathrm{kN\cdot m}$$

（3）由扭转的强度条件来决定轴的直径。

$$\tau_{\max}=\frac{T_{\max}}{W_{\mathrm{t}}}=\frac{16T_{\max}}{\pi d^3}\leqslant[\tau]$$

$$d\geqslant\sqrt[3]{\frac{16T_{\max}}{\pi[\tau]}}=\sqrt[3]{\frac{16\times6.98\times10^3}{\pi\times40\times10^6}}=96(\mathrm{mm})$$

（4）由扭转的刚度条件来决定轴的直径。

$$\theta_{\max}=\frac{T_{\max}}{GI_{\mathrm{p}}}\times\frac{180^{\circ}}{\pi}=\frac{32T_{\max}}{G\pi d^4}\times\frac{180^{\circ}}{\pi}\leqslant[\theta]$$

$$d\geqslant\sqrt[4]{\frac{32T_{\max}}{G\pi[\theta]}\times\frac{180^{\circ}}{\pi}}=\sqrt[4]{\frac{32\times6.98\times10^3}{80\times10^9\times\pi\times0.3^{\circ}}\times\frac{180^{\circ}}{\pi}}=115(\mathrm{mm})$$

(5) 要同时满足强度和刚度条件，应选择 (3) 和 (4) 中较大直径者，即

$$d=115\text{mm}$$

3.6　圆柱形密圈螺旋弹簧的应力和变形

弹簧是一种能产生较大的弹性变形的零件，在工程中得到广泛的应用。它可以用于缓冲和减振，例如车辆轮轴上的弹簧；又可用于控制机械运动，例如凸轮机构中的压紧弹簧、内燃机中的气阀弹簧等；也可用来测量力的大小，例如弹簧秤中的弹簧。

由于簧杆本身是螺旋状的，因而其应力和变形的精确解法较为复杂。如图 3.18 所示，但当螺旋角 α 很小时，例如 $\alpha<5^\circ$便可省略 α 的影响，近似地认为簧丝的横截面与弹簧轴线在同一平面内，这种弹簧称为密圈螺旋弹簧。当簧丝直径 d 远小于簧圈的平均直径 D，则还可以略去簧丝曲率的影响，近似地将弹簧按等直杆来进行计算。在做了上述简化之后，下面讨论圆柱形密圈螺旋弹簧的应力和变形计算。

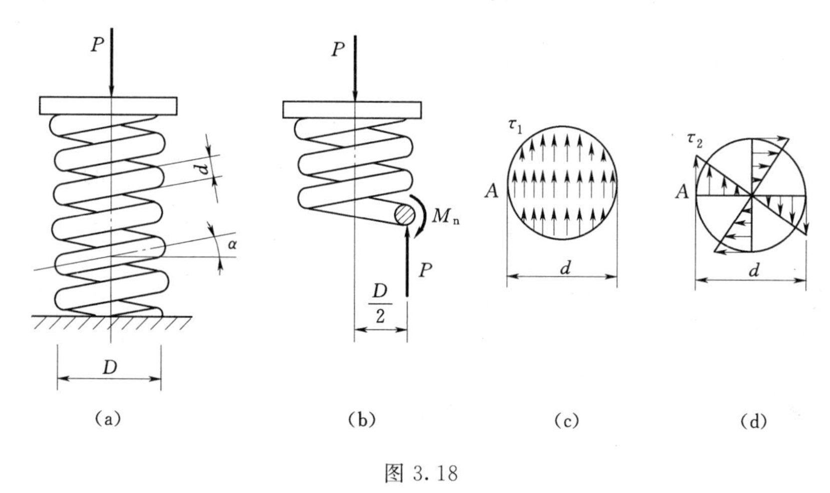

图 3.18

3.6.1　簧丝横截面上的应力

设沿弹簧轴线作用的压力为 P。假想用截面法将簧丝沿某一横截面分成两部分，并取出上面部分为研究对象，见图 3.18 (b)。由于 α 角很小，可近似地认为簧丝横截面与外力作用线在同一平面。考虑取出部分的平衡，横截面上必定有一个与截面相切的内力系。这个力系简化为一通过截面形心的力 Q 和一个力偶矩 M_n。根据平衡条件得

$$Q=P,\quad M_n=\frac{PD}{2} \tag{3.33}$$

式中　Q——簧丝横截面上的剪力；

M_n——横截面上的扭矩；

D——簧圈平均直径。

与剪力 Q 对应的切应力 τ_1 在横截面上均匀分布（剪切的实用计算），如图 3.18 (c) 所示，其值为

$$\tau_1=\frac{Q}{A}=\frac{4P}{\pi d^2} \tag{3.34}$$

式中　d——簧丝横截面直径。

与扭矩 M_n 对应的切应力为 τ_2，与轴线为直线的圆轴扭转应力相同，最大切应力发生在圆截面的周边上，见图 3.18（d）。其值为

$$\tau_{2\max}=\frac{M_n}{W_n}=\frac{8PD}{\pi d^3} \tag{3.35}$$

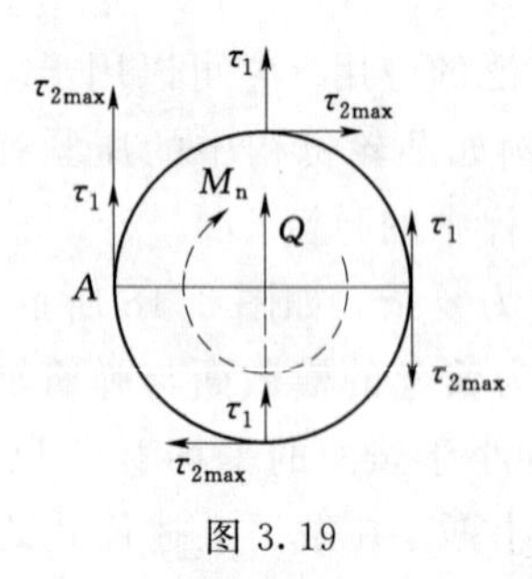

图 3.19

综合上面两种因素，簧丝横截面上任意处的总应力应是剪切和扭转两种切应力的矢量和，在靠近轴线的内侧点 A 处，τ_1 与 $\tau_{2\max}$ 方向一致，总应力达到最大值（图 3.19）。因此该点是簧丝的危险点。其值为

$$\tau_{\max}=\tau_1+\tau_{2\max}=\frac{4P}{\pi d^2}+\frac{8PD}{\pi d^3}$$

$$=\frac{8PD}{\pi d^3}\left(\frac{d}{2D}+1\right) \tag{3.36}$$

式（3.36）中括号内第一项代表剪切的影响，当 $\frac{D}{d}\geqslant 10$ 时，$\frac{d}{2D}$ 与 1 相比很小，可略去不计。这样就把弹簧作为圆轴扭转问题处理，于是式（3.36）简化为

$$\tau_{\max}=\frac{8PD}{\pi d^3} \tag{3.37}$$

由式（3.37）算出的最大切应力是偏低的近似值。这是因为用直杆的扭转公式计算应力时，没有考虑簧丝实际上是一个曲杆。这在 $\frac{D}{d}$ 较小时，即簧丝曲率较大时，会引起较大的误差。另外，认为剪切引起的切应力 τ_1 “均匀分布”于截面上，也是一个假定计算。在考虑了簧丝曲率和切应力并非均匀分布等两个因素后，求得计算最大切应力比较精确的计算公式如下：

$$\tau_{\max}=k\,\frac{8PD}{\pi d^3} \tag{3.38}$$

$$k=\frac{4c+2}{4c-3} \tag{3.39}$$

$$c=\frac{D}{d} \tag{3.40}$$

式中　k——修正系数，又称为曲度系数；

　　　c——弹簧指数。

表 3.1 中的 k 值，就是根据式（3.39）计算出来的，从表中数值可以看出，c 越小则 k 越大。当 $c=4$ 时，$k=1.40$。这表明此时如仍按近似公式式（3.37）计算应力，其误差将达 40%。

表 3.1　　螺旋弹簧的曲度系数

c	4	4.5	5	5.5	6	6.5	7	7.5	8	8.5	9	9.5	10	12	14
k	1.40	1.35	1.31	1.28	1.25	1.23	1.21	1.20	1.18	1.17	1.16	1.15	1.14	1.12	1.10

簧丝的强度条件为

$$\tau_{max} \leqslant [\tau] \tag{3.41}$$

式中 τ_{max}——按式（3.38）求出的最大切应力；

$[\tau]$——材料的许用切应力。

工程上，弹簧的常用材料为优质碳素钢或 60Mn、50crMn 等合金钢，统称弹簧钢。这些材料的屈服极限和强度极限都比较高，许用扭转切应力 $[\tau]$ 也很高，一般取 $[\tau]=$ 350～600MPa。

3.6.2 弹簧的变形

弹簧的变形是指弹簧在轴向压力或拉力作用下，整个弹簧的压缩量或伸长量。此变形量往往是弹簧设计中很重要的一个方面。下面将用能量法计算弹簧的变形 λ。

试验证明，在弹性范围内，外力 P 与变形 λ 成正比，即 P 与 λ 的关系是一条斜直线，见图 3.20（a）。当外力从零开始缓慢平稳地增加到最终值 P 时，外力 P 所做的功等于斜直线下的阴影面积，即

$$W=\frac{1}{2}P\lambda$$

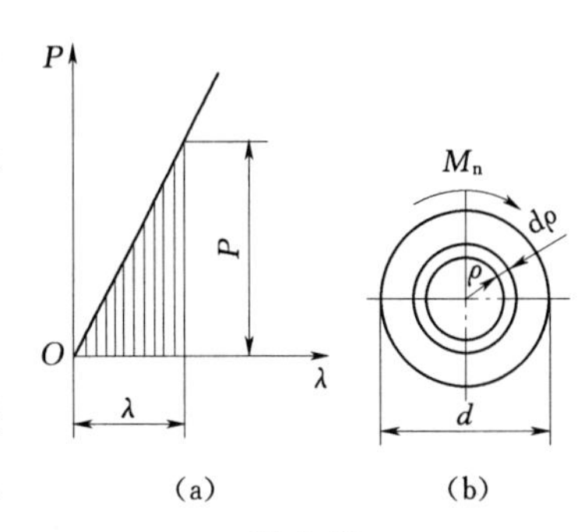

图 3.20

现在我们再计算在外力作用下，弹簧杆内储存的变形能。在簧丝横截面上，距离圆心为 ρ 的任意点处，见图 3.20（b），扭转切应力为

$$\tau_{\rho}=\frac{M_{n}\rho}{I_{p}}=\frac{\frac{1}{2}PD\rho}{\frac{\pi d^{4}}{32}}=\frac{16PD\rho}{\pi d^{4}}$$

由剪切变形能知道，在切应力作用下，单位体积内的剪切变形能（比能）为

$$u=\frac{\tau^{2}}{2G}$$

故得弹簧单位体积的变形能为

$$u=\frac{\tau_{\rho}^{2}}{2G}=\frac{128P^{2}D^{2}\rho^{2}}{G\pi^{2}d^{8}} \tag{3.42}$$

弹簧的变形能为

$$U=\int_{v}u\,\mathrm{d}v \tag{3.43}$$

式中 v——弹簧的体积。

以 $\mathrm{d}A$ 表示弹簧丝横截面的微分面积，$\mathrm{d}s$ 表示沿簧丝轴线的微分长度，则

$$\mathrm{d}v=\mathrm{d}A\cdot\mathrm{d}s$$

式中 $\mathrm{d}A=2\pi\rho\mathrm{d}\rho$，其中 ρ 取值为由 0 到$\frac{d}{2}$，s 取值为由 0 到 l。

$$l=n\pi D$$

式中 l——簧丝的总长度；

n——弹簧的有效圈数（即扣除两端与簧座接触部分后的圈数）。

则式（3.43）应为

$$U = u\int_0^{\frac{d}{2}} 2\pi\rho\mathrm{d}\rho\int_0^{n\pi D}\mathrm{d}s \tag{3.44}$$

将式（3.42）代入式（3.44）：

$$U = \frac{128P^2D^2}{G\pi^2d^8}\int_0^{\frac{d}{2}}\rho^2\times 2\pi\rho\mathrm{d}\rho\int_0^{n\pi D}\mathrm{d}s = \frac{4P^2D^3n}{Gd^4} \tag{3.45}$$

由于外力所做之功等于弹簧杆内储存的变形能，即 $U=W$。故有

$$\frac{1}{2}P\lambda = \frac{4P^2D^3n}{Gd^4}$$

由此得

$$\lambda = \frac{8PD^3n}{Gd^4} = \frac{64PR^3n}{Gd^4} \tag{3.46}$$

$$R = \frac{D}{2}$$

式中 R——弹簧圈的平均半径。

式（3.46）即为弹簧轴向变形的计算公式。该式表明，弹簧的变形量 λ 与轴向外力 P 成正比。

$$C = \frac{Gd^4}{8D^3n} = \frac{Gd^4}{64R^3n} \tag{3.47}$$

式中 C——弹簧抵抗变形的能力，称为弹簧刚度。

则式（3.40）可以写成：

$$\lambda = \frac{P}{C} \tag{3.48}$$

显然，C 越小，弹簧就越柔软。工程中减震用的弹簧正是利用弹簧柔度大的特点。为了实现上述要求，设计弹簧时，就要在满足强度要求的条件下，增大簧圈的平均直径 D 和增加弹簧的工作圈数 n 或缩小簧丝的直径 d。

【例 3.5】 油泵分油阀门弹簧工作圈数 $n=8$，轴向压力 $P=90\mathrm{N}$，簧丝直径 $d=2.25\mathrm{mm}$，簧圈外径 $D_1=18\mathrm{mm}$，弹簧材料的剪切弹性模量 $G=82\mathrm{GPa}$，$[\tau]=400\mathrm{MPa}$。试校核簧丝强度，并计算其变形。

解：（1）校核簧丝强度。

簧圈平均直径为

$$D = D_1 - d = 18 - 2.25 = 15.75(\mathrm{mm})$$

弹簧指数为

$$c = \frac{D}{d} = \frac{15.75}{2.25} = 7 < 10$$

由表 3.1 查得弹簧的曲度系数 $k=1.21$，则

$$\tau_{\max} = k\,\frac{8PD}{\pi d^3} = 1.21\times\frac{8\times 90\times 15.75}{\pi\times 2.25^3} = 380(\mathrm{MPa}) < [\tau]$$

该弹簧满足强度要求。

（2）计算弹簧变形。

$$\lambda=\frac{8PD^3n}{Gd^4}=\frac{8\times90\times15.75^3\times8}{82\times10^3\times2.25^4}=10.7(\text{mm})$$

3.7　非圆截面等直杆的纯扭转

前面讨论的是圆截面杆的扭转，但在工程上还会遇到非圆截面杆的扭转问题。例如内燃机曲轴的曲柄采用矩形截面，机械中常采用方轴作为传动轴。

当等截面直杆在两端平面内承受扭转力矩作用，且两端面可以自由变形，则其横截面上只有切应力。这种情况称为纯扭转或自由扭转。本节仅简单介绍非圆截面等直杆的纯扭转。

如图 3.21 所示的矩形截面杆，若先在其表面上用一系列的纵横线画出许多小方格，则在杆扭转后可以观察到图 3.21（b）的变形现象。

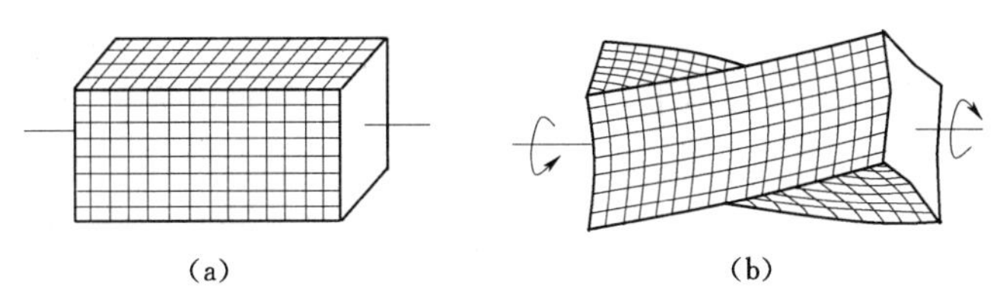

图 3.21

（1）所有的横线都变成了曲线，说明横截面不再保持平面而发生翘曲，故等直圆杆根据平面假设所推导出的应力和变形公式，不能用于非圆截面杆中。

（2）各小方格的边长没有改变，说明各横截面的翘曲程度相同，从而可推知横截面上只有切应力而无正应力。

（3）除靠近四条纵向棱边的小方格没有变形外，其他小方格的直角都发生了不同程度的改变（即发生了切应变），且在横截面长边中点处小方格的改变最大。从而可推知横截面上长边中点处切应力最大，短边中点处切应力次之，四角处切应力为零。根据进一步理论分析，得到矩形截面上切应力分布规律如图 3.22（a）所示。

最大切应力计算公式为

$$\tau_{\max}=\frac{M_n}{\alpha hb^2} \tag{3.49}$$

式中　α——一个与比值 $\frac{h}{b}$ 有关的系数，其值见表 3.2。

短边中点的切应力 τ_1 是短边上的最大切应力，并按式（3.50）计算：

$$\tau_1=\gamma\tau_{\max} \tag{3.50}$$

式中　$\tau_{\max}$——长边中点的最大切应力；

γ——与比值 $\frac{h}{b}$ 有关的系数，已列入表 3.2 中。

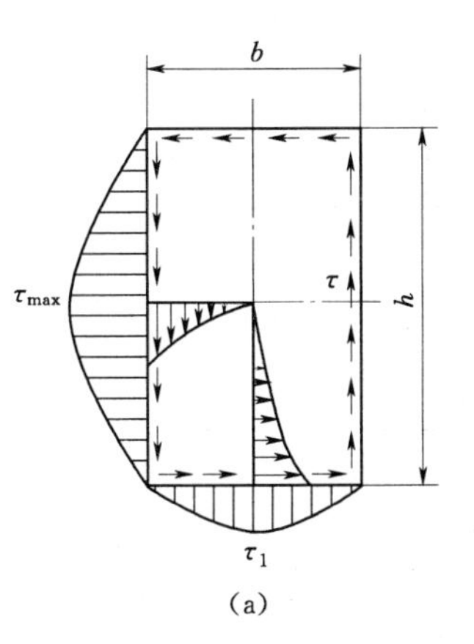

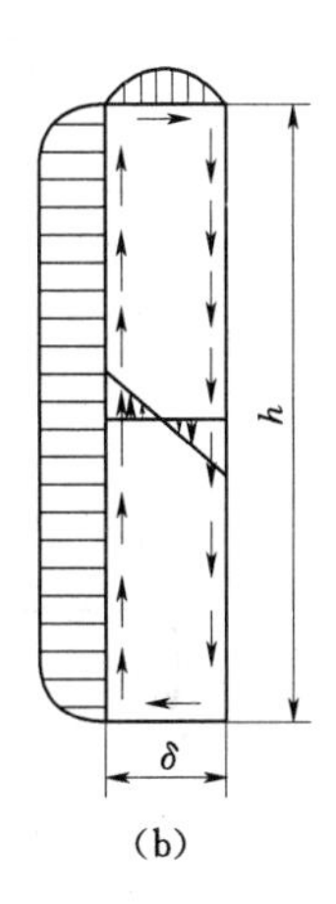

(a)　(b)

图 3.22

表 3.2　　矩形截面杆扭转时的系数 α、β 和 γ

h/b	1.0	1.2	1.5	2.0	2.5	3.0	4.0	6.0	8.0	10.0	∞
α	0.208	0.219	0.231	0.246	0.258	0.267	0.282	0.299	0.307	0.313	0.333
β	0.141	0.166	0.196	0.229	0.249	0.263	0.281	0.299	0.307	0.313	0.333
γ	1.000	0.930	0.858	0.796	0.767	0.753	0.745	0.743	0.743	0.743	0.743

杆件两端相对扭转角 φ 的计算公式为

$$\varphi=\frac{M_n l}{G\beta hb^3}=\frac{M_n l}{GI_n} \tag{3.51}$$

$$GI_n=G\beta hb^3$$

式中　GI_n——杆件的抗扭刚度；

β——与比值 $\frac{h}{b}$ 有关的系数，并已列入表 3.2 中。

当 $\frac{h}{b}>10$ 时，截面成为狭长矩形，这时 $\alpha=\beta=\frac{1}{3}$。如以 δ 表示狭长矩形短边的长度，则式（3.46）和式（3.48）化为

$$\left.\begin{aligned}\tau_{max}&=\frac{M_n}{\frac{1}{3}h\delta^2}\\ \varphi&=\frac{M_n l}{G\times\frac{1}{3}h\delta^3}\end{aligned}\right\} \tag{3.52}$$

在狭长矩形截面上，切应力的变化规律如图 3.22（b）所示。虽然最大切应力在长边的中点，但沿长边各点切应力实际上变化不大，接近相等，在靠近短边处才迅速减小为零。

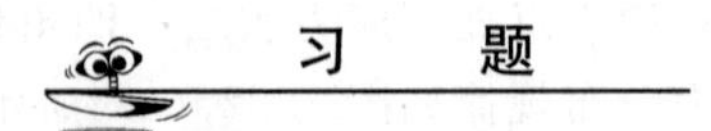

习　题

3.1　试画习题 3.1 图中各轴的扭矩图。

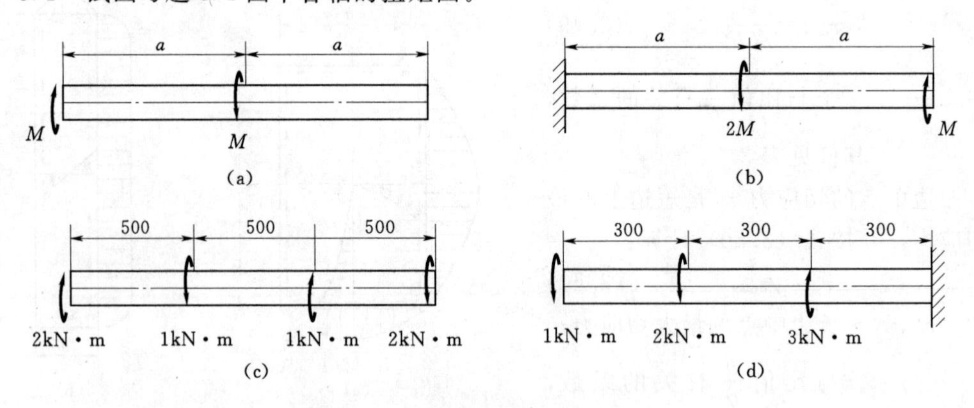

习题 3.1 图

3.2　直径为 $D=50\text{mm}$ 的圆轴，受到扭矩 $M_n=2.15\text{kN}\cdot\text{m}$ 的作用，试求在距离轴心 10mm 处的剪应力，并求轴截面上的最大剪应力。

3.3　已知圆轴的转速 $n=300\text{r/min}$，传递功率 330.75kW，材料的 $[\tau]=60\text{MPa}$，$G=82\text{GPa}$。要求在 2m 长度内的相对扭转角不超过 1°，试求该轴的直径。

3.4　如习题 3.4 图所示，已知作用在变截面钢轴上的外力偶矩 $m_1=1.8\text{kN}\cdot\text{m}$，$m_2=1.2\text{kN}\cdot\text{m}$。试求最大剪应力和最大相对转角。材料的 $G=80\text{GPa}$。

3.5　如习题 3.5 图所示一圆截面直径为 80mm 的传动轴，上面作用的外力偶矩为 $m_1=1000\text{N}\cdot\text{m}$，$m_2=600\text{N}\cdot\text{m}$，$m_3=200\text{N}\cdot\text{m}$，$m_4=200\text{N}\cdot\text{m}$。

（1）试作出此轴的扭矩图。

（2）试计算各段轴内的最大剪应力及此轴的总扭转角（已知材料的剪切弹性模量 $G=79\text{GPa}$）。

（3）若将外力偶矩 m_1 和 m_2 的作用位置互换一下，问圆轴的直径是否可以减少？

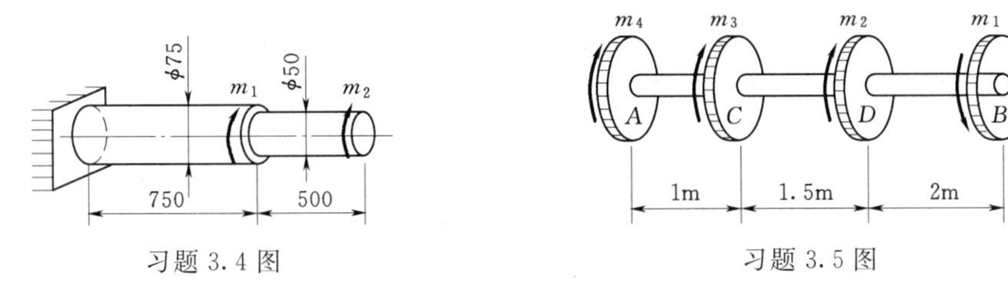

习题 3.4 图　　　　习题 3.5 图

3.6　发电量为 15000kW 的水轮机主轴如习题 3.6 图所示，$D=55\text{cm}$，$d=30\text{cm}$，正常转速 $n=250\text{r/min}$。材料的许用剪应力 $[\tau]=50\text{MPa}$。试校核水轮机主轴的强度。

3.7　习题 3.7 图中 AB 轴的转速 $n=120\text{r/min}$，从 B 轮输入功率 $N=44.15\text{kW}$，此功率的一半通过锥形齿轮传给垂直轴 C，另一半由水平轴 H 输出。已知 $D_1=60\text{cm}$，$D_2=24\text{cm}$，$d_1=10\text{cm}$，$d_2=8\text{cm}$，$d_3=6\text{cm}$，$[\tau]=20\text{MPa}$。试对各轴进行强度校核，

3.8　钢质实心轴和铝质空心轴（内外径比值 $\alpha=0.6$）的横截面面积相等。$[\tau]_{钢}=80\text{MPa}$，$[\tau]_{铝}=50\text{MPa}$。若仅从强度条件考虑，哪一根轴能承受较大的扭矩？

3.9　已知一皮带轮传动轴（习题 3.9 图）。主动轮 A 由电动机输入功率 $P_A=7.35\text{kW}$，B 轮和 C 轮分别带动两台水泵，消耗功率 $P_B=4.41\text{kW}$，$P_C=2.94\text{kW}$，轴的转速 $n=600\text{r/min}$，轴的材料 $[\tau]=20\text{MPa}$，$G=80\text{GPa}$，$[\theta]=1°/\text{m}$，试按强度和刚度条件确定轴的直径 d。

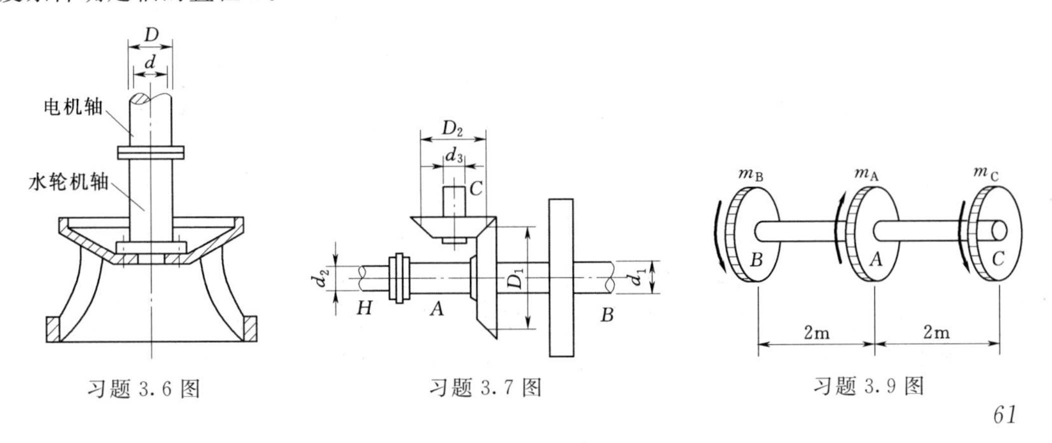

习题 3.6 图　　　　习题 3.7 图　　　　习题 3.9 图

3.10　在习题 3.10 图（a）的圆轴内，用横截面 ABC、DEF 与径向纵截面 $ADFC$ 切出单元体 $ABCDEF$［习题 3.10 图（b）］。试绘截面 ABC、DEF 与 $ADFC$ 上的应力分布图，并说明该单元体是如何平衡的。

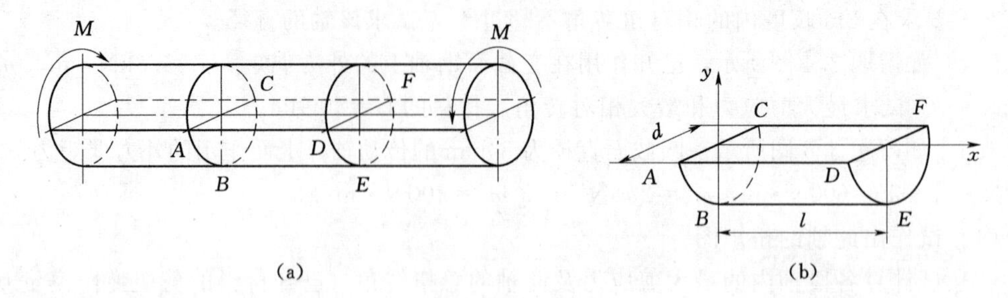

习题 3.10 图

3.11　实心轴与空心轴通过牙嵌离合器相连接，见习题 3.11 图。已知轴的转速 $n=100\text{r/min}$，传递功率 $P=7.5\text{kW}$，许用切应力［τ］$=40\text{MPa}$。若 $d_1/d_2=0.5$，试确定实心轴的直径 d，空心轴的内径 d_1 与外径 d_2。

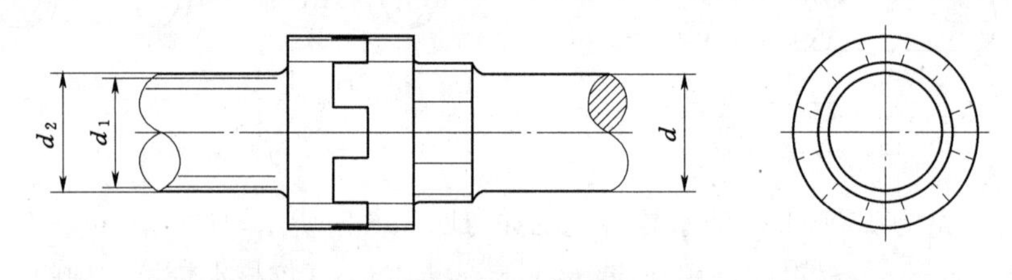

习题 3.11 图

3.12　如习题 3.12 图所示圆轴的直径 $d=50\text{mm}$，外力偶矩 $m=1\text{kN}\cdot\text{m}$，材料的 $G=82\text{GPa}$。试求：

（1）横截面上 A 点处（$\rho_A=d/4$）的剪应力和相应的剪应变。

（2）最大剪应力和单位长度相对扭转角。

3.13　由厚度 $t=8\text{mm}$ 的钢板卷制成的圆筒（习题 3.13 图），平均直径为 $D=200\text{mm}$。接缝处用铆钉铆接。若铆钉直径 $d=20\text{mm}$，许用剪应力［τ］$=60\text{MPa}$，许用挤压应力［σ_{jy}］$=160\text{MPa}$，筒的两端受扭转力偶矩 $m=30\text{kN}\cdot\text{m}$ 作用，试求铆钉的间距 s。

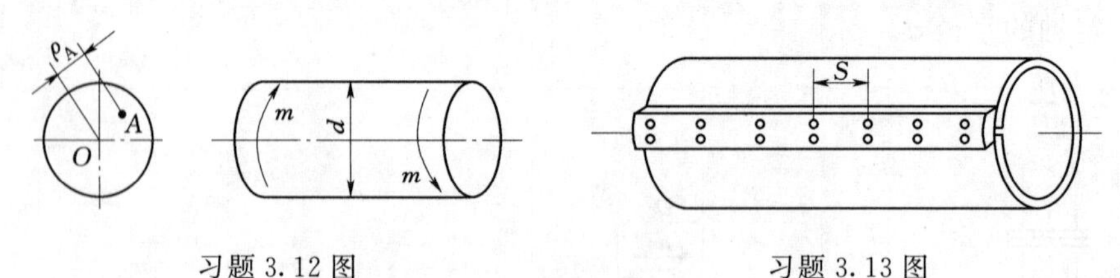

习题 3.12 图　　　　习题 3.13 图

3.14　如习题 3.14 所示圆截面杆 AB 的左端固定，承受一集度为 $\overline{m}$ 的均布力偶矩作用。试导出计算截面 B 的扭转角的公式。

3.15　如习题 3.15 图所示的受扭转力偶作用的圆截面杆，长 $l=1\text{m}$，直径 $d=20\text{mm}$，材料的剪切弹性模量 $G=80\text{GPa}$，两端截面的相对扭转角 $\varphi=0.1\text{rad}$。试求此杆外表面任意点处的剪应变，横截面上的最大剪应力和外加力偶矩 m。

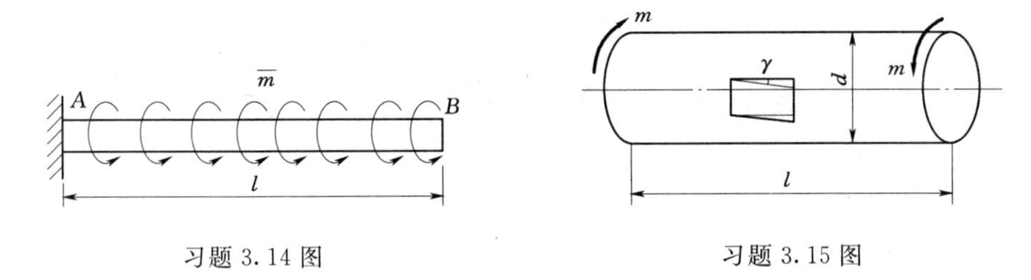

习题 3.14 图　　　　习题 3.15 图

3.16　如习题 3.16 图所示两端固定的圆截面轴，材料的许用切应力 $[\tau]=60\text{MPa}$，所加扭力偶矩 $M=10\text{kN}\cdot\text{m}$，试求固定端约束反力，并设计圆轴直径 d。

3.17　圆柱形密圈螺旋弹簧，簧丝横截面直径 $d=18\text{mm}$，弹簧平均直径 $D=125\text{mm}$，弹簧材料的 $G=80\text{GPa}$。如弹簧所受拉力 $P=500\text{N}$，试求：

（1）簧丝的最大剪应力。

（2）弹簧要几圈才能使它的伸长等于 6mm。

3.18　拖拉机主离合器弹簧，在工作时受到 $P=780\text{N}$ 的作用。已知弹簧平均直径 $D=27\text{mm}$。簧杆直径 $d=5\text{mm}$，许用剪应力 $[\tau]=600\text{MPa}$。试校核弹簧强度。若弹簧圈数 $n=5.5$，$G=81\text{GPa}$，试求弹簧的总变形。

3.19　尺寸相同的开口和闭口圆环形薄壁杆件，如习题 3.19 图所示。试比较两者的最大剪应力和扭转角。（提示：对环形开口薄壁杆件可以把它展开拉直成狭长矩形，按狭长矩形计算）

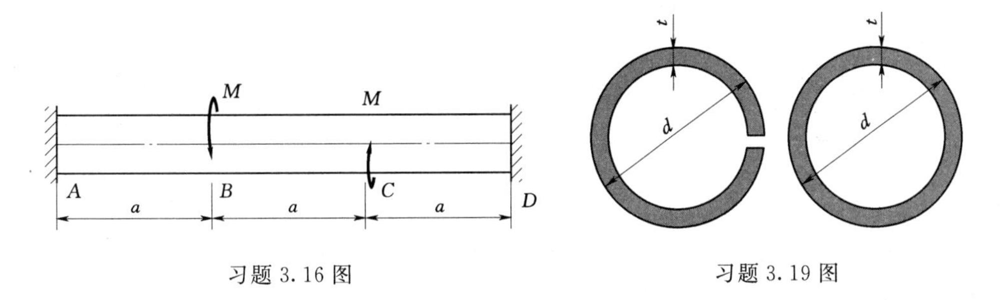

习题 3.16 图　　　　习题 3.19 图

第4章 弯 曲 应 力

4.1 概 述

4.1.1 弯曲的概念及计算简图

一般说来，当杆件受到垂直于杆轴的外力，或在通过杆轴的平面内受到外力偶作用时，这些直杆的轴线将由原来的直线弯成曲线，这种变形称为弯曲。以弯曲变形为主的杆件通常称为梁，如图 4.1 所示的车轴，如图 4.2 所示的桥式吊车梁，以及桥梁中的主梁，房屋建筑中的梁等。

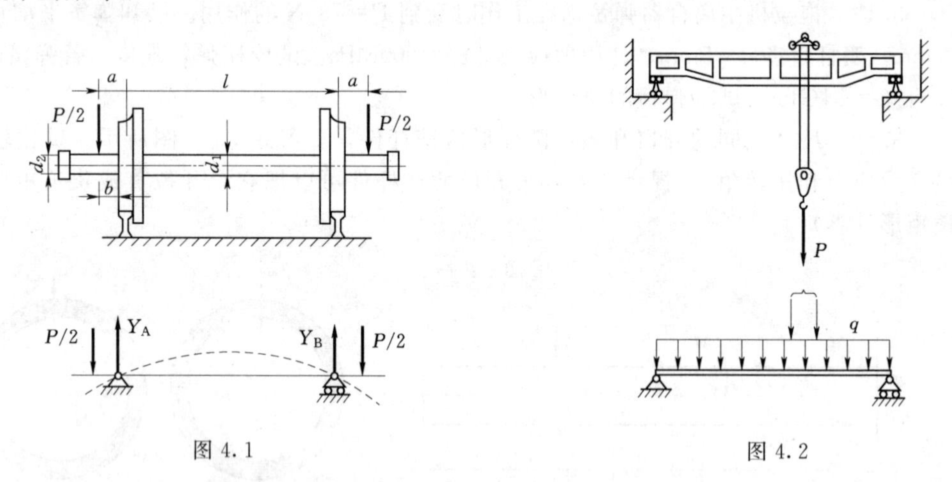

图 4.1　　　　图 4.2

工程上常见的梁，其横截面具有一个对称轴，则整个杆件的轴线与对称轴构成一个纵向对称面，如图 4.3 所示。弯曲变形梁具有以下特点：

(1) 受力特点。所有外力作用线都位于纵向对称面内。

(2) 变形特点。梁的轴线将弯曲成位于纵向对称平面内的一条平面曲线，这种弯曲叫对称弯曲，是弯曲问题中最简单和最常见的情形，本书讨论的是梁在对称弯曲时的应力和变形计算。

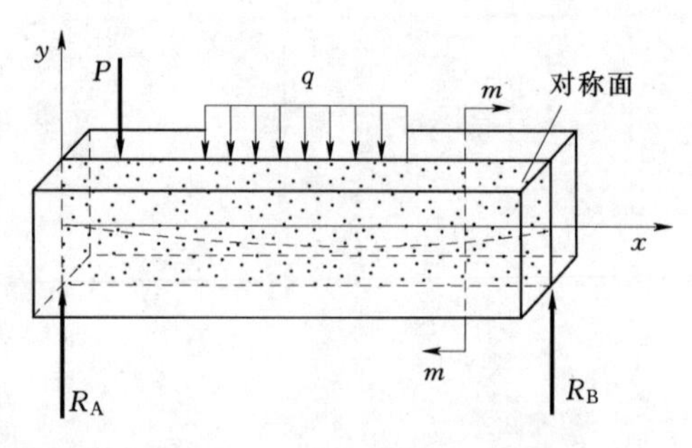

图 4.3

4.1.2 梁的计算简图

对称弯曲时的等直梁，由于外力作用线位于梁的纵向对称面内，构成一个平面力系，因此在梁的计算中常用梁的轴线代表梁。

作用在梁上的外力，除载荷外还有支座反力。为了分析支反力，必须对梁的约束进行简化。梁的支座按它对梁在载荷平面内的约束作用的不同，简化为以下三种典型支座：

（1）固定铰支座。固定铰支座的简化形式如图 4.4（a）所示。这种支座可以限制梁在平面内任意方向的位移，但不能限制绕支座铰中心的转动，支座可以简化为平面内水平和垂直两个方向的约束，即可产生 2 个相应方向的约束力来限制梁的位移。由于固定铰支座不能产生约束力偶，故无法限制梁的转动。

（2）活动铰支座。活动铰支座的简化形式如图 4.4（b）所示。这种支座只限制梁在与支承面垂直方向上的位移，因此支座只能简化为垂直方向上的 1 个约束，即只产生垂直方向上的约束力。

（3）固定端。固定端的简化形式如图 4.4（c）所示。这种支座既可以限制梁在平面内任意方向的移动，又可以限制梁的转动。支座可以简化为 3 个约束，其中 2 个为水平和垂直方向的约束力，限制相应方向上的位移；1 个支座约束反力偶，限制梁的转动。

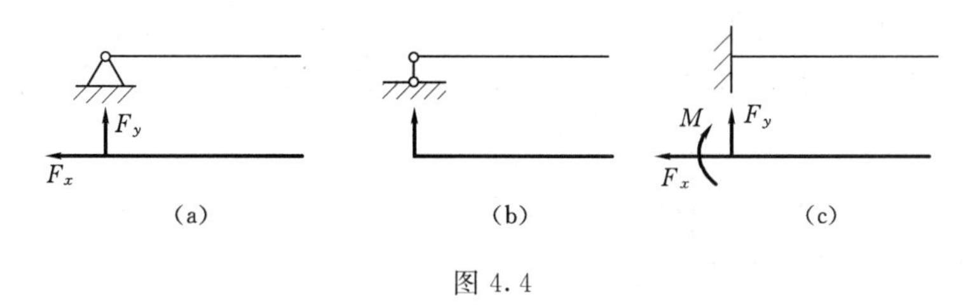

图 4.4

梁的实际支座通常可简化为以上三种形式。如果梁具有一个固定端约束，或具有一个固定铰支座和一个活动铰支座约束，则梁共有 3 个约束支反力，载荷和支反力构成一个平面力系，共有 3 个平衡方程，可求出 3 个约束支反力。这种梁称为静定梁。因此对应静定梁计算简图的三种基本力学模型，如图 4.5 所示，图 4.5（a）为简支梁，图 4.5（b）为外伸梁，图 4.5（c）为悬臂梁。

有时出于工程的需要，在静定梁上再增添支座，此时支座反力不能完全由静力平衡方程确定，这种梁称为静不定梁或超静定梁，如图 4.6 所示，此种梁将在以后章节中讨论。

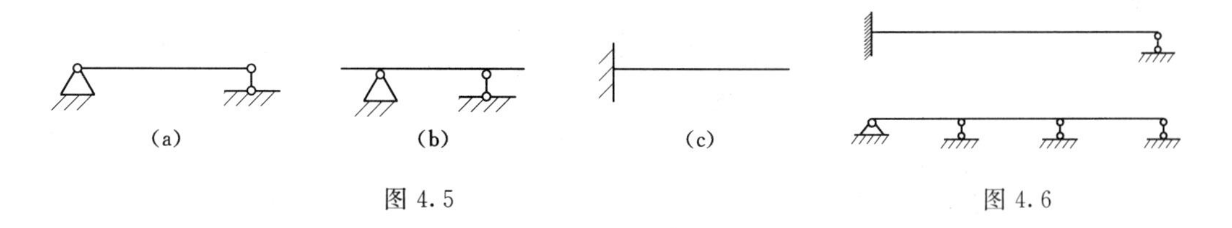

图 4.5　　图 4.6

4.2 梁的剪力与弯矩·剪力图和弯矩图

4.2.1 梁的内力——剪力和弯矩

为计算梁弯曲时的应力和变形，需要先确定梁在外力作用下任意横截面上的内力。计算内力的基本方法是截面法。

现以如图 4.7（a）所示简支梁为例，对梁的内力计算具体说明如下。

如图 4.7 所示简支梁，承受集中力 P_1、P_2、P_3 作用。先利用平衡方程求出其支座反

力 R_A、R_B。现在用截面法计算距 A 为 x 处的横截面 m—m 上的内力，将梁在 m—m 截面假想截开，分成左右两段，现任选一段，例如左段［图 4.7（b）］，研究其平衡。在左段梁上作用着外力 R_A 和 P_1，由 y 轴方向的平衡条件可知，m—m 截面上必定有作用线沿 y 轴方向的内力，该内力 Q 称为剪力。由于外力相对于 m—m 截面形心会产生一个力矩，故知截面上一定还存在一个内力偶 M，该内力偶矩称为弯矩。

由左段梁的平衡条件可得距 A 点为 x 处的 m—m 横截面上的剪力和弯矩，即

$$\sum F_y=0,\quad R_A-P_1-Q=0$$

$$Q=R_A-P_1 \tag{4.1}$$

$$\sum M_O=0,\quad M+P_1(x-a)-R_Ax=0$$

$$M=R_Ax-P_1(x-a) \tag{4.2}$$

式（4.2）为向截面形心 O 点取矩。

为了在保留不同部分进行内力计算时，所得剪力和弯矩不仅数值相等，而且正负号也相同，把剪力和弯矩的符号规则与梁的变形联系起来，如图 4.8 所示。从梁中取出一微段，并对剪力、弯矩的符号规定如下：

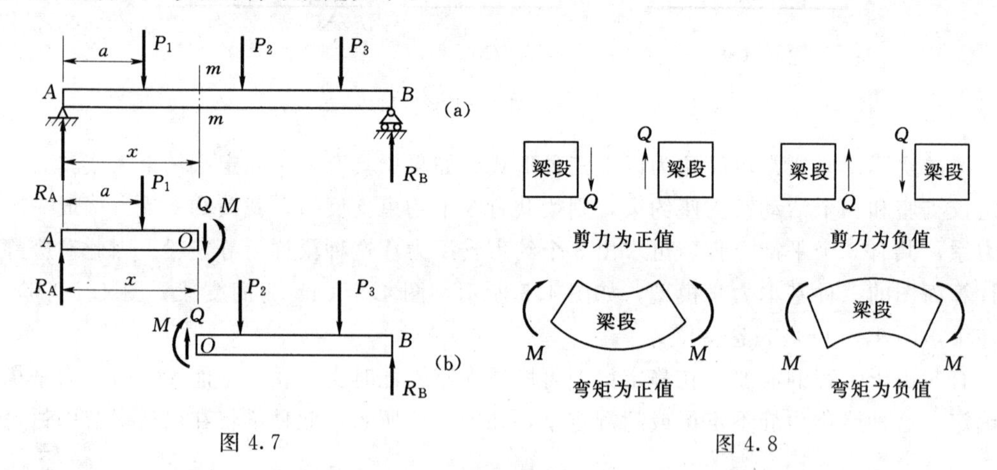

图 4.7　　　　图 4.8

（1）剪力符号。当剪力 Q 使微段梁绕微段内任一点沿顺时针方向转动时规定为正号，反之为负。

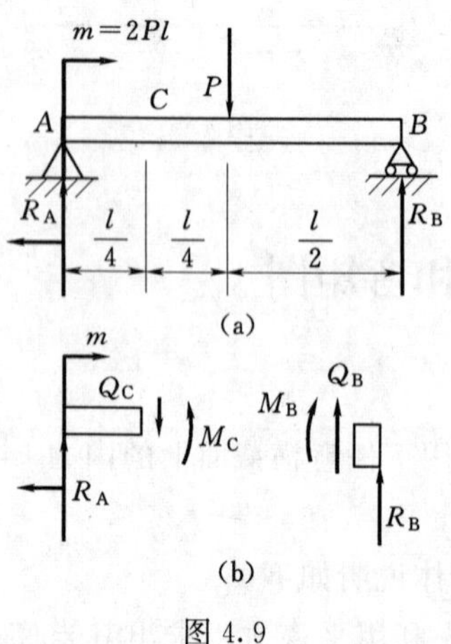

图 4.9

（2）弯矩符号。当弯矩 M 使微段梁向上凹时规定为正号，反之为负。

【例 4.1】 如图 4.9（a）所示简支梁 AB，试计算 C、B 截面上的内力（B 截面是指无限接近于 B 截面并位于其左侧的截面）。

解： 首先计算其约束反力，设其方向如图 4.9（a）所示。

由平衡方程得

$$\sum m_A=0,\quad -m-P\frac{l}{2}+R_Bl=0$$

$$R_B=\frac{5}{2}P$$

$$\sum m_B=0,\quad -R_A l-m+P\frac{l}{2}=0$$

$$R_A=-\frac{3}{2}P$$

这里 R_A 为负，说明它实际方向与假设方向相反。

下面计算 C 截面的内力。假想将梁在 C 截面截开，如果保留左段，可先设剪力 Q_C 与弯矩 M_C 皆为正，它们的方向必然如图 4.9（b）所示。由平衡方程得

$$\sum F_y=0,\quad R_A-Q_C=0,\quad Q_C=-\frac{3}{2}P$$

$$\sum M_0=0,\quad -R_A\frac{l}{4}-m+M_C=0,\quad M_C=\frac{13}{8}Pl$$

弯矩 M_C 为正号，说明原先假定正弯矩的转向是对的，同时又表示该截面的弯矩是正弯矩。而剪力 Q_C 为负号，说明剪力的方向设反了，实际上为负剪力。

最后再计算 B 截面的内力。将梁假想在 B 截面截开，并选右段为研究对象，设 Q_B 与 M_B 皆为正，由平衡方程得

$$\sum F_y=0,\quad Q_B=-R_B=-\frac{5}{2}P$$

$$\sum M_0=0,\quad M_B+R_B\times 0=0,\quad M_B=0$$

通过上面的讨论可总结出用截面法求剪力和弯矩的法则如下：欲求某截面的剪力 Q 和弯矩 M，先自该截面切开，保留一段（左段或右段），在截面上对照图 4.8 设出正剪力 Q 和正弯矩 M。然后用 $\sum F_y=0$ 求剪力 Q；用 $\sum M=0$ 求弯矩 M，在写力矩平衡方程时一般以该截面的形心作为力矩中心。最后求出的剪力如得正号表明该截面的剪力是正剪力，如得负号则表明是负剪力。对于弯矩正负也同样判断。

4.2.2　根据剪力方程和弯矩方程作梁的内力图

以上分析表明，在梁的不同截面上，剪力和弯矩一般均不相同，是随截面位置而变化的。设用坐标 x 表示横截面的位置，则梁各横截面上的剪力和弯矩可以表示为坐标 x 的函数，即

$$Q=Q(x)$$

$$M=M(x)$$

上述关系式分别称为剪力方程和弯矩方程。

梁的剪力与弯矩随截面位置的变化关系，常用图形来表示，这种图称为剪力图与弯矩图。绘图时以平行于梁轴的横坐标 x 表示截面的位置，以纵坐标表示相应截面上的剪力或弯矩。

特别需要说明的是：本书中的弯矩图是按照机械类专业的习惯将正的弯矩画在梁受压的一侧，直梁弯曲时弯矩图中的纵坐标以向上为正。事实上，不同专业工程结构体系中，对弯矩图有不同的规定，如土木建筑类则规定正的弯矩画在梁受拉的一侧，直梁弯曲时弯矩图中的纵坐标以向下为正。

下面用例题说明列出剪力方程和弯矩方程以及绘制剪力图和弯矩图的方法。

【例 4.2】　如图 4.10（a）所示简支梁，受到均布载荷 q 作用，试作梁的剪力图和弯

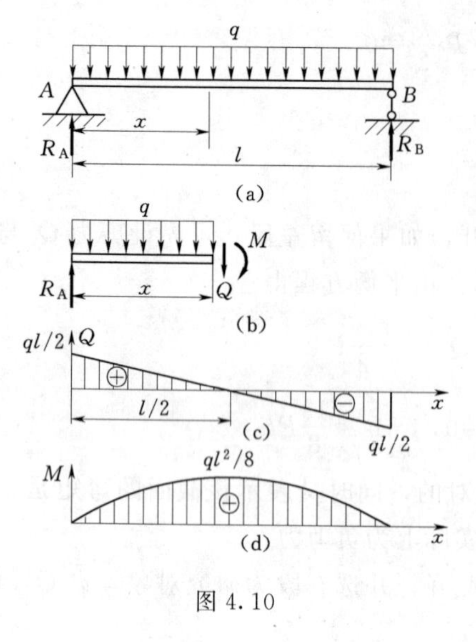

图 4.10

矩图。

解：对于简支梁，必须首先计算支反力，这是因为在计算横截面的剪力和弯矩时，不论取截面哪一边的梁，其上的外力均包括有一个支反力。在本例中，梁 AB 在均布载荷 q 的作用下，其合力是 ql，由梁和载荷的对称关系可知

$$R_A = R_B = \frac{1}{2}ql$$

任取距左端 A 为 x 处的横截面，当 $0 \leqslant x \leqslant l$ 时，在此截面左边梁上均布载荷的合力为 qx。它对于此截面形心的力臂为 $\frac{x}{2}$ [图 4.10 (b)]。则由此可列出梁的剪力和弯矩方程：

$$Q = R_A - qx = \frac{q}{2}l - qx \qquad \text{(a)}$$

$$M = R_A x - qx\frac{x}{2} = \frac{1}{2}qlx - \frac{1}{2}qx^2 \qquad \text{(b)}$$

由式 (a) 知剪力图为一斜直线，确定两点：

$$x=0\text{ 处}, Q = \frac{1}{2}ql; \quad x = l\text{ 处}, Q = -\frac{1}{2}ql$$

即可绘出剪力图 [图 4.10 (c)]。在梁跨中截面 Q 值为零。

由式 (b) 知，M 是 x 的二次函数，因此弯矩图为一抛物线，至少应由三点（包括顶点）来确定。梁端处（即 $x=0$ 及 $x=l$ 时）的弯矩均为零，由于载荷对称，抛物线顶点必在跨度中点，此时以 $x=\frac{l}{2}$ 代入式 (b) 得

$$M_{\max} = \frac{ql^2}{8}$$

由以上三点的坐标即可绘出弯矩图 [图 4.10 (d)]。

有时不能凭观察判断出抛物线顶点的位置，可将弯矩方程式对 x 取一次导数并令其等于零，即可求解抛物线顶点的横坐标 x。

【例 4.3】 如图 4.11 (a) 所示简支梁，受集中力作用，试作梁的剪力图和弯矩图。

解：先由平衡方程式 $\sum M_B = 0$ 和 $\sum M_A = 0$ 分别求得支反力为

$$R_A = \frac{Pb}{l}, \quad R_B = \frac{Pa}{l}$$

在集中载荷的左、右两段梁的剪力和弯矩方程均不相同。对于 c 截面以左的梁，即 $0 \leqslant x \leqslant a$ 时，其剪力和弯矩方程为

$$Q = R_A = \frac{Pb}{l} \qquad \text{(a)}$$

$$M = R_A x = \frac{Pb}{l}x \qquad \text{(b)}$$

而对于 C 截面以右的梁，即 $a\leqslant x\leqslant l$ 时，其剪力、弯矩方程为

$$Q=R_A-P=\frac{Pb}{l}-P=-\frac{Pa}{l} \tag{c}$$

$$M=R_A x-P(x-a)=\frac{Pa}{l}(l-x) \tag{d}$$

根据式（a）和式（c），可绘出剪力图［图 4.11（b）］；而根据式（b）和式（d），则可绘出弯矩图［图 4.11（c）］。

由图 4.11 可见，当 $b>a$ 时，在 AC 段梁的任意横截面的剪力值为最大，即 $Q_{max}=\frac{Pb}{l}$，而集中载荷作用处的横截面上其弯矩值为最大，即 $M_{max}=\frac{Pab}{l}$。

【例 4.4】 如图 4.12（a）所示简支梁，受力偶矩 M_0 作用，试作梁的剪力图和弯矩图。

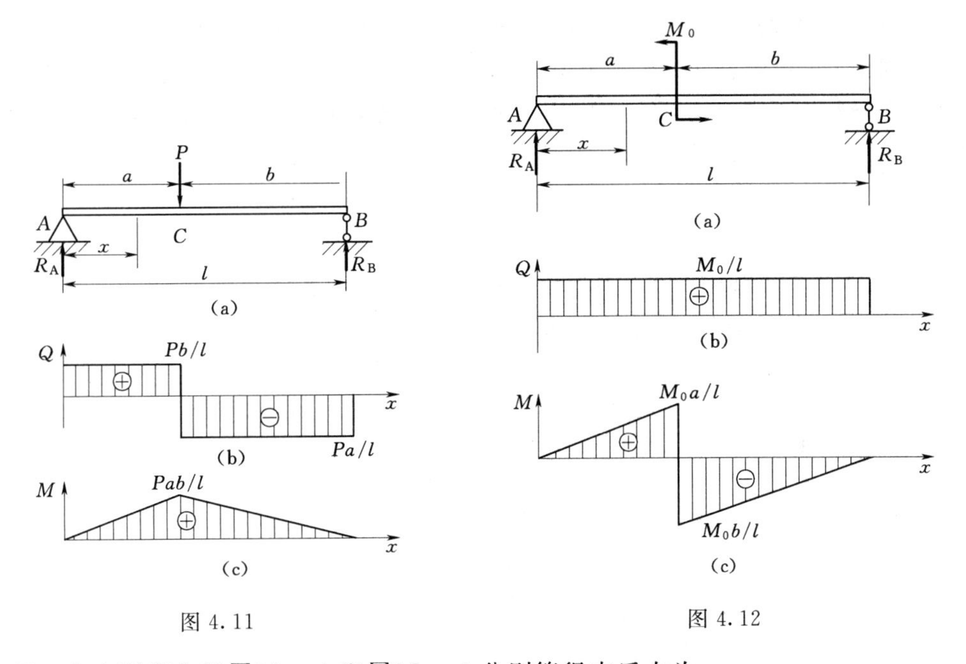

图 4.11　　　　图 4.12

解： 先由平衡方程 $\sum M_B=0$ 和 $\sum M_A=0$ 分别算得支反力为

$$R_A=\frac{M_0}{l},\quad R_B=-\frac{M_0}{l}$$

因整个梁的载荷仅为一力偶，故全梁只有一个剪力方程。取距左端为 x 的任意剪力来分析，当 $0\leqslant x\leqslant l$ 时：

$$Q=R_A=\frac{M_0}{l} \tag{a}$$

在集中力偶 M_0 的左、右边两段梁的弯矩方程式将不相同，须分段列出。

AC 段上，即 $0\leqslant x\leqslant a$ 时：

$$M=R_A x=\frac{M_0}{l}x \tag{b}$$

CB 段上，即 $a\leqslant x\leqslant l$ 时：

$$M=R_A x-M_0=\frac{M_0}{l}x-M_0 \tag{c}$$

由式（a）知，剪力图为一水平直线［图 4.12（b）］。由式（b）和式（c）知，AC 和 CB 两段梁的弯矩皆为斜直线，只要确定线上两点，就可以确定这条直线。梁端处的弯矩均为零。另外根据式（b），在 $x=a$（即 c 截面左侧）处，$M=\frac{M_0}{l}a$。根据式（c），当 $x=(l-b)=a$ 时，$M=-\frac{M_0}{l}b$，由此可绘出弯矩图如图 4.12（c）所示。$b>a$ 时，在集中力偶作用处的右侧截面上的弯矩值最大。

综上所述，绘制梁的剪力图和弯矩图的步骤是：画计算简图；求支座反力；列剪力方程和弯矩方程；根据剪力和弯矩方程的特性，计算必要的几个截面上的剪力和弯矩值，按适当的比例分别描点作出 Q 图、M 图，并标出最大弯矩和剪力的数值及其所在截面位置。

4.2.3 根据分布载荷集度、剪力和弯矩三者之间的微分关系画梁内力图

在［例 4.2］中，可以发现剪力函数是一次函数，弯矩函数是二次函数，若弯矩函数对 x 求一次导数，则可得到剪力函数，其他几个例题中也有类似的关系。载荷集度、剪力和弯矩三个都是可以表示梁弯曲的函数，三个函数依次增加一个长度量纲，三个函数之间存在某种微积分关系，下面来推导其中的规律，并讨论利用这种关系来快速绘制剪力图和弯矩图。

在如图 4.13 所示的梁中，用相距为 dx 的两截面 $m—n$ 和 $m_1—n_1$ 切出一微段。设作用在 $m—n$ 截面上的剪力 Q、弯矩 M 为正，其方向如图 4.13 所示。$m_1—n_1$ 截面上的内力与作用在 $m—n$ 截面上的不同，分别以 dQ 和 dM 代表 Q 和 M 的增量，则作用于 $m_1—n_1$ 截面上的剪力为 $Q+dQ$，弯矩为 $M+dM$。对于此微段梁而言，分布载荷和剪力、弯矩均为外力，考虑 dx 段的平衡：

$$\sum F_y=0,\quad Q-(Q+dQ)+q dx=0$$

$$\frac{dQ}{dx}=q \tag{4.3}$$

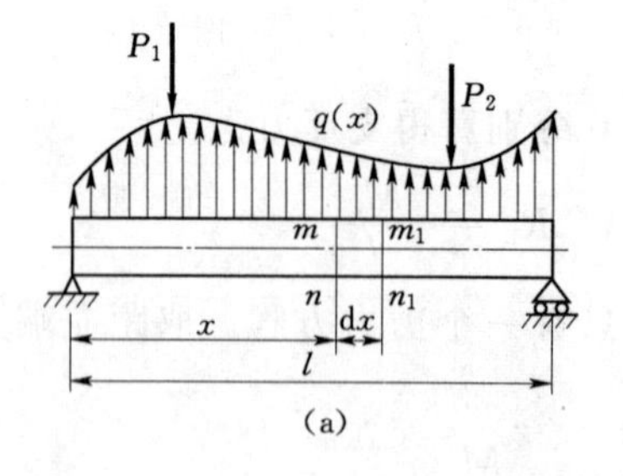

(a)

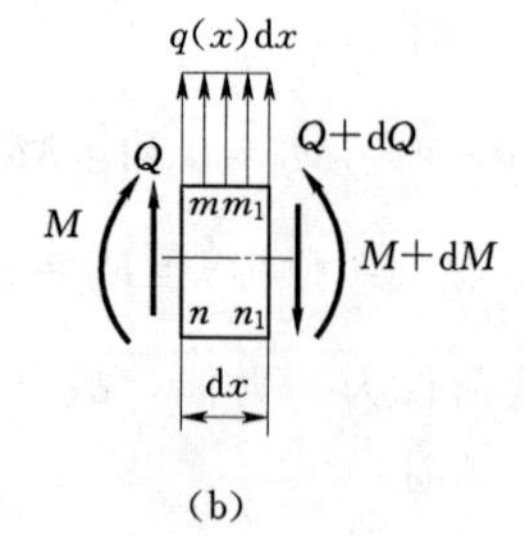

(b)

图 4.13

这里规定分布载荷以向上为正。再对 $m_1—n_1$ 截面形心 O 取力矩：

$$\sum M_O=0,\quad -Qdx-M+(M+dM)-qdx\frac{dx}{2}=0$$

式中最后一项为高阶微量，与前几项相比可以略去，故得

$$\frac{dM}{dx}=Q \tag{4.4}$$

上式再对 x 微分一次，利用式（4.3）得

$$\frac{d^2M}{dx^2}=q \tag{4.5}$$

上式给出了 q、Q、M 间的微分关系。需要指出的是在推导式（4.3）～式（4.5）时，x 轴以向右为正，内力坐标轴以向上为正。

由以上三式可知，将弯矩函数 $M(x)$ 对 x 求导数，即得剪力函数 $Q(x)$；将剪力函数 $Q(x)$ 对 x 求导，即得分布载荷 $q(x)$。故从 x 的幂次讲，$M(x)$ 比 $Q(x)$ 高一阶，$Q(x)$ 又比 $q(x)$ 高一阶。

式（4.3）表明剪力图在某点的斜率等于相应截面的分布载荷值。当某段有向下的分布载荷时（q 为负），该段剪力图的斜率必为负，即在该段内剪力图为递减；反之，则剪力图为递增。

式（4.4）表明弯矩图在某点的斜率等于相应截面的剪力值。如在某截面 $Q=0$，即 $\frac{dM}{dx}=0$，则弯矩图在该处取极值（M 图在此处的切线为水平方向）。在集中载荷 P 作用下，剪力图有突变，弯矩图的斜率亦有突变，即弯矩图在该处有折角。

根据式（4.5）可判断弯矩图图形的凸凹。如某段有向下的分布载荷，则 $\frac{d^2M}{dx^2}$ 为负，即弯矩图是向上凸的曲线；如某段有向上的分布载荷，则 $\frac{d^2M}{dx^2}$ 为正，即弯矩图是向上凹的曲线。

根据上述微分关系和 4.2.2 节所举例题，可以总结出 Q、M 图的下述规律。

（1）梁上某段无分布载荷时，则该段剪力图为水平线，弯矩图为斜直线。

（2）梁上某段有向下的分布载荷时，则该段剪力图递减（\），弯矩图为向上凸的曲线（⌒）；反之，当有向上的分布载荷时，剪力图递增（/），弯矩图为向上凹的曲线（⌣）。如为均布载荷时，则剪力图为斜直线，弯矩图为二次抛物线。

（3）在集中力 P 作用处，剪力图有突变（突变值等于集中力 P），弯矩图为折角，在集中力偶 m 作用处，弯矩图有突变（突变值等于力偶矩 m）。剪力图无变化。

（4）某截面 $Q=0$，则在该截面弯矩有极值（极大或极小）。

下面举例说明其应用。

【例 4.5】 外伸梁 AD 受载荷如图 4.14（a）所示。试利用微分关系作剪力图及弯矩图。

分析：利用微积分关系绘制剪力和弯矩图的一般步骤如下：①求解支座反力；②确定控制截面（通常是指梁的端点截面、集中力作用截面、集中力偶作用截面、分布载荷的起始和终止截面）上的剪力和弯矩数值；③依次确定控制截面之间梁段上剪力图和弯矩图的曲线形状；④确定集中力和集中力偶作用处图形的突变；⑤在剪力等于零的截面处确定弯矩的极值；⑥确定剪力和弯矩的最大值。

解：（1）求支反力。由平衡条件 $\sum M_B=0$ 和 $\sum M_A=0$ 可求得

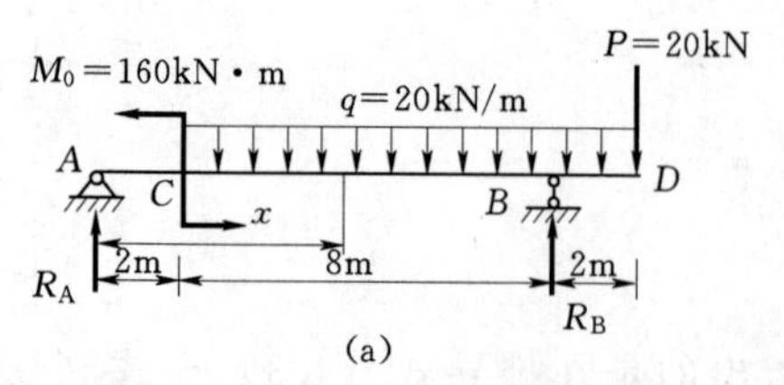

(a)

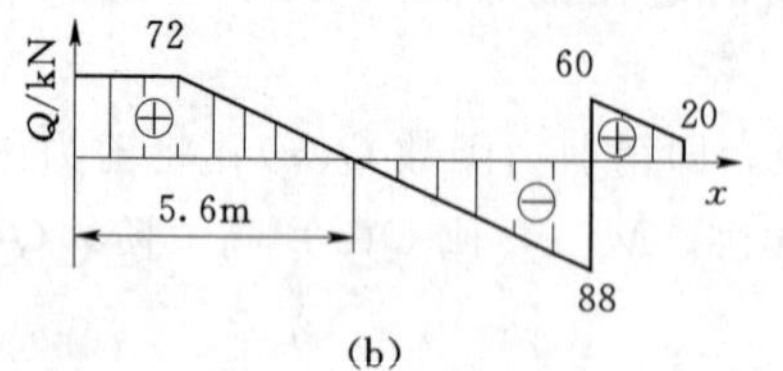

(b)

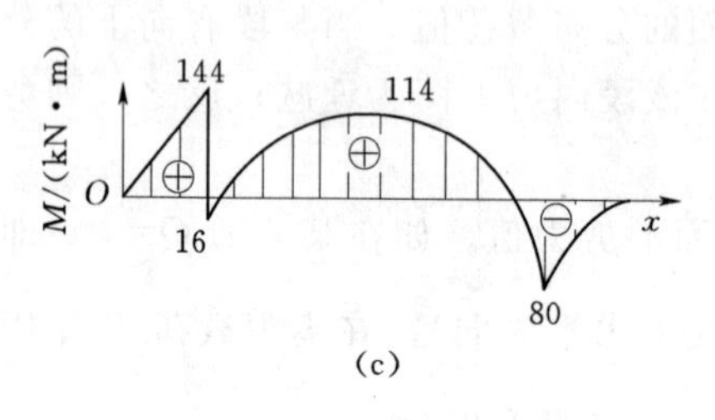

(c)

图 4.14

$$R_A=72\text{kN},\quad R_B=148\text{kN}$$

(2) 确定控制截面上的内力数值。根据梁上受力情况，A、C、B、D 四个截面为控制截面，则整个梁应分为 AC、CB、BD 三段。

A^+ 截面（无限靠近 A 点的右侧截面，取左半部分为研究对象，下同）：

$$Q_{A^+}=R_A=72(\text{kN})$$
$$M_{A^+}=0$$

C^- 截面（无限靠近 C 点的左侧截面）：

$$Q_{C^-}=R_A=72(\text{kN})$$
$$M_{C^-}=R_A\times2=144(\text{kN}\cdot\text{m})$$

C^+ 截面（无限靠近 C 点的右侧截面，以下类似）：

$$Q_{C^+}=Q_{C^-}=72(\text{kN})$$
$$M_{C^+}=R_A\times2-M_0=-16(\text{kN}\cdot\text{m})$$

B^- 截面：

$$Q_{B^-}=R_A-q\times8=-88(\text{kN})$$
$$M_{B^-}=R_A\times10-M_0-q\times8\times4=-80(\text{kN}\cdot\text{m})$$

B^+ 截面（取右半部分为研究对象）

$$Q_{B^+}=P+q\times2=60(\text{kN})$$
$$M_{B^+}=M_{B^-}=-80(\text{kN}\cdot\text{m})$$

D^- 截面

$$Q_{D^-}=P=20(\text{kN})$$
$$M_{D^-}=0$$

(3) 确定每段梁上的剪力图和弯矩图的形状。

AC 段：无载荷，所以剪力图应为一水平直线，M 图为向上倾斜的直线。在 C 处有集中力偶，所以弯矩图在此有突变，突变值等于集中力偶的数值。

CB 段和 BD 段：有向下的均布载荷作用，所以 Q 图为向下倾斜的直线，且两段斜率一样。C、B 截面上的剪力正负号发生变化，表明在此段某处剪力必定为零，剪力值等于零的截面上通常对应着弯矩的极值，可令 CB 段的剪力方程等于零，而求得该截面距梁左段的距离 x。

令
$$Q=R_A-q(x-2)=0$$

则
$$x=\frac{R_A}{q}+2=\frac{72}{20}+2=5.6(\text{m})$$

在集中力作用处 B、D 截面上 Q 图发生突变，其突变值等于集中力的大小。

弯矩图为二次抛物线，由于均布载荷作用方向向下，M 图为向上凸的曲线，在 $Q=0$ 处，M 图有极大值（或极小值）。

$$M=R_A\times5.6-M_0-q\times3.6\times\frac{3.6}{2}=114(\text{kN}\cdot\text{m})$$

在 B 点处 Q 有突变，所以 M 图在此形成尖角。

根据上面数值可作剪力图和弯矩图［图 4.14（b）、（c）］。从剪力图知最大剪力

$$Q_{max}=88kN$$

由弯矩图可见，最大弯矩值发生在 C 截面左侧，即

$$M_{max}=144kN\cdot m$$

上例说明，当我们熟悉剪力图和弯矩图的规律以后，在作 Q 图和 M 图时，可以不写方程式，根据梁受力情况，将梁分成几段，再根据各段内载荷分布情况，利用 q、Q、M 的微分关系，确定剪力图和弯矩图的几何形状，计算若干个控制截面的内力值，就可绘出梁的剪力图和弯矩图。

4.2.4　用叠加法作梁的内力图

以上建立梁的内力方程式及作剪力图与弯矩图，是根据梁变形前的尺寸进行的，即按梁的初始尺寸进行。小变形下，按初始尺寸求梁的内力，与按变形后所得结果几乎没有差异，当梁上有多个外力作用时，各外力所引起的内力互不相关，梁的内力随各个外力按线性规律变化。因此，可以分别计算各外力所引起的内力，然后进行叠加，这一方法称为叠加法。

【例 4.6】 在如图 4.15（a）所示的外伸梁中，已知：q，l，$F=ql$，试按叠加法作弯矩图。

解： 将如图 4.15（a）所示受两种载荷作用的外伸梁分解为只受集中力 F 及只受均布载荷 q 作用的两种情况，分别作 M 图，如图 4.15（b）、（c）所示。

将图 4.15（b）、（c）中的 M 图的纵坐标值按对应截面代数相加，得到如图 4.15（d）所示给定梁的 M 图。由图可见，最大弯矩发生在集中力所在的横截面上，其值为

$$M_{max}=\frac{3}{16}ql^2$$

需要指出，在根据图 4.15（b）、（c）作图 4.15（d）时，不必逐点叠加，只需将端面上各纵坐标值相加，然后用同段内各弯矩图中的最高次曲线连接有关端面，即可得如图 4.15（d）所示的弯矩图。

显然，上述叠加法也可用于剪力图的绘制。

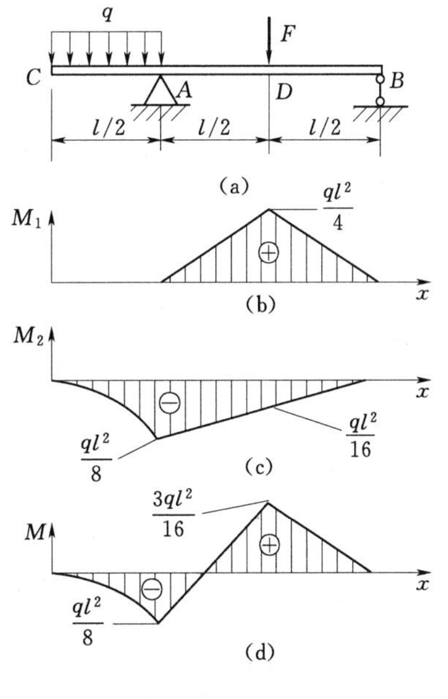

图 4.15

4.2.5　平面刚架与曲杆的内力图

在工程中常常遇到许多杆件所组成的框架形式的结构。在这种结构中，杆和杆的交点叫做节点。如果在节点处杆间的夹角保持不变，即杆与杆在节点处不发生相对转动，为了区别于铰链点而称这样的节点为刚节点，有刚节点的框架称为刚架。凡未知反力和内力能由静力学平衡条件确定的刚架为静定刚架。平面刚架横截面上的内力分量通常有轴力、剪力和弯矩。轴力仍以拉为正，剪力与弯矩的正负号规定为：设想人站在刚架内部环顾刚架各杆，剪力与弯

矩的正负号与梁的规定相同。下面举例说明静定刚架弯矩图和轴力图的画法。

【例 4.7】 试绘制如图 4.16(a)所示刚架的弯矩图和轴力图。

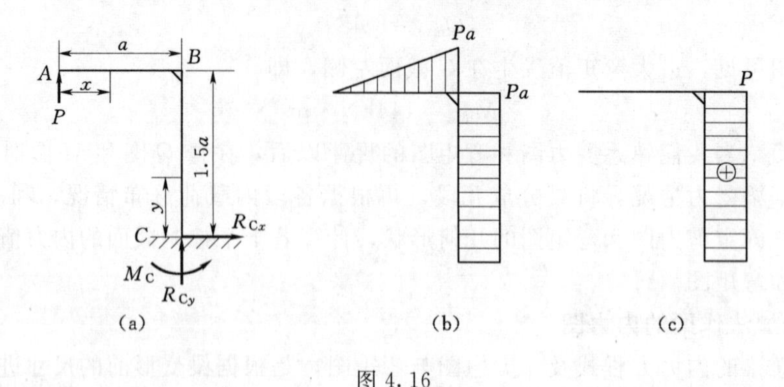

图 4.16

解: 利用平衡条件求反力:

$$\sum F_x=0,\quad R_{Cx}=0$$

$$\sum F_y=0,\quad P-R_{Cy}=0,\quad R_{Cy}=-P$$

$$\sum M_C=0,\quad M_C-Pa=0,\quad M_C=Pa$$

然后列轴力和弯矩方程,因剪力 Q 比较次要而略去不计,对 AB 段距左端为 x 的任意截面有

$$M(x)=Px$$

$$N(x)=0$$

再列 BC 段的内力方程,对距 C 点为 y 的任意截面有

$$M(y)=M_C=Pa$$

$$N(y)=P$$

由上述方程可画出刚架的 M 图和 N 图[图 4.16(b)、(c)]。在画刚架内力图时,规定把弯矩图画在杆件受压纤维的一侧,不注明正负。轴力图和剪力图可画在刚架轴线的任一侧,须标明正负。

在工程中,还会遇到吊钩、链环等一类杆件。这种轴线为曲线的杆件称为曲杆或曲梁。轴线为平面曲线的曲杆称为平面曲杆。本节只分析平面曲杆弯曲时的内力及内力图。

图 4.17(a)表示一轴线为圆弧的平面曲杆,其半径为 R,在自由端 B 处受到铅垂载荷 F 作用。仍然用截面法分析曲杆的弯曲内力。在如图 4.17(a)所示曲线坐标中,在极

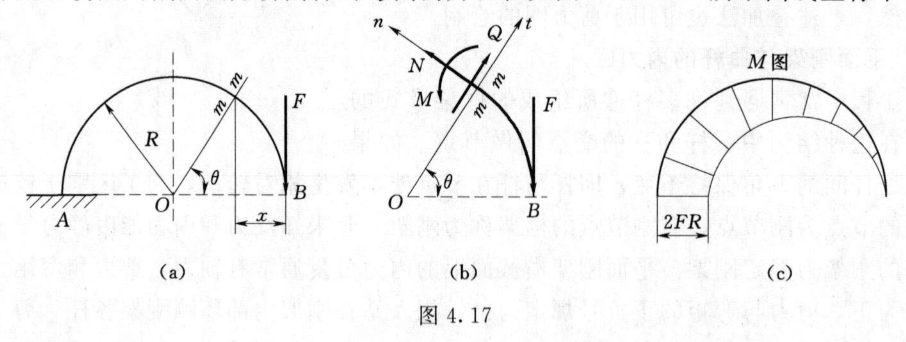

图 4.17

角为 θ 的任意横截面处假想地将曲杆切开，并选取右段为研究对象，如图 4.17（b）所示。在 $m—m$ 截面上，有弯矩 M，剪力 Q 和轴力 N。根据平衡条件由此求得曲杆的剪力方程、轴力方程和弯矩方程分别为

$$\sum F_n=0,\quad N=F\cos\theta$$

$$\sum F_t=0,\quad Q=F\sin\theta$$

$$\sum M=0,\quad M=FR(1-\cos\theta)$$

式中 $0\leqslant\theta\leqslant\pi$。关于曲杆内力的正负符号，规定以引起曲杆拉伸变形的轴力 N 为正；使曲杆轴线的曲率增加的弯矩 M 为正；以剪力 Q 对所考虑的一段曲杆内任意一点取矩，若力矩为顺时针方向，则剪力 Q 为正。反之，为负。图 4.17（b）中内力均为正值。

根据曲杆的剪力方程，弯矩方程和轴力方程，用描点法即可绘制曲杆的弯曲内力图——剪力图、弯矩图和轴力图，其方法和梁的内力图的绘制方法相同，这里不再赘述。但必须说明，和刚架弯矩图的绘制规定一样，曲杆的弯矩图也一律画在曲杆受压的一侧，且不再标注弯矩的正负符号，如图 4.17（c）所示。

4.3　梁横截面上的正应力

在一般情况下，梁的横截面上有弯矩和剪力，因此梁的横截面上既有正应力也有切应力。弯矩是垂直于横截面的内力系的合力偶矩，只与正应力有关；剪力是相切与横截面的内力系的合力，只与切应力有关。

由于正应力和切应力的分布情况未知，只有静力平衡方程是无法推导出应力公式的，这是无穷次静不定问题。与推导扭转切应力公式相似，推导弯曲时梁的正应力公式也需要综合考虑变形几何、物理和静力学三方面关系。

如果某段梁的剪力为零，弯矩为常数时，该段梁的变形称为纯弯曲。如果某段梁的剪力与弯矩均不为零，则该段梁的变形为横力弯曲。下面我们推导在对称弯曲情况下梁的正应力公式，此时梁只在纵向对称面内作用大小相等、方向相反的一对力偶，构成纯弯曲，这是最简单的情况，横截面上只存在正应力。

4.3.1　几何关系

取矩形截面梁，在梁的表面上作出与梁轴线平行的纵向线和与纵向线垂直的横向线。在梁两端施加力偶 m，使此梁发生纯弯曲（图 4.18），则可观察到以下现象：横向线 $a—b$

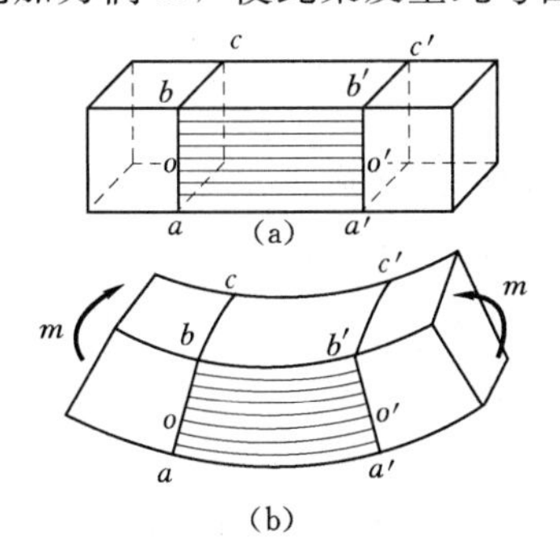

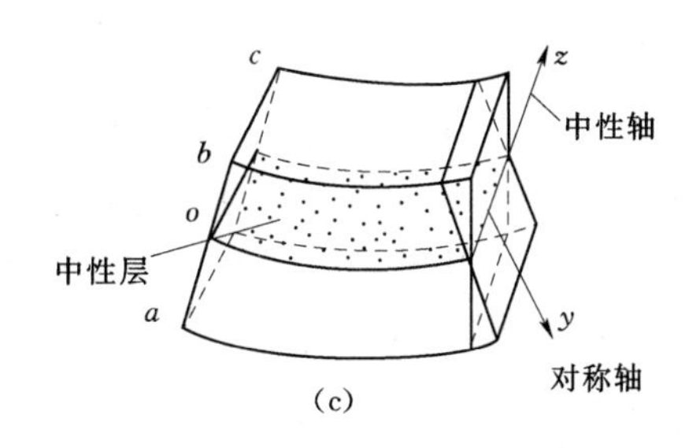

图 4.18

变形后仍为直线，但倾斜了一个角度，纵向线 $a-a'$ 变为曲线，且上面压缩下面拉伸；横向线与纵向线变形后仍垂直。

设想梁由平行于轴线的众多纵向纤维组成。发生弯曲变形后，由于梁内上部纤维缩短，下部纤维伸长，因此必定有一层纤维既不伸长也不缩短，因而该层纤维不受拉应力和压应力作用，此层纤维称为中性层。中性层与横截面有一条交线，称为中性轴。由于载荷都作用在梁的纵向对称面内，梁的整体变形也应对称与纵向对称面，这就要求中性轴与纵向对称面垂直。

根据观察到的现象，我们提出以下假设：梁的所有横截面在变形过程中要发生转动，但仍保持为平面，并且和变形后的梁轴线垂直。这一假设称为“平面假设”。

现从梁中截取出长为 $\mathrm{d}x$ 的一个微段，横截面选用如图 4.18 所示的 y-z 坐标系，y 轴为横截面的对称轴，以向下为正，z 轴为中性轴，但中性轴的位置尚且未知。从图 4.19 中可以看到，横截面间相对转过的角度为 $\mathrm{d}\theta$，中性层上的纵线（纵向纤维）oo 弯曲变形后成为圆弧曲线 $o'o'$，设其曲率半径为 ρ，距中性层为 y 处的任一纵线 bb 变形后为圆弧曲线 $b'b'$。

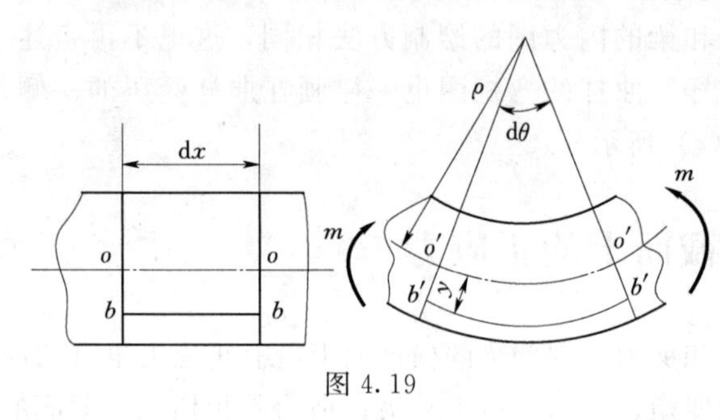

图 4.19

因此，纵线 bb 弯曲后的长度变为

$$\widehat{b'b'}=(\rho+y)\mathrm{d}\theta$$

而变形前、后中性层内的纤维 oo 长度不变，与纵线 bb 长度相等，即

$$\overline{bb}=\mathrm{d}x=\overline{oo}=\overline{o'o'}=\rho\mathrm{d}\theta$$

则纵线 bb 线应变为

$$\varepsilon=\frac{\widehat{b'b'}-\overline{bb}}{\overline{bb}}=\frac{(\rho+y)\mathrm{d}\theta-\rho\mathrm{d}\theta}{\rho\mathrm{d}\theta}=\frac{y}{\rho}$$

纵向纤维的应变与它到中性层的距离 y 成正比。

4.3.2　物理关系

梁的纵向纤维间无挤压，每一纤维只是发生单向拉伸或压缩。当正应力不超过材料的比例极限 σ_p 时，可由胡克定律知

$$\sigma=E\varepsilon=\frac{E}{\rho}y$$

该式表明，任意纵向纤维的正应力与它到中性层的距离成正比。在横截面上，各点的正应力 σ 与该点的坐标 y 成正比，即与到中性轴的距离成正比，也就是说沿截面高度，正应力按直线规律变化。中性轴 z 轴上各点的正应力均为零，中性轴上部横截面的各点均为压应力，而下部各点则均为拉应力，如图 4.20（a）所示。

4.3.3　静力关系

在横截面上取面积为 $\mathrm{d}A$ 的微元，微元坐标为（y，z），设该点的正应力为 σ［图 4.20（b）］，微元上的合力为 $\sigma\mathrm{d}A$。横截面上的各点的微内力 $\sigma\mathrm{d}A$ 组成与横截面垂直

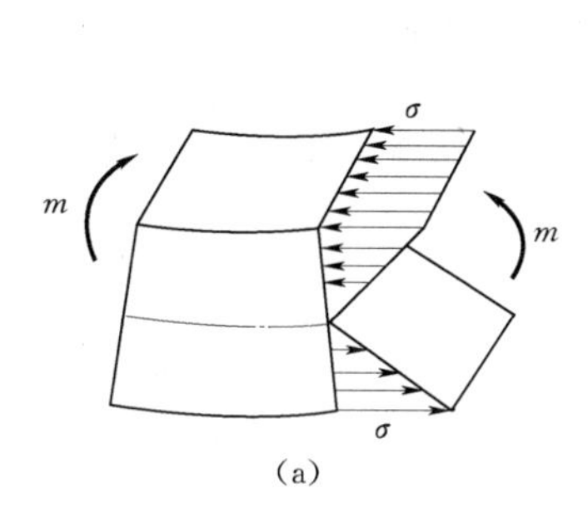

(a)

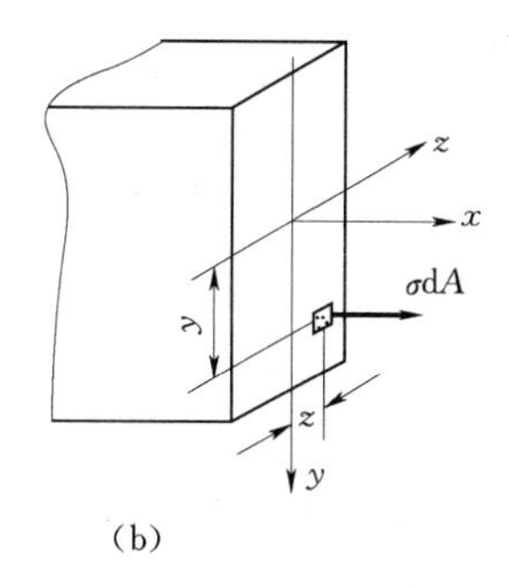

(b)

图 4.20

的空间平行力系。这个内力系只能简化为三个内力分量，即平行 x 轴的轴力 N，对 z 轴的力偶矩 M_z 和对 y 轴的力偶矩 M_y，分别为

$$N=\int_A \sigma \mathrm{d}A,\quad M_y=\int_A z\sigma \mathrm{d}A,\quad M_z=\int_A y\sigma \mathrm{d}A$$

考虑左侧平衡方程$\sum F_x=0$，$\sum M_y=0$，即横截面上正应力的合力等于零，横截面上正应力对 y 轴合成的力偶矩也等于零，即

$$N=\int_A \sigma \mathrm{d}A=0,\quad M_y=\int_A z\sigma \mathrm{d}A=0$$

将正应力 $\sigma=\dfrac{E}{\rho}y$ 代入上述两式，得到

$$N=\int_A \sigma \mathrm{d}A=\frac{E}{\rho}\int_A y\mathrm{d}A=0,\quad M_y=\int_A z\sigma \mathrm{d}A=\frac{E}{\rho}\int_A yz\mathrm{d}A=0$$

其中$\dfrac{E}{\rho}$为常量，不等于零，故只能 $\int_A y\mathrm{d}A=S_z=0$，$S_z$ 称为横截面对 z 轴的静矩（或面积矩），当静矩为零时，意味着 z 轴通过截面的形心（附录 A.1）。这样就确定了中性轴的位置，即中性轴通过横截面的形心。由于 y 轴是横截面的对称轴，必然有横截面对 y 轴和 z 轴的惯性矩 $I_{yz}=\int_A yz\mathrm{d}A=0$（附录 A.2）。

横截面上的内力系最终归结为一个力偶矩 M_z（就是弯矩 M），即有

$$M_z=\int_A y\sigma \mathrm{d}A=\frac{E}{\rho}\int_A y^2\mathrm{d}A=M$$

将正应力 $\sigma=\dfrac{E}{\rho}y$ 代入，得到

$$M=\int_A y\sigma \mathrm{d}A=\frac{E}{\rho}\int_A y^2\mathrm{d}A$$

式中积分：

$$\int_A y^2\mathrm{d}A=I_z$$

是横截面对中性轴 z 轴的惯性矩，其单位为 m^4。上式可写为

$$\frac{1}{\rho}=\frac{M}{EI_z} \tag{4.6}$$

其中，$\frac{1}{\rho}$是梁轴线弯曲变形后的曲率。EI_z 越大，则曲率$\frac{1}{\rho}$越小。因此，EI_z 称为梁的抗弯刚度。将式（4.6）代入 $\sigma=E\varepsilon=\frac{E}{\rho}y$，即可得到弯曲时梁的横截面上的正应力计算公式：

$$\sigma=\frac{My}{I_z} \tag{4.7}$$

这就是纯弯曲时梁横截面上的正应力公式。式中 M 为截面的弯矩，y 为欲求应力点至中性轴的距离，I_z为截面对中性轴的惯性矩。式中正应力 σ 的正负号与弯矩 M 及点的坐标 y 的正负号有关。实际计算中，可根据截面上弯矩 M 的方向直接判断：即以梁的中性层为界，梁的凸出一侧受拉压力，凹入的一侧受压，而不必计及 M 和 y 的正负。

式（4.7）的适用范围为：①平面弯曲；②梁的应力不超过比例极限，即材料在线弹性范围；③单向应力状态。

从式（4.7）可知，在横截面距中性轴最远的各点处，正应力值最大。当中性轴 z 为截面的对称轴时，则截面上的最大正应力为

$$\sigma_{\max}=\frac{My_{\max}}{I_z} \tag{4.8}$$

若令

$$W_z=\frac{I_z}{y_{\max}} \tag{4.9}$$

则

$$\sigma_{\max}=\frac{M}{W_z} \tag{4.10}$$

式中　W_z——弯曲截面系数，其值与横截面的形状尺寸有关，m^3。

图 4.21 中矩形截面和圆形截面关于中性轴 z 轴的轴惯性矩与弯曲截面系数如下。

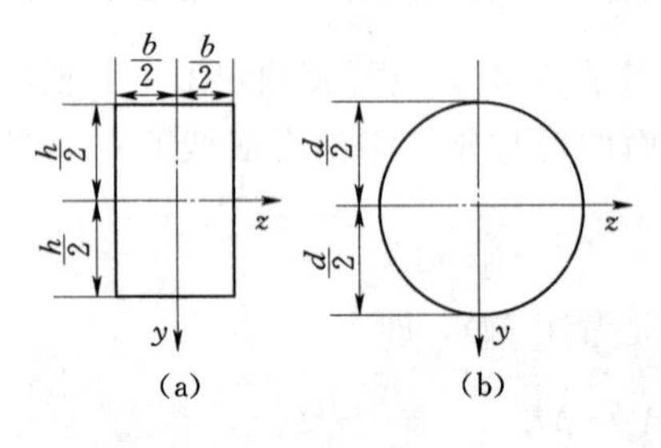

图 4.21

矩形截面：

$$I_z=\frac{bh^3}{12},\quad W_z=\frac{bh^2}{6} \tag{4.11}$$

圆形截面：

$$I_z=\frac{\pi d^4}{64},\quad W_z=\frac{\pi d^3}{32} \tag{4.12}$$

轧制型钢（工字钢、槽钢等）的 I_z、W_z 可从型钢表中查得。

若梁的横截面对中性轴不对称，则其截面上的最大拉应力和最大压应力并不相等，例如 T 形截面，则截面上的最大正应力按下面公式计算。

最大拉应力为

$$(\sigma_t)_{\max}=\frac{My_{t\max}}{I_z} \tag{4.13a}$$

式中　$y_{t\max}$——拉应力区域中离中性轴最大的距离。

最大压应力为

$$(\sigma_c)_{max}=\frac{My_{cmax}}{I_z} \tag{4.13b}$$

式中 y_{cmax}——压应力区域中离中性轴最大的距离。

式（4.7）是根据纯弯曲的情形导出的，梁在横力弯曲作用下，其横截面上不仅有正应力，还有切应力。由于存在切应力，横截面不再保持平面，而发生“翘曲”现象。进一步的分析表明，对于细长梁（例如矩形截面梁，$l/h\geqslant5$，l 为梁的跨长，h 为截面高度），切应力对正应力和弯曲变形的影响很小，可以忽略不计。而且，用纯弯曲时梁横截面上的正应力计算公式来计算细长梁横力弯曲时的正应力，和梁内的真实应力相比，并不会引起很大的误差，能够满足工程问题所要求的精度。所以，对横力弯曲时的细长梁，可以用纯弯曲时梁横截面上的正应力计算公式计算梁的横截面上的弯曲正应力。

上述公式是根据等截面直梁导出的。对于缓慢变化的变截面梁，以及曲率很小的曲梁（$h/\rho_0\leqslant0.2$，ρ_0 为曲梁轴线的曲率半径）也可近似适用。

4.4 弯曲切应力

梁在发生横力弯曲时，横截面上有剪力作用，相应地也有切应力存在。由于弯曲切应力比正应力情况更为复杂，用一般的方法无法得到精确的解。因而以简单的矩形截面梁为例，先对横截面上的切应力分布情况进行部分假设，然后在假设的基础上推导切应力公式，最后再简单介绍一些工程中常见截面切应力的分布情况。

4.4.1 矩形截面梁

如图 4.22（a）所示，横力弯曲的矩形截面梁任一横截面上剪力 Q 与纵向对称轴 y 重合。当截面高度 h 大于宽度 b 时，关于矩形截面上的切应力分布规律，可作如下假设：

（1）截面上任意一点的切应力都平行于剪力 Q 的方向。

（2）切应力沿截面宽度均匀分布，即切应力的大小只与坐标 y 有关。

在截面高度 h 大于宽度 b 的情况下，根据上述假设得出的解，与精确解相比有足够的准确度。

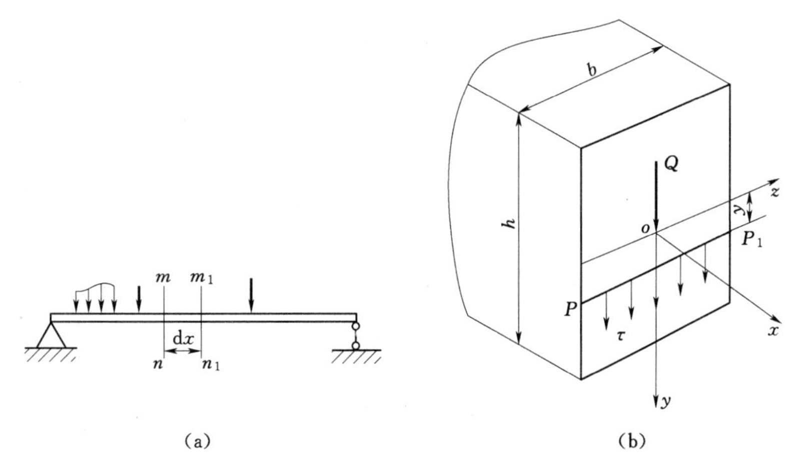

图 4.22

根据上述假设，在 x 截面处取出 dx 微段［图 4.22（b）］，x 截面距中性轴为 y 处，平行于中性轴的 PP_1 各点处的切应力 τ 均匀分布。根据切应力互等定理，在过直线 PP_1 且与横截面垂直的纵向面上有切应力 τ'。因 dx 是微段，故认为 τ' 在该纵向面上均匀分布。

设从如图 4.23（a）所示梁截取长为 dx 微段，其左、右截面处的弯矩分别为 M 及 $M+\mathrm{d}M$，再在两截面间沿 PP_1 纵向面截开，取以下部分进行研究［图 4.23（b）、（c）］，在左右侧面上有正应力 σ_1 和 σ_2 和切应力 τ。在顶面上有与 τ 互等的切应力 τ'，在左右侧面上正应力 σ_1 和 σ_2 分别构成了与正应力方向相同的两个合力 N_1 和 N_2，其中

$$N_1=\int_{A^*}\sigma_1\mathrm{d}A=\frac{M}{I_z}\int_{A^*}y_1\mathrm{d}A$$

式中　A^*——横截面上距中性轴为 y 的横线以外部分的面积。

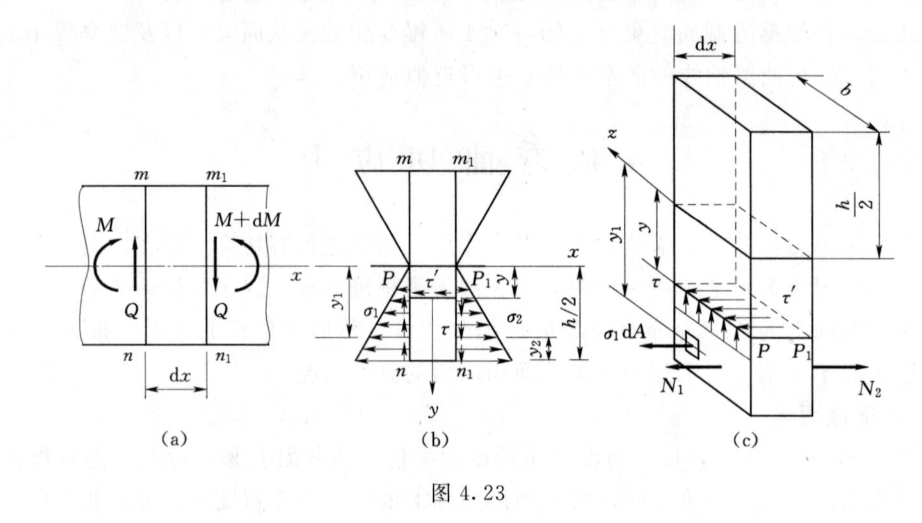

图 4.23

设 $S_z^*=\int_{A^*}y_1\mathrm{d}A$ 是面积 A^* 对矩形截面中性轴 z 的静矩，则上式简化为

$$N_1=\frac{M}{I_z}S_z^*$$

同理

$$N_2=\frac{M+\mathrm{d}M}{I_z}S_z^*$$

因微段的左、右两侧面上弯矩不同，故 N_1 和 N_2 的大小也不相同。N_1、N_2 只有和水平切应力 τ' 的合力一起，才能维护六面体在 x 方向的平衡，即

$$\sum F_x=0,\quad N_2-N_1-\tau'(b\mathrm{d}x)=0$$

将 N_1 和 N_2 代入上式，有

$$\frac{M+\mathrm{d}M}{I_z}S_z^*-\frac{M}{I_z}S_z^*-\tau'(b\mathrm{d}x)=0$$

整理、简化后有

$$\tau'=\frac{\mathrm{d}MS_z^*}{\mathrm{d}xbI_z}$$

根据梁内力间的微分关系 $\frac{\mathrm{d}M}{\mathrm{d}x}=Q$，可得

$$\tau'=\frac{QS_z^*}{bI_z}$$

由切应力互等定理 $\tau=\tau'$，可以推导出矩形截面上距中性轴为 y 处任意点的切应力计算公式为

$$\tau=\frac{QS_z^*}{bI_z} \tag{4.14}$$

现在，根据式（4.13）进一步讨论切应力在矩形截面上的分布规律。在如图 4.24 所示矩形截面上取微面积 $dA=bd_{y_1}$，则距中性轴为 y 的横线以下的面积 A^* 对对中性轴 z 的静矩为

$$S_z^*=\int_{A^*}y_1\mathrm{d}A=\int_y^{\frac{h}{2}}by_1\mathrm{d}y_1=\frac{b}{2}\left(\frac{h^2}{4}-y^2\right)$$

将此式代入式（4.14），可得矩形截面切应力计算公式的具体表达式为

$$\tau=\frac{Q}{2I_z}\left(\frac{h^2}{4}-y^2\right) \tag{4.15}$$

式（4.15）表明，τ 沿矩形截面高度按二次抛物线规律变化［图 4.24（b）］。在横截面的上、下边缘$\left(y=\pm\frac{h}{2}\right)$处，$\tau=0$。在中性轴上，即 $y=0$ 时，出现最大切应力为

$$\tau_{\max}=\frac{3}{2}\frac{Q}{bh} \tag{4.16}$$

式（4.16）说明矩形截面梁的最大切应力为平均切应力的 1.5 倍。

因为切应力 τ 与剪力 Q 平行、同向，故根据 Q 的方向即可判断 τ 的方向。

根据剪切胡克定律，将式（4.15）代入 $\gamma=\frac{\tau}{G}$，得到矩形截面梁沿截面高度剪应变的变化规律：

$$\gamma=\frac{Q}{2GI_z}\left(\frac{h^2}{4}-y^2\right)$$

可以看出，剪应变 γ 沿矩形截面的高度同样按抛物线规律变化。在中性轴处，剪应变 γ 最大；离中性轴越远，γ 越小；在梁的上、下边缘，则 $\gamma=0$。所以，横力弯曲时由于截面上有剪力，横截面将发生翘曲，如图 4.25 所示。这时，梁的纯弯曲正应力公式 $\sigma=\frac{My}{I_z}$ 将受到影响，这种影响在前面已做了较详细的说明。

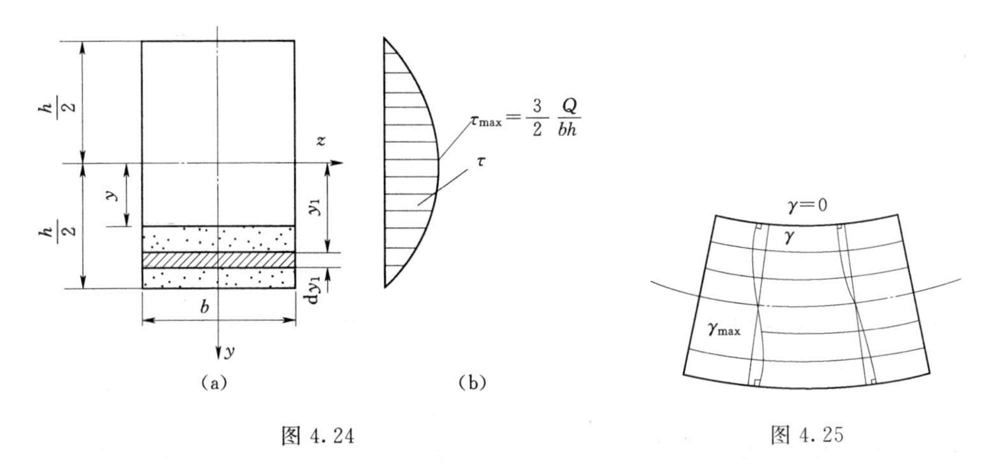

图 4.24　　图 4.25

4.4.2 工字形截面梁

工字形截面梁是由腹板和翼板组成，而剪力 Q 约有 97%分布在腹板上，所以工字形截面切应力的计算，主要是腹板的问题。由于腹板是狭长矩形，对于矩形截面梁所作的假设仍然适用。因此，切应力可直接按式（4.14）计算，它沿腹板高度 h 按抛物线规律分布，最大切应力 $\tau_{\max}$ 发生在中性轴上（图 4.26）。

$$\tau_{\max}=\frac{QS_z}{I_z d} \tag{4.17}$$

式中 S_z——中性轴任意一边的半个横截面面积对中性轴的静矩；

d——腹板的宽度。

4.4.3 圆形截面梁

对于圆形截面（图 4.27），由于梁的表面没有切应力存在，根据切应力互等定理，则圆截面边缘处各点的切应力的方向必与圆周相切［图 4.27（a）］。因此，在矩形截面中对切应力所做的假设在圆截面中就不再适用。由对称关系可知在图 4.27（a）中 m 点和 n 点处的切应力方向将相交于 y 轴上某一点处。

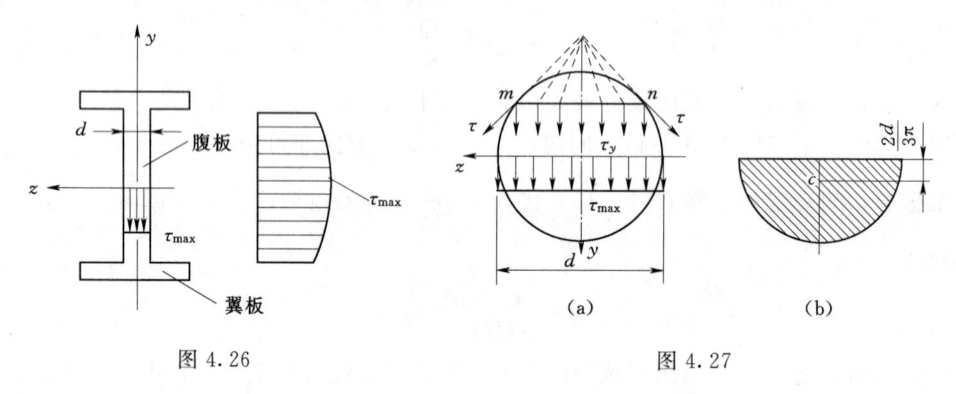

图 4.26　　图 4.27

于是可假设 mn 线上任一其他点处的切应力也指向该点；另外假设 mn 线上各点的切应力在 y 轴方向的分量 τ_y 大小相等，因此此假设与对矩形截面所作的假设完全相同，所以可用式（4.14）来计算此分量。且 τ_y 沿截面高度 h 为抛物线分布，最大切应力仍在中性轴上。最大切应力的计算公式导出过程如下：

$$S_z=\frac{\pi d^2}{8}\frac{2d}{3\pi}=\frac{d^3}{12}$$

$$I_z=\frac{\pi d^4}{64}$$

则

$$\tau_{\max}=\frac{QS_z}{I_z d}=\frac{Q\dfrac{d^3}{12}}{\dfrac{\pi d^4}{64}d}=\frac{4}{3}\frac{Q}{\dfrac{\pi d^2}{4}}=\frac{4}{3}\frac{Q}{A} \tag{4.18}$$

可见，圆形截面梁的最大切应力是截面上平均切应力值的 1.33 倍。

4.4.4 圆环形截面梁

壁厚为 t、平均半径为 R_0 的圆环形截面（图 4.28），由于 t 与 R_0 相比很小，故可假设横截面上切应力的大小沿壁厚无变化。切应力的方向与圆周相切，且最大切应力仍在中性轴上。在计算中性轴上的切应力时，上述假设与对矩形截面所作的假设实际上是一致的，故可由式（4.14）来计算 τ_{max}，下面导出最大切应力公式：

$$S_z=\frac{2}{3}\left[\left(R_0+\frac{t}{2}\right)^3-\left(R_0-\frac{t}{2}\right)^3\right]=2R_0^2t$$

$$I_z=\frac{\pi}{4}\left[\left(R_0+\frac{t}{2}\right)^4-\left(R_0-\frac{t}{2}\right)^4\right]=\pi R_0^3t$$

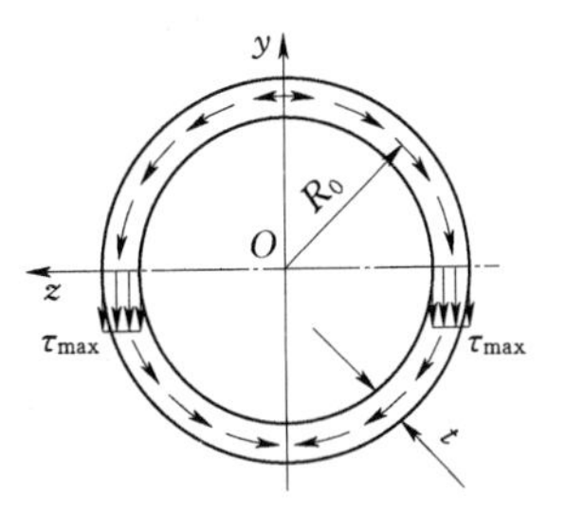

图 4.28

则

$$\tau_{max}=\frac{QS_z}{I_zb}=\frac{Q\times 2R_0^2t}{\pi R_0^3t\times 2t}=2\frac{Q}{2\pi R_0t}=2\frac{Q}{A} \tag{4.19}$$

可见，圆环形截面上的最大切应力值是平均切应力值的2倍。

4.5　平面弯曲梁的强度计算

在梁平面弯曲的一般情况下，梁截面上的弯矩 $M\neq 0$，且剪力 $Q\neq 0$，截面上的正应力与切应力都不是均匀分布的。梁发生弯曲时横截面上应力分布的特点是：正应力与切应力的最大值发生在截面的不同点。在正应力 σ 最大处（梁外侧纤维），切应力 $\tau=0$；相反，在切应力 τ 最大处（中性轴上），正应力 $\sigma=0$。

因此，对于梁上的不同点，必须分别考察如下两个强度条件。

（1）正应力强度。

$$\sigma_{max}=\frac{M_{max}}{W_z}\leqslant[\sigma] \tag{4.20}$$

（2）切应力强度。

$$\tau_{max}=\frac{Q_{max}S_{z max}^*}{I_zb}\leqslant[\tau] \tag{4.21}$$

通常先考虑正应力强度，利用正应力的强度条件式（4.20），可以确定构件的横截面尺寸：

$$W_z\geqslant\frac{M_{max}}{[\sigma]} \tag{4.22}$$

然后校核所选的梁截面切应力强度条件，看是否满足式（4.21）。

但是，按上述方法计算梁的强度时，特别是要使梁具有最小的重量和最合理的截面形式（如工字形、T字形、槽形与其他截面形式）时，还是不够的。在很多情况下，梁上可能存在有正应力数值较大（与最大值相差很小），同时切应力数值也较大的点。例如，在工字梁弯曲时，其截面的腹板与翼板的交界处，正应力数值和切应力数值均比较大，在这种情况下必须按主应力校核梁的强度，这种情况将在后面章节介绍。

对于由脆性材料制成的梁，由于其抗拉强度和抗压强度相差甚大，所以要对最大拉应力点和最大压应力点分别进行强度校核，使其同时满足正应力强度和切应力强度要求，详见［例4.9］。

【例 4.8】 压板的尺寸如图 4.29 所示，材料为 45 号钢。压紧工件的力 $P=15.4\text{kN}$，材料的屈服极限 $\sigma_s=380\text{MPa}$，取安全系数 $n=1.5$。试校核压板的强度。

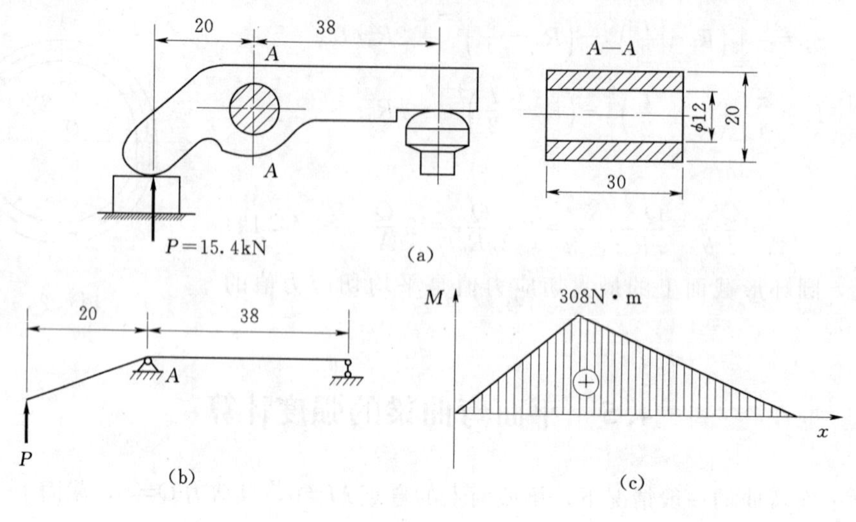

图 4.29

分析：首先建立压板的力学模型，A 点处销钉可限制平面内任意方向的位移，简化为固定铰支座；螺栓处只能限制垂直方向的位移，可简化为活动铰链。在工件压紧处受到向上的集中力作用，这样结构可简化成一个外伸梁，力学模型简图见图 4.29（b）。

解：（1）画梁的弯矩图，见图 4.29（c）。由弯矩图知，最大弯矩在 A 截面上，故危险截面是 A 截面，其弯矩为

$$M_A=15.4\times10^3\times0.02=308(\text{N}\cdot\text{m})$$

（2）计算抗弯截面模量。A 截面形状为中空的矩形，其抗弯截面模量为

$$W_z=\frac{bH^2}{6}\left(1-\frac{h^3}{H^3}\right)=\frac{30\times10^{-3}\times(20\times10^{-3})^2}{6}\times\left(1-\frac{12^3}{20^3}\right)$$
$$=1.568\times10^{-6}(\text{m}^3)$$

（3）强度计算。压板使用的材料许用应力为

$$[\sigma]=\frac{\sigma_s}{n}=\frac{380}{1.5}=253(\text{MPa})$$

（4）强度校核。最大应力发生在 A 截面的上、下边缘上，由于是塑性材料，拉压强度相同，最大拉应力和最大压应力也相等，故其最大应力为

$$\sigma_{\max}=\frac{M_A}{W_z}=\frac{308}{1.568\times10^{-6}}=196(\text{MPa})<[\sigma]$$

压板强度足够。

【例 4.9】 铸铁梁的载荷及截面尺寸如图 4.30 所示。许用拉应力 $[\sigma_t]=40\text{MPa}$，许用压应力 $[\sigma_c]=160\text{MPa}$。试按正应力强度条件校核梁的强度。若载荷不变，但将 T 形截面倒置成为⊥形，是否合理？为什么？

分析：强度问题的求解步骤一般是先求支座反力，画内力图，确定危险截面，然后再根据具体的变形形式，确定最大应力点的位置及其最大应力数值。本题中 T 字形截面弯

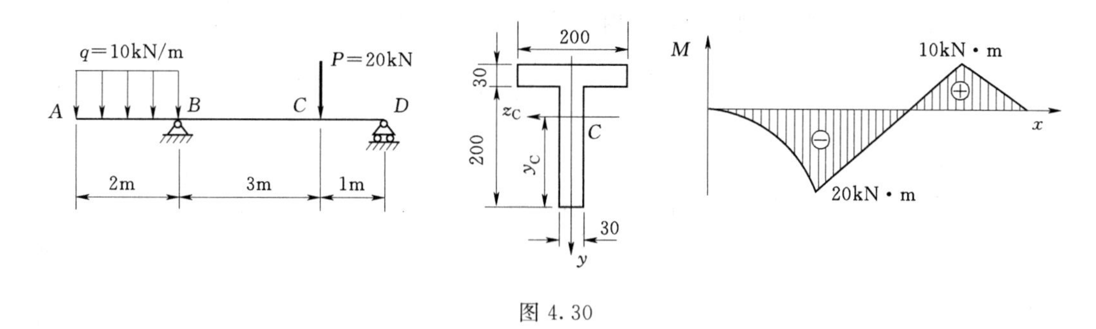

图 4.30

曲变形时中性轴不是对称轴，导致最大拉应力和最大压应力不相等，而且是脆性材料，抗拉性能和抗压性能不同，需要分别校核抗拉强度和抗压强度。

解：（1）画梁的弯矩图。可以根据载荷与弯矩的微分关系，直接画弯矩图。简支梁的危险截面一般在载荷作用截面上，本例中可能的危险截面是 B 和 C 截面。

由平衡方程求出

$$F_{RB}=30\text{kN},\quad F_{RD}=10\text{kN}$$

计算 B、C 点的弯矩：

$$M_B=-\frac{1}{2}\times 10\times 2^2=-20(\text{kN}\cdot\text{m}),\quad M_C=10\times 1=10(\text{kN}\cdot\text{m})$$

根据载荷与弯矩的微分关系画出弯矩图如图 4.30 所示，最大弯矩在 B 截面。

（2）计算截面几何性质。本例中，弯曲中性轴不是对称轴，首先需要确定形心位置即中性轴的位置。y 轴为对称轴，则截面形心必在 y 轴上。以截面下边缘为水平参考轴，形心位置

$$y_C=\frac{\sum A_i y_{Ci}}{\sum A_i}=\frac{200\times 30\times 215+30\times 200\times 100}{20\times 30+30\times 200}=157.5(\text{mm})$$

利用平行移轴公式计算形心惯性矩

$$I_{z_C}=\left[\frac{200\times 30^3}{12}+200\times 30\times (215-157.5)^2\right]+\left[\frac{30\times 200^3}{12}+30\times 200\times (157.5-100)^2\right]$$

$$=60.13\times 10^{-6}(\text{m}^4)$$

（3）强度计算。B 截面上的负弯矩最大，最大压应力产生在该截面的下边缘上，而可能产生最大拉应力的点除 B 截面的上边缘点外，还应考虑 C 截面的下边缘上的点。

B 截面的最大压应力

$$\sigma_{cmax}=\frac{|M_B|y_C}{I_{z_C}}=\frac{20\times 10^3\times 157.5\times 10^{-3}}{60.14\times 10^{-6}}=52.4(\text{MPa})<[\sigma_c]$$

B 截面的最大拉应力

$$\sigma_{tmax}=\frac{|M_B|y_t}{I_{z_C}}=\frac{20\times 10^3\times (230-157.5)\times 10^{-3}}{60.14\times 10^{-6}}=24.12(\text{MPa})<[\sigma_t]$$

C 截面的最大拉应力

$$\sigma_{tmax}=\frac{M_C y_C}{I_{z_C}}=\frac{10\times 10^3\times 157.5\times 10^{-3}}{60.14\times 10^{-6}}=26.24(\text{MPa})<[\sigma_t]$$

梁的强度足够。

（4）讨论。当梁的截面倒置时，梁内的最大拉应力发生在 B 截面上。

$$\sigma_{tmax}=\frac{M_B y_C}{I_{z_C}}=52.4\text{MPa}>[\sigma_t]$$

梁的强度不够。

【例 4.10】 一外伸梁如图 4.31（a）所示，已知 $P=50\text{kN}$，$a=0.3\text{m}$，$l=1\text{m}$；梁用工字钢制成，材料的许用应力 $[\sigma]=160\text{MPa}$，许用切应力 $[\tau]=100\text{MPa}$，试选择工字钢的型号。

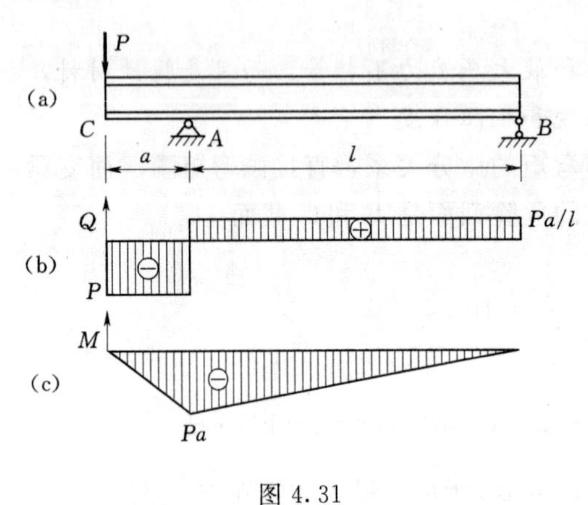

图 4.31

分析：此梁的载荷比较靠近支座，故其弯矩较小，剪力则相对较大，且工字钢的腹板比较狭窄，因此，除考虑正应力强度外，还需校核梁的切应力强度。如果需要同时考虑正应力和切应力强度，一般先根据正应力强度条件确定截面尺寸和形状，然后再校核切应力强度，如切应力强度不够，需重新选择截面尺寸，直至满足强度要求。

解：（1）作剪力图和弯矩图。梁的剪力图和弯矩图如图 4.31（b）、（c）所示，得

$$|Q|_{max}=P=50\text{kN}$$

$$|M|_{max}=Pa=50\times0.3=15(\text{kN}\cdot\text{m})$$

（2）选择截面。由正应力强度条件可得

$$W_z=\frac{M_{max}}{[\sigma]}=\frac{15\times1000}{160\times10^6}=93.6\times10^{-6}(\text{m}^3)=93.6(\text{cm}^3)$$

查型钢规格表，选用 No.14 工字钢，其 $W_z=102\text{cm}^3$。

（3）校核切应力强度。

$$\tau_{max}=\frac{Q_{max}S_{max}^*}{I_z d}$$

自型钢表查得 No.14 工字钢参数如下：

$$d=5.5\text{mm},\quad t=9.1\text{mm},\quad b=80\text{mm},\quad h=140\text{mm},\quad I_z=712\text{cm}^4$$

$$\begin{aligned}S_{max}^*&=bt\left(\frac{h}{2}-\frac{t}{2}\right)+d\left(\frac{h}{2}-t\right)\left(\frac{h}{2}-t\right)\times\frac{1}{2}\\&=80\times9.1\times\left(\frac{140}{2}-\frac{9.1}{2}\right)+5.5\times\left(\frac{140}{2}-9.1\right)\times\left(\frac{140}{2}-9.1\right)\times\frac{1}{2}\\&=57846.8\ (\text{mm}^3)\end{aligned}$$

$$\tau_{max}=\frac{Q_{max}S_{max}^*}{I_z d}=\frac{50\times10^3\times57846.8\times10^{-9}}{712\times10^{-8}\times5.5\times10^{-3}}=73.9\times10^6(\text{Pa})=73.9(\text{MPa})<100(\text{MPa})=[\tau]$$

满足切应力强度条件，所以最后应选用 No.14 工字钢。

4.6 提高弯曲强度的措施

由于弯曲正应力是控制梁的主要因素，因此按强度要求设计梁时，主要考虑的是梁的正应力强度条件

$$\sigma_{\max}=\frac{M_{\max}}{W_z}\leqslant[\sigma]$$

可见要提高梁的承载能力，应从两个方面考虑：①合理安排梁的受力情况，降低最大弯矩；②采用合理的截面形状，提高抗弯截面系数。下面介绍工程中经常采用的几种措施。

4.6.1 合理安排梁的载荷和支座

合理地安排梁的载荷，可降低梁的最大弯矩值。例如，简支梁受集中力作用在跨度的中点，则最大弯矩为$\frac{Pl}{4}$［图 4.32（a)］；若梁上安置一长为$\frac{l}{2}$的短梁［图 4.32（b)］，则梁的最大弯矩减小至$\frac{Pl}{8}$；如果将载荷改为均匀作用在整个梁上［图 4.32（c)］，均布载荷$q=\frac{P}{l}$，则最大弯矩也为$\frac{Pl}{8}$。因此，采用这两种措施后，梁的最大弯曲正应力是只有集中力时的一半。

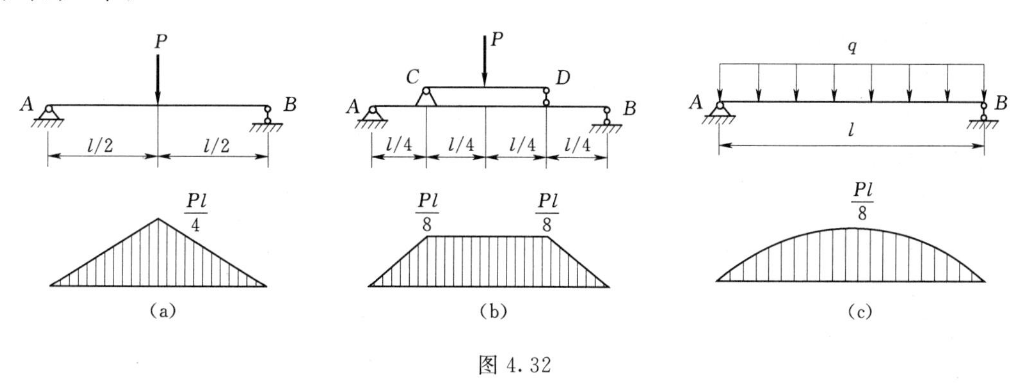

图 4.32

另外，在条件允许的情况下，让集中载荷靠近支座，也能降低最大弯矩。例如，将轴上的齿轮安置得紧靠轴承，则轴的最大弯矩值［图 4.33（a)］要比载荷作用在跨度中点时的弯矩值［图 4.33（b)］小得多。

同理，合理地设置支座位置，也可降低梁的最大弯矩值。例如，如图 4.34（a）所示的简支梁，其最大弯矩为

$$M_{\max}=\frac{1}{8}ql^2=0.125ql^2$$

若两端支承均向内移动 $0.2l$［图 3.34（b)］，则最大弯矩 $M_{\max}=0.025ql^2$，只为前者的$\frac{1}{5}$。

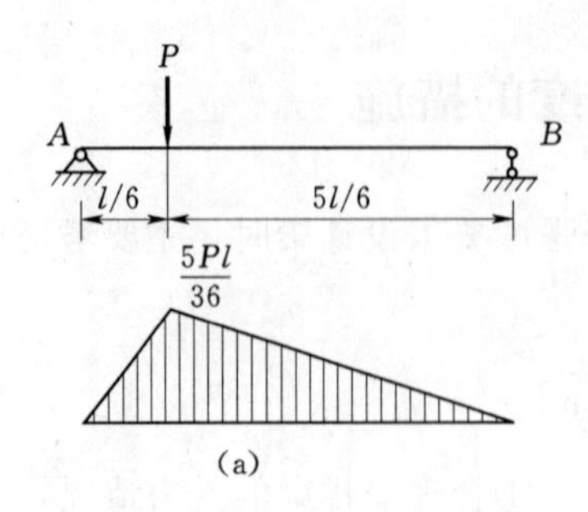

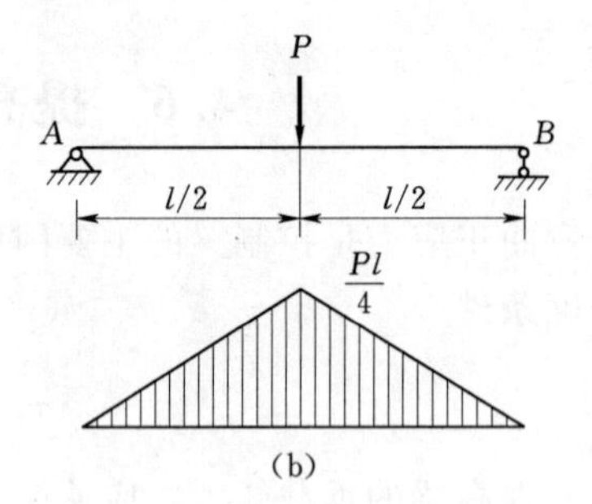

图 4.33

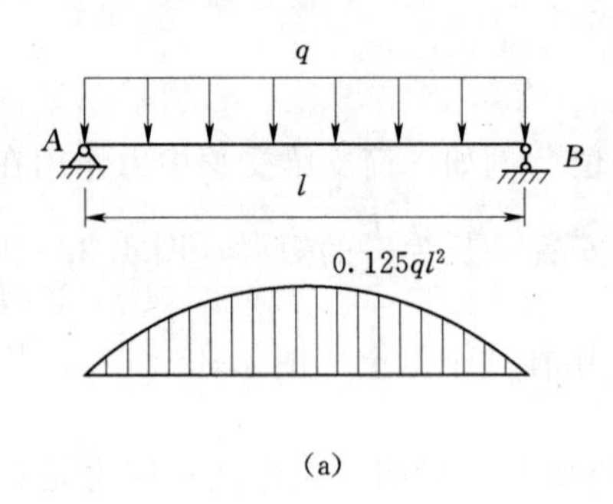

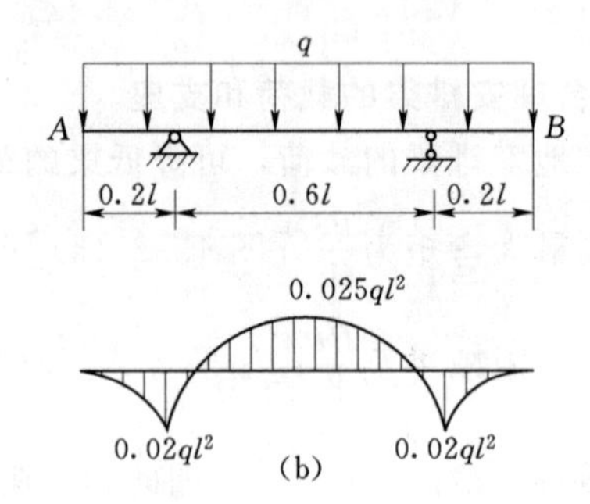

图 4.34

4.6.2　梁的合理截面

把梁弯曲的正应力的强度条件改写成

$$M_{\max} \leqslant [\sigma] W_z$$

由上式及材料的力学性能可知，合理选择梁的截面形状应遵循如下原则：

(1) 当弯矩一定时，最大正应力的数值随着抗弯截面模量 W_z 的增大而减小。为了减轻自重，节省材料，所采用的横截面的形状，应该是横截面面积较小，而抗弯截面模量 W_z 较大，或者说，抗弯截面模量与该截面面积之比 W_z/A 应尽可能大。

例如矩形截面梁（$h>b$）竖放时［图 4.35（a）］，承载能力大，不易弯曲；平放时［图 4.35（b）］，承载能力小，易于弯曲。这是由于两者的抗弯截面模量不同：竖放时 $W_{z1}=\frac{1}{6}bh^2$，平放时 $W_{z2}=\frac{1}{6}hb^2$。于是

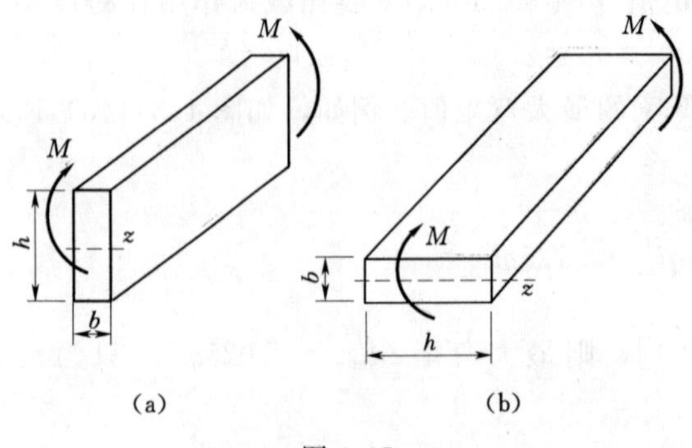

图 4.35

$$\frac{W_{z1}}{W_{z2}}=\frac{\frac{1}{6}bh^2}{\frac{1}{6}hb^2}=\frac{h}{b}>1$$

即

$$W_{z1}>W_{z2}$$

因此，竖放时有较大的抗弯强度。

为了便于比较各种截面的经济程度，可用抗弯截面模量 W_z 与截面面积 A 的

比值$\frac{W_z}{A}$来衡量，$\frac{W_z}{A}$比值越大，就越经济。各种常见截面形状的$\frac{W_z}{A}$值列于表 4.1 中。

表 4.1　　　　**常见截面形状的$\frac{W_z}{A}$值**

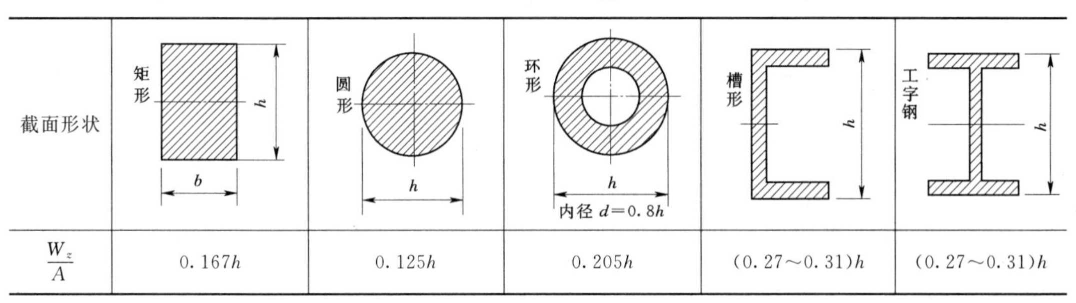

截面形状	矩形	圆形	环形	槽形	工字钢
$\frac{W_z}{A}$	$0.167h$	$0.125h$	$0.205h$	$(0.27\sim0.31)h$	$(0.27\sim0.31)h$

在表 4.1 的各截面中，实心圆形最不经济，矩形次之，空心圆形截面较好，槽钢及工字钢最佳，这与梁弯曲时正应力的三角形分布规律有关。因此使横截面面积分布在距中性轴较远处，可较充分地发挥材料的作用。

（2）应根据材料的特性选择截面。对于抗拉能力与抗压能力相等的塑性材料（如钢），其截面形状宜对称于中性轴，这样可使截面上、下边缘的最大拉应力和最大压应力相等，同时达到许用应力。

对于像铸铁一类的脆性材料，由于抗拉能力低于抗压能力，因此，在选择截面时，最好是使中性轴偏于受拉的这一边。通常采用 T 字形截面（图 4.36），理想状态是使最大拉应力与最大压应力同时达到相应的许用应力，中性轴位置可由式（4.23）来确定：

$$\frac{y_t}{y_c}=\frac{[\sigma_t]}{[\sigma_c]} \tag{4.23}$$

式中　$[\sigma_t]$ 和 $[\sigma_c]$ ——拉伸和压缩的许用应力。

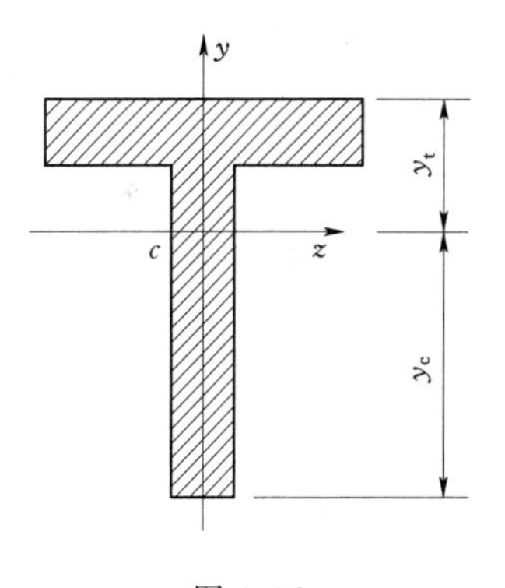

图 4.36

4.6.3　等强度梁

前面讨论的梁都是等截面的，即抗弯截面模量 W_z 为常数。但对于横力弯曲梁，在某个截面上的弯矩却随截面的位置而变化，只有在危险截面上弯矩为最大值 M_{max}，最大应力才有可能接近许用应力，其他各截面的应力均低于许用应力。这时材料没有充分利用。工程中常采用等强度梁来达到减轻自重，节约材料的目的。这种等强度梁的弯曲截面系数沿轴线随弯矩变化而变化，并且使各截面的最大正应力都相等且等于材料的许用应力。

设任一 x 截面的弯矩为 $M(x)$，该截面的抗弯截面模量为 $W(x)$，根据等强度梁的要求：

$$\sigma_{max}=\frac{M(x)}{W(x)}=[\sigma]$$

得

$$W(x)=\frac{M(x)}{[\sigma]} \tag{4.24}$$

从而可确定等强度梁截面沿轴线的变化规律。

今以塑性材料制作的悬臂梁［图 4.37（a）］为例，说明按式（4.24）确定等强度梁的一般方法。

自由端受一集中力 P 的悬臂梁，其任一截面上的弯矩绝对值为

$$M(x)=Px$$

若梁为矩形截面，则该截面的抗弯截面模量为

$$W(x)=\frac{1}{6}b_x h_x^2$$

式中　b_x、h_x——该截面的宽度和高度。

按式（4.24），得

$$\frac{Px}{\frac{1}{6}b_x h_x^2}=[\sigma]$$

若梁的宽度不变，即 $b_x=b$（常数），则梁的高度沿轴线的变化规律为

$$h_x^2=\frac{6P}{b[\sigma]}x$$

这时，梁的形状如图 4.37（b）所示。

若梁的高度不变，即 $h_x=h$（常数），可求出梁的宽度沿轴线的变化规律为

$$b_x=\frac{6P}{h^2[\sigma]}x$$

这时，梁的形状如图 4.37（c）所示。

对于圆形截面的等强度梁，也可按式（4.24）计算截面直径沿梁长的变化规律。但为了加工的方便和满足结构上的需要，常用阶梯梁来代替，如图 4.38 所示。

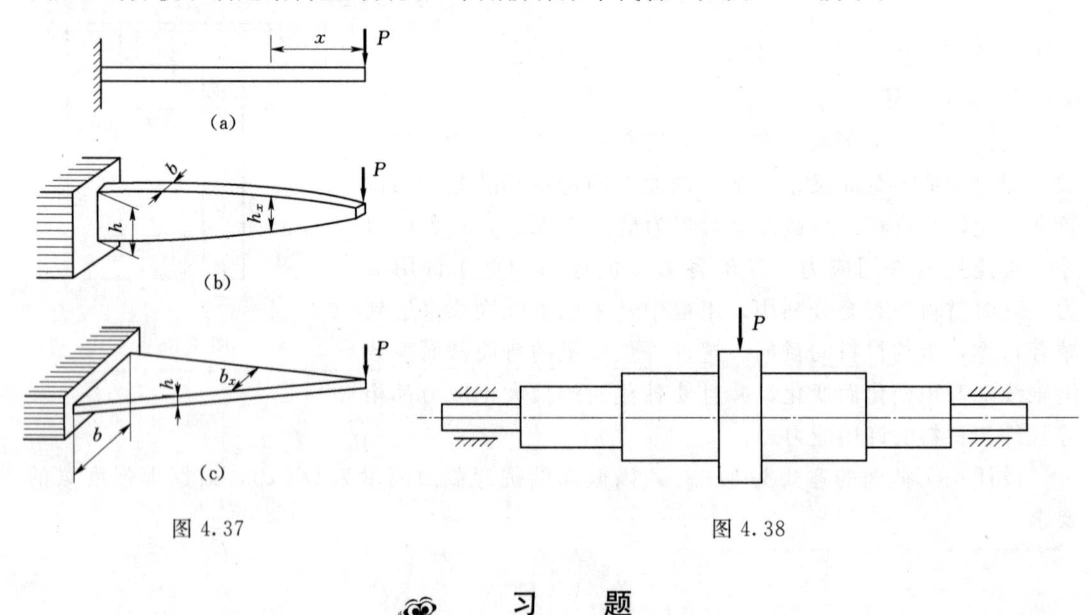

图 4.37　　图 4.38

习　题

4.1　利用截面法求如习题 4.1 图所示各梁中截面 1—1、2—2 和 3—3 上的剪力和弯矩。

这些截面无限接近于截面 C 或截面 D。设 P、q、a 均为已知。

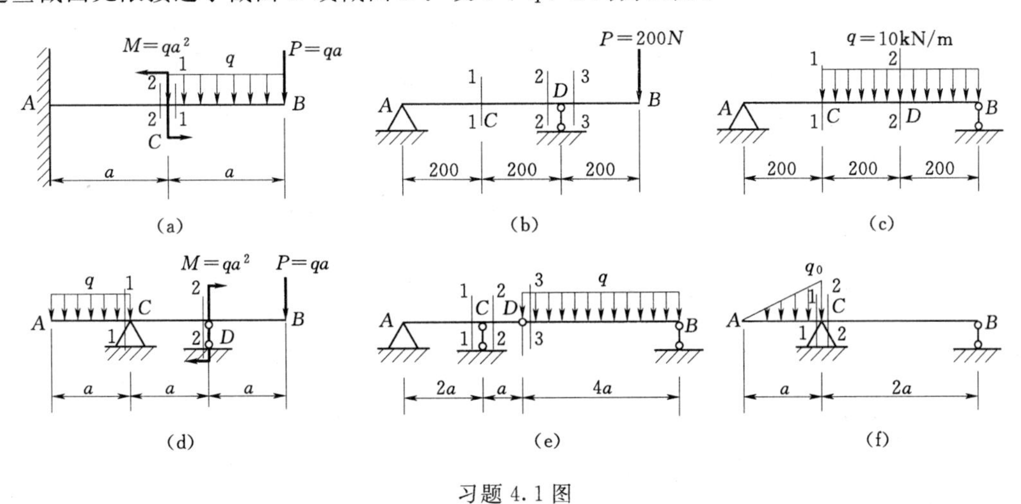

习题 4.1 图

4.2　试列出如习题 4.2 图所示梁中各段的剪力方程及弯矩方程，画出剪力图和弯矩图，并求出 Q_{max} 及 M_{max} 值及其所在的截面位置。

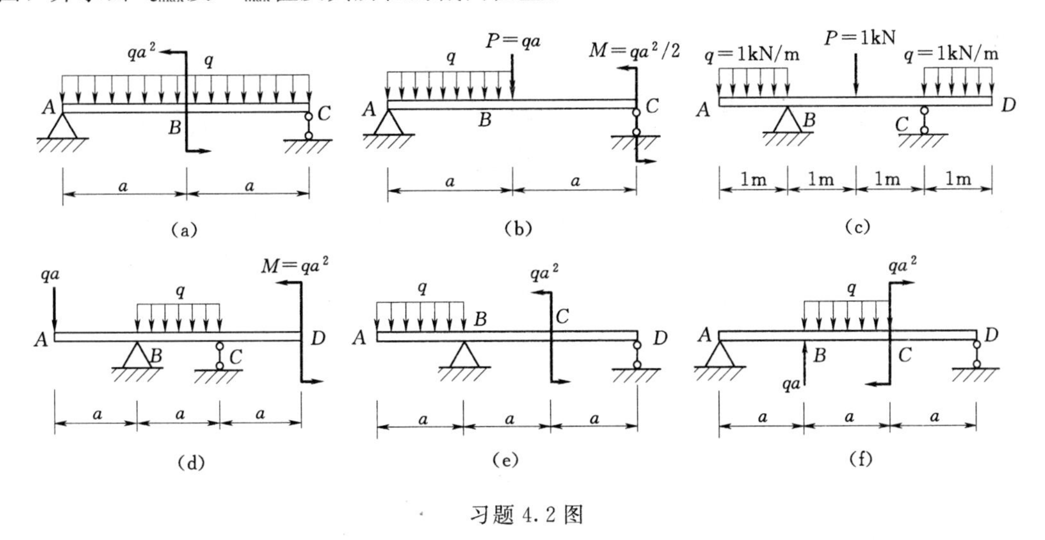

习题 4.2 图

4.3　试利用 q、Q、M 间的微分关系绘制习题 4.2 中各梁的剪力图、弯矩图。

4.4　试绘如习题 4.4 图所示多跨静定梁的剪力图和弯矩图。

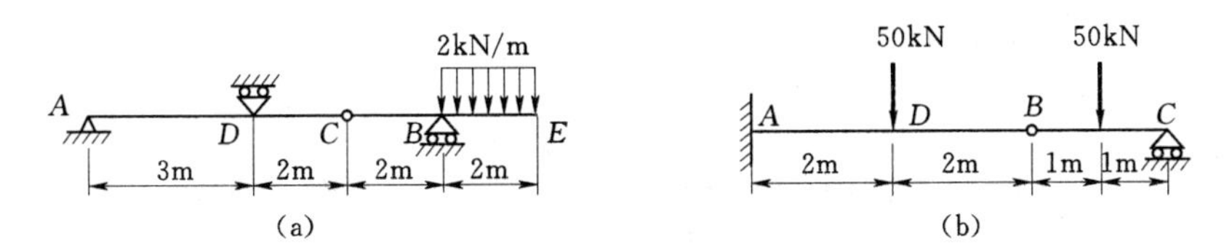

习题 4.4 图

4.5　试用叠加法绘出习题 4.5 图中各梁的弯矩图。

4.6　试绘如习题 4.6 图所示刚架的弯矩图。

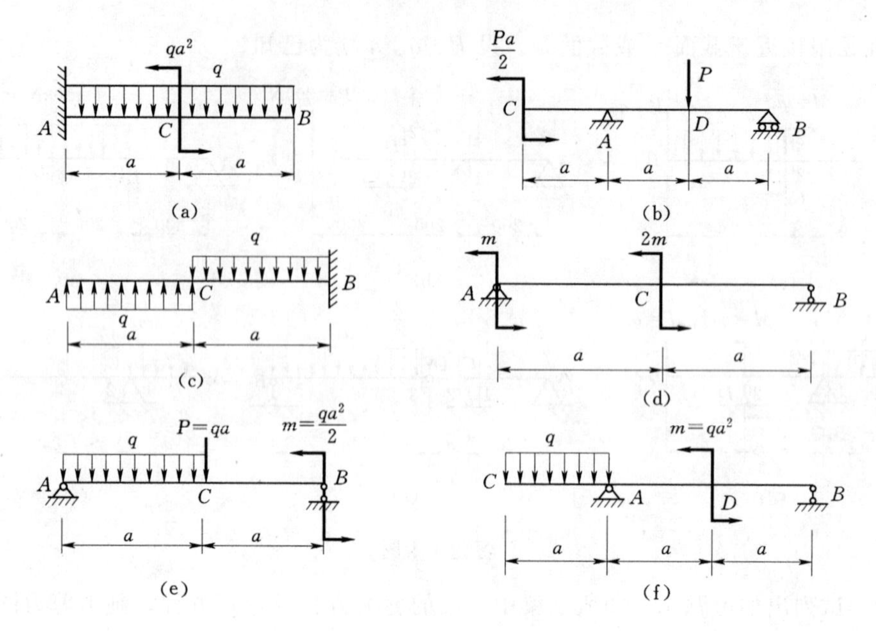

习题 4.5 图

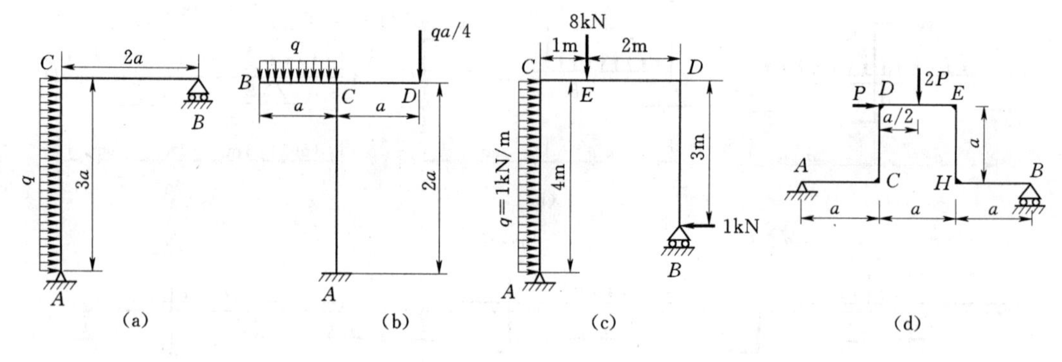

习题 4.6 图

4.7　把直径 $d=1\text{mm}$ 的钢丝绕在直径为 2m 的卷筒上，试计算该钢丝中产生的最大应力，设 $E=200\text{GPa}$。

4.8　简支梁受均布载荷如习题 4.8 图所示。若分别采用截面面积相等的实心和空心圆截面，且 $D_1=40\text{mm}$，$\frac{d_2}{D_2}=\frac{3}{5}$。试分别计算它们的最大正应力，并求空心截面比实心截面的最大正应力减小了百分之几。

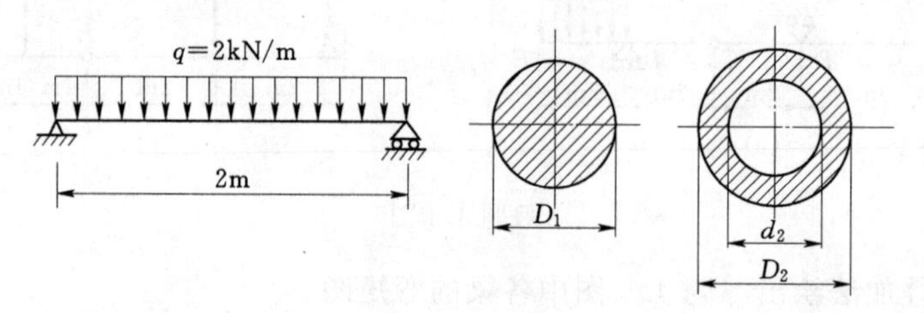

习题 4.8 图

4.9　某圆轴的外伸部分系空心圆截面，载荷情况如习题4.9图所示。试作该轴的弯矩图，并求轴内最大正应力。

4.10　矩形截面悬臂梁如习题4.10图所示，已知 $l=4\text{m}$，$\dfrac{b}{h}=\dfrac{2}{3}$，$q=10\text{kN/m}$，$[\sigma]=10\text{MPa}$，试确定此梁横截面的尺寸。

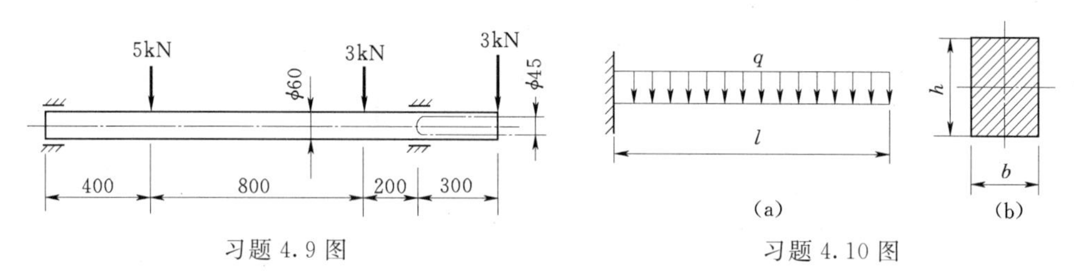

习题4.9图　　　　习题4.10图

4.11　No.20a工字钢梁的支承和受力情况如习题4.11图所示，若许用应力 $[\sigma]=160\text{MPa}$，试求许可载荷 $[P]$。

4.12　切刀在切削工件时，受到 $P=1\text{kN}$ 的切削力的作用。割刀尺寸如习题4.12图所示。试求切刀内最大弯曲应力。

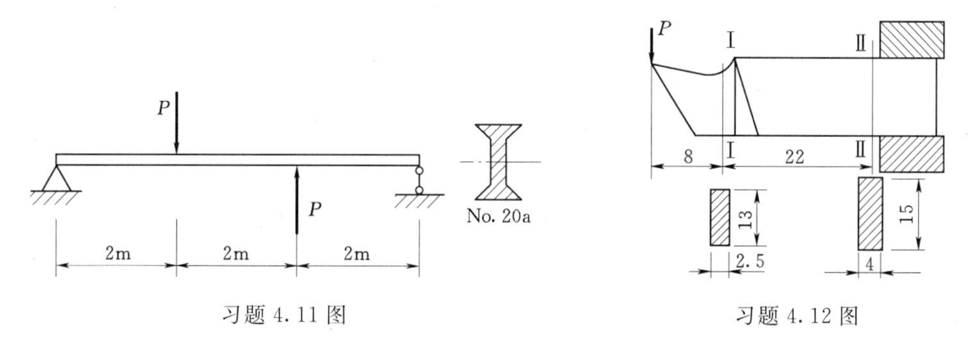

习题4.11图　　　　习题4.12图

4.13　外径为250mm，壁厚为5mm的铸铁管筒支梁，跨度为12m，铸铁的重度 $\gamma=78\text{kN/m}^3$。若管中充满水，试求管内的最大正应力。

4.14　如习题4.14图所示的梁，若梁的许用应力 $[\sigma]=160\text{MPa}$，试分别选择矩形 $\left(\dfrac{h}{b}=2\right)$、工字形、圆形及圆环形 $\left(\dfrac{D}{d}=2\right)$ 四种截面，并比较其横截面面积。

4.15　如习题4.15图所示梁 AB 的截面为No.10工字形，B 点有圆钢杆 BC 支承，已知圆杆的直径 $d=20\text{mm}$，梁及杆的许用应力 $[\sigma]=160\text{MPa}$，试求许用均布载荷 $[q]$。

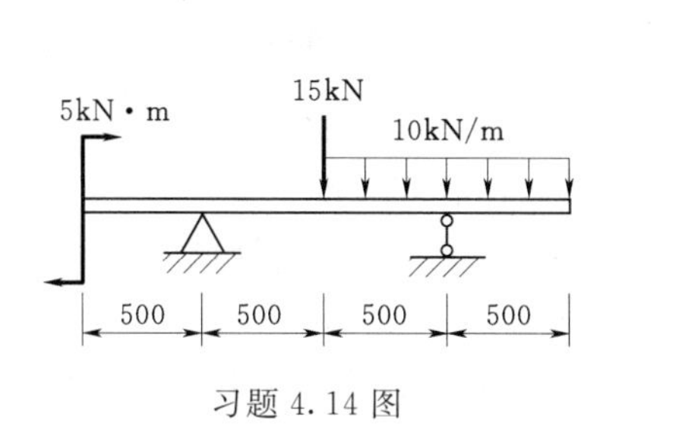

习题4.14图

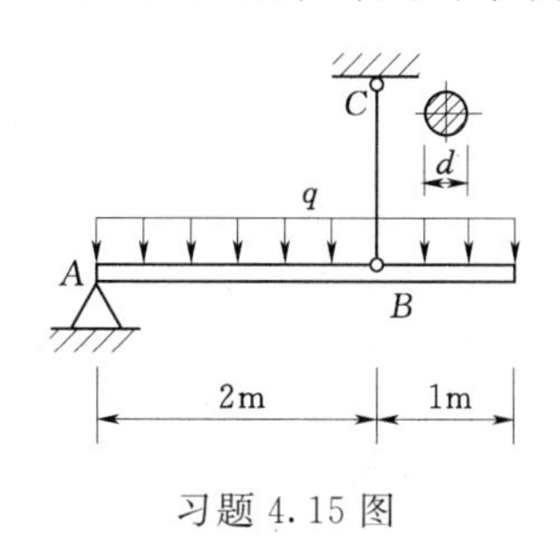

习题4.15图

4.16　如习题4.16图所示外伸梁的截面为No.32a工字形，其跨度$l=6\text{m}$。如欲使支座处和跨度中点的截面上的最大正应力均等于140MPa，试求均布载荷q和外伸臂a的长度。

4.17　在如习题4.17图所示的工字钢梁截面Ⅰ—Ⅰ的底层，装置一变形仪，其放大倍数$K=1000$，标距$s=20\text{mm}$。梁受力后，由变形仪读得$\Delta s=8\text{mm}$。若$l=1.5\text{m}$，$a=1\text{m}$，梁的弹性模量$E=210\text{GPa}$，试求载荷P值。

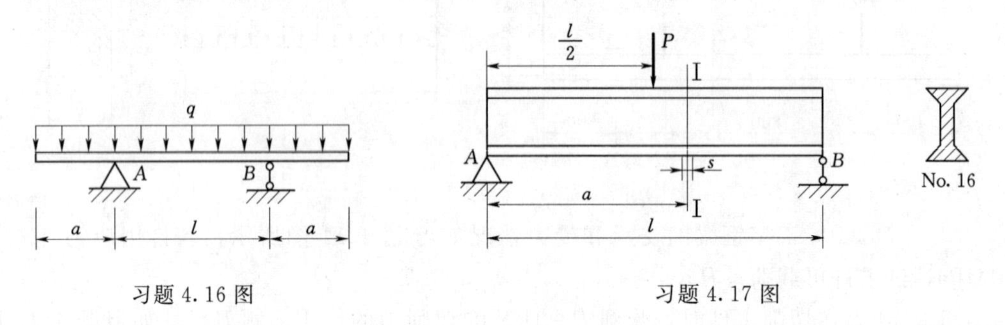

习题4.16图　　习题4.17图

4.18　为了起吊重量$P=300\text{kN}$的大型设备，采用一台150kN吊车和一台200kN吊车及一根辅助梁AB，如习题4.18图所示。已知梁的许用应力$[\sigma]=160\text{MPa}$，辅助梁长度$l=4\text{m}$，试问：

（1）P加在辅助梁的什么位置，才能保证两台吊车都不超载？

（2）辅助梁应选多大型号的工字钢？

4.19　如习题4.19图（a）所示的简支梁AC承受集中力P的作用，梁的截面为有两个方形孔洞的矩形，如习题4.19图（b）所示。如果许用应力$[\sigma]=120\text{MPa}$，试求许可载荷$[P]$的大小。

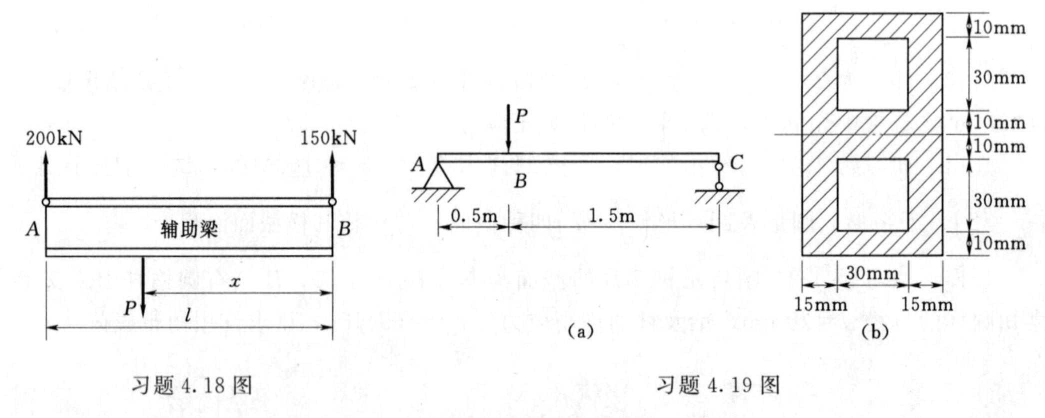

习题4.18图　　习题4.19图

4.20　如习题4.20图所示为一承受纯弯曲的铸铁梁，其横截面为⊥形，材料的拉伸和压缩的许用应力之比$[\sigma_t]/[\sigma_c]=1/4$，求水平翼板的合理宽度$b$。

4.21　利用弯曲内力的知识，说明为何将标准双杠的尺寸设计成$a=l/4$（习题4.21图）。

4.22　简支梁如习题4.22图所示。试求Ⅰ—Ⅰ截面A、B点处的正应力和切应力，并画出该截面上的正应力分布图。

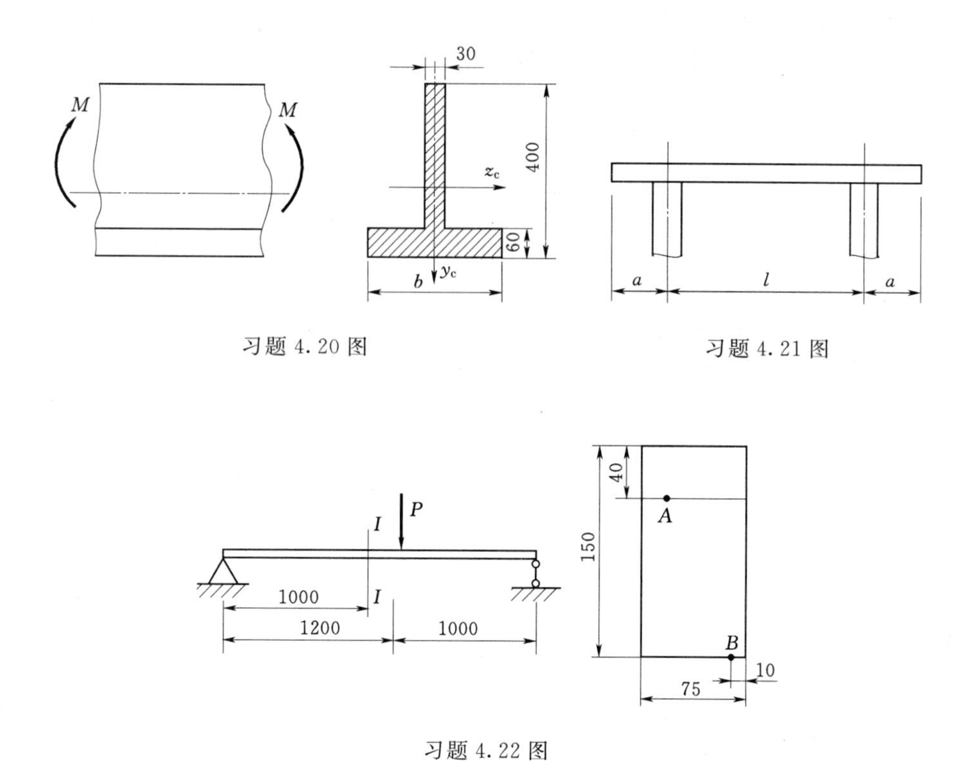

习题 4.20 图

习题 4.21 图

习题 4.22 图

4.23　如习题 4.23 图所示，起重机下的梁由两根工字钢组成，起重机自重 $Q=50\text{kN}$，起重量 $P=10\text{kN}$。许用应力 $[\sigma]=160\text{MPa}$，$[\tau]=100\text{MPa}$。若暂不考虑梁的自重，试按正应力强度条件选择工字钢型号，然后再按切应力强度条件进行校核。

4.24　由三根木条胶合而成的悬臂梁截面尺寸如习题 4.24 图所示，跨度 $l=1\text{m}$。若胶合面上的许用应力为 0.34MPa，木材的许用弯曲正应力为 $[\sigma]=10\text{MPa}$，许用切应力为 $[\tau]=1\text{MPa}$，试求许可载荷 $[P]$。

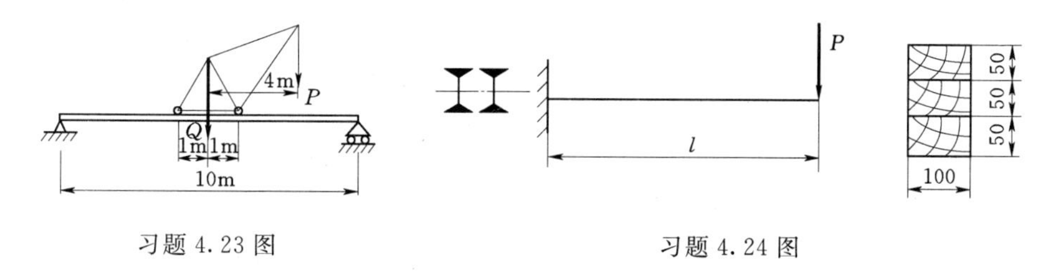

习题 4.23 图

习题 4.24 图

4.25　当力 P 直接作用在梁 AB 中点时，梁内最大应力超过许用应力值 30%，为消除这一过载现象，配置辅梁 CD，如习题 4.25 图所示。试求辅梁的最小跨度 a。

4.26　如习题 4.26 图所示，悬臂梁的矩形截面宽度为常数 b，但是高度沿 x 轴是变化的，并且是关于 x 轴对称的，集中力作用在自由端 $x=L$，$y=0$ 处。为使此梁的最外侧（上、下边缘）的弯曲应力均等于 σ_0，试求梁的轮廓线方程 $y=h(x)$。

4.27　如习题 4.27 图所示的双端外伸梁承受三个集中力作用，该梁两支座为简支，截面为T形。梁的材料为灰口铸铁，拉伸许用应力为 $[\sigma_t]=35\text{MPa}$，压缩许用应力为 $[\sigma_c]=150\text{MPa}$。试求最大的许可载荷 $[P]$。

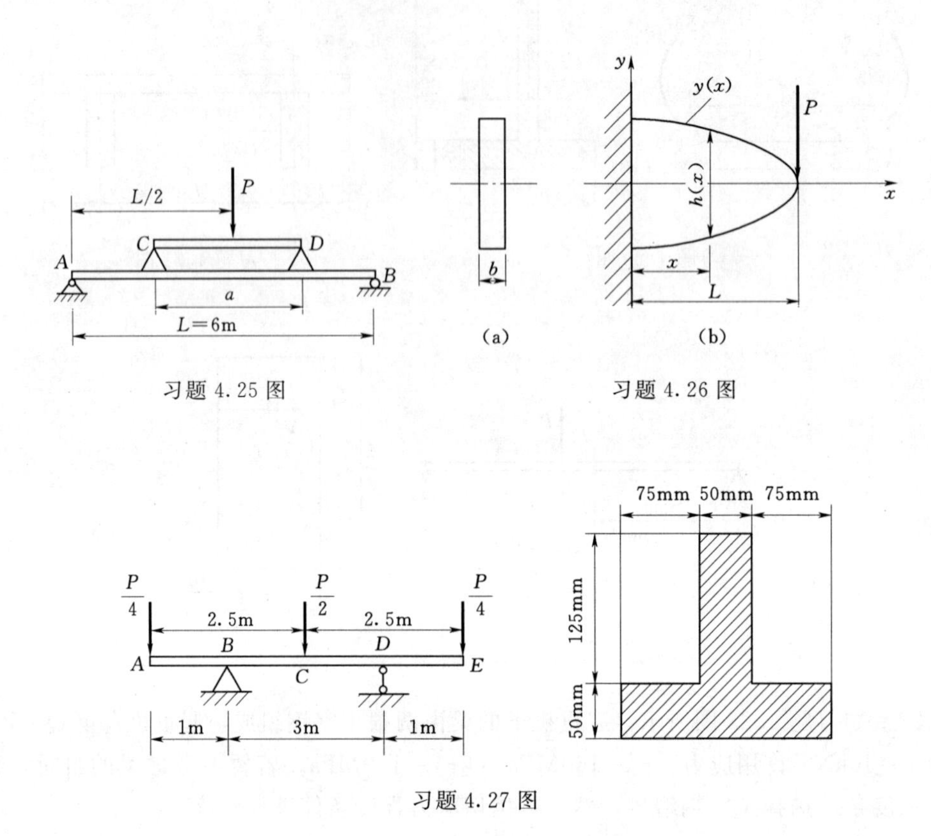

习题 4.25 图

习题 4.26 图

习题 4.27 图

4.28 悬臂梁在其右半段上承受均布载荷作用，截面为带有一个正方形孔洞的矩形，如习题 4.28 图所示。如果许用拉应力与许用压应力均为 140MPa，试求许可的分布载荷集度 $[q]$。

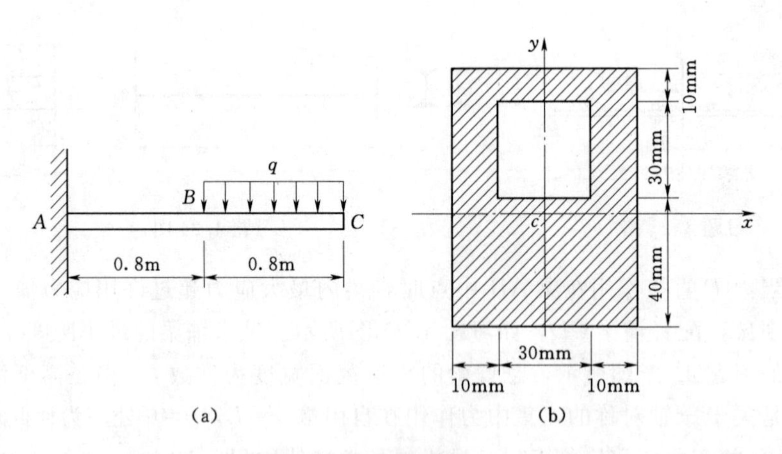

习题 4.28 图

4.29　几何形状如习题 4.29 图所示的实心圆截面梁承受作用在中点处的集中力 P，试求最大弯曲应力的位置与数值。

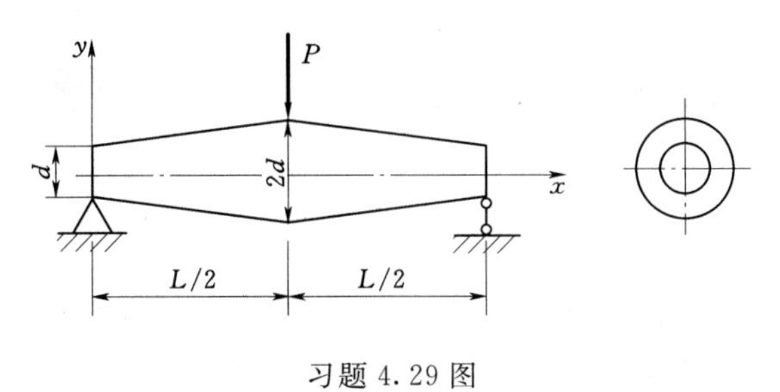

习题 4.29 图

第5章 弯 曲 变 形

工程中有些受弯构件在载荷作用下虽能满足强度要求，但由于弯曲变形过大，刚度不足，仍不能保证构件正常工作，成为弯曲变形问题。在下面的研究中，以直梁的对称弯曲为例，即载荷作用于梁的纵向对称面内，梁轴线变形成纵向对称面内的平面曲线。

5.1 梁的位移·挠度与转角

关于梁的弯曲变形，可以从梁的轴线和横截面两个方面来研究。梁在载荷作用下，轴线会离开原来的位置，横截面也会发生旋转。如图5.1所示一根任意梁，以变形前直梁的轴线为 x 轴，垂直向上的轴为 y 轴，建立 xoy 直角坐标系。当梁在 xy 面内发生弯曲时，梁的轴线由直线变为 xy 面内的一条光滑连续曲线，称为梁的挠曲线。由于梁弯曲后横截面仍然垂直于梁的挠曲线，因此，当梁发生弯曲时梁的各个截面必定发生了旋转，即梁的横截面不仅发生了线位移，而且还产生了角位移。

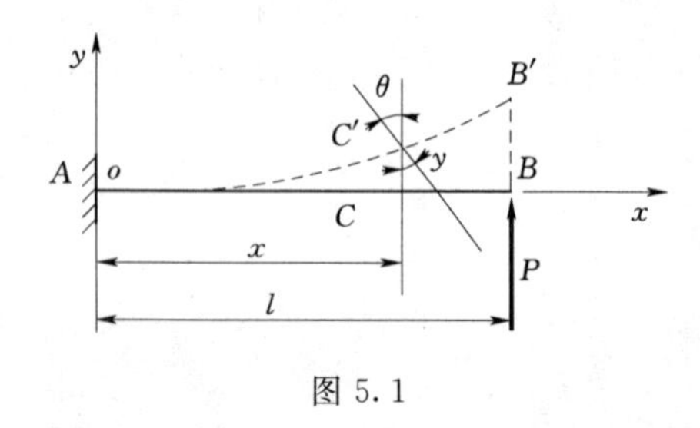

图 5.1

横截面的形心在垂直于梁轴（x 轴）方向的线位移，称为横截面的挠度，并用符号 w 表示。关于挠度的正负符号，在如图5.1所示坐标系下，规定挠度向上（与 y 轴同向）为正；向下（与 y 轴反向）为负。应该指出，由于梁在弯曲时长度不变，横截面的形心在沿梁轴方向也存在线位移。但在小变形条件下，这种位移极小，可以忽略不计。梁弯曲时，各个截面的挠度是截面形心坐标 x 的函数，即有

$$w=w(x) \tag{5.1}$$

式（5.1）是挠曲线的函数表达式，亦称为挠曲线方程。

横截面的角位移，称为截面的转角，用符号 θ 表示。关于转角的正负符号，规定在如图5.1所示坐标系中从 x 轴逆时针转到挠曲线的切线形成的转角 θ 为正的；反之，为负。

显然，转角也是随截面位置不同而变化的，它也是截面位置 x 的函数，即

$$\theta=\theta(x)$$

此式称为转角方程。工程实际中，小变形时转角 θ 是一个很小的量，因此可表示为

$$\theta\approx\tan\theta=\frac{\mathrm{d}y}{\mathrm{d}x}=w'(x) \tag{5.2}$$

综上所述，求梁的任一截面的挠度和转角，关键在于确定梁的挠曲线方程 $w=w(x)$。

5.2 挠曲线近似微分方程·积分法求弯曲变形

对细长梁，梁上的弯矩 M 和相应截面处梁轴的曲率半径 ρ 均为截面位置 x 的函数，第 4 章式（4.6）已经得出梁的挠曲线的曲率可表示为

$$\frac{1}{\rho(x)}=\frac{M(x)}{EI}$$

即梁弯曲变形时轴线弯曲的程度与弯矩成正比，与弯曲刚度成反比。另外，由高等数学知，曲线 $y=w(x)$ 任一点的曲率计算公式为

$$\frac{1}{\rho(x)}=\pm\frac{w''}{[1+(w')^2]^{\frac{3}{2}}}$$

显然，上述关系同样适用于挠曲线。比较上两式，可得

$$\pm\frac{w''}{[1+(w')^2]^{\frac{3}{2}}}=\frac{M(x)}{EI} \tag{5.3}$$

式（5.3）称为挠曲线微分方程。这是一个二阶非线性常微分方程，求解是很困难的。而在工程实际中，梁的挠度 w 和转角 θ 数值都很小，因此，$(w')^2$ 之值和 1 相比很小，可以略去不计，于是，该式可简化为

$$\pm w''=\frac{M(x)}{EI}$$

式中左端的正负号的选择，与弯矩 M 的正负符号规定及 xoy 坐标系的选择有关。根据弯矩 M 的正负符号规定，当梁的弯矩 $M>0$ 时，梁的挠曲线为凹曲线，按图 5.1 中坐标系，挠曲线的二阶导函数值 $w''>0$；反之，当梁的弯矩 $M<0$ 时，挠曲线为凸曲线，在如图 5.1 所示坐标系中挠曲线的 $w''<0$。所以，上式的左端应取正号，即

$$w''=\frac{M(x)}{EI} \tag{5.4}$$

式（5.4）称为挠曲线近似微分方程。实践表明，由此方程求得的挠度和转角，对工程计算来说，已足够精确。

为计算梁的变形，可对挠曲线近似微分方程式进行积分。对于等截面直梁，EI 为一常数，故可提到积分号外边。对式（5.4）积分一次可得到转角方程式为

$$w'=\theta=\int\frac{M(x)}{EI}\mathrm{d}x+C$$

再积分一次就得到挠度方程式为

$$w=\iint\frac{M(x)}{EI}\mathrm{d}x\mathrm{d}x+Cx+D$$

式中 C、D——积分常数，由位移边界与连续条件确定。

（1）固定端约束，见图 5.2。该约束限制线位移和角位移，其边界条件为

$$w_A=0,\quad \theta_A=0$$

（2）铰支座，见图 5.3。该约束只限制线位移，其边界条件为

$$w_A=0,\quad w_B=0$$

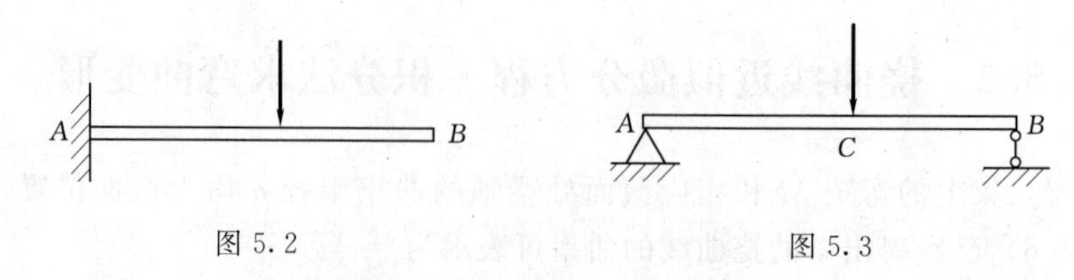

图 5.2　　图 5.3

另外挠曲线应该是一条光滑连续的曲线，即在挠曲线的任意一点上，挠度和转角应该是唯一确定的，这就是连续性条件，其数学表达式为

$$w_C^{左}=w_C^{右},\quad \theta_C^{左}=\theta_C^{右}$$

因此，积分法计算梁的变形的步骤是，首先建立梁截面的弯矩方程式 $M(x)$，然后代入挠曲线近似微分方程式进行积分，并根据梁的具体情况确定积分常数，得到具体的挠度和转角方程式。有了这两个方程式，便不难求出梁的任一截面的转角和挠度。

【例 5.1】 图 5.4（a）为车床上用三爪夹紧工件进行切削的示意图。若车刀作用于工件上的力 $P=360\text{N}$，工件直径 $d=1.5\text{cm}$，长度 $L=7.5\text{cm}$，工件材料的弹性模量 $E=200\text{GPa}$，试问由于工件弯曲变形而产生的最大直径误差是多少？

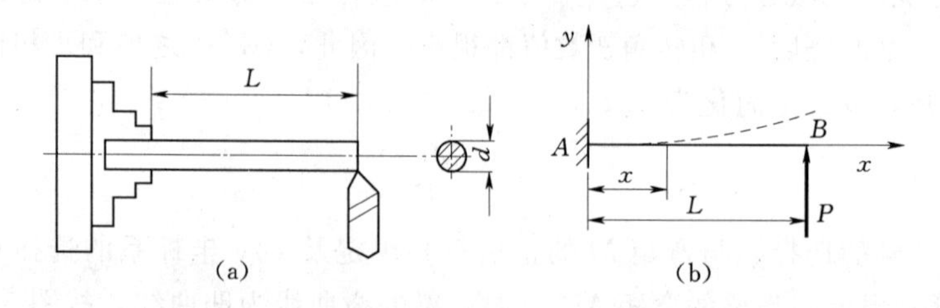

图 5.4

分析：车床三爪夹紧工件时，限制了工件的移动，并且可以限制工件在加工时的转动，因而可以简化为固定端，工件受到的切削力为集中力，垂直工件的轴线方向，将使工件产生弯曲变形，其力学模型如图 5.4（b）所示的悬臂梁。自由端的挠度即为工件的最大直径误差的一半。

解：（1）写出弯矩方程。在如图 5.4（b）所示的坐标系中，梁的弯矩方程为

$$M(x)=p(L-x)$$

（2）建立挠曲线近似微分方程。将弯矩方程代入式（5.4）得

$$w''=\frac{1}{EI}P(L-x)$$

（3）积分求解转角和挠曲线方程。对上式积分一次得转角方程：

$$w'=\theta=\frac{1}{EI}\left(PLx-\frac{1}{2}Px^2+C\right) \tag{a}$$

再积分一次得挠度方程：

$$w=\frac{1}{EI}\left(\frac{1}{2}PLx^2-\frac{1}{6}Px^3+Cx+D\right) \tag{b}$$

（4）确定积分常数。由边界条件知，在 x 为零的截面处，其转角和挠度为零，即

$$x=0,\quad \theta=0 \tag{c}$$

$$x=0,\quad w=0 \tag{d}$$

把式（c）和式（d）代入式（a）和式（b），解出积分常数 $C=0$，$D=0$。将 C 值和 D 值代入式（a）和式（b），就得到具体的转角和挠度方程式为

$$\theta=\frac{1}{EI}\left(PLx-\frac{1}{2}Px^2\right)=\frac{PLx}{2EI}\left(2-\frac{x}{L}\right) \tag{e}$$

$$w=\frac{1}{EI}\left(\frac{1}{2}PLx^2-\frac{1}{6}Px^3\right)=\frac{PLx^2}{6EI}\left(3-\frac{x}{L}\right) \tag{f}$$

（5）求最大变形。工件的最大挠度发生在自由端。因此，以 $x=L$ 代入式（f），最大挠度为

$$w_{\max}=\frac{PL^3}{6EI}(3-1)=\frac{PL^3}{3EI}$$

将具体数值代入则得

$$w_{\max}=\frac{360\times(7.5\times10^{-2})^3}{3\times200\times10^9\times\frac{\pi}{64}\times(1.5\times10^{-2})^4}=102\times10^{-6}(\text{m})=0.102\text{mm}$$

设最大的直径误差为 Δd，则

$$\Delta d=2w_{\max}=2\times0.102=0.204(\text{mm})$$

【例 5.2】 如图 5.5 所示的简支梁受集中力 P 作用，试求梁的转角和挠度方程式以及最大挠度。

分析：简支梁在跨中受到集中力的作用，将使梁的弯矩方程在整个梁上不连续，并导致挠曲线近似微分方程在不同的截面位置处也不相同，必须分段列出并分别积分。这样积分后将使积分常数的个数增加，除梁的边界条件外，还需考虑梁的光滑连续条件，以解出全部的积分常数。

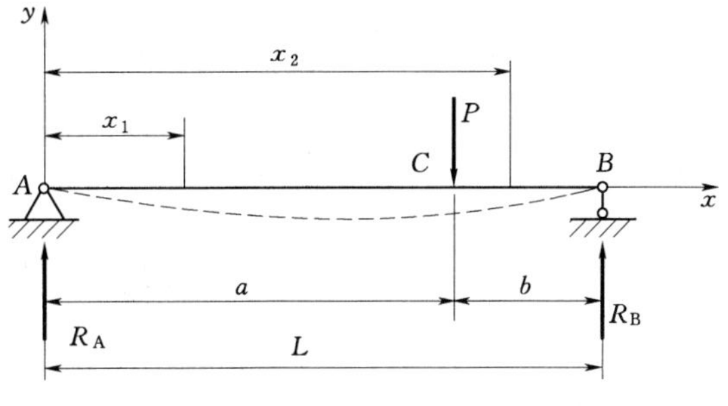

图 5.5

解：（1）由于载荷不连续，需要分段列出弯矩方程式 $M(x)$，先求出支反力：

$$R_A=\frac{Pb}{L},\quad R_B=\frac{Pa}{L}$$

其次列出弯矩方程式。

AC 段：$0\leqslant x_1\leqslant a$ 时，$M(x_1)=\dfrac{Pb}{L}x_1$

CB 段：$a\leqslant x_2\leqslant L$ 时，$M(x_2)=\dfrac{Pb}{L}x_2-P(x_2-a)$

将两个弯矩方程式分别代入式（5.4），积分后得四个方程式。

AC 段：

$$\theta_1=\frac{1}{EI}\left[\frac{Pb}{2L}x_1^2+C_1\right] \tag{a}$$

$$w_1=\frac{1}{EI}\left[\frac{Pb}{6L}x_1^3+C_1x_1+D_1\right] \tag{b}$$

CB 段：
$$\theta_1=\frac{1}{EI}\left[\frac{Pb}{2L}x_2^2-\frac{P}{2}(x_2-a)^2+C_2\right] \tag{c}$$

$$w_2=\frac{1}{EI}\left[\frac{Pb}{6L}x_2^3-\frac{P}{6}(x_2-a)^3+C_2x_2+D_2\right] \tag{d}$$

在 CB 段内积分时，对含有 x_2-a 的项就以 x_2-a 为自变量，这将有助于简化积分常数的运算。

（2）求解积分常数。四个方程式中所包含的四个积分常数 C_1、D_1、C_2 和 D_2，需要根据位移边界条件和连续条件加以确定。

在简支梁的情况下，由位移边界条件给出两个方程式。

当 $x_1=0$ 时，
$$w_1=0 \tag{e}$$

当 $x_2=L$ 时，
$$w_2=0 \tag{f}$$

再由梁变形时在 C 截面处的光滑连续条件给出另外两个方程式。

当 $x_1=x_2=a$ 时，
$$\theta_1=\theta_2 \tag{g}$$

当 $x_1=x_2=a$ 时，
$$w_1=w_2 \tag{h}$$

联立求解方程式（e）～式（h），就得到积分常数为

$$C_1=C_2=-\frac{Pb}{6L}(L^2-b^2)$$

$$D_1=D_2=0$$

把各积分常数分别代入式（a）～式（d），就得到 AC 段和 CB 段的转角和挠度方程式为

$$\theta_1=\frac{1}{EI}\left[\frac{Pb}{2L}x_1^2-\frac{Pb}{6L}(L^2-b^2)\right]$$

$$w_1=\frac{1}{EI}\left[\frac{Pb}{6L}x_1^3-\frac{Pbx_1}{6L}(L^2-b^2)\right]$$

$$\theta_2=\frac{1}{EI}\left[\frac{Pb}{2L}x_2^2-\frac{P}{2}(x_2-a)^2-\frac{Pb}{6L}(L^2-b^2)\right]$$

$$w_2=\frac{1}{EI}\left[\frac{Pb}{6L}x_2^3-\frac{P}{6}(x_2-a)^3-\frac{Pbx_2}{6L}(L^2-b^2)\right]$$

（3）求变形的最大值。简支梁在一个集中载荷作用下的弯曲挠曲线形状如图 5.5 所示，当 $a>b$ 时，可以直观地判断出最大挠度发生在 AC 段内。

令
$$\frac{\mathrm{d}w_1}{\mathrm{d}x_1}=\theta_1=0$$

得

$$\frac{pb}{2L}x_1^2-\frac{Pb}{6L}(L^2-b^2)=0$$

由此解得

$$x_1=\sqrt{\frac{L^2-b^2}{3}}$$

x_1 值表示由 A 点至最大挠度点的距离，将 x_1 值代入 w_1 的表达式就可以得到最大挠度值为

$$w_{\max}=-\frac{Pb}{9\sqrt{3}EIL}\sqrt{(L^2-b^2)^3}$$

现在从 x_1 的式子可以看到：当载荷 P 处于梁跨中点位置，即 $b=L/2$ 时，$x_1=L/2=0.5L$；当载荷 P 向支座 B 的方向移动且 $b\to 0$ 时，$x_1=\sqrt{L^2/3}=0.577L$，可见载荷 P 在简支梁上的位置对最大挠度点的位置影响甚小，最大挠度总是发生在梁跨中点的附近，于是在工程中当有一集中力作用在简支梁上时，可以认为梁的最大挠度发生在梁跨中点，其结果不会有多大的误差，即使在极端情况下（当 $b\to 0$ 时），梁跨中点挠度与最大挠度之差也不超过最大挠度的 3%。

5.3 叠加法求梁的变形

在第 4 章介绍用叠加法作弯矩图时，曾介绍了材料力学的一个普遍原理——叠加原理。在线弹性小变形前提下，构件的支反力、内力、应力和变形都可以用叠加法的方法计算。弯曲变形时，梁的挠度与转角都与载荷呈线性关系。因此，可以用叠加法计算梁的弯曲变形。当梁上有几个载荷共同作用时，可以分别计算梁在每个载荷单独作用时的变形，然后进行叠加，即可求得梁在几个载荷共同作用时的总变形。

应用叠加法求梁的变形时，若已知梁在简单载荷作用时的变形，是很方便的。

为了叠加的方便，将梁在简单载荷作用下的变形汇总于表 5.1 中，以便直接查用。

表 5.1　　简单载荷作用下梁的变形

序号	梁的简图	挠曲线方程	端截面转角和最大挠度
1	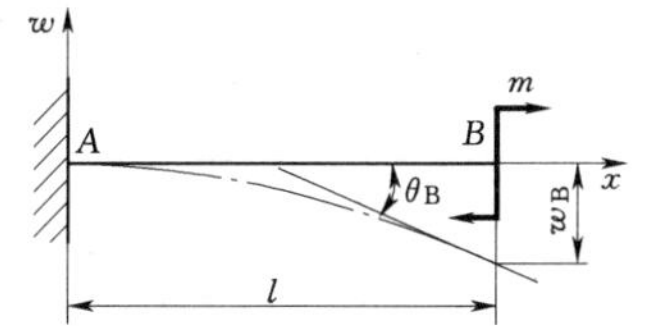	$w=-\dfrac{mx^2}{2EI}$	$\theta_B=-\dfrac{ml}{EI}$ $w_B=-\dfrac{ml^2}{2EI}$
2	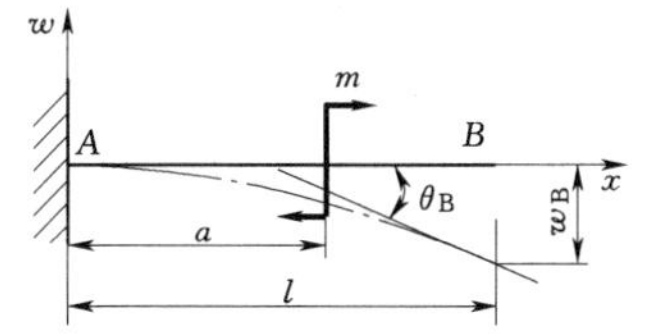	$w=-\dfrac{mx^2}{2EI}\quad 0\leqslant x\leqslant a$ $w=-\dfrac{ma}{EI}\left(x-\dfrac{a}{2}\right)\quad a\leqslant x\leqslant l$	$\theta_B=-\dfrac{ma}{EI}$ $w_B=-\dfrac{ma}{EI}\left(l-\dfrac{a}{2}\right)$
3	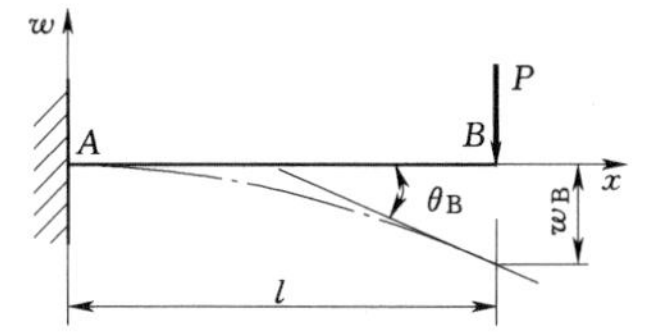	$w=-\dfrac{Px^2}{6EI}(3l-x)$	$\theta_B=-\dfrac{Pl^2}{2EI}$ $w_B=-\dfrac{Pl^3}{3EI}$
4	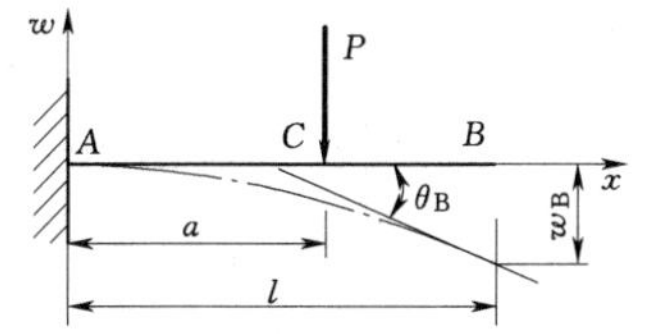	$w=-\dfrac{Px^2}{6EI}(3a-x)\quad 0\leqslant x\leqslant a$ $w=-\dfrac{Pa^2}{6EI}(3x-a)\quad a\leqslant x\leqslant l$	$\theta_B=-\dfrac{Pa^2}{2EI}$ $w_B=-\dfrac{Pa^2}{6EI}(3l-a)$

续表

序号	梁的简图	挠曲线方程	端截面转角和最大挠度
5	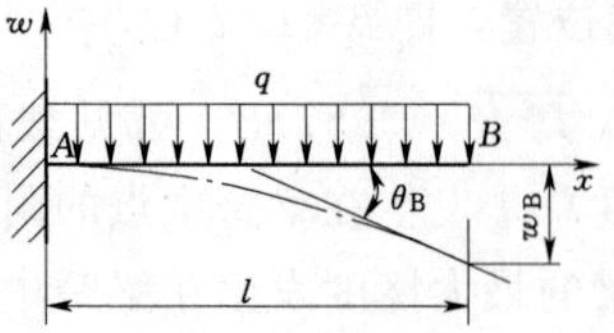	$w=-\frac{qx^2}{24EI}(x^2-4lx+6l^2)$	$\theta_B=-\frac{ql^3}{6EI}$ $w_B=-\frac{ql^4}{8EI}$
6	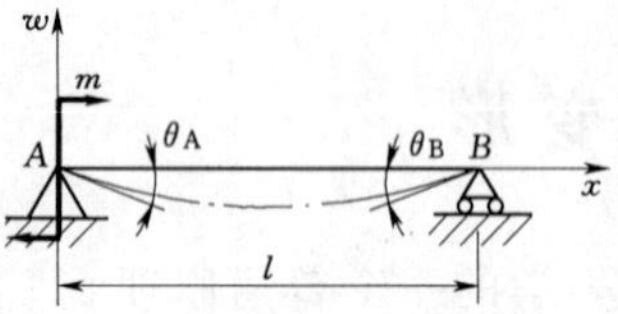	$w=-\frac{mx}{6EIl}(l-x)(2l-x)$	$\theta_A=-\frac{ml}{3EI}$ $\theta_B=\frac{ml}{6EI}$ $x=\left(1-\frac{1}{\sqrt{3}}\right)l$, $w_{max}=-\frac{ml^2}{9\sqrt{3}EI}$ $x=\frac{l}{2}$，$w_{\frac{l}{2}}=-\frac{ml^2}{16EI}$
7	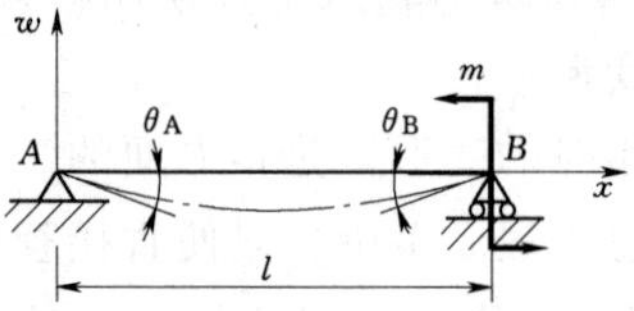	$w=-\frac{mx}{6EIl}(l^2-x^2)$	$\theta_A=-\frac{ml}{6EI}$ $\theta_B=\frac{ml}{3EI}$ $x=\frac{l}{\sqrt{3}},w_{max}=-\frac{ml^2}{9\sqrt{3}EI}$ $x=\frac{l}{2},w_{\frac{l}{2}}=-\frac{ml^2}{16EI}$
8	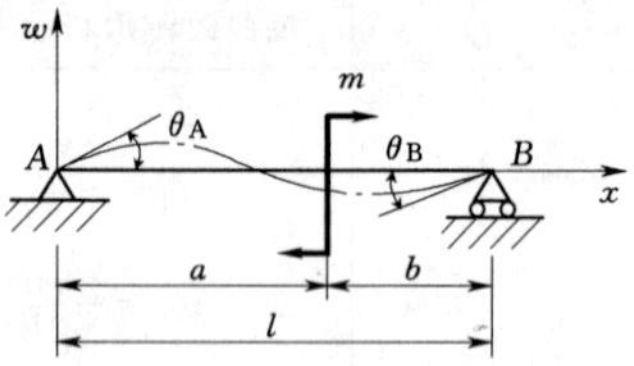	$w=\frac{mx}{6EIl}(l^2-3b^2-x^2)$ $0\leqslant x\leqslant a$ $w=\frac{m}{6EIl}[-x^3+3l(x-a)^2+(l^2-3b^2)x]$ $a\leqslant x\leqslant l$	$\theta_A=\frac{m}{6EIl}(l^2-3b^2)$ $\theta_B=\frac{m}{6EIl}(l^2-3a^2)$
9	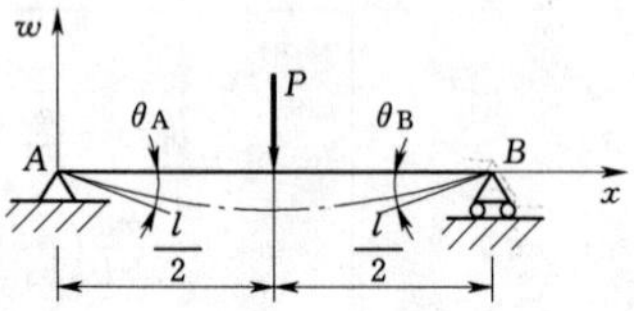	$w=-\frac{Px}{48EI}(3l^2-4x^2)$ $0\leqslant x\leqslant\frac{l}{2}$	$\theta_A=-\theta_B=-\frac{Pl^2}{16EI}$ $x=\frac{l}{2},w_{max}=-\frac{Pl^3}{48EI}$
10	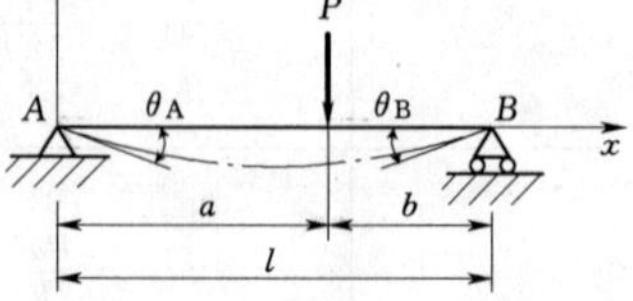	$w=-\frac{Pbx}{6EIl}(l^2-x^2-b^2)$　$0\leqslant x\leqslant a$ $w=-\frac{Pb}{6EIl}\left[\frac{l}{6}(l-a)^3+(l^2-b^2)x-x^3\right]$ $a\leqslant x\leqslant l$	$\theta_A=-\frac{Pab(l+b)}{6EIl}$ $\theta_B=\frac{Pab(l+a)}{6EIl}$ 设 $a>b$，$x=\sqrt{\frac{l^2-b^2}{3}}$， $w_{max}=-\frac{Pb(l^2-b^2)^{\frac{3}{2}}}{9\sqrt{3}EIl}$ $x=\frac{l}{2}$， $w_{\frac{l}{2}}=-\frac{Pb(3l^2-4b^2)}{48EI}$

续表

序号	梁的简图	挠曲线方程	端截面转角和最大挠度
11		$w=-\dfrac{qx^2}{24EI}(l^3-2lx^2+x^3)$	$\theta_A=-\theta_B=-\dfrac{ql^3}{24EI}$ $x=\dfrac{l}{2},w_{max}=-\dfrac{5ql^4}{384EI}$
12		$w=\dfrac{Pax}{6EIl}(l^2-x^2)$ $0\leqslant 0\leqslant l$ $w=\dfrac{P(x-l)}{6EI}[a(3x-l)-(x-l)^2]$ $l\leqslant x\leqslant(l+a)$	$\theta_A=-\dfrac{1}{2}\theta_B=\dfrac{Pal}{6EI}$ $\theta_C=-\dfrac{Pa}{6EI}(2l+3a)$ $w_C=-\dfrac{Pa^2}{3EI}(l+a)$
13		$w=-\dfrac{mx}{6EIl}(x^2-l^2)$ $0\leqslant x\leqslant l$ $w=-\dfrac{m}{6EI}(3x^2-4xl+l^2)$ $l\leqslant x\leqslant(l+a)$	$\theta_A=-\dfrac{1}{2}\theta_B=\dfrac{ml}{6EI}$ $\theta_C=-\dfrac{m}{3EI}(l+3a)$ $w_C=-\dfrac{ma}{6EI}(2l+3a)$

【例 5.3】 简支梁受力如图 5.6（a）所示，梁的抗弯刚度 EI 为常数。试要求用叠加法求梁 A 点的转角和 C 点的挠度。

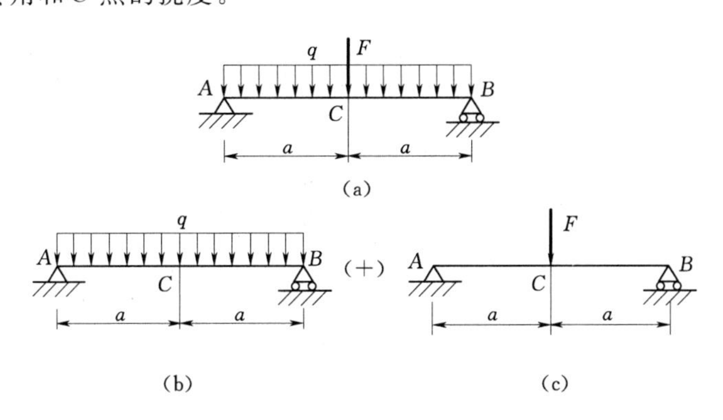

图 5.6

分析：简支梁受多个载荷作用，其变形在表 5.1 中不能直接查出。将载荷分解为两个简单载荷，即为单独受均布载荷作用［图 5.6（b）］和单独受集中力作用［图 5.6（c）］，这两种情况下的变形可以在表 5.1 中直接查出。根据叠加法，简支梁受多个载荷作用下的变形等于分解为若干简单载荷作用下变形的代数和。

解：（1）载荷分解。将图 5.6（a）中的载荷分解为如图 5.6（b）与图 5.6（c）所示的两种简单载荷。

（2）查梁的简单载荷变形表。图 5.6（b）中的简支梁受均布载荷作用，见表 5.1 序号 11（注意图中尺寸的对应关系），A 点的转角和 C 点的挠度分别为

$$w_{qC}=-\frac{5q(2a)^4}{384EI}=-\frac{5qa^4}{24EI},\quad \theta_{qA}=-\frac{q(2a)^3}{24EI}=-\frac{qa^3}{3EI}$$

图 5.6（c）中的简支梁受集中力作用，见表 5.1 序号 9，A 点的转角和 C 点的挠度分别为

$$w_{FC}=-\frac{F(2a)^3}{48EI}=-\frac{Fa^3}{6EI},\quad \theta_{FA}=-\frac{F(2a)^2}{4EI}=-\frac{Fa^2}{4EI}$$

（3）叠加。将结果进行叠加，求代数和得

$$w_C=w_{qC}+w_{FC}=-\frac{5qa^4}{24EI}-\frac{Fa^3}{6EI},\quad \theta_A=\theta_{qA}+\theta_{FA}=-\frac{q(2a)^3}{24EI}-\frac{Fa^2}{4EI}$$

【例 5.4】 车床主轴示意图如图 5.7（a）所示。P_1 为切削力，P_2 为齿轮传动力。试求轴承 B 点处的转角和端点 C 的挠度。

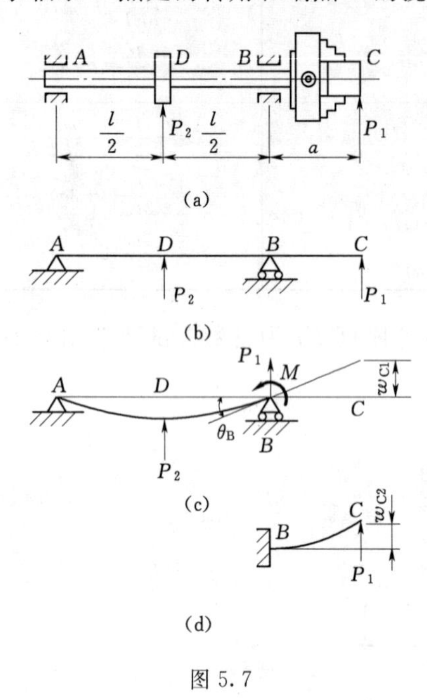

图 5.7

分析：轴承 A 和 B 可简化为铰支座，车床主轴的力学模型可以简化为如图 5.7（b）所示的外伸梁，变形不能直接从表 5.1 中查出。AB 梁段类似于简支梁，但载荷除中点的集中力外，还需考虑外伸部分的影响，将 P_1 向 B 点简化，得作用在支座上的力 P_1 和力矩 M，可采用叠加法求变形。BC 梁段可看成悬臂梁，但 B 点为铰链约束，与固定端不同，AB 梁在 B 点的转角可引起转动。因而在求 C 点挠度时应考虑转动产生的挠度。

解：（1）外伸梁简化。假想将外伸梁沿 B 截面截开，视作一简支梁和一悬臂梁。在两段梁的截面 B 上应加上相互作用的力 P_1 和力偶矩 $M=P_1a$，如图 5.7（c）所示。

截面 B 处的剪力和弯矩为

$$Q=P_1,\quad M=P_1a$$

但剪力直接作用在支座上，不会引起变形。

（2）求截面 B 的转角。简支梁 AB 段在 B 点产生的转角。查表 5.1 序号 7，弯矩 M 产生的截面 B 的转角为

$$(\theta_B)_M=\frac{Ml}{3EI}=\frac{P_1al}{3EI}$$

P_2 单独作用引起的转角见表 5.1 序号 9 得

$$(\theta_B)_{P_2}=-\frac{P_2l^2}{16EI}$$

BC 段简化为悬臂梁，B 点的转角等于零。最后 B 截面转角叠加为

$$\theta_B=(\theta_B)_M+(\theta_B)_{P_2}=\frac{P_1al}{3EI}-\frac{P_2l^2}{16EI}$$

（3）求端截面 C 处的挠度。简支梁 AB 段在 B 点的转角将使得 BC 段发生转动，引起 C 点产生挠度，小变形下近似可得

$$w_{C1}=\theta_Ba=\frac{P_1a^2l}{3EI}-\frac{P_2al^2}{16EI}$$

悬臂梁上 P_1 引起的 C 点的挠度为

$$w_{C2}=\frac{P_1a^3}{3EI}$$

C 点挠度的叠加得

$$w_C=w_{C1}+w_{C2}=\frac{P_1a^2(l+a)}{3EI}-\frac{P_2al^2}{16EI}$$

【例 5.5】 如图 5.8（a）所示的简支梁，在右半部分受到均布载荷作用，试求跨度中点 B 处的挠度。

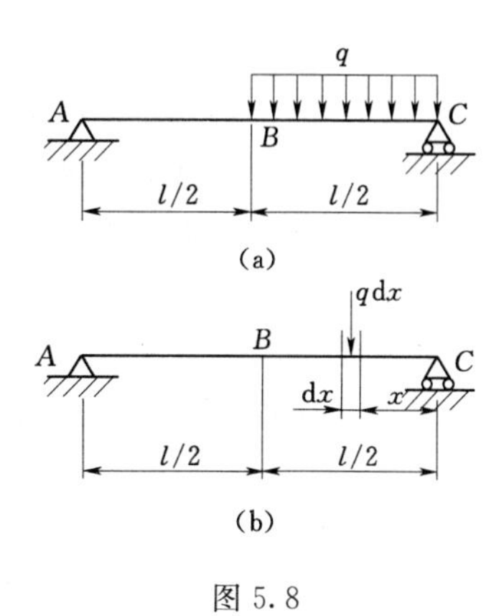

图 5.8

分析：查表 5.1，没有相应的载荷变形形式。可将分布载荷分成微段，在则每个微段上载荷可看成集中力，情况与表 5.1 中序号 10 的情况相似，可得出 B 点的挠度，然后在 BC 段上进行积分，就得到受均布载荷作用时跨度中点的挠度。

解： 将 BC 段在 x 截面处取微段 $\mathrm{d}x$。查表 5.1 中序号 10，将跨度中点挠度公式中 P 换成 $q\mathrm{d}x$，b 换成 x，得

$$\mathrm{d}w_B=-\frac{q\mathrm{d}x\cdot x}{48EI}(3l^2-4x^2)=-\frac{qx}{48EI}(3l^2-4x^2)\mathrm{d}x$$

由叠加法，在均布载荷作用下跨度中点的挠度应为 $\mathrm{d}w_B$ 的积分，即

$$w_B=\int\mathrm{d}w_B=-\frac{q}{48EI}\int_0^{\frac{l}{2}}x(3l^2-4x^2)\mathrm{d}x=-\frac{5ql^4}{768EI}$$

5.4　梁弯曲时的刚度条件

对于承受弯曲变形的构件，除了强度要求外，常常还有刚度要求。因此，在按强度条件选择了截面尺寸后，还须进行刚度校核。其刚度条件为

$$\left.\begin{array}{l}w_{\max}\leqslant[w]\\ \theta_{\max}\leqslant[\theta]\end{array}\right\}\tag{5.5}$$

式中　$[w]$ ——许可挠度；

$[\theta]$ ——许可转角。

一般根据实际工程条件规定它们的具体数值。例如

普通机床主轴：　$[w]=(0.0001\sim0.0005)l(\mathrm{mm})$

$[\theta]=0.001\sim0.005(\mathrm{rad})$

起重机大梁：　$[w]=\left(\frac{1}{600}\sim\frac{1}{1000}\right)l(\mathrm{mm})$

发动机曲轴：　$[w]=0.05\sim0.06(\mathrm{mm})$

滑动轴承：　$[\theta]=0.001(\mathrm{rad})$

向心球轴承：　$[\theta]=0.005(\mathrm{rad})$

其中，l 是支承间的距离，即跨度。此外，也可参考有关规范及手册来确定许可挠度

和许可转角。

【例 5.6】 桥式起重机如图 5.9（a）所示，最大载荷为 $P=20\text{kN}$。起重机大梁为 No. 32a 工字钢，$E=210\text{GPa}$，$l=8.7\text{m}$。规定 $[w]=l/500$，试校核大梁刚度。

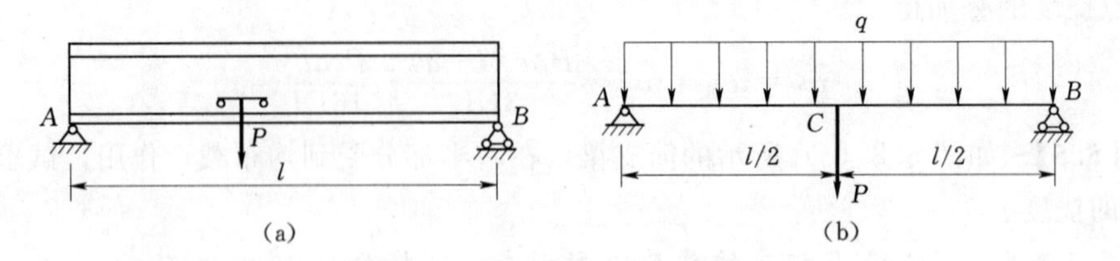

图 5.9

分析：当起重机位于梁中央时，梁变形最大，因而刚度校核应当考虑在这种情况下的变形。若考虑工字钢梁的自重，则起重机大梁的力学模型简图见图 5.9（b）。本题采用叠加法求最大挠度比较简单。

解： 梁的最大挠度发生在跨度中点 C 截面，应用叠加原理梁的最大挠度等于由 P 和 q 单独作用所引起的 C 截面的挠度之和，即

$$|w_{\max}|=|w_C|=|w_{C(P)}|+|w_{C(q)}|=\frac{Pl^3}{48EI}+\frac{5ql^4}{384EI}$$

对于 No. 32a 工字钢，查表得

$$I=11100\text{cm}^4,\quad q=52.717\text{kg/m}=52.717\times9.8=516.6\text{N/m}$$

刚度校核

$$|w_{\max}|=\frac{20\times10^3\times8.7^3}{48\times210\times10^9\times11100\times10^{-8}}+\frac{5\times516.6\times8.7^4}{384\times210\times10^9\times11100\times10^{-8}}$$

$$=0.012+0.0017=0.0137\text{m}<[w]=\frac{l}{500}=0.0175\text{m}$$

所以，梁的刚度足够。

5.5　简单静不定梁的解法

未知约束力数目多于静力平衡方程数目的梁称为静不定梁，两者数目的差称为静不定次数。求解静不定梁同样是综合运用静力、几何、物理三个方面的关系。求解的步骤如下。

（1）判断静不定次数。

（2）建立基本系统。解除静不定结构的内部和外部多余约束后所得到的静定结构，即一个静不定系统解除多余约束后所得的静定系统。

（3）建立相当系统（作用有原静不定梁载荷与多余约束反力的基本系统）。

（4）求解静不定问题。

图 5.10（a）中，车削工件的左端由卡盘夹紧。对细长的工件，为了减少变形，提高加工精度，在工件的右端安装尾顶针。把卡盘夹紧的一端简化成固定端，尾顶针简化为铰支座。在切削力 P 作用下，得计算简图如图 5.10（b）所示。这样便有 H_A、R_A、M_A、R_B 四个反力，而可以利用的静力平衡方程只有三个，即

$$\sum F_x=0,\quad H_A=0$$

$$\sum F_y=0,\quad P-R_A-R_B=0$$

$$\sum M_A=0,\quad Pa-R_Bl-M_A=0$$

由三个平衡方程不能解出全部四个未知力。所以这是一个1次静不定梁。

为了寻求变形协调方程，设想解除支座 B，并用 R_B 代替它。这样就把原来的静不定梁在形式上转变为静定的悬臂梁。在这一静定梁上，除原来的载荷 P 外，还有代替支座 B 的未知反力 R_B［图5.10（c）］。若以 $(w_B)_P$ 和 $(w_B)_{R_B}$ 分别表示 P 和 R_B 各自单独作用时 B 端的挠度［图5.10（d）、（e）］，则在 P 和 R_B 的共同作用下，B 端的挠度应为 $(w_B)_P$ 和 $(w_B)_{R_B}$ 的代数和。但 B 端实际上为铰支座，它不应有垂直位移，即

$$w_B=(w_B)_P+(w_B)_{R_B}=0$$

这就是变形协调方程。利用表5.1求出

$$(w_B)_P=\frac{Pa^2}{6EI}(3l-a),\quad (w_B)_{R_B}=-\frac{R_Bl^3}{3EI}$$

代入变形协调方程后即可解出

$$R_B=\frac{P}{2}\left(3\frac{a^2}{l^2}-\frac{a^3}{l^3}\right)$$

解出 R_B 后，原来的静不定梁就相当于在 P 和 R_B 共同作用下的悬臂梁。进一步的计算就与静定梁无异。例如，可以求出 C 和 A 两截面的弯矩分别是

$$M_C=-R_B(l-a)=-\frac{P}{2}\left(3\frac{a^2}{l^2}-\frac{a^3}{l^3}\right)(l-a)$$

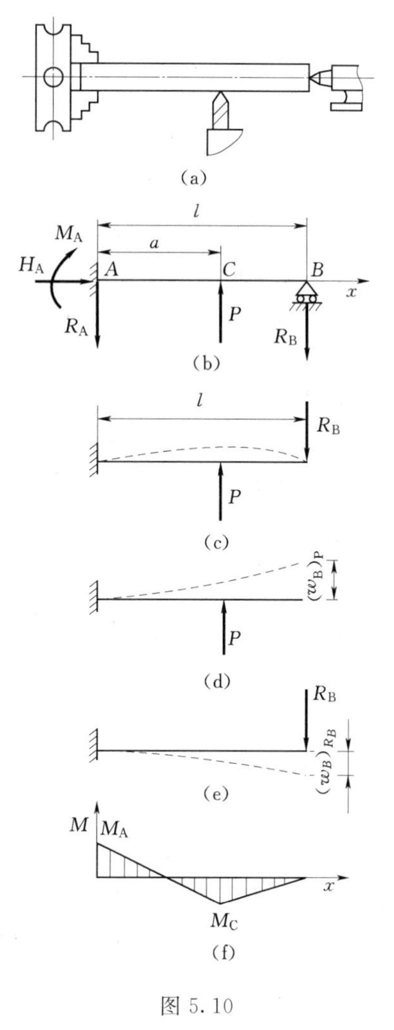

图5.10

$$M_A=Pa-R_Bl=\frac{PL}{2}\left(2\frac{a}{l}-3\frac{a^2}{l^2}+\frac{a^3}{l^3}\right)$$

于是可作梁的弯矩图［图5.10（f）］，并进行强度计算。同理也可以进行变形计算，这些不再赘述。

对以上讨论的静不定梁，不难证实，其内力和变形都远小于只在 A 端固定的悬臂梁（相当于左端加紧，右端无尾顶针的情况）。这表明，由于增加了支座 B，静不定梁的强度和刚度都得到了提高。但静不定梁也容易引起装配应力。以三轴承的传动轴为例，由于加工误差，三个轴承孔的中心线难以保证重叠为一条直线。这就等于轴的三个支座不在同一直线上（图5.11）。当传动轴装进这样的三个轴承孔时，必将造成轴的弯曲变形，引起应力，这就是装配应力。在拉伸压缩静不定结构中，因杆件长度不准确也会引起装配应力。弯曲变形静不定梁中，如果梁的支座高度不同（或支座的沉陷不相等），也将引起装配应力。

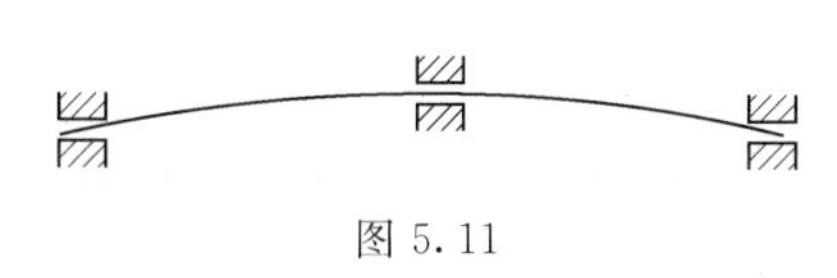

图5.11

5.6 提高弯曲刚度的措施

前面已经介绍过梁变形的计算方法，梁的变形不仅与梁的支承和载荷情况有关，还与材料、截面和跨度有关。因此，可以采用下列措施来提高梁的弯曲刚度。

5.6.1 增大梁的抗弯刚度 *EI*

增大截面的惯性矩 I 是提高抗弯刚度的主要途径。与梁的强度问题一样，可以采用工字钢或空心圆等截面形状。

因各类钢材的弹性模量 E 的数值非常接近，故采用高强度优质钢材以提高弯曲刚度，其意义不大。

5.6.2 减小梁的跨度或增加支承约束

当梁受集中力作用时，梁的挠度与跨度 l 的三次方成正比，若梁的跨度减小一半，变形将减小到原来的$\frac{1}{8}$。所以减小梁的跨度，是提高弯曲刚度的有效措施。

增加支承约束（实质上是减小跨度），也是提高弯曲刚度的一个途径。例如，工程上对镗刀杆的外伸长度都有一定的规定，以保证镗孔的精度要求。在长度不能缩短的情况下，可采取增加支承的方法提高梁的刚度。如镗刀杆，若外伸部分过长，可在端部加装尾架（图 5.12），以减小镗刀杆的变形，提高加工精度。车削细长工件时，除了用尾顶针外，有时还加用中心架或跟刀架，以减小工件的变形，提高加工精度和光洁度。对较长的传动轴，有时采用三支承以提高轴的刚度。应该指出，为提高镗刀杆、细长工件和传动轴的弯曲刚度而增加支承，都将使这些杆件由原来的静定梁变为超静定梁。

加固支座，同样也能减小梁的变形。图 5.13 中的简支梁，若将其中固定铰支座［图 5.13（a）］改为固定端［图 5.13（b）］，则其最大挠度可降低约 60%。

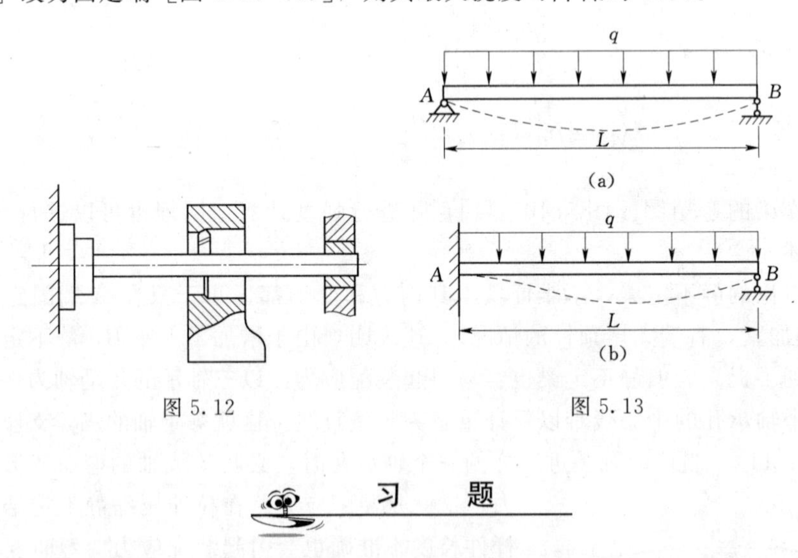

图 5.12　　图 5.13

习　题

5.1　用积分法求如习题 5.1 图所示各梁的挠曲线方程时，要分几段积分？根据什么条件确定积分常数？习题 5.1 图（b）中梁右端支承于弹簧上，其弹簧常数为 c。

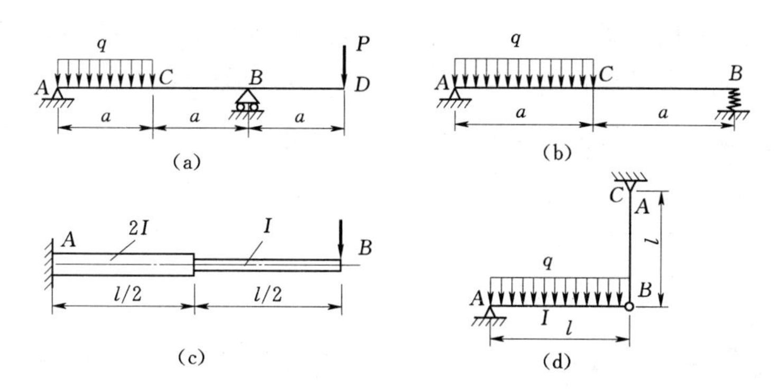

习题 5.1 图

5.2　用积分法求如习题 5.2 图所示各梁的挠曲线方程式及 A 点的挠度和 B 点的转角（EI 为常数）。

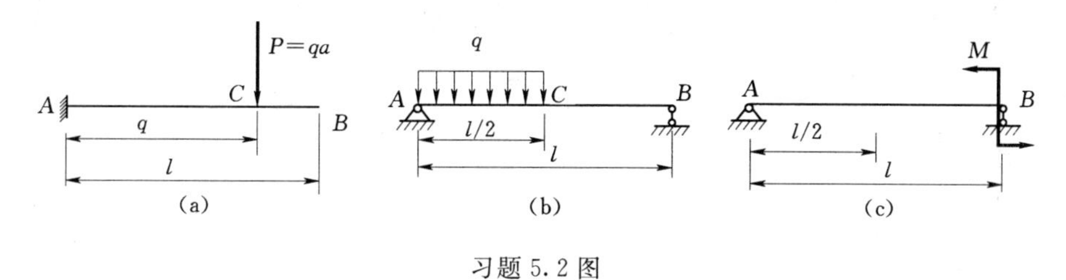

习题 5.2 图

5.3　如习题 5.3 图所示，试用叠加法计算梁上最大挠度及转角（EI 为常数）。

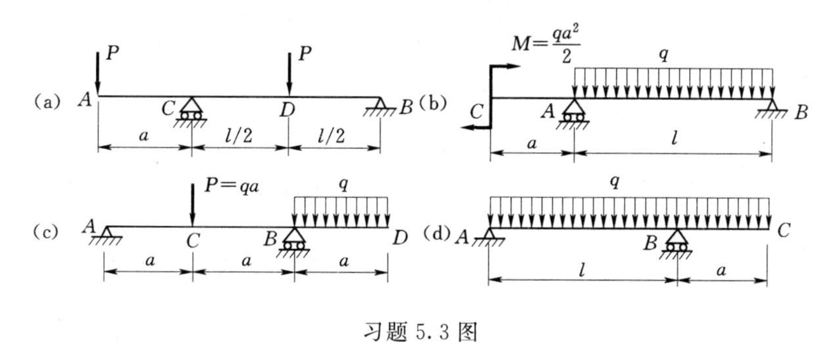

习题 5.3 图

5.4　如习题 5.4 图所示，变截面梁的弹性模量为 E，求梁自由端的挠度和转角。

5.5　如习题 5.5 图所示，悬臂梁 AB 上有一弯架 BC 附于其自由端 B，有一集中力 P 作用于弯架的端点 C，试求使 B 点竖直挠度为零时尺寸 a 和 l 的比值 $\frac{a}{l}$。

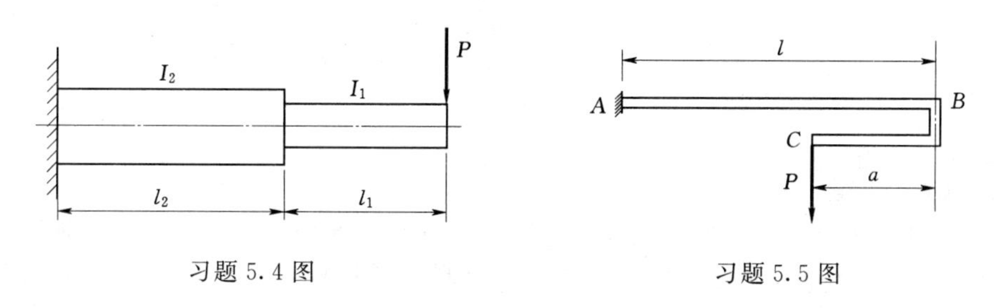

习题 5.4 图　　　　习题 5.5 图

5.6　如习题5.6图所示，梁 AC 在 A 端简支，C 端与悬臂梁 CD 铰接，两梁有相同的弯曲刚度 EI，在 B 点作用铅直力 $F=8\text{kN}$，试求 B 点的挠度。

5.7　有一悬臂梁受按抛物线变化的分布载荷作用，载荷集度为 $q(x)=\dfrac{q_0x^2}{l^2}$，如习题5.7图所示。试求梁的最大转角。梁的弯曲刚度 EI 为常数。

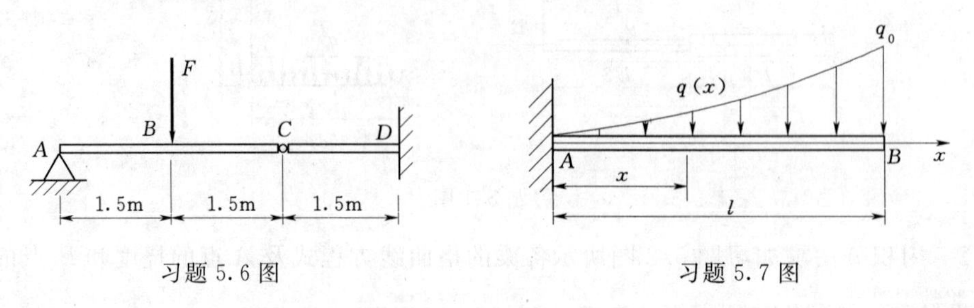

习题 5.6 图　　　　习题 5.7 图

5.8　如习题5.8图所示，桥式吊车大梁为 No.32a 工字钢，已知 $E=210\text{GPa}$，$l=8.76\text{m}$，许可挠度 $[w]=\dfrac{l}{500}$，试求吊车最大起吊重量。

5.9　如习题5.9图所示悬臂梁 AB，长度 $l=3\text{m}$，所受的载荷如习题5.9图所示。若许用应力 $[\sigma]=150\text{MPa}$，许可挠度 $[w]=\dfrac{l}{300}$，试选一适当工字钢（$E=200\text{GPa}$）。

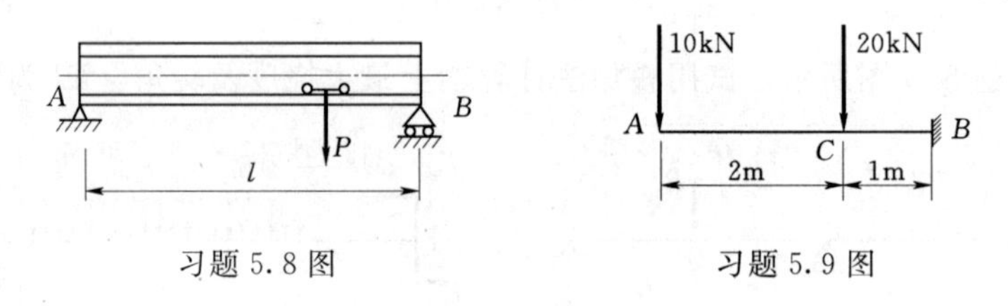

习题 5.8 图　　　　习题 5.9 图

5.10　如习题5.10图所示简支梁拟用直径为 d 的圆木制成矩形截面，$b=\dfrac{d}{2}$，$h=\dfrac{\sqrt{3}d}{2}$，已知 $[\sigma]=10\text{MPa}$，$[\tau]=1\text{MPa}$，$E=1\times10^4\text{MPa}$，梁的许用挠度 $[w]=\dfrac{1}{250}$，试确定圆木的直径。

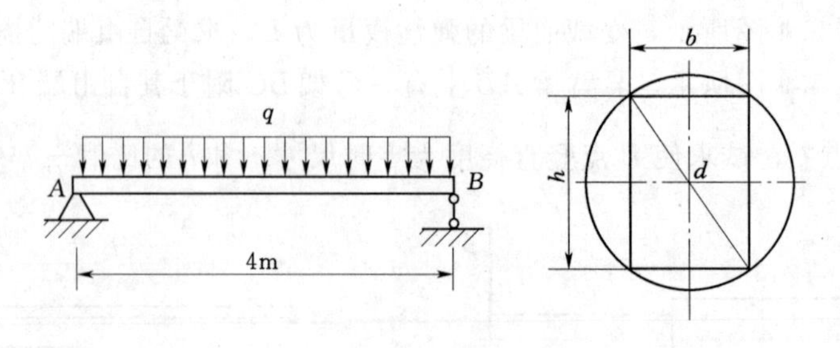

习题 5.10 图

5.11　如习题5.11图所示，机床主轴受力 $P_1=1\text{kN}$，$P_2=2\text{kN}$，主轴为空心圆截面，外径 $D=80\text{mm}$，内径 $d=40\text{mm}$，轴材料的弹性模量 $E=210\text{GPa}$。已知轴承 B

处的许用转角 $[\theta]=\frac{1}{1000}\text{rad}$，截面 C 处的许用挠度 $[w]=0.04\text{mm}$。试校核此轴的刚度。

5.12　滚轮在吊车梁上滚动，如习题 5.12 图所示。若要使滚轮在梁上恰好成一水平路径，问需要把吊车梁先弯成什么形状［用 $y=f(x)$ 的方程式表达］，才能达到此要求？

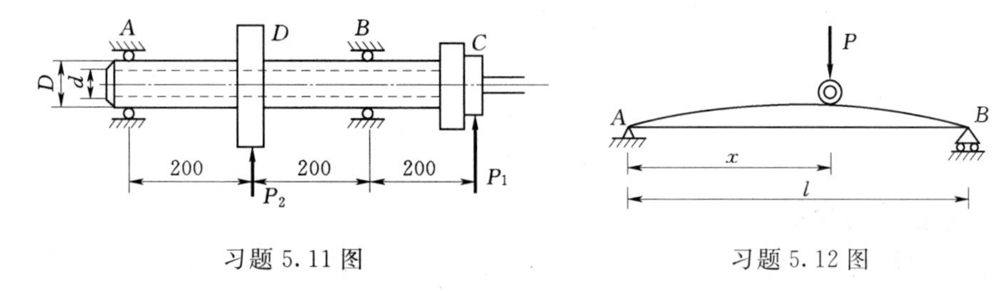

习题 5.11 图　　　　习题 5.12 图

5.13　如习题 5.13 图所示直角拐 AB 与 AC 轴刚性连接，A 处为一轴承，允许 AC 轴的端截面在轴承内自由转动，但不能上下移动。已知 $P=60\text{N}$，$E=210\text{GPa}$，$G=0.4E$。试求截面 B 的垂直位移。

5.14　如习题 5.14 图所示结构中，梁为 No.16 工字钢；拉杆的截面为圆形，$d=10\text{mm}$。两者材料相同，弹性模量 $E=200\text{GPa}$。试求梁及拉杆内的最大正应力。

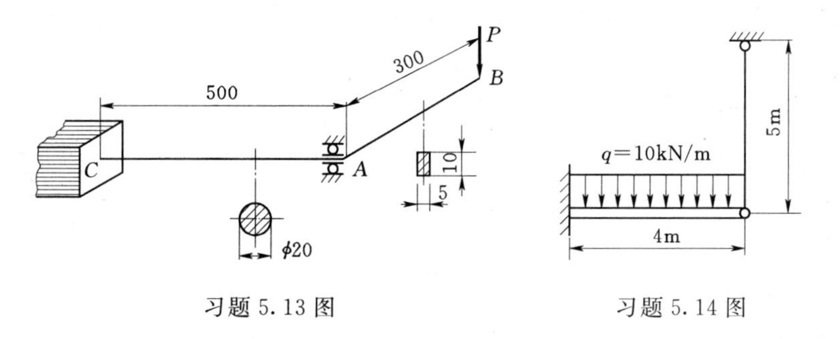

习题 5.13 图　　　　习题 5.14 图

5.15　如习题 5.15 图所示，悬臂梁的 $EI=30\times103\text{N}\cdot\text{m}^2$。弹簧的刚度为 $c=175\times103\text{N}\cdot\text{m}$。梁端与弹簧间的空隙为 $\frac{1}{25}\text{mm}$。当集中力 $P=450\text{N}$ 作用于梁的自由端时，试问弹簧将分担多大的力？

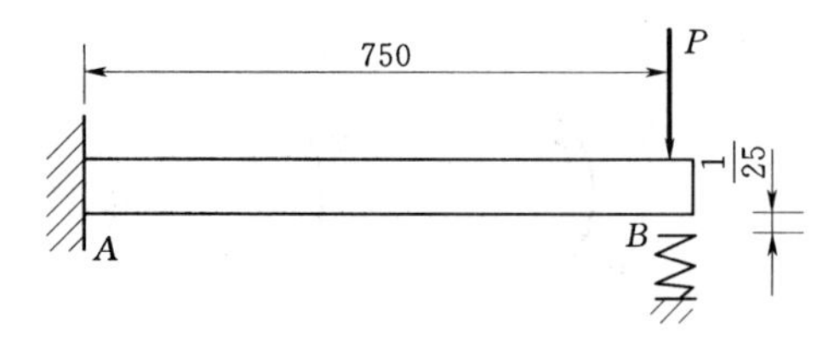

习题 5.15 图

第6章 应力状态分析

6.1 概 述

6.1.1 一点的应力状态

观察下列现象：一等截面直杆，受一对轴向拉力的作用，在杆表面上取一如图6.1（a）所示的正方形 $abcd$。在拉力作用下，杆件产生拉伸变形。正方形 $abcd$ 产生变形后，其形状如图6.1（b）所示。可以看出，$\angle abc$ 在变形前为直角，变形后则变成了钝角 $\angle a'b'c'$。由第2章可知，在轴向拉伸（或压缩）变形时，杆的横截面上只有正应力存在，没有切应力。而从前面分析可知，在 ab 与 bc 边上肯定存在切应力，否则 $\angle abc$ 的角度不会发生变化，也即单元体 $abcd$ 不会产生形状变化，而只会在轴线方向上产生长度变化，这说明轴向拉伸（压缩）直杆在横截面上只存在正应力，但在斜截面上还有切应力，即“拉中有剪”。这可从斜截面应力的计算公式得到印证。

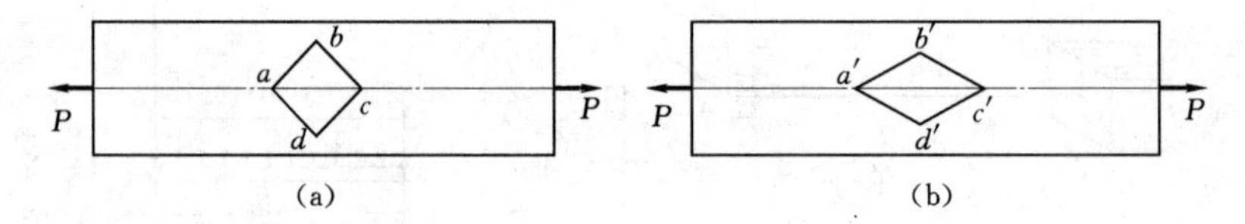

图6.1

观察另一现象：一等截面圆轴在两端受一对转向相反的外力偶作用产生扭转变形，在轴的表面取一圆形，其直径 ab 在变形前如图6.2（a）所示。变形后，圆形变成椭圆形，直径 ab 相应地变形为 $a'b'$。可以看出 ab 的长度发生了变化，产生了拉伸变形。我们知道，圆轴产生扭转变形时，其横截面上只存在切应力，没有正应力。上述现象说明，在圆轴扭转时，虽然横截面上没有切应力，但在斜截面上还有正应力存在，即“剪中有拉”。

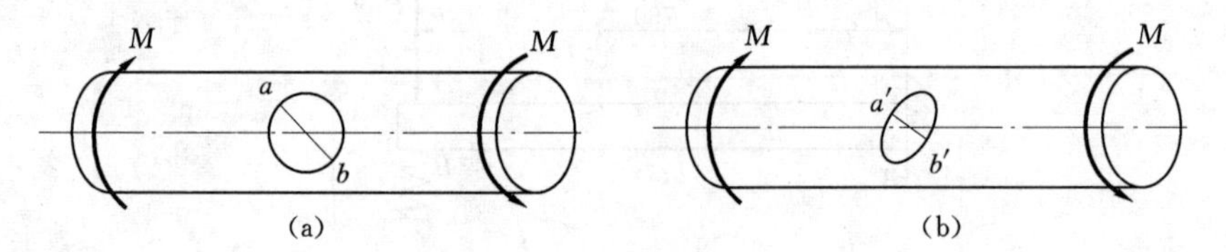

图6.2

一般来讲，在受力构件内，在通过同一点各个不同方位的截面上，应力的大小和方向随截面的方位不同而按照一定的规律变化。因此，为了深入了解受力构件内的应力情况并正确分析构件的强度，必须研究一点处的应力情况，即通过构件内某一点的各个不同方位截面上的应力及其相互关系，通常称为点的应力状态。

6.1.2 轴向拉（压）、扭转和弯曲变形各点的应力状态分析

为了研究一点的应力状态，通常是在所研究点的周围用六个截面截取一个无穷小正六面体，称为单元体。这一无穷小的单元体就代表这个点。由于单元体各边长均为无穷小量，故可认为在单元体各个表面上的应力都是均匀的，而且任意一对平行平面上的应力是相等的。受力构件内任一点处，沿各个不同的方向可以截取无数个单元体。通常为研究方便，一般都会以杆的横截面作为单元体的一对平行截面。如果某单元体三对平行截面上的应力均为已知，则称这个单元体为原始单元体。下面来分析轴向拉（压）、扭转和弯曲变形各点的应力状态。

受一对轴力作用的等直矩形截面杆如图 6.3（a）所示，围绕 A 点以纵横六个截面从杆内截取单元体，如图 6.3（b）所示，其平面图则如图 6.3（c）所示。单元体的左、右两截面是杆件横截面的一部分，面上的应力皆为 $\sigma=\dfrac{P}{A}$。单元体的上、下、前、后四个面都是平行于轴线的纵向面，面上都没有应力，故 A 点的原始单元体应力状态如图 6.3（b）所示。但若按如图 6.3（d）所示的方式截取单元体，使其四个截面虽与纸面垂直，但与杆件轴线既不平行也不垂直，成为斜截面，则由第 2 章斜截面的式（2.4）、式（2.5）可知，在这四个斜截面上，不仅存在正应力而且还存在切应力。

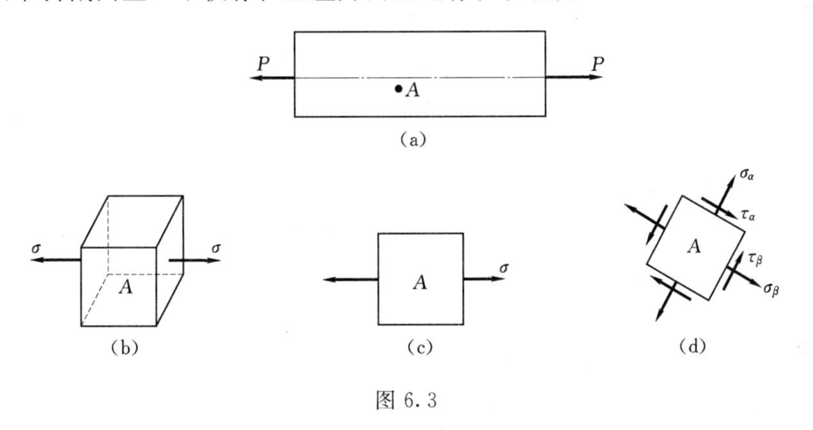

图 6.3

受一对转向相反的力偶作用的一等直圆轴如图 6.4（a）所示，围绕 A 点取一单元体，其左、右两截面为圆轴的横截面，上、下两截面为过轴线的径向面，前、后两截面为平行圆轴表面的圆柱面。这个原始单元体由于各边长均为无穷小量，故可看作是正六面体。左、右两截面上的应力由扭转切应力计算公式 $\tau=\dfrac{T\rho}{I_{\mathrm{p}}}$求得，上、下两截面上的应力由切应力互等定理可得到，前、后两截面应力为零，其应力状态如图 6.4（b）所示。由于如图

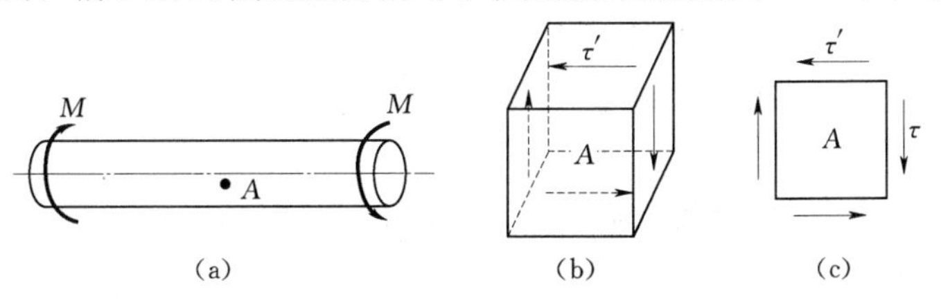

图 6.4

6.4（b）所示的原始单元体的前、后两平面无应力，故可将其简化为平面单元体，如图6.4（c）所示。

矩形截面悬臂梁端部受一集中力 P 作用产生横力弯曲变形，如图6.5（a）所示。在分别围绕 A—A 截面上1点、2点、3点、4点和5点，以平行矩形截面梁各表面的纵横六个截面截取五个原始单元体，如图6.5（b）所示，则它们横截面上的应力可由弯曲正应力公式 $\sigma=\frac{My}{I_z}$ 和切应力公式 $\tau=\frac{QS^*}{I_z b}$ 计算确定，上、下表面上的切应力可由切应力互等定理得出，五个单元体的前后表面上均无应力。

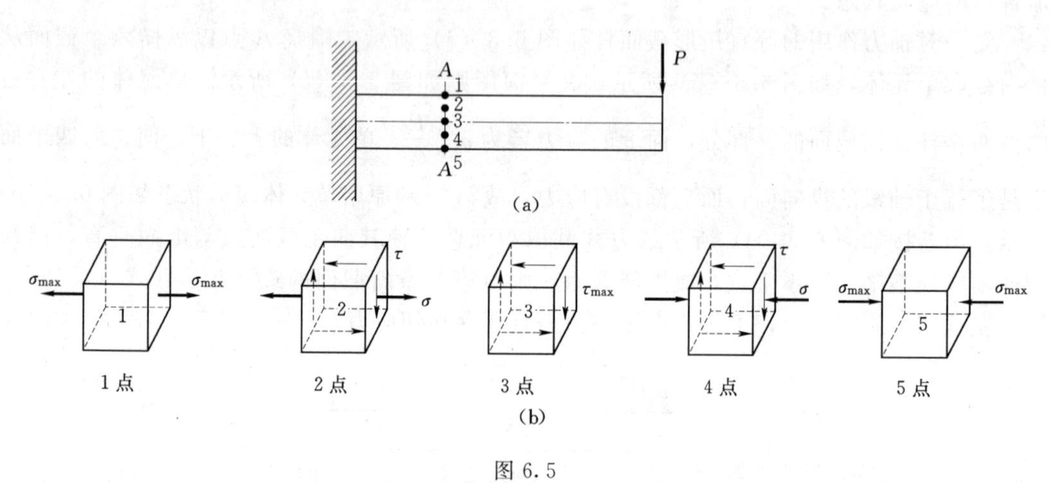

图6.5

6.1.3 主应力和应力状态分类

在图6.3（b）中，单元体的三个相互垂直的面上都无切应力，这种切应力等于零的平面称为主平面，主平面上的应力称为主应力。可以证明，在一点的应力状态中，必存在这样一个单元体，它的三个平面均为主平面，这种单元体叫作主单元体。因而每一点都有三个主应力，记为 σ_1、σ_2 和 σ_3，且规定按代数值大小的顺序排列，即 $\sigma_1 \geqslant \sigma_2 \geqslant \sigma_3$。

在实际问题中，有时某些主应力的值可能为零，按照不等于零的主应力数目，可把一点的应力状态划分为三类。

1. 单向应力状态

单元体为主单元体，且有两个主应力为零的应力状态称为单向应力状态。如图6.3（b）中的单元体，图6.5（b）中1点和5点的单元体均为单向应力状态。单向应力状态也称为简单应力状态。

2. 二向应力状态

单元体上有一个主应力为零的应力状态称为二向应力状态。如图6.5（b）中2点、3点和4点的单元体，前、后两平面为主平面且对应应力为零，均为二向应力状态单元体。

单向应力状态和二向应力状态单元体，可将单元体向主应力为零的主平面投影，简化为平面图形，便于计算，如图6.3（c）和图6.4（c）所示。因此单向应力状态和二向应力状态又称为平面应力状态。

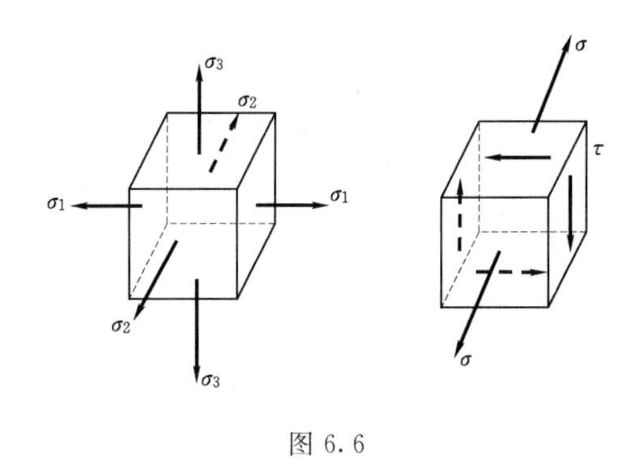

图 6.6

3. 三向应力状态

单元体上三个主应力均不为零的应力状态称为三向应力状态。如图 6.6 所示的两个单元体都属于三向应力状态。三向应力状态又称为空间应力状态。有时又将二向应力状态和三向应力状态统称为复杂应力状态。

大量的工程构件受力时，其危险点的应力状态大多处于平面应力状态。另外有一些空间应力状态也可以用平面应力状态的方法逐步解决，因此本章重点介绍平面应力状态。

6.2 平面应力状态分析的解析法

6.2.1 符号规定

设某平面应力状态的原始单元体如图 6.7（b）所示，三对正交平面的法线分别与 x 轴、y 轴、z 轴平行，则三对截面（按法线的平行轴）分别称为 x 截面、y 截面和 z 截面。各截面上的应力分别用截面法线的平行轴为脚标以示区别，x 截面上的正应力和切应力分别记为 σ_x 和 τ_{xy}；y 截面上的正应力和切应力分别记为 σ_y 和 τ_{yx}；z 截面为主平面，且对应的主应力 $\sigma_z=0$。切应力 τ_{xy}（或 τ_{yx}）有两个角标，第一个角标 x（或 y）表示切应力作用平面的法线的方向，第二个角标 y（或 x）则表示切应力的方向平行于 y 轴（或 x 轴）。将这个单元体向主平面内投影，简化为如图 6.7（c）所示的平面单元。

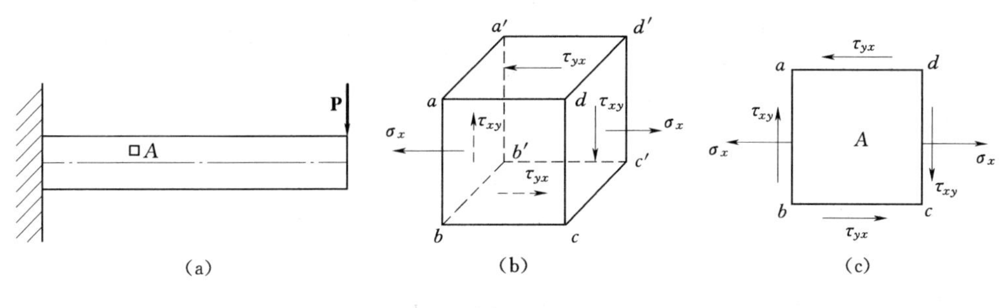

图 6.7

如图 6.8（a）所示的单元体，是从某一受力构件中取出的平面应力状态最一般的情况。单元体前、后两个面上的应力等于零，其他四个侧面上分别作用着已知的应力 σ_x、τ_{xy}、和 σ_y、τ_{yx}，平面图如图 6.8（c）所示。关于应力的符号规定，正应力仍以拉应力为正，以压应力为负；切应力以其对单元体内任一点的矩为顺时针转向者为正，反之为负。根据这个符号规定，在图 6.8 中，σ_x、σ_y 和 τ_{xy} 皆为正值，而 τ_{yx} 则为负值。

6.2.2 任意斜截面上正应力和切应力计算

取与 z 轴平行的任意斜截面 ef [图 6.8（a)]，其外法线 n 与 x 轴的夹角为 α（该截面称为 α 截面)，并规定从 x 轴（即 x 截面的外法线）逆时针转到外法线 n 的 α 角为正。

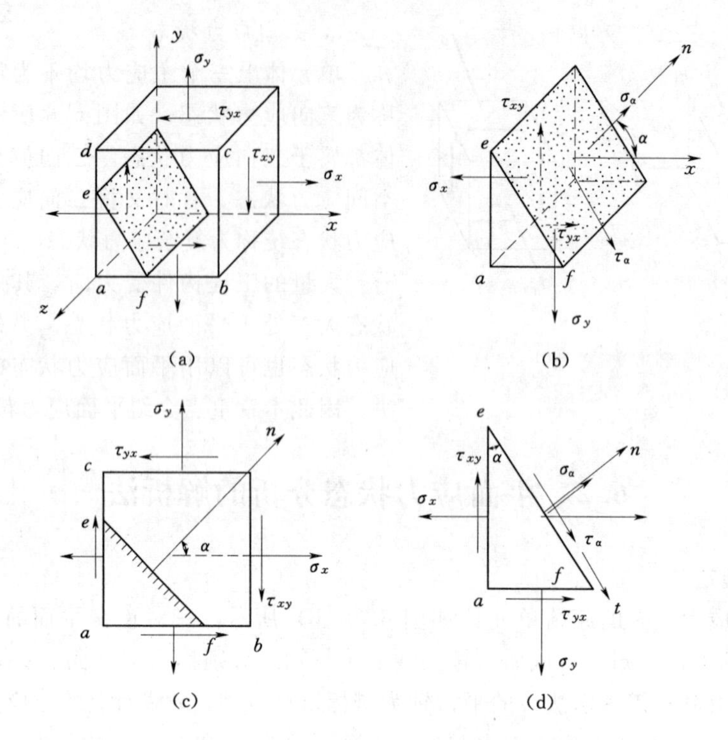

图6.8

用截面法沿 ef 截面将单元体截分成两部分，保留下半部分 aef，并研究其平衡［图6.8（b）、（d）］。ae 和 af 面上作用有已知的应力 σ_x、τ_{xy} 和 σ_y、τ_{yx}，斜截面 ef 上作用有未知的正应力 σ_α 和切应力 τ_α。如设 ef 斜截面的面积为 $\mathrm{d}A$［图6.8（b）］则 ae 面和 af 面的面积分别为 $\mathrm{d}A\cos\alpha$ 和 $\mathrm{d}A\sin\alpha$。根据 aef 各面的面积和作用在其上的应力，即可求出各面上的力，把这些力分别投影于斜截面 ef 面的外法线 n 和切线 t 方向，可分别写出其平衡方程为

$$\sum F_{\mathrm{n}}=0$$

$$\sigma_\alpha \mathrm{d}A+(\tau_{xy}\mathrm{d}A\cos\alpha)\sin\alpha-(\sigma_x\mathrm{d}A\cos\alpha)\cos\alpha+(\tau_{yx}\mathrm{d}A\sin\alpha)\cos\alpha-(\sigma_y\mathrm{d}A\sin\alpha)\sin\alpha=0$$

$$\sum F_{\mathrm{t}}=0$$

$$\tau_\alpha \mathrm{d}A-(\tau_{xy}\mathrm{d}A\cos\alpha)\cos\alpha-(\sigma_x\mathrm{d}A\sin\alpha)\sin\alpha+(\tau_{yx}\mathrm{d}A\sin\alpha)\sin\alpha+(\sigma_y\mathrm{d}A\sin\alpha)\cos\alpha=0$$

根据切应力互等定律，τ_{xy} 和 τ_{yx} 在数值上相等。把 τ_{yx} 换成 τ_{xy}，并简化上述两个平衡方程式，便得斜截面上应力计算公式：

$$\sigma_\alpha=\frac{\sigma_x+\sigma_y}{2}+\frac{\sigma_x-\sigma_y}{2}\cos2\alpha-\tau_{xy}\sin2\alpha \tag{6.1}$$

$$\tau_\alpha=\frac{\sigma_x-\sigma_y}{2}\sin2\alpha+\tau_{xy}\cos2\alpha \tag{6.2}$$

利用式（6.1）和式（6.2），便可求得 α 角为任意值的斜截面 ef 上的正应力 σ_α 和切应力 τ_α。上两式表明，任意斜截面上的应力 σ_α 和 τ_α 随 α 角的改变而变化，即 σ_α 和 τ_α 均为 α 角的函数。

6.2.3　主应力及主应力方向角的计算

由式（6.1）和式（6.2）可知，斜截面上的应力是 α 角的函数，存在极值。将式（6.1）和式（6.2）对 α 求一次导数，并令其等于零，有

$$\frac{d\sigma_\alpha}{d\alpha}=-2\left(\frac{\sigma_x-\sigma_y}{2}\sin 2\alpha+\tau_{xy}\cos 2\alpha\right)=0 \tag{6.3}$$

对照式（6.2），知此时：

$$\tau_\alpha=\frac{\sigma_x-\sigma_y}{2}\sin 2\alpha+\tau_{xy}\cos 2\alpha=0$$

即当 σ_α 取极值时，该截面上的切应力为零。根据主应力的定义可知，该正应力即为主应力，而该截面即为主平面。

从式（6.3）中解出 α，σ_α 取极值时的特征角 α_0 应当满足：

$$\tan 2\alpha_0=-\frac{2\tau_{xy}}{\sigma_x-\sigma_y} \tag{6.4}$$

该角度即为主应力方向角，简称主方向。由式（6.4）可以求出相差 90°的两个角度 α_0 和 $\alpha_0+90°$，它们确定两个相互垂直的平面，其中一个是最大正应力所在的平面，另一个是最小正应力所在的平面。将从式（6.4）中解出的 α_0 代入式（6.1），求得最大及最小正应力为

$$\left.\begin{matrix}\sigma_{\max}\\ \sigma_{\min}\end{matrix}\right\}=\frac{\sigma_x+\sigma_y}{2}\pm\sqrt{\left(\frac{\sigma_x-\sigma_y}{2}\right)^2+\tau_{xy}^2} \tag{6.5}$$

类似地，求式（6.2）对角度 α 的一阶导数并令其等于零，可得

$$\frac{d\tau_\alpha}{d\alpha}=(\sigma_x-\sigma_y)\cos 2\alpha-2\tau_{xy}\sin 2\alpha=0 \tag{6.6}$$

从式（6.6）解得 $\alpha=\alpha_1$，则在 α_1 所确定的斜截面上，切应力为最大或最小值。将 α_1 代入式（6.6），由此求出

$$\tan 2\alpha_1=\frac{\sigma_x-\sigma_y}{2\tau_{xy}} \tag{6.7}$$

由式（6.7）同样可以解出相差 90°的两个角度 α_1 和 $\alpha_1+90°$，从而可以确定两个相互垂直的平面，分别作用着最大和最小切应力。将从式（6.7）中解出的角度代入式（6.2），求得切应力的最大和最小值是

$$\left.\begin{matrix}\tau_{\max}\\ \tau_{\min}\end{matrix}\right\}=\pm\sqrt{\left(\frac{\sigma_x-\sigma_y}{2}\right)^2+\tau_{xy}^2} \tag{6.8}$$

比较式（6.4）和式（6.7）可见

$$\tan 2\alpha_0=-\frac{1}{\tan 2\alpha_1}$$

所以有

$$2\alpha_1=2\alpha_0+\frac{\pi}{2},\quad \alpha_1=\alpha_0+\frac{\pi}{4}$$

即最大和最小切应力所在平面与主平面的夹角为 45°。

【例 6.1】 已知承受如图 6.9（a）所示应力作用的平面单元体。试求：

（1）主应力和主方向。

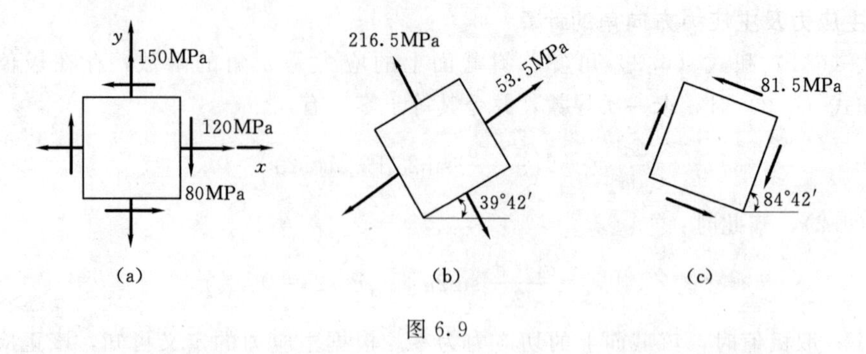

图 6.9

(2) 最大切应力及其作用平面的方向。

解：在图示原始单元体中，如图 6.9 (a) 所示建立坐标系，则各应力为

$$\sigma_x=120\text{MPa},\quad \sigma_y=150\text{MPa},\quad \tau_{xy}=80\text{MPa}$$

根据式 (6.5)，求出最大和最小正应力：

$$\begin{aligned}\sigma_{\max}&=\frac{\sigma_x+\sigma_y}{2}+\sqrt{\left(\frac{\sigma_x-\sigma_y}{2}\right)^2+\tau_{xy}^2}\\&=\frac{(120+150)}{2}+\sqrt{\frac{(120-150)^2}{2}+80^2}\\&=135+81.5=216.5(\text{MPa})\end{aligned}$$

$$\begin{aligned}\sigma_{\min}&=\frac{\sigma_x+\sigma_y}{2}-\sqrt{\left(\frac{\sigma_x-\sigma_y}{2}\right)^2+\tau_{xy}^2}\\&=\frac{(120+150)}{2}-\sqrt{\frac{(120-150)^2}{2}+80^2}\\&=135-81.5=53.5(\text{MPa})\end{aligned}$$

根据式 (6.4) 可知，主平面方向为

$$\tan 2\alpha_0=-\frac{2\tau_{xy}}{\sigma_x-\sigma_y}=-\frac{2\times 80}{120-150}=5.33$$

于是 $2\alpha_0=79°24'$、$259°24'$，亦即 $\alpha_0=39°42'$、$129°42'$。

为了确定上述主应力作用在哪一个平面上，将 $\alpha_0=39°42'$ 及各应力数值代入式 (6.1)，求出

$$\begin{aligned}\sigma_{\alpha_0}&=\frac{\sigma_x+\sigma_y}{2}+\frac{\sigma_x-\sigma_y}{2}\cos 2\alpha_0-\tau_{xy}\sin 2\alpha_0\\&=\frac{120+150}{2}+\frac{120-150}{2}\cos 79°24'-80\sin 79°24'\\&=53.5(\text{MPa})\end{aligned}$$

于是可知在 $\alpha_0=129°42'$ 的平面上作用着最大主应力，而在 $\alpha_0=39°42'$ 的平面上作用着最小主应力，沿主平面画出的单元体及相应的主应力如图 6.9 (b) 所示。在这些平面上切应力等于零。

根据式 (6.8) 可知，最大和最小切应力为

$$\left.\begin{matrix}\tau_{\max}\\ \tau_{\min}\end{matrix}\right\}=\pm\sqrt{\left(\frac{\sigma_x-\sigma_y}{2}\right)^2+\tau_{xy}^2}=\pm\sqrt{\frac{(120-150)^2}{4}+80^2}=\pm 81.5(\text{MPa})$$

根据式（6.7）可知，极值切应力作用平面方向为

$$\tan 2\alpha_1=\frac{\sigma_x-\sigma_y}{2\tau_{xy}}=\frac{120-150}{2\times 80}=-0.188$$

于是 $2\alpha_1=169°24'$、$349°24'$，亦即 $\alpha_1=84°42'$、$174°42'$。显然这些平面与最大和最小正应力平面成 45°。

为了确定 $\alpha_1=84°42'$的平面上切应力是正还是负，应用式（6.2），求出

$$\tau_{\alpha_1}=\frac{\sigma_x-\sigma_y}{2}\sin 2\alpha+\tau_{xy}\cos 2\alpha=\frac{120-150}{2}\sin 169°24'+80\cos 169°24'=-81.5(\mathrm{MPa})$$

则在 $\alpha_1=174°42'$的平面上切应力为正。极值切应力单元体的方位如图 6.9（c）所示。需要指出的是，在最大或最小切应力所在的平面上正应力一般不为零，具体数值可用式（6.1）进行计算。

6.3 平面应力状态分析的图解法

任意斜截面上的应力 σ_α 和 τ_α，除可以由上述解析法计算外，还可以利用图解法求得。图解法系由解析法演变而来。

由于任意斜截面上的应力 σ_α 和 τ_α 均都是参数 2α 的函数，若消去参数，便可得到 σ_α 和 τ_α 的关系式。

将式（6.1）改写，并将等号两边分别平方，得

$$\left(\sigma_\alpha-\frac{\sigma_x+\sigma_y}{2}\right)^2=\left(\frac{\sigma_x-\sigma_y}{2}\cos 2\alpha-\tau_{xy}\sin 2\alpha\right)^2 \tag{6.9}$$

将式（6.2）两边同时平方，得

$$\tau_\alpha^2=\left(\frac{\sigma_x-\sigma_y}{2}\sin 2\alpha+\tau_{xy}\cos 2\alpha\right)^2 \tag{6.10}$$

将式（6.9）与式（6.10）相加，得

$$\left(\sigma_\alpha-\frac{\sigma_x+\sigma_y}{2}\right)^2+\tau_\alpha^2=\left(\frac{\sigma_x-\sigma_y}{2}\right)^2+\tau_{xy}^2 \tag{6.11}$$

在式（6.11）中，除 σ_α 和 τ_α 为变量外，σ_x、σ_y 和 τ_{xy} 都是已知量［图 6.10（a）］。因而，若以横坐标表示 σ，纵坐标表示 τ，则式（6.11）所表示的曲线是一个圆。其圆心的坐标为（$\frac{\sigma_x+\sigma_y}{2}$，0），半径为$\sqrt{\left(\frac{\sigma_x-\sigma_y}{2}\right)^2+\tau_{xy}^2}$，如图 6.10（b）所示，通常称此圆为应力圆或称为莫尔（O. Mohr）应力圆。即当 σ_α 和 τ_α 随着 α 的改变而连续变化时，其关系可用一个应力圆来表示，圆周上一点的坐标就代表单元体的某一截面上的应力情况。因此，应力圆上的点与单元体的截面存在着一一对应的关系。

以如图 6.10（a）所示的单元体为例，说明应力圆的作法以及单元体应力状态与应力圆的对应关系。

（1）在 σ-τ 直角坐标系内，按选定的比例尺量取横坐标 $OB_1=\sigma_x$，纵坐标 $B_1D_1=\tau_{xy}$，得到 D_1点［图 6.10（b）］。该点的横坐标和纵坐标分别对应单元体上以 x 轴为法线的面上的正应力和切应力。

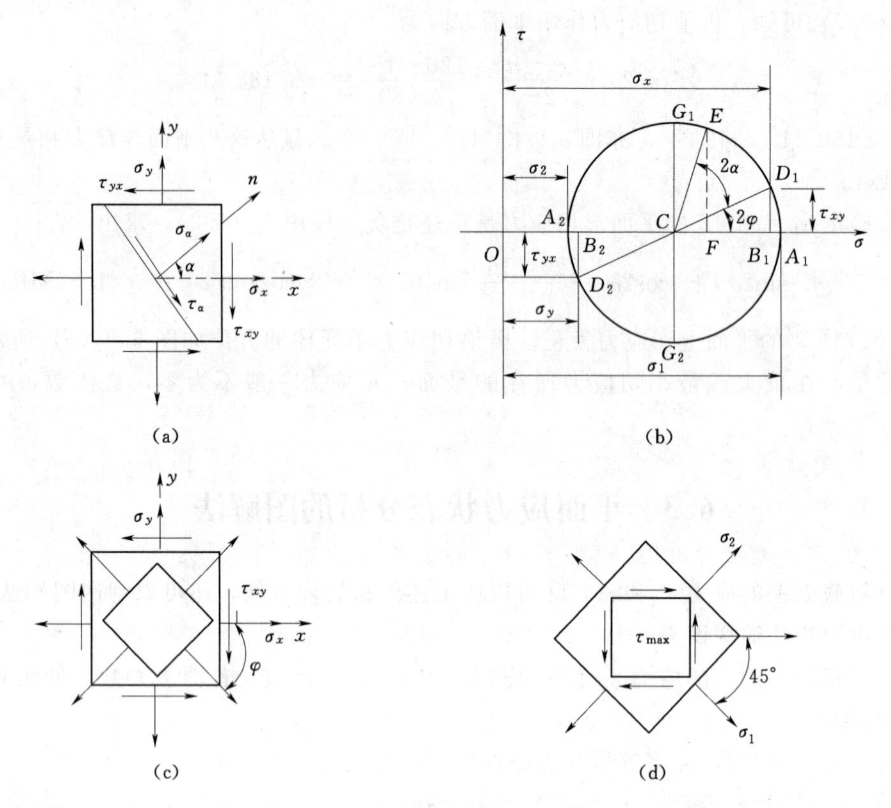

图 6.10

(2) 量取 $OB_2=\sigma_y$，$B_2D_2=\tau_{yx}$，得 D_2 点。τ_{yx} 为负值，故 D_2 点的纵坐标也取负值。这样，D_2 点的横坐标和纵坐标分别对应单元体上以 y 轴为法线的面上的正应力和切应力。

(3) 连接 D_1、D_2 两点，交横坐标于 C，以 C 为圆心，$\overline{CD_1}$ 为半径作圆，即为式(6.11) 所表示的应力圆。

若要确定单元体 α 截面上的应力 [图 6.10 (a)]，在 α 角为正值的情况下，只需以 C 点为圆心，将半径 CD_1 从 D_1 点逆时针转动 2α 角，即转到半径 CE 处，这样 E 点的横坐标和纵坐标就代表了 α 截面上的正应力 σ_α 和切应力 τ_α。

上述作图方法和其正确性可以证明如下。

由图 6.10 (b) 可知

$$\overline{OC}=\frac{\overline{OB_1}+\overline{OB_2}}{2}=\frac{\sigma_x+\sigma_y}{2}$$

$$\overline{CB_1}=\frac{\overline{OB_1}-\overline{OB_2}}{2}=\frac{\sigma_x-\sigma_y}{2}$$

$$\overline{CE}=\overline{CD_1}=\sqrt{(\overline{CB_1})^2+(\overline{D_1B_1})^2}=\sqrt{\left(\frac{\sigma_x-\sigma_y}{2}\right)^2+\tau_{xy}^2} \tag{6.12}$$

故 E 点的纵坐标和横坐标分别为

$$\begin{aligned}\overline{EF}&=\overline{CE}\sin(2\alpha+2\varphi)\\&=\overline{CD_1}\sin2\alpha\cos2\varphi+\overline{CD_1}\cos2\alpha\sin2\varphi\end{aligned}$$

$$
\begin{aligned}
&=(\overline{CD_1}\cos 2\varphi)\sin 2\alpha+(\overline{CD_1}\sin 2\varphi)\cos 2\alpha \\
&=\overline{CB_1}\sin 2\alpha+\overline{D_1B_1}\cos 2\alpha \\
&=\frac{\sigma_x-\sigma_y}{2}\sin 2\alpha+\tau_{xy}\cos 2\alpha
\end{aligned}
\tag{6.13}
$$

$$
\begin{aligned}
\overline{OF}&=\overline{OC}+\overline{CF} \\
&=\overline{OC}+\overline{CE}\cos(2\alpha+2\varphi) \\
&=\overline{OC}+\overline{CE}\cos 2\alpha\cos 2\varphi-\overline{CE}\sin 2\alpha\sin 2\varphi \\
&=\overline{OC}+(\overline{CD_1}\cos 2\varphi)\cos 2\alpha-(\overline{CD_1}\sin 2\varphi)\sin 2\alpha \\
&=\overline{OC}+\overline{CB_1}\cos 2\alpha-\overline{D_1B_1}\sin 2\alpha \\
&=\frac{\sigma_x+\sigma_y}{2}+\frac{\sigma_x-\sigma_y}{2}\cos 2\alpha-\tau_{xy}\sin 2\alpha
\end{aligned}
\tag{6.14}
$$

将式（6.13）和式（6.14）与式（6.2）和（6.1）比较，可见$\overline{EF}=\tau_\alpha$，$\overline{OF}=\sigma_\alpha$，由此得到证明。

从以上作图及证明可以看出应力圆上的点与单元体上的面之间的对应关系：单元体某一面上的应力，必对应于应力圆上某一点的坐标，单元体上任意 A、B 两个面的外法线之间的夹角若为β，则在应图圆上代表该两个面上应力的两点之间的圆弧段所对应的圆心角必为 2β，且两者的转向一致（图 6.11）。实质上，这种对应关系是应力圆的参数表达式式（6.1）和式（6.2）以两倍方位角为参变量的必然结果。

应力圆直观地反映了一点处平面应力状态下任意斜截面上应力随截面方位角变化而变化的规律，以及一点处应力状态的特征。在实际应用中，并不一定把应力圆看作纯粹的图解法，可以利用应力圆来理解有关一点处应力状态的一些特征，或从图上的几何关系来分析一点的应力状态。

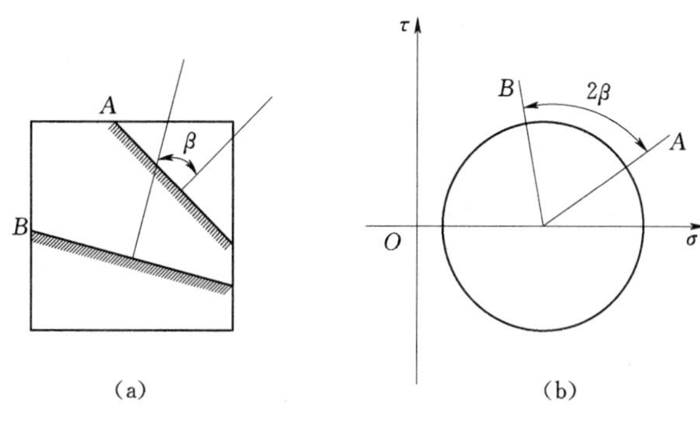

图 6.11

对于如图 6.10（a）所示的单元体，从相对应的应力圆［图 6.10（b）］上可以看出，A_1 及 A_2 为应力圆上各点的横坐标的极值，而这两点的纵坐标值皆为零，即单元体内与此两点对应的平面上的切应力 $\tau=0$，A_1、A_2 两点就是与主平面相对应的点，它们的横坐标分别代表主平面上的两个主应力值。

$$
\begin{aligned}
\sigma'&=\overline{OA_1} \\
&=\overline{OC}+\overline{CA_1} \\
&=\overline{OC}+\overline{CD_1} \\
&=\frac{\sigma_x+\sigma_y}{2}+\sqrt{\left(\frac{\sigma_x-\sigma_y}{2}\right)^2+\tau_{xy}^2}
\end{aligned}
\tag{6.15}
$$

$$
\begin{aligned}
\sigma''&=\overline{OA_2} \\
&=\overline{OC}+\overline{CA_2}
\end{aligned}
$$

$$=\overline{OC}-\overline{CD_1}$$

$$=\frac{\sigma_x+\sigma_y}{2}-\sqrt{\left(\frac{\sigma_x-\sigma_y}{2}\right)^2+\tau_{xy}^2} \tag{6.16}$$

在得到σ'和σ''后，再考虑到第三个主平面上的主应力$\sigma'''=0$，三个主应力按其代数值的大小排列，对于如图6.10（b）所示应力圆相对应的平面应力状态，显然$\sigma_1=\sigma'$，$\sigma_2=\sigma''$，$\sigma_3=0$。

主平面的方位也可从应力圆上确定。在如图6.10（b）所示的应力圆上，由D_1点（该点的横、纵坐标值分别代表其法线与x轴平行的平面上的应力σ_x、τ_{xy}）到A_1点，其圆弧D_1A_1所对应的圆心角为顺时针方向旋转角度2φ，这就确定了σ_1所在平面的法线n，即在单元体上，从与x轴平行的平面法线顺时针方向旋转角度φ，则为主应力σ_1所在平面的法线n。在应力圆上由A_1点到A_2点，圆弧A_1A_2所对应的圆心角为180°，则在单元体中，σ_1和σ_2所在的主平面相互垂直。

从x轴到主应力σ_1所在平面法线，其角度φ是沿顺时针转向量取的，按α角的符号规定，此角φ应为负值。故从应力圆上可以看出

$$\tan(-2\varphi)=-\tan2\varphi=-\frac{\overline{D_1B_1}}{\overline{CB_1}}=-\frac{2\tau_{xy}}{\sigma_x-\sigma_y} \tag{6.17}$$

此即为主平面法线方向倾角公式。

同样，在应力圆上还可以求得最大切应力和最小切应力的数值并确定其作用面。最大切应力和最小切应力为

$$\tau_{\max}=\overline{CG_1}=\overline{CD_1}=\sqrt{\left(\frac{\sigma_x-\sigma_y}{2}\right)^2+\tau_{xy}^2}$$

$$\tau_{\min}=\overline{CG_2}=-\overline{CD_1}=-\sqrt{\left(\frac{\sigma_x-\sigma_y}{2}\right)^2+\tau_{xy}^2}$$

也可以看出，$\tau_{\max}$值等于圆的半径，故也可写成

$$\left.\begin{matrix}\tau_{\max}\\ \tau_{\min}\end{matrix}\right\}=\pm\frac{\sigma_1-\sigma_2}{2} \tag{6.18}$$

其所在的截面与主平面成45°［图6.10（d）］。

【例6.2】 简支梁受力P作用，如图6.12所示。在该梁Ⅰ—Ⅰ截面上A点处取一单元体［图6.12（a）］。已知该单元体横截面上的正应力$\sigma_x=60$MPa，切应力$\tau_{xy}=20.6$MPa；水平纵截面上的正应力$\sigma_y=0$，切应力$\tau_{yx}=20.6$MPa。试用图解法求：

（1）与横截面成$\alpha=-45°$角的斜截面上的应力。

（2）主应力与主平面。

（3）最大切应力。

解： 已知截取的单元体为平面应力状态，首先建立σ-τ的坐标轴［图6.12（c）］，选定比例。

再确定单元体两相互垂直平面上的应力在应力圆上的位置。以x轴为法线的截面上的应力值为：$\sigma_x=\overline{OB_1}=60$MPa、$\tau_{xy}=\overline{B_1D_1}=20.6$MPa，定出$D_1$点坐标（60，20.6），见图6.12（c）中的$D_1$点；以$y$轴为法线的截面上的应力值为：$\sigma_y=0$、$\tau_{yx}=\overline{OD_2}=$

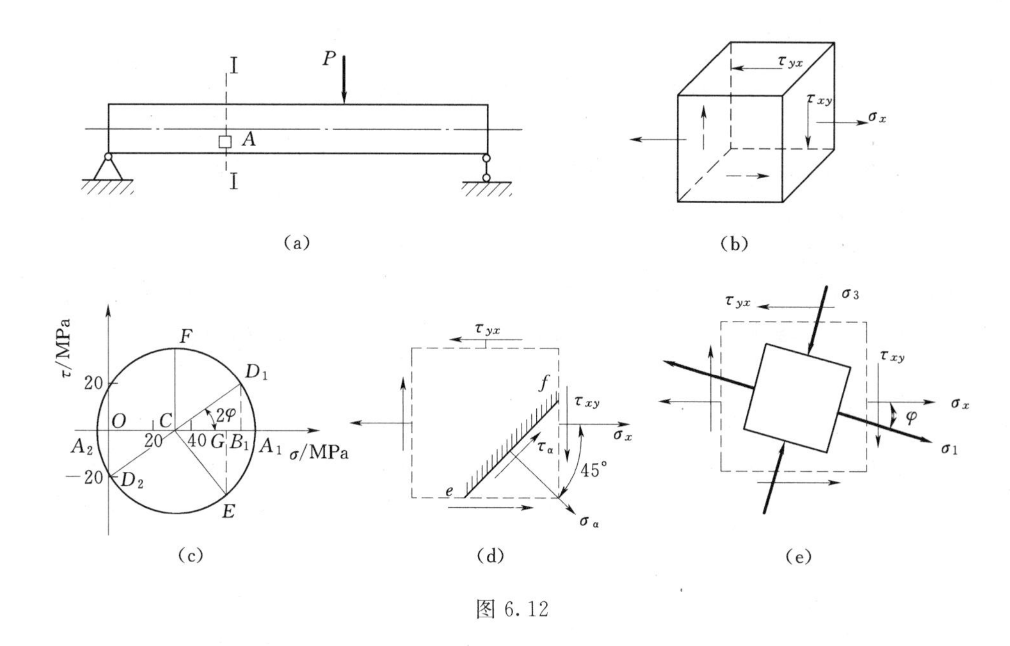

图 6.12

20.6MPa，定出 D_2点坐标（0，−20.6）。

然后连接 D_1、D_2点与 σ 轴交于 C 点，以 C 为圆心，CD_1 为半径，画应力圆如图 6.12（c）所示。

（1）求与横截面成 $\alpha=-45°$斜截面上的应力。在单元体上该斜面 ef 的外法线 n 与横截面的外法线 x 相差 −45°［图 6.12（d）］，按照 α 角的规定，从 x 顺时针转 45°，为负角。则在应力圆上，应从 D_1 点沿圆周也按顺时针方向转 $2\alpha=90°$，得到 E 点，此即为 ef 截面的对应点［图 6.12（c）］。

在应力圆上按原定的比例尺量取 E 点的横坐标和纵坐标得

$$\sigma_{-45°}=\overline{OG}=50.6\text{MPa}$$

$$\tau_{-45°}=\overline{EG}=-30\text{MPa}$$

截面 ef 上的应力 $\sigma_{-45°}$ 和 $\tau_{-45°}$ 的方向如图 6.12（d）所示。

（2）求主应力与主平面。应力圆与 σ 轴的交点（图中两个点 A_1 和 A_2）即为主应力的对应点。从应力圆［图 6.12（c）］上可按比例直接量得两个主应力之值分别为

$$\sigma_1=\overline{OA_1}=66.4\text{MPa}$$

$$\sigma_3=\overline{OA_2}=-6.4\text{MPa}$$

主平面的方位，可由应力圆上量得［图 6.12（c）、（e）］

$$2\varphi=\angle D_1CA_1=-34.4°$$

$\varphi=-17.2°$（可以确定主应力 σ_1 所在主平面的法线方向）

$-90°+\varphi=-(90°+17.2°)=-107.2°$（可以确定主应力 σ_3 所在主平面的法线方向）

图 6.12（c）的应力图上 A_1 和 A_2 两点，分别与图 6.12（e）的两个主平面一一对应。

（3）求最大切应力。由应力圆［6.12（c）］上量得

$$\tau_{\max}=\overline{CF}=36.4\text{MPa}$$

6.4　三向应力状态

应力状态的一般形式是三向应力状态。本节研究三向应力状态的最大应力。

设某一单元体处于三向应力状态，如图6.13（a）所示。现研究与应力 σ_3 平行的 $aa'c'c$ 截面上的应力。设想用 $aa'c'c$ 平面把单元体分在两部分，研究保留的三棱柱部分的平衡。由于前、后两个三角形面积相等，主应力 σ_3 在该两个平面上产生的力自相平衡，对斜截面上的应力没有影响。该斜截面上的应力只决定于 σ_1 和 σ_2，相当于二向应力状态，如图6.13（c）所示。因而平行于主应力 σ_3 的各截面上的应力，可由 σ_1 和 σ_2 确定的应力圆上的相应各点的坐标来表示，如图6.13（d）中的 A_1A_2 小圆所示。这一类平面中的极值切应力作用面均与 σ_1 和 σ_2 的作用面成45°，如图6.13（c）所示。相应的极值切应力称为主切应力，主切应力 τ_{12} 的大小等于 A_1A_2 应力圆的半径，亦即该圆周上 T_{12} 点的纵坐标[图6.13（d）]，即

$$\tau_{12}=\frac{1}{2}(\sigma_1-\sigma_2) \tag{6.19}$$

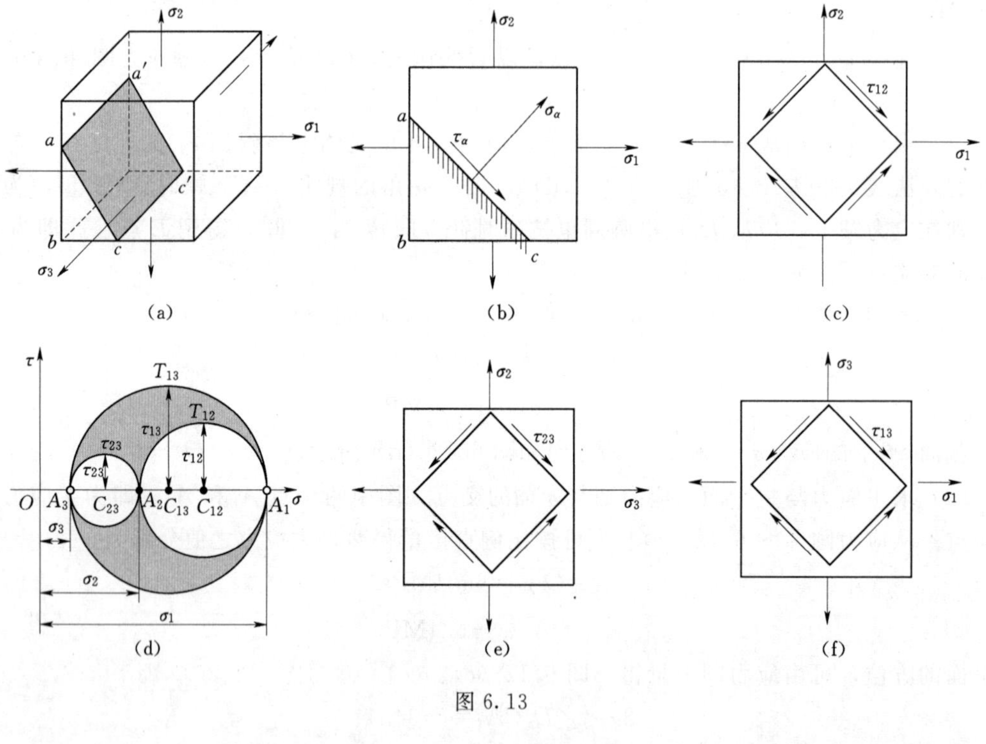

图6.13

同理，平行于 σ_1 的各截面上的应力，由应力圆 A_2A_3（由 σ_2、σ_3 画出）圆周上相应各点的坐标来表示；平行于 σ_2 的各截面上的应力由应力圆 A_1A_3（由 σ_1、σ_3 画出）圆周上的相应各点的坐标来表示。后两类截面中的相应极值切应力（主切应力）τ_{23} 和 τ_{13} 的作用面分别与相应的主平面成45°，如图6.13（e）、（f）所示。主切应力 τ_{23} 和 τ_{13} 的大小分别由两个应力圆上的最大纵坐标 τ_{23} 和 τ_{13} 的坐标确定，即

$$\tau_{23}=\frac{1}{2}(\sigma_2-\sigma_3) \tag{6.20}$$

$$\tau_{13}=\frac{1}{2}(\sigma_1-\sigma_3) \tag{6.21}$$

除了上述三类平面外，对于与三个主平面成任意交角的斜截面上的正应力和切应力，也可用 $\sigma-\tau$ 坐标系内某一点的坐标值来表示。研究证明，该点必位于三个应力圆所围成的阴影范围内［图 6.13（d）］。因此单元体内的最大切应力等于三向应力圆中最大应力圆的半径（τ_{13}的纵坐标），即

$$\tau_{max}=\tau_{13}=\frac{1}{2}(\sigma_1-\sigma_3) \tag{6.22}$$

【例 6.3】 单元体各面上的应力如图 6.14（a）所示。试作应力圆，并求出主应力和最大切应力值及其作用面方位。

解： 该单元体有一个已知的主应力 $\sigma_z=20\text{MPa}$。因此，与该主平面正交的各截面上的应力与主应力 σ_z 无关，于是，可根据 x 截面和 y 截面上的应力确定 D_1 点和 D_2 点，即可画出应力圆［图 6.14（b）中的大圆］。由应力圆上可得两个主应力值为 46MPa 和 −26MPa。将该单元体的三个主应力按其代数值的大小顺序排列为

$$\sigma_1=46\text{MPa},\quad \sigma_2=20\text{MPa},\quad \sigma_3=-26\text{MPa}$$

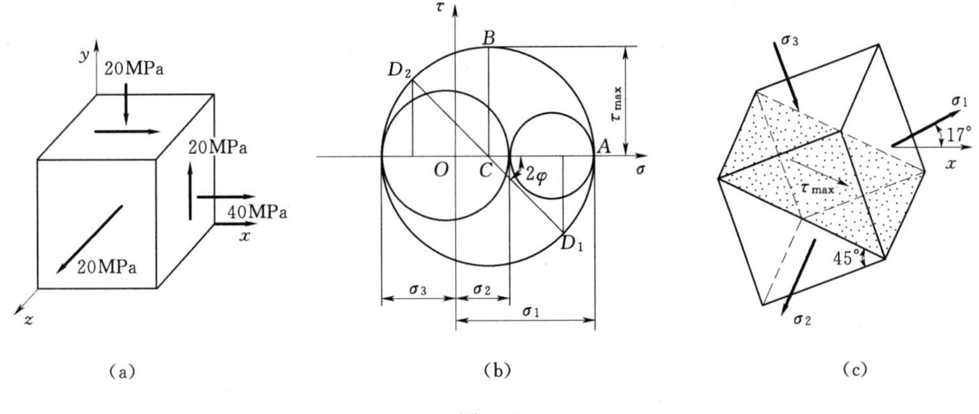

图 6.14

根据三个主应力值，便可作出三个应力圆如图 6.14（b）所示。在其中最大的应力圆上，B 点的纵坐标（该圆的半径）即为该单元体的最大切应力，其值为

$$\tau_{max}=\overline{BC}=36\text{MPa}$$

应力圆上的半径 CD_1 逆时针方向转到 CA 的角度为 $2\varphi=34°$，则在单元体中将 x 截面法线逆时针转 17°可确定 σ_1 主平面方位，据此便可确定其余各主平面位置。其中最大切应力所在截面与 σ_2 平行，与 σ_1 和 σ_3 所在的主平面各成 45°夹角，如图 6.14（c）所示。

【例 6.4】 已知某结构物中一点处为平面应力状态，$\sigma_x=-180\text{MPa}$，$\sigma_y=-90\text{MPa}$，$\tau_{xy}=\tau_{yx}=0$。试求该点处的最大切应力。

解： 根据给定的应力可知，x 截面和 y 截面上的切应力等于零，则这两个平面即为主平面。单元体中主应力 $\sigma_1=\sigma_z=0$，$\sigma_2=\sigma_y=-90\text{MPa}$，$\sigma_3=\sigma_x=-180\text{MPa}$。将有关的主

应力值代入式(6.22),得最大切应力为

$$\tau_{max}=\frac{1}{2}(\sigma_1-\sigma_3)=\frac{1}{2}[0-(-180)]=90(MPa)$$

6.5 广义胡克定律

材料在单向应力状态下,当作用的应力小于比例极限时,应力应变之间存在线性关系。这时单元体沿应力 σ_x 作用方向的纵向应变 ε_x,垂直应力方向的横向应变 ε_y 和 ε_z,可分别由胡克定律及纵向与横向应变关系求得,即

$$\varepsilon_x=\frac{\sigma_x}{E}$$

$$\varepsilon_y=\varepsilon_z=-\mu\varepsilon_x=-\mu\frac{\sigma_x}{E}$$

在纯剪切的情况下,试验结果表明,当切应力不超过剪切比例极限时,切应力和剪应变之间的关系服从剪切胡克定律:

$$\tau=G\gamma$$

物体在三向应力状态下,当单元体受三个主应力 σ_1、σ_2 和 σ_3 作用后,它的各个方向的尺寸都要发生改变。沿三个主应力方向的线应变称为主应变,分别用 ε_1、ε_2 和 ε_3 表示,它们的大小可以用叠加原理求得。如图 6.15 所示的三向应力状态,可以看作三个单向应力状态的组合。

当单元体在 x 方向受到主应力 σ_1 作用时,单元体发生的变形如图 6.15(b)所示。这时相应的三个方向的应变为

$$\varepsilon_x'=\frac{\sigma_1}{E}$$

$$\varepsilon_y'=\varepsilon_z'=-\mu\frac{\sigma_1}{E}$$

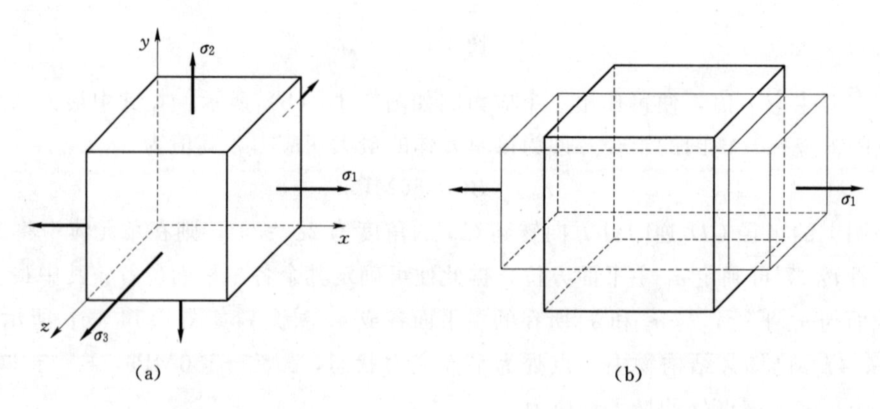

图 6.15

同理,当 y 方向受到主应力 σ_2 作用时,与之相对应的线应变为

$$\varepsilon_x'' = -\mu\frac{\sigma_2}{E},\quad \varepsilon_y'' = \frac{\sigma_2}{E},\quad \varepsilon_z'' = -\mu\frac{\sigma_2}{E}$$

当 z 方向受到主应力 σ_3 作用时，与之相对应的线应变为

$$\varepsilon_x''' = \varepsilon_y''' = -\mu\frac{\sigma_3}{E},\quad \varepsilon_z''' = \frac{\sigma_3}{E}$$

在三个主应力共同作用下的主应变，即可由叠加以上结果得到

$$\begin{cases} \varepsilon_1 = \dfrac{\sigma_1}{E} - \mu(\dfrac{\sigma_2}{E} + \dfrac{\sigma_3}{E}) = \dfrac{1}{E}[\sigma_1 - \mu(\sigma_2 + \sigma_3)] \\ \varepsilon_2 = \dfrac{\sigma_2}{E} - \mu(\dfrac{\sigma_1}{E} + \dfrac{\sigma_3}{E}) = \dfrac{1}{E}[\sigma_2 - \mu(\sigma_1 + \sigma_3)] \\ \varepsilon_3 = \dfrac{\sigma_3}{E} - \mu(\dfrac{\sigma_1}{E} + \dfrac{\sigma_2}{E}) = \dfrac{1}{E}[\sigma_3 - \mu(\sigma_1 + \sigma_2)] \end{cases} \tag{6.23}$$

式（6.23）称为广义胡克定律。式中的主应力为代数值，拉应力为正，压应力为负；求得的应变为正时表示伸长，反之则表示缩短。

在弹性范围内，切应力对与其垂直的线应变并无影响。因此，如果单元体的各面上既有正应力 σ_x、σ_y、σ_z，又有切应力时，沿 σ_x、σ_y、σ_z 方向的线应变 ε_x、ε_y、ε_z 与 σ_x、σ_y、σ_z 之间的关系仍可由式（6.23）来得到，此时只需将该式中的字符下标 1、2 和 3 分别用 x、y 和 z 代替即可，而切应力仍可由剪切胡克定律得出，即

$$\begin{cases} \varepsilon_x = \dfrac{\sigma_x}{E} - \mu\left(\dfrac{\sigma_y}{E} + \dfrac{\sigma_z}{E}\right) = \dfrac{1}{E}[\sigma_x - \mu(\sigma_y + \sigma_z)] \\ \varepsilon_y = \dfrac{\sigma_y}{E} - \mu\left(\dfrac{\sigma_x}{E} + \dfrac{\sigma_3}{E}\right) = \dfrac{1}{E}[\sigma_y - \mu(\sigma_x + \sigma_z)] \\ \varepsilon_z = \dfrac{\sigma_z}{E} - \mu\left(\dfrac{\sigma_x}{E} + \dfrac{\sigma_y}{E}\right) = \dfrac{1}{E}[\sigma_z - \mu(\sigma_x + \sigma_y)] \end{cases} \tag{6.24}$$

在 xy，yz，zx 三个平面内的切应变分别是

$$\gamma_{xy} = \frac{\tau_{xy}}{G},\quad \gamma_{yz} = \frac{\tau_{yz}}{G},\quad \gamma_{zx} = \frac{\tau_{zx}}{G} \tag{6.25}$$

这里需指出，材料的三个弹性常数 E、G 和 μ 只有两个独立，他们之间存在如下的关系

$$G = \frac{E}{2(1+\mu)} \tag{6.26}$$

下面讨论体积变化与应力之间的关系。设如图 6.16 所示矩形六面体的六个表面皆为主平面，边长分别是 dx、dy 和 dz。变形前六面体的体积为

$$V = dxdydz$$

变形后六面体的三个棱边分别变为

$$dx + \varepsilon_1 dx = (1+\varepsilon_1)dx$$

$$dy + \varepsilon_2 dy = (1+\varepsilon_2)dy$$

$$dz + \varepsilon_3 dz = (1+\varepsilon_3)dz$$

于是变形后的体积变为

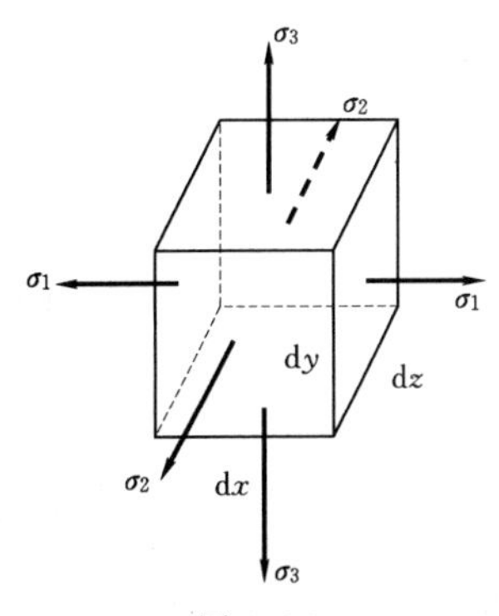

图 6.16

$$V_1=(1+\varepsilon_1)(1+\varepsilon_2)(1+\varepsilon_3)\mathrm{d}x\mathrm{d}y\mathrm{d}z$$

展开上式，并略去含有高阶微量 $\varepsilon_1\varepsilon_2$、$\varepsilon_2\varepsilon_3$、$\varepsilon_3\varepsilon_1$、$\varepsilon_1\varepsilon_2\varepsilon_3$ 的各项，得

$$V_1=(1+\varepsilon_1+\varepsilon_2+\varepsilon_3)\mathrm{d}x\mathrm{d}y\mathrm{d}z$$

单位体积的体积改变为

$$\theta=\frac{V_1-V}{V}=\varepsilon_1+\varepsilon_2+\varepsilon_3$$

θ 也称为体积应变。如将式（6.23）代入上式，经整理后得

$$\theta=\varepsilon_1+\varepsilon_2+\varepsilon_3=\frac{1-2\mu}{E}(\sigma_1+\sigma_2+\sigma_3) \tag{6.27}$$

还可以把式（6.27）写成以下形式：

$$\theta=\frac{3(1-2\mu)}{E}\cdot\frac{\sigma_1+\sigma_2+\sigma_3}{3}=\frac{\sigma_m}{K} \tag{6.28}$$

其中

$$K=\frac{E}{3(1-2\mu)},\quad \sigma_m=\frac{\sigma_1+\sigma_2+\sigma_3}{3}$$

式中 K——体积弹性模量；

σ_m——三个主应力的平均值。

式（6.27）说明，单位体积的体积改变 θ 只与三个主应力之和有关，至于三个主应力之间的比例，对 θ 并无影响。所以，无论是作用三个不相等的主应力，或是用它们的平均应力 σ_m 代替，单位体积的体积改变仍然是相同的。式（6.28）还表明，体积应变 θ 与平均应力 σ_m 成正比，此即体积胡克定律。

【例 6.5】 已知一受力构件自由表面上某点处的两主应变值为 $\varepsilon_1=240\times10^{-6}$，$\varepsilon_3=-160\times10^{-6}$。构件材料为 Q235 钢，其弹性模量 $E=210\text{GPa}$，泊松比 $\mu=0.3$。试求该点处的主应力值，并求该点处另一主应变 ε_2 的数值和方向。

分析：在构件的自由表面上无应力作用，由于主应力 σ_1、σ_2、σ_3 与主应变 ε_1、ε_2、ε_3 相对应，故根据题意可知该点处 $\sigma_2=0$，而处于平面应力状态。可根据已知的应变从平面应力状态广义胡克定律求出两个不等于零的主应力。虽然 $\sigma_2=0$，但通常 $\varepsilon_2\neq0$。

解：平面应力状态广义胡克定律为

$$\varepsilon_1=\frac{1}{E}(\sigma_1-\mu\sigma_3) \tag{a}$$

$$\varepsilon_2=-\frac{\mu}{E}(\sigma_1+\sigma_3) \tag{b}$$

$$\varepsilon_3=-\frac{1}{E}(\sigma_3-\mu\sigma_1) \tag{c}$$

联立式（a）与式（c），即可解得

$$\sigma_1=\frac{E}{1-\mu^2}(\varepsilon_1+\mu\varepsilon_2)=\frac{210\times10^9}{1-0.3^2}\times(240-0.3\times160)\times10^{-6}=44.3(\text{MPa})$$

$$\sigma_3=\frac{E}{1-\mu^2}(\varepsilon_3+\mu\varepsilon_1)=\frac{210\times10^9}{1-0.3^2}\times(-160+0.3\times240)\times10^{-6}=-20.3(\text{MPa})$$

主应变 ε_2 的数值由式（6.24）求得

$$\varepsilon_2=-\frac{\mu}{E}(\sigma_1+\sigma_3)=-\frac{0.3}{210\times10^9}(44.3\times10^6-20.3\times10^6)=-34.3\times10^{-6}$$

由此可见，主应变 ε_2 是缩短的，其方向必与 ε_1 及 ε_3 垂直，即沿构件表面的法线方向。

【例 6.6】 如图 6.17 所示为承受内压的薄壁容器，如已知其切向的应变值为 $\varepsilon_t=350\times10^{-6}$，材料的弹性模量 $E=200\text{GPa}$，泊松比 $\mu=0.25$，容器平均直径 $D=500\text{mm}$，壁厚 $t=10\text{mm}$，试求其所受的内压力 P。

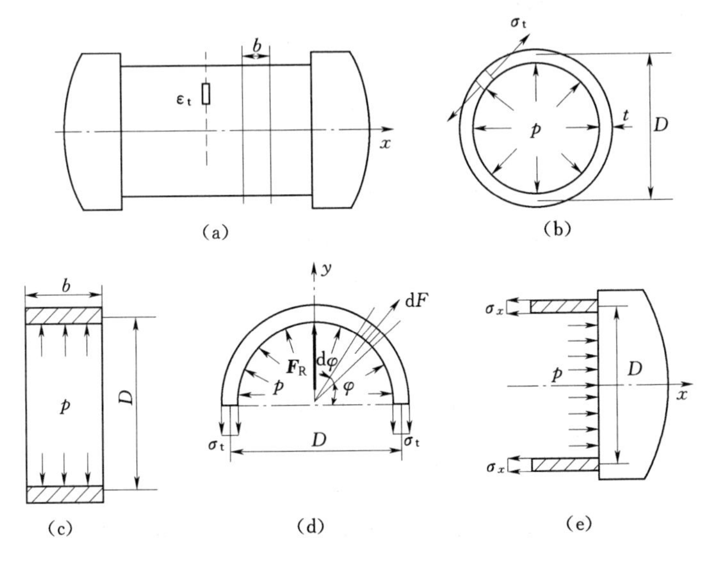

图 6.17

分析：薄壁容器在承受内压时，外表面各点将产生切向拉应力 σ_t 和轴向拉应力 σ_x，薄壁圆筒内、外表面所受到的内压和大气压作用产生的应力相对于切向和轴向拉应力可忽略，故表面上的点可看成是二向应力状态。在二向或三向应力状态中，某一方向上的正应变除受到该方向正应力的影响外，还会受到其他两个方向正应力的影响。故需先求出切向应力 σ_t 和轴向应力 σ_x 与内压 p 的关系，最后由广义胡克定律求出内压 p。

解： 从如图 6.17（a）所示的容器中截出一段长为 b 的圆筒，如图 6.17（c）所示，并沿直径截开圆筒取上半部分为研究对象，其受力如图 6.17（d）所示。由于薄壁圆筒壁厚远远小于其平均半径，即 $t\ll\frac{D}{2}$，可认为径向截面上的拉应力沿壁厚均匀分布。在半圆周上取微元 $\mathrm{d}\varphi$，其上的内压产生的合力为

$$\mathrm{d}F=p\left(b\,\frac{D}{2}\mathrm{d}\varphi\right)$$

半圆周上的合力在 y 轴上的分量为

$$F_R=\int_0^{\pi}\mathrm{d}F\sin\varphi=\int_0^{\pi}\left(pb\,\frac{D}{2}\mathrm{d}\varphi\right)\sin\varphi=pbD$$

由静力平衡方程得

$$\sum F_y=0,\quad 2(\sigma_t A)=2(\sigma_t bt)=F_R=pbD$$

故薄壁圆筒切向方向上的拉应力为

$$\sigma_t = \frac{pD}{2t} \tag{a}$$

再取圆筒右半部分为研究对象如图 6.17（e）所示，其轴向方向上的拉应力为 σ_x，由静力平衡方程可得

$$\sum F_x = 0, \quad \sigma_x A = \sigma_x \pi D t = \frac{p\pi D^2}{4}$$

故薄壁圆筒轴向方向上的拉应力为

$$\sigma_x = \frac{pD}{4t} \tag{b}$$

切向应变 ε_t 与 σ_t 与 σ_x 都有关，根据广义胡克定律，它们之间的关系为

$$\varepsilon_t = \frac{\sigma_t}{E} - \mu \frac{\sigma_x}{E} \tag{c}$$

将式（a）和式（b）代入式（c），得

$$\varepsilon_t = \frac{PD}{2t} - \mu \frac{PD}{4t} = 35 \times 10^{-6}$$

由此解得

$$P = \frac{2Et\varepsilon_t}{D(1-0.5\mu)} = \frac{2 \times 200 \times 10^9 \times 10 \times 10^{-3} \times 350 \times 10^{-6}}{0.5 \times (1 - 0.5 \times 0.25)} = 3.2(\text{MPa})$$

6.6 复杂应力状态下的应变能比能

6.6.1 轴向拉伸或压缩时的应变能

弹性体受外力作用时要产生变形。如外力是缓慢从零开始增加到作用值的大小，则外力做的功将全部转换为构件的应变能，即

$$V_\varepsilon = W \tag{6.29}$$

该式称为弹性体的应变能原理（或功能原理）。

小变形线弹性情况下，在轴向拉伸或压缩时，力 F 与相应的变形量 Δl 的关系如图 6.18（b）所示，外力与变形量之间是一条斜直线。外力所做的功 W 等于斜直线下三角形的面积，即

$$W = \frac{1}{2} F \Delta l \tag{6.30}$$

根据功能原理，杆件的应变能应等于外力做功，故有

$$V_\varepsilon = W = \frac{1}{2} F \Delta l \tag{6.31}$$

由胡克定律 $\Delta l = \dfrac{Fl}{EA}$，式（6.30）又可写为

$$V_\varepsilon = \frac{Fl^2}{2EA} \tag{6.32}$$

此即线弹性范围内轴向拉伸或压缩时应变能的计算公式。

在如图 6.19（a）所示的单元体中，应力在比例极限内，应力应变曲线如图 6.19（b）所示。单元体左右两个面上的力为 $\sigma\mathrm{d}y\mathrm{d}z$，而 $\mathrm{d}x$ 边的变形量为 $\varepsilon\mathrm{d}x$，代入式（6.29），则单元体的应变能为

$$\mathrm{d}V_{\varepsilon}=\frac{1}{2}F\Delta l=\frac{1}{2}\sigma\varepsilon\mathrm{d}x\mathrm{d}y\mathrm{d}z \tag{6.33}$$

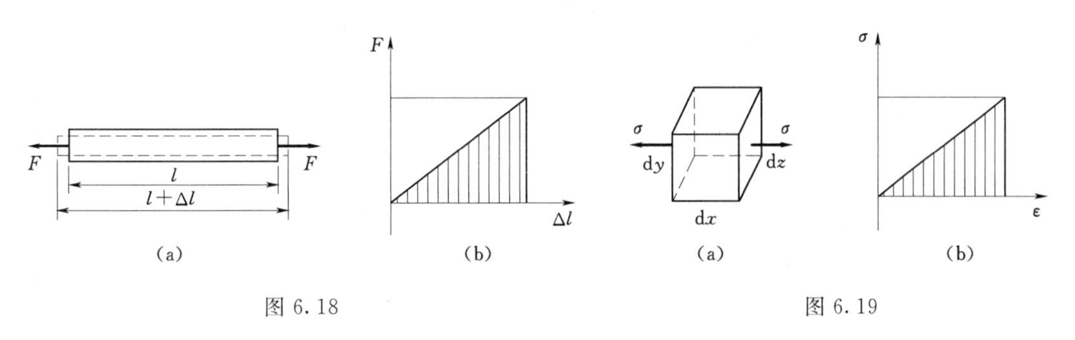

图 6.18　　　　图 6.19

把单元体的应变能除以单元体的体积，得到应变能比能（单位体积的应变能）的计算公式为

$$u_{\varepsilon}=\frac{\mathrm{d}V_{\varepsilon}}{\mathrm{d}V}=\frac{\frac{1}{2}\sigma\varepsilon\mathrm{d}x\mathrm{d}y\mathrm{d}z}{\mathrm{d}x\mathrm{d}y\mathrm{d}z}=\frac{1}{2}\sigma\varepsilon \tag{6.34}$$

6.6.2 三向应力状态的应变能

在三向应力状态下，弹性体应变能与外力功在数值上仍然相等。但它们应该只决定于外力和变形的最终数值，而与加力的次序无关。因为，如用不同的加力次序可以得到不同的应变能，那么，按一个储存能量较多的次序加力，而按另一个储存能量较少的次序解除外力，完成一个循环，弹性体内将增加能量。显然这与能量守恒原理相矛盾。所以应变能与加力次序无关。这样就可选择一个便于计算应变能的加力次序，所得应变能与其他加力次序所得应变能是相同的。为此，假定应力按比例同时从零增加到最终值，在线弹性的情况下，每一主应力与相应的主应变之间仍保持线性关系，因而与每一主应力相应的比能仍可按式（6.34）计算。于是三向应力状态下的比能为

$$u_{\varepsilon}=\frac{1}{2}\sigma_1\varepsilon_1+\frac{1}{2}\sigma_2\varepsilon_2+\frac{1}{2}\sigma_3\varepsilon_3 \tag{6.35}$$

把式（6.23）代入上式，整理后得出

$$u_{\varepsilon}=\frac{1}{2E}[\sigma_1^2+\sigma_2^2+\sigma_3^2-2\mu(\sigma_1\sigma_2+\sigma_2\sigma_3+\sigma_3\sigma_1)] \tag{6.36}$$

设三个棱边相等的正立方单元体的三个主应力不相等，分别为 σ_1、σ_2、σ_3，相应的主应变为 ε_1、ε_2、ε_3，单位体积的改变为 θ。由于 ε_1、ε_2、ε_3 不相等，立方单元体三个棱边的变形不同，它将由立方体变为长方体。可见，单元体的变形一方面表现为体积的增加或减小；另一方面表现为形状的改变，即由正方体变为长方体。因此，变形比能 u_{ε} 也被认为由两部分组成：①因体积变化而储存的比能 u_V，体积变化是指单元体的棱边变形相等，变形后仍为正方体，只是体积发生变化的情况，u_V 称为体积改变比能；②体积不变，但由正方体改变为长方体而储存的比能 u_f，u_f 称为形状改变比能。由此得

$$u_\varepsilon = u_V + u_f \tag{6.37}$$

设单元体上的平均应力为

$$\sigma_m = \frac{\sigma_1 + \sigma_2 + \sigma_3}{3} \tag{6.38}$$

若在单元体上用平均应力代替三个主应力，单位体积的改变 θ 与 σ_1、σ_2、σ_3 作用时仍然相等。但以 σ_m 代替原来的主应力后，由于三个棱边的变形相同，所以只有体积变化而形状不变。因而这种情况下的比能也就是体积改变比能 u_V，这时体积改变比能

$$u_V = \frac{1}{2}\sigma_m\varepsilon_m + \frac{1}{2}\sigma_m\varepsilon_m + \frac{1}{2}\sigma_m\varepsilon_m = \frac{3\sigma_m\varepsilon_m}{2} \tag{6.39}$$

由广义胡克定律得

$$\varepsilon_m = \frac{\sigma_m}{E} - \mu\left(\frac{\sigma_m}{E} + \frac{\sigma_m}{E}\right) = \frac{(1-2\mu)}{E}\sigma_m \tag{6.40}$$

将式（6.40）代入式（6.39），有

$$u_V = \frac{3(1-2\mu)\sigma_m^2}{3E} = \frac{1-2\mu}{6E}(\sigma_1 + \sigma_2 + \sigma_3)^2 \tag{6.41}$$

将式（6.41）和式（6.35）一并代入式（6.37），经过整理得到形状改变比能的计算公式为

$$\begin{aligned} u_f &= \frac{1+\mu}{3E}[\sigma_1^2 + \sigma_2^2 + \sigma_3^2 - \sigma_1\sigma_2 - \sigma_2\sigma_3 - \sigma_3\sigma_1] \\ &= \frac{1+\mu}{6E}[(\sigma_1 - \sigma_2)^2 + (\sigma_2 - \sigma_3)^2 + (\sigma_3 - \sigma_1)^2] \end{aligned} \tag{6.42}$$

6.7　材料的失效和强度理论

构件在工作时将受到载荷的作用，为保证构件的正常工作，构件应有足够的能力负担起应当承受的载荷。构件由于某种原因而丧失工作能力叫作失效。材料力学的根本任务就是确定构件各种可能的失效形式，确定相应的强度、刚度和稳定性条件，以避免可能出现的失效。

6.7.1　构件的失效形式

构件的失效包括以下几种形式：强度失效、刚度失效和稳定性失效。

1. 强度失效

强度失效包括构件的断裂失效、屈服失效和疲劳失效。

断裂失效——在工作静载荷的作用下，脆性材料构件由于某一危险截面上的应力超过其强度极限而发生的突然断裂。断裂是严重的失效，有时会导致严重的人身和设备事故。

屈服失效——常温静载荷作用下，塑性材料构件当应力达到屈服极限时，由于产生塑性变形而引起的失效。

疲劳失效——在循环变应力作用下，工作时间较长的零件容易发生疲劳断裂，这是大多数机械零件的主要失效形式之一。这种情形将在后面第9章讨论。

2. 刚度失效

构件产生过大的弹性变形时而引起的失效。变形造成构件的尺寸、形状和位置发生改

变，导致构件不能正常工作。过大的弹性变形有时还会引起振动，如机床主轴的过大弯曲变形不仅产生振动，而且造成工件加工质量降低。

3. 稳定性失效

承受轴向压力的直杆，当载荷缓慢增加超过某一极限值时，杆件的直线平衡将转变为曲线形状的平衡，这种现象叫失稳。杆件失稳后，压力的微小增加将引起弯曲变形的显著增大，杆件已经丧失了承载能力，但这时应力并不一定很高，有时甚至低于比例极限。可见这种形式的失效是由于稳定性不够。这种情形将在第 8 章讨论。

6.7.2 简单应力状态下的强度理论

轴向拉伸（或压缩）和纯剪切状态是简单应力状态，强度准则可直接通过试验得到。在简单应力状态下针对构件的断裂失效（静应力作用产生的断裂）和屈服失效（产生塑性变形）这两种失效情形，强度准则是构件的工作应力分别不超过材料的强度极限和材料的屈服极限。强度准则的设计表达式为

$$\sigma \leqslant [\sigma] = \frac{\sigma_0}{n}, \quad \tau \leqslant [\tau] = \frac{\tau_0}{n} \tag{6.43}$$

式中 σ、τ——构件的工作应力；

$[\sigma]$、$[\tau]$——材料的许用应力；

σ_0、τ_0——材料的极限应力；

n——安全系数，是一个大于 1 的因数。

在拉伸试验中，材料发生破坏（断裂或屈服）时，试件横截面上的应力称为材料的极限应力，以 σ_0 表示。显然，对于塑性材料来说，当它发生显著的塑性变形时，往往会影响到它的正常工作，所以极限应力通常取为 $\sigma_0 = \sigma_s$；对于脆性材料来说，由于它直到破坏为止都不会产生明显的塑性变形，只有真正断裂时才会丧失正常工作能力，所以极限应力通常取 $\sigma_0 = \sigma_b$。许用应力 $[\sigma]$ 则是构件实际工作应力允许达到的最大值。

对于安全系数 n 的选取，以不同的强度指标作为极限应力，所用的安全系数也是不一样的。确定安全系数时应该考虑的因素如下：

（1）载荷估计的准确性。

（2）简化过程和计算方法的精确性。

（3）材料的均匀性和材料性能数据的可靠性。

（4）构件的重要性。

此外，还要考虑到构件的工作条件，减轻自重和其他意外因素以及经济性等。静载荷情况下，塑性材料的安全系数 n 一般取 1.25～2.5。同样在静载荷情况下，脆性材料的安全系数 n 一般取 2.0～3.5；有时可大到 4～14。由于脆性材料的破坏以断裂为标志，塑性材料以发生一定程度的塑性变形为破坏标志，因而脆性材料破坏的危险性更大，且其强度指标值的分散度较大，故对脆性材料要多给一些强度储备。

在纯剪切应力状态下，试验指出，同一种材料在纯剪切好拉伸时的力学性能之间存在着一定的关系，因而通常可以从材料的许用拉应力 $[\sigma]$ 值来确定其许用切应力 $[\tau]$ 值。

6.7.3 复杂应力状态下的强度理论

在工程实际中，大多数受力构件的危险点处于复杂应力状态。由于在复杂应力状态下

单元体的三个主应力 σ_1、σ_2 和 σ_3 可以有无限多种的组合；同时，进行复杂应力状态试验的设备和试件加工都比较复杂。如果仍再采用直接试验的办法来建立复杂应力状态下的破坏条件，这显然是繁冗而难以实现的。因此，需要进一步研究材料在复杂应力状态下发生破坏的原因，并根据一定的试验资料，及对破坏现象的观察和分析，提出关于材料在复杂应力状态下发生破坏的假说。大多数的假说认为，材料在各种不同的应力状态下导致某种类型的破坏的原因是由于某种主要因素（例如最大主应力、最大主应变或最大切应力等）引起的。即无论是简单应力状态或是复杂应力状态，某种类型的破坏都是同一因素引起的。这样便可以利用简单应力状态的试验结果，去建立复杂应力状态时的强度条件。至于某种强度理论是否成立，在什么条件下够成立，还必须经受科学试验和生产实践的检验。

由于材料存在着两类破坏形式，强度理论也分为两类。一类是解释材料脆性断裂破坏的强度理论，其中有最大拉应力理论和最大拉应变理论；另一类是解释材料屈服破坏的强度理论，其中有最大切应力理论，形状改变比能理论和双切应力屈服准则等。这里只介绍四种常用强度理论。

1. 最大拉应力理论（第一强度理论）

这一理论认为最大拉应力 σ_1 是引起材料脆性断裂破坏的主要元素。即不论它是复杂应力状态或是单向应力状态，只要单元体中的最大拉应力 σ_1 达到材料在单向拉伸下发生脆性断裂破坏时的极限应力值 σ_b，材料就将发生脆性断裂破坏。发生断裂破坏的条件是

$$\sigma_1 = \sigma_b \tag{6.44}$$

将极限应力 σ_b 除以安全系数，得到许用应力 $[\sigma]$，于是按第一强度理论建立的强度条件为

$$\sigma_1 \leqslant [\sigma] \tag{6.45}$$

试验证明，这一理论与铸铁、石料、混凝土等脆性材料的拉断现象比较符合。例如，由铸铁等脆性材料制成的构件，不论在单向拉伸、扭转或双向拉应力状态下，其脆性断裂破坏都是发生在最大拉应力所在的截面上。但这个理论没有考虑到其他两个主应力对材料断裂破坏的影响。

2. 最大拉应变理论（第二强度理论）

这一理论认为最大拉应变 ε_1 是引起材料脆性断裂破坏的主要因素。即不论它是复杂应力状态或是单向应力状态，只要单元件中的最大拉应变 ε_1，达到材料在单向拉伸下发生脆性断裂破坏的拉应变极限值 ε°，材料就将发生脆性断裂破坏。

在单向拉伸下，假设材料发生断裂时的拉应变的极限值 ε°仍可用胡克定律来计算。则拉断时拉应变的极限值为 $\varepsilon^{\circ} = \dfrac{\sigma}{E}$，发生脆性断裂破坏的条件为

$$\varepsilon_1 = \varepsilon^{\circ} = \frac{\sigma_b}{E} \tag{6.46}$$

根据广义胡克定律将式（6.23）中

$$\varepsilon_1 = \frac{1}{E}[\sigma_1 - \mu(\sigma_2 + \sigma_3)]$$

代入式（6.46），得到用主应力形式表达的破坏条件为

$$\sigma_1 - \mu(\sigma_2 + \sigma_3) = \sigma_b \tag{6.47}$$

上式引入安全系数后，便得到第二强度理论的强度条件为

$$\sigma_1-\mu(\sigma_2+\sigma_3)\leqslant[\sigma] \tag{6.48}$$

石料或混凝土等脆性材料变轴向压缩时，往往出现纵向裂缝而断裂破坏，而最大拉应变发生于横向，最大拉应变理论能够很好地解释这种现象。但是试验的结果表明，这一理论仅仅与少数脆性材料在某些情况下的破坏符合，并不能用它来描述脆性材料破坏的一般规律。

3. 最大切应力理论（第三强度理论）

这一理论认为最大切应力 τ_{max} 是引起材料塑性屈服破坏的主要因素。即不论是复杂应力状态或是单向应力状态，只要单元体中的最大切应力 τ_{max} 达到材料在单向拉伸下发生塑性屈服破坏时的极限应力值 τ_0，材料就将发生塑性屈服破坏。

在单向拉伸情况下，当横截面上的拉应力到达极限应力 σ_s 时，与轴线成 45°的斜面上相应的极限切应力为 $\tau_0=\dfrac{\sigma_s}{2}$。因此材料发生屈服破坏的条件为

$$\tau_{max}=\tau_0=\frac{\sigma_s}{2} \tag{6.49}$$

在复杂应力状态下的最大切应力为

$$\tau_{max}=\frac{1}{2}(\sigma_1-\sigma_3) \tag{6.50}$$

代入上式，得到用主应力形式表达的破坏条件为

$$\sigma_1-\sigma_3=\sigma_s \tag{6.51}$$

这是材料开始出现塑性屈服的条件，或称之为 Tresca 屈服准则。

式（6.51）引入安全系数后，便得到按第三强度理论建立的强度条件为

$$\sigma_1-\sigma_3\leqslant[\sigma] \tag{6.52}$$

或

$$\tau_{max}\leqslant\frac{1}{2}[\sigma] \tag{6.53}$$

这一理论能够较为满意地解释塑性材料出现塑性屈服的现象。例如低碳钢拉伸时，在与轴线成 45°的斜截面上出现滑移线，而最大切应力也发生在这些截面上。它的不足是没有考虑到中间主应力 σ_2 的影响（或者说没有考虑到其他主切应力 τ_{12} 或 τ_{23} 的影响）。并且只适用于拉伸屈服和压缩屈服极限相同的材料。

4. 形状改变比能理论（第四强度理论）

形状改变比能强度理论认为：引起材料屈服的主要因素是形状改变比能。也就是说，不论材料处于何种应力状态，只要其形状改变比能 u_f 达到材料单向拉伸屈服时的形状改变比能 u_f^0，材料即发生屈服。

因此，材料的屈服条件为

$$u_f=u_f^0 \tag{6.54}$$

在单向拉伸情况下，当横截面上的拉应力达到极限应力 σ_s 时，材料的形状改变比能为

$$u_f^0=\frac{(1+\mu)}{6E}[(\sigma_s-0)^2+(0-0)^2+(0-\sigma_s)^2]=\frac{(1+\mu)\sigma_s^2}{3E} \tag{6.55}$$

将式（6.42）和式（6.55）代入式（6.54），得材料的屈服条件为

$$\frac{1}{\sqrt{2}}\sqrt{(\sigma_1-\sigma_2)^2+(\sigma_2-\sigma_3)^2+(\sigma_3-\sigma_1)^2}=\sigma_s \tag{6.56}$$

上式引入安全系数后，便得到按第四强度理论建立的强度条件为

$$\frac{1}{\sqrt{2}}\sqrt{(\sigma_1-\sigma_2)^2+(\sigma_2-\sigma_3)^2+(\sigma_3-\sigma_1)^2}\leqslant[\sigma] \tag{6.57}$$

这一理论考虑了中间主应力 σ_2 的影响。在二向应力状态下，这一理论与试验结果较为符合，它比第三强度理论更接近实际情况。在机械制造工业中，第三和第四强度理论都得到广泛应用。

综合以上各强度理论，可以归纳成表6.1。

表6.1　　四种常见强度理论

强度理论	在复杂应力状态下由主应力表达的相应值	单向拉伸时的破坏值	强度条件 $\sigma_r\leqslant[\sigma]$
最大拉应力理论	σ_1	σ_b	$\sigma_{r1}=\sigma_1\leqslant[\sigma]$
最大拉应变理论	$\frac{1}{E}[\sigma_1-\mu(\sigma_2+\sigma_3)]$	$\frac{\sigma_b}{E}$	$\sigma_{r2}=\sigma_1-\mu(\sigma_2+\sigma_3)\leqslant[\sigma]$
最大切应力理论	$\frac{1}{2}(\sigma_1-\sigma_3)$	$\frac{\sigma_s}{2}$	$\sigma_{r3}=\sigma_1-\sigma_3\leqslant[\sigma]$
形状改变比能理论	$\frac{1+\mu}{6E}[(\sigma_1-\sigma_2)^2+(\sigma_2-\sigma_3)^2+(\sigma_3-\sigma_1)^2]$	$\frac{(1+\mu)\sigma_s^2}{3E}$	$\sigma_{r4}=\frac{1}{\sqrt{2}}\sqrt{(\sigma_1-\sigma_2)^2+(\sigma_2-\sigma_3)^2+(\sigma_3-\sigma_1)^2}\leqslant[\sigma]$

表6.1中最后一列的强度条件，是综合式（6.45）、式（6.48）、式（6.52）和式（6.57），把这些强度条件写成统一的形式：

$$\sigma_r\leqslant[\sigma] \tag{6.58}$$

式中　$[\sigma]$——材料的许用应力；

σ_r——按不同的强度理论所得到的复杂应力状态下几个主应力的综合值，这种主应力的综合值，通常称为相当应力。

以上介绍了几种基本的强度理论。在工程实践中，当遇到的问题是处于常温，静载和二向应力状态的情况时，可以直接根据破坏情况的不同，来选择强度理论。例如铸铁、砖石与混凝土一类脆性材料一般发生脆性断裂破坏，通常采用第一强度理论；而钢材一类塑性材料的破坏形式多为塑性屈服，通常采用第三或第四强度理论。但材料的脆性和塑性不是绝对的。例如，像铸铁这样的材料，在常温静载下，承受单向拉伸时，显示出脆性断裂；但在三向压缩时，却可以有很好的塑性。又如，像低碳钢这类塑性很好的材料，在低温或很高的加载速度下，却显示出脆性破坏。因而，把塑性材料和脆性材料理解为材料处于塑性状态或脆性状态更为确切些。为此，必须按照可能发生破坏的形式来选择适宜的强度理论进行计算。

习　　题

6.1　试用解析法求解如习题 6.1 图所示各平面单元指定斜截面上的应力。图中应力单位为 MPa。

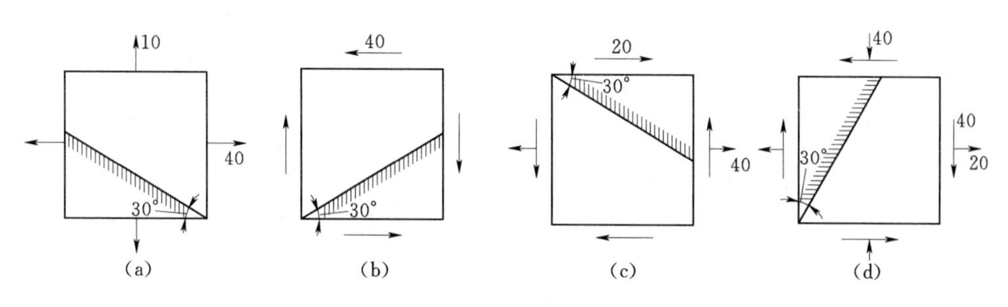

习题 6.1 图

6.2　试用应力圆法求解习题 6.1。

6.3　试用解析法求解如习题 6.3 图所示各平面单元的主应力和主平面，并画出该点处的主单元。图中应力单位为 MPa。

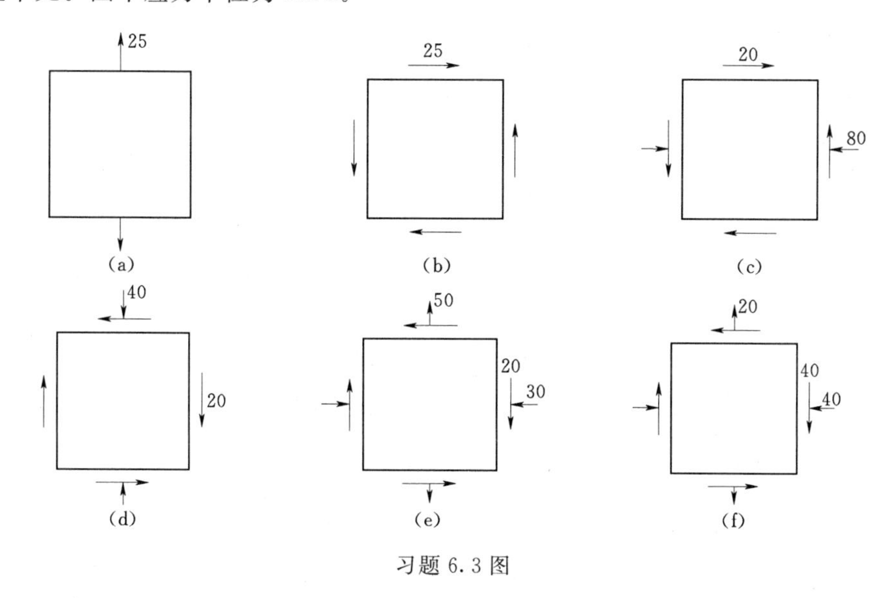

习题 6.3 图

6.4　试用应力圆法求解习题 6.3。

6.5　试求如习题 6.5 图所示中各应力状态单元体的主应力及最大剪应力的数值。图中应力单位为 MPa。

6.6　试用应力圆证明：①任何两个相互垂直平面上的剪应力的数值恒相等，而符号相反；②对于给定的一个应力状态，任何两个相互垂直平面上的正应力之和是一个常数（即 $\sigma_x+\sigma_y=\sigma_\alpha+\sigma_{\alpha+90^\circ}=C$）。

6.7　如习题 6.7 图所示，矩形截面简支梁受到集中载荷 P 作用。

（1）在 $ABCDE$ 五点取单元体，定性分析这五点的应力情况，并指出单元体属于哪种

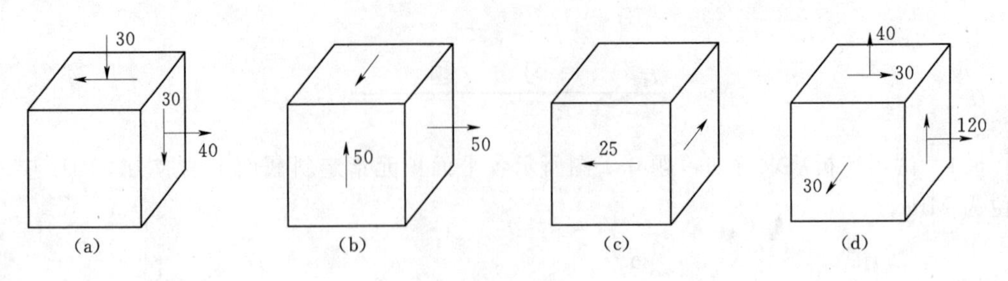

习题 6.5 图

应力状态。

（2）若测得图示梁上 D 点在 x 方向及 y 方向上的正应变为 $\varepsilon_x = 4.0\times10^{-4}$ 及 $\varepsilon_y = -1.2\times10^{-4}$，已知 E=200GPa，μ=0.3，试求 D 点 x 方向及 y 方向上的正应力。

6.8　如习题 6.8 图所示一钢质圆杆，直径 D=200mm，已知 A 点在与水平线成 60° 方向上的正应变 $\varepsilon_{60^\circ} = 4.1\times10^{-4}$，试求载荷 P。已知 E=210GPa，μ=0.28。

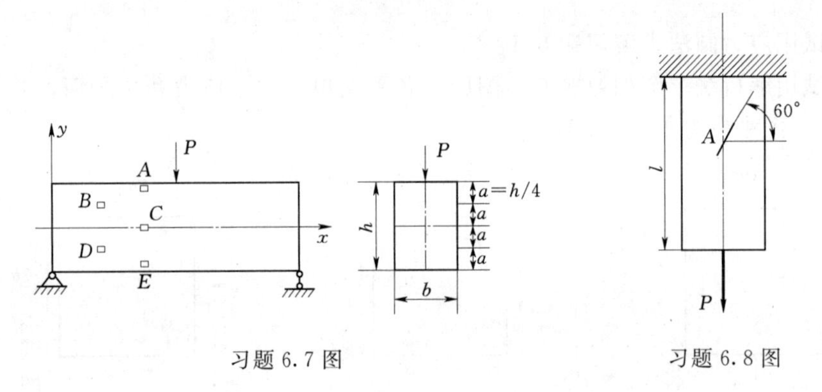

习题 6.7 图　　　　习题 6.8 图

6.9　如习题 6.9 图所示，扭矩 $M_n = 2.5\times10^3$ N·m 作用在直径 D=60mm 的钢轴上，若 E=210GPa，μ=0.28，试求圆轴表面上任一点在与母线成 α=30°方向上的正应变。

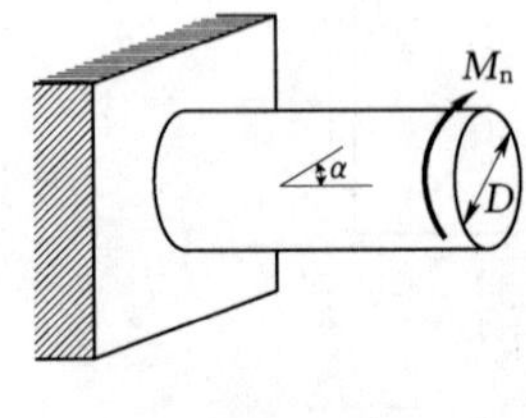

习题 6.9 图

6.10　已知油压缸（薄壁）的平均直径为 D，壁厚为 t，内壁受到油压强 p 的作用，其弹性模量 E 及泊松比 μ 均为已知。试求其直径的增量为多少？

6.11　边长为 20mm 的钢立方体置于钢模中，在顶面上均匀地受力 F=14kN 作用。已知 μ=0.3，假设钢模的变形以及立方体与钢模之间的摩擦力可略去不计。试求立方体各个面上的正应力。

6.12　D=120mm，d=80mm 的空心圆轴，两端承受一对扭转力偶矩 M，如习题 6.12 图所示。在轴的中部表面 A 点处，测得与其母线成 45°方向的线应变为 $\varepsilon_{45^\circ} = 2.6\times10^{-4}$。已知材料的弹性常数 E=200GPa，μ=0.3，试求扭转力偶矩 M。

6.13　一直径为 25mm 的实心钢球承受静水压力，压强为 14MPa。设钢球的 E=210GPa，μ=0.3。试问其体积减小多少？

6.14　已知如习题 6.14 图所示单元体材料的弹性常数 E=200GPa，μ=0.3。试求该单元体的形状改变能密度。

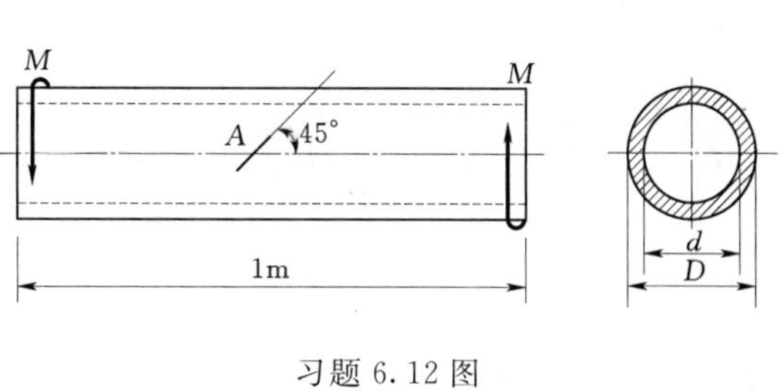

习题 6.12 图

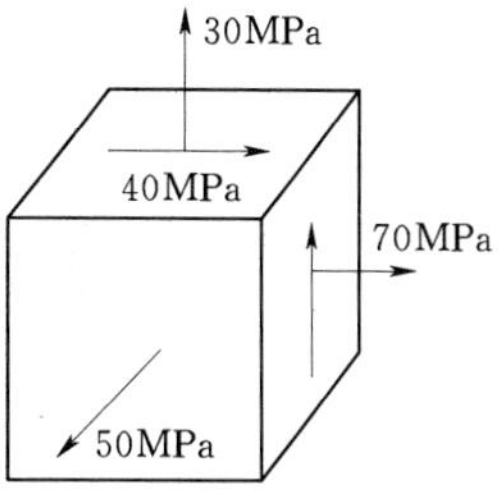

30MPa
40MPa
70MPa
50MPa

习题 6.14 图

第7章 组 合 变 形

7.1 概 述

7.1.1 组合变形的概念

工程实际中的许多构件并不是单独承受拉伸（或压缩）、扭转、弯曲基本变形载荷作用，往往会承受几种载荷的共同作用，从而产生两种或两种以上基本变形，这类构件的变形称为组合变形。如图7.1（a）所示的台钻的立柱AB，承受轴力F引起的拉伸和弯矩（$M=Fe$）引起的弯曲，是拉弯组合变形；如图7.1（b）所示之传动轴AB，承受所传递的力偶M_0引起的扭转和由力F_1、F_2引起的弯曲，是弯扭组合变形。

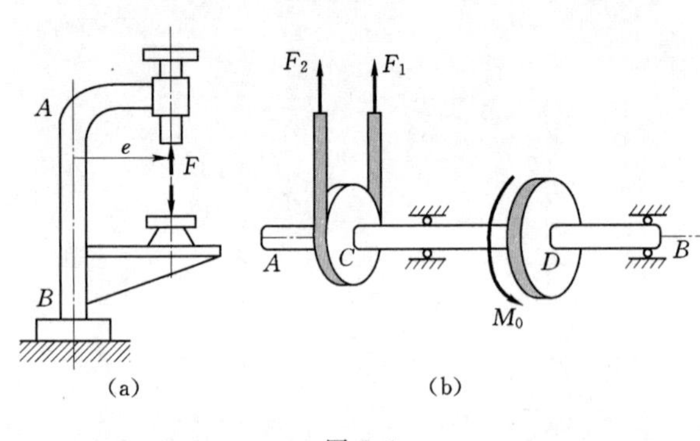

图7.1

7.1.2 组合变形求解方法

在线弹性小变形条件下，研究组合变形的方法是叠加法。即先用截面法求出截面上的内力，判断构件承受哪几种基本变形，分别计算各种基本变形下的内力、应力、应变或位移，然后将同一处的结果相叠加，得到构件在组合变形情况下的内力、应力、应变和位移。总之，求解组合变形的关键是两个环节：即先“分解”，再“叠加”。具体步骤如下：

（1）外力分析。将外力向截面形心简化、沿主惯性轴分解，确定组合变形包括哪几种基本变形形式。

（2）内力分析。通过内力方程或内力图，确定危险截面。

（3）应力分析。计算基本变形下的应力，对应力进行叠加，确定危险点并分析危险点的应力状态，计算危险点的主应力。

（4）强度分析。选择与材料和危险点应力状态相符的强度理论，建立危险点的强度条件。

当然只有在所求各量与载荷间有线性关系时，叠加法才适用。

7.1.3 组合变形的常见形式

基本变形有拉伸（或压缩）、扭转、弯曲，由此而得到的常见的组合变形形式有：拉伸（或压缩）与弯曲组合；扭转与弯曲组合；弯曲与弯曲组合（两个相互垂直的平面弯曲）；拉伸（或压缩）、扭转与弯曲组合等。

本章主要讨论工程中最常见的几种组合变形：斜弯曲（两个相互垂直的平面弯曲），拉伸（压缩）与弯曲的组合，扭转与弯曲的组合。

7.2 斜　弯　曲

前面章节我们研究了梁在平面弯曲时的应力和变形计算，这种情形下梁上载荷是横向力或力偶，力或力偶的作用线与梁的轴线垂直，并且作用在同一个纵向对称平面（主惯性平面）内。如果梁上横向外力（或力偶）的作用平面不是梁的形心主惯性平面，则梁的挠曲线平面就不会与外力作用平面重合。这种情况称为“斜弯曲”。

通常处理组合变形或斜弯曲问题，都是将其分解为两个平面弯曲来考察的，即须将所给的作用在任意纵向平面内的载荷，向两个主平面（xy 与 xz 平面）内分解。下面以一矩形截面悬臂梁斜弯曲问题为例来说明其强度分析过程。

7.2.1 内力与应力分析

一矩形截面悬臂梁如图 7.2（a）所示，在自由端截面形心处，作用一个集中载荷 P，P 与杆轴线垂直，与截面的铅垂对称轴的夹角为 α。设 y、z 轴为形心主轴，P 位于第一象限内。

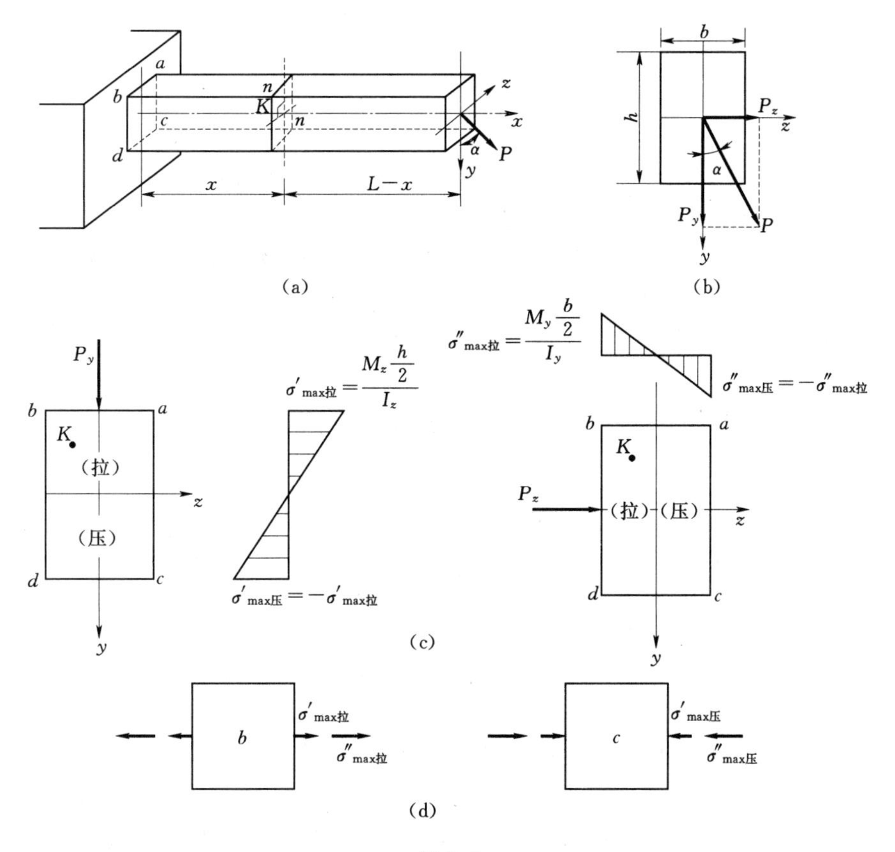

图 7.2

为了计算悬臂梁在载荷作用下横截面上产生的应力，将载荷 P 在截面形心处沿 y 轴和 z 轴分解，得到在梁的两个纵向对称平面内的分力［图 7.2（b）］。

$$\left.\begin{aligned}P_y=P\cos\alpha\\P_z=P\sin\alpha\end{aligned}\right\}\tag{7.1}$$

P_y 引起梁在 xy 平面内的平面弯曲。同样，P_z 引起梁在 xz 平面内的平面弯曲。这样，斜弯曲就分解为两个平面弯曲。

在分解为两个平面弯曲后，各平面弯曲基本变形下任意截面 $n—n$ 上的弯矩分别为

$$\begin{aligned}M_y=P_z(L-x)=P\sin\alpha(L-x)\\M_z=P_y(L-x)=P\cos\alpha(L-x)\end{aligned}\tag{7.2}$$

对于由弯矩 M_z 引起的 xy 平面内的弯曲，$n—n$ 截面［图 7.2（a）］上任意点 K 处的正应力为

$$\sigma'_K=\frac{M_z y_K}{I_z}\tag{7.3}$$

其中 $$I_z=\frac{bh^3}{12}$$

由弯矩 M_y 引起的 xz 平面内的弯曲，$n—n$ 截面［图 7.2（a）］上任意点 K 处的正应力为

$$\sigma''_K=\frac{M_y z_K}{I_y}\tag{7.4}$$

其中 $$I_y=\frac{hb^3}{12}$$

至于 σ'_K、σ''_K 的符号，可分别由梁在两个平面内的实际变形和 K 点的位置来确定，从图 7.2（c）可以看出，σ'_K 与 σ''_K 均为正值。

在小变形情况下，可以将以上计算结果叠加，即可得到斜弯曲情况下 K 点的正应力。因为 σ'_K 和 σ''_K 是同一点处横截面上的正应力，其方向都垂直于横截面，故正应力叠加时可直接求其代数和，即

$$\sigma_K=\sigma'_K+\sigma''_K\tag{7.5}$$

将式（7.1）～式（7.4）的结果代入式（7.5），经过整理，得

$$\sigma_K=\frac{M_z y_K}{I_z}+\frac{M_y z_K}{I_y}\tag{7.6a}$$

或

$$\sigma_K=M\left(\frac{y_K\cos\alpha}{I_z}+\frac{z_K\sin\alpha}{I_y}\right)\tag{7.6b}$$

式（7.6b）中的 $M=P(L-x)$ 是 $n—n$ 截面上的弯矩，y_K、z_K 是所求应力点的坐标，通常在确定 σ_K 是拉应力还是压应力时，并不考虑坐标的正负号，而是直接根据两个平面弯曲的方向判断两个应力分量的正负号［图 7.2（c）］，从而得到最后结果。

7.2.2　强度分析

（1）根据 M_{max} 确定梁的危险截面。在本例中最大弯矩产生于悬臂梁的固定端位置，其值为

$$M_{max}=PL$$

或分解为两个平面内的弯矩：

$$M_{zmax}=P_yL=P\cos\alpha L$$

$$M_{ymax}=P_zL=P\sin\alpha L$$

（2）确定危险点的位置。可以利用式（7.1）计算截面任意点的正应力。对于矩形截面梁，截面有四个凸角，凸角点的坐标同时是最大值 y_{max}、z_{max}，即两个平面弯曲引起的最大应力，在凸角点恰好相遇。在四个凸角点中，第一象限的 c 点有最大压应力，第三象限的 b 点有最大拉应力［图 7.2（d）］。于是

$$\left.\begin{matrix}\sigma_{max拉}\\ \sigma_{max压}\end{matrix}\right\}=\frac{M_{zmax}y_{max}}{I_z}+\frac{M_{ymax}z_{max}}{I_y}=\frac{M_{zmax}}{W_z}+\frac{M_{ymax}}{W_y} \tag{7.7a}$$

或

$$\left.\begin{matrix}\sigma_{max拉}\\ \sigma_{max压}\end{matrix}\right\}=M_{max}\left(\frac{y_{max}}{I_z}\cos\alpha+\frac{z_{max}}{I_y}\sin\alpha\right)=M_{max}\left(\frac{\cos\alpha}{W_z}+\frac{\sin\alpha}{W_y}\right) \tag{7.7b}$$

（3）建立强度条件。两个危险点均处于单向应力状态中，组合变形状态下的强度校核，是以最大组合应力为依据的。由此，可将正应力强度条件 $\sigma_{max}\leqslant[\sigma]$ 写为

$$\sigma_{max}=\frac{M_{zmax}}{W_z}+\frac{M_{ymax}}{W_y}\leqslant[\sigma] \tag{7.8}$$

在一般情况下，梁的斜弯曲强度往往由正应力强度控制。至于切应力，其分析方法仍和前面一样，由于同一个平面上有两个指向的切应力，因此在叠加时应注意是求其矢量和。

7.2.3 斜弯曲变形计算

梁的挠度计算也可采用叠加原理，现计算图 7.2 中梁下自由端的挠度。

与求正应力一样，先分别计算两个平面弯曲的挠度分量 f_y 和 f_z，然后按矢量和计算总挠度 f，即

$$f=\sqrt{f_y^2+f_z^2} \tag{7.9}$$

对于图 7.2 中悬臂梁的自由端截面 B，两个挠度分量分别是

$$f_{By}=\frac{P_yL^3}{3EI_z} \tag{7.10}$$

$$f_{Bz}=\frac{P_zL^3}{3EI_y} \tag{7.11}$$

叠加后得组合变形侠的最大挠度

$$f=\sqrt{f_{By}^2+f_{Bz}^2} \tag{7.12}$$

应该指出，在上面讨论的例子中，横截面是矩形，有四个凸角，因而容易直接判断截面上的应力最大点的位置，工程中常用的梁也多属这种情况。但当截面无凸角（圆截面除外）时，为了判断截面上正应力最大点的位置，就必须先定出中性轴的位置，然后才能找出离中性轴最远的点（即危险点）。对这个问题的讨论，读者可自行参考相关的资料。

【例 7.1】 如图 7.3（a）所示的悬臂梁承受载荷 F_1 与 F_2 作用，已知 $F_1=800\text{N}$，$F_2=1.6\text{kN}$，$l=1\text{m}$，许用应力 $[\sigma]=160\text{MPa}$。试分别按下列要求确定截面尺寸：

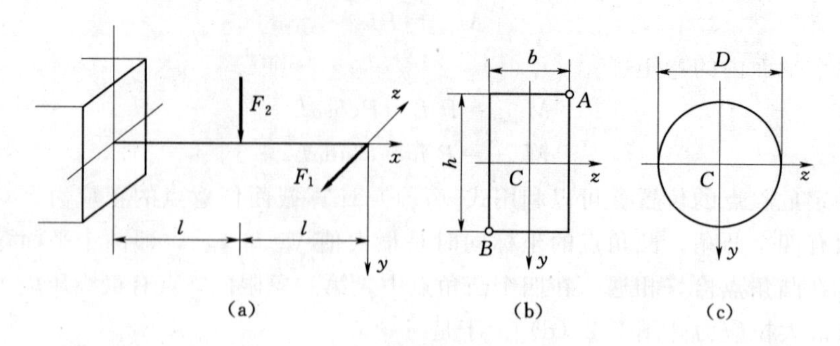

图 7.3

(1) 截面为矩形，$h=2b$。

(2) 截面为圆形。

分析：梁受力 F_1 作用，将产生在 xz 平面内的弯曲，受力 F_2 作用，将产生在 xy 平面内的弯曲，即梁将产生斜弯曲。两个平面弯曲的最大弯矩均发生在固定端截面，即此处是危险截面。由于梁的截面形状不同，危险点的位置也会有所不同。

解：先求梁的最大弯矩，在固定端截面上：

$$M_{z\max}=F_2 l$$

$$M_{y\max}=2F_1 l$$

(1) 矩形截面。最大正应力必定发生在截面的角点上，从受力弯曲变形分析，可知最大拉应力点为如图 7.3 (b) 所示的 A 点，而最大压应力在 B 点。根据式 (7.7a) 可得梁的强度条件：

$$\sigma_{\max}=\frac{2F_1 l}{\frac{hb^2}{6}}+\frac{F_2 l}{\frac{bh^2}{6}}\leqslant[\sigma]$$

即

$$\frac{2\times800\times1}{\frac{2b^3}{6}}+\frac{1600\times1}{\frac{4b^3}{6}}\leqslant160\times10^6$$

故　　$$b\geqslant35.6\text{mm}$$

(2) 圆截面。由于通过圆形截面梁轴线的任一平面都是纵向对称平面，所以当梁上的外力位于相互垂直的两纵向对称平面内时，可将其引起的同一横截面上的弯矩按矢量和求得总弯矩，其产生的变形是平面弯曲，并用总弯矩来计算该横截面上的正应力，即

$$\sigma_{\max}=\frac{\sqrt{(2F_1 l)^2+(F_2 l)^2}}{\frac{\pi d^3}{32}}\leqslant[\sigma]$$

即

$$\frac{\sqrt{(2\times800\times1)^2+(1600\times1)^2}}{\frac{\pi d^3}{32}}\leqslant160\times10^6$$

故　　$$d\geqslant52.4\text{mm}$$

7.3 拉伸（压缩）与弯曲的组合

若直杆受横向力作用的同时，还有轴力作用，则产生弯曲、拉伸（或压缩）组合变形。现以图 7.4 中矩形等截面直杆为例，来说明弯曲、拉伸（或压缩）组合变形杆的强度计算方法。

7.3.1 拉伸（或压缩）与弯曲组合

如图 7.4（a）所示矩形等截面直杆，受到集中力 P 作用，集中力作用在纵向对称面上，力与杆的轴线不平行。

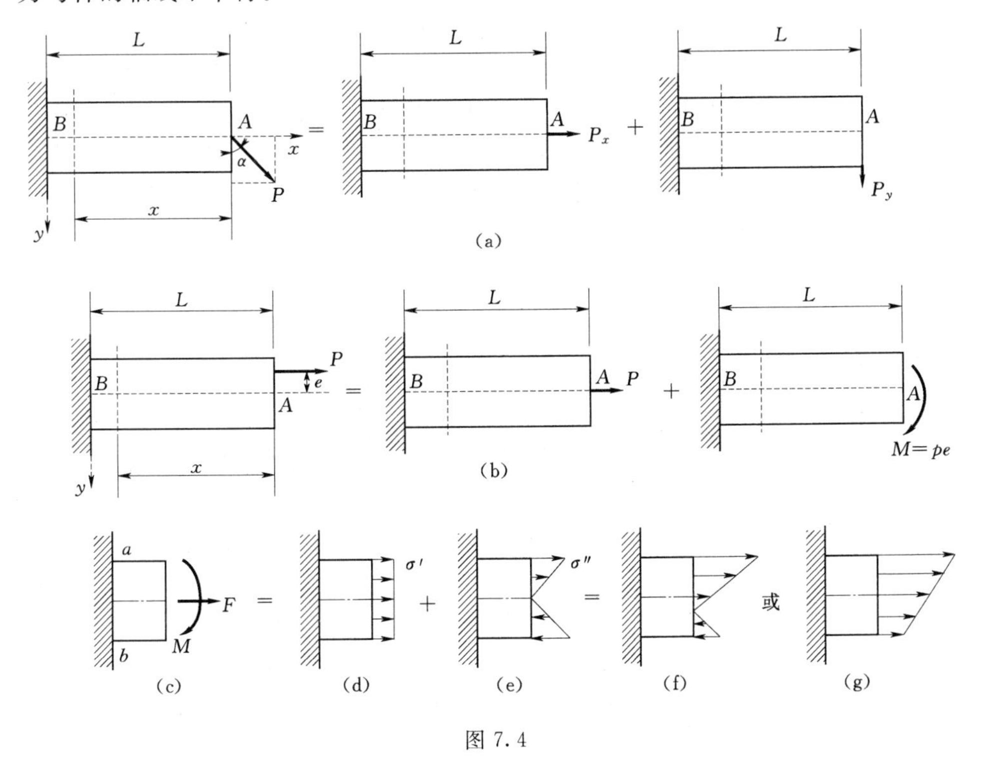

图 7.4

（1）外力分解。悬臂梁在自由端 A 点受力 P 的作用，将力 P 向 x 轴和 y 轴分解。可知，P_x 将使杆产生拉伸变形，P_y 将使杆件产生弯曲变形，即杆产生拉伸与弯曲的组合变形。

（2）内力和应力计算。这两种变形中的内力分别是轴力和弯矩，它们都将使杆在横截面上产生正应力，对这两种变形的正应力可进行代数叠加。轴力产生的正应力在横截面上均匀分布，弯矩产生的正应力与到中性轴的距离呈线性关系，故横截面上最大正应力和最小正应力将发生在最大弯矩所在截面的上、下边缘 a、b 处［图 7.4（c）］，其值为

$$\sigma_{\max}=\sigma'+\sigma''=\frac{N}{A}+\frac{M_{\max}}{W_z}=\frac{P\sin\alpha}{A}+\frac{Pl\cos\alpha}{W_z}$$

$$\sigma_{\min}=\sigma'-\sigma''=\frac{N}{A}-\frac{M_{\max}}{W_z}=\frac{P\sin\alpha}{A}-\frac{Pl\cos\alpha}{W_z}$$

（3）强度条件。叠加后的危险点 a、b 处于单向应力状态，故其强度条件为

$$\sigma_{max} \leqslant [\sigma]$$

7.3.2　偏心拉伸（压缩）

同理，对于图 7.4（b）的受力情况，亦可得到类似的结果。直杆受到与其轴线平行，但不与轴线重合纵向外力作用时，杆将产生偏心拉伸（或压缩），实际上这也是轴向拉伸（或压缩）与弯曲的组合变形。

将力 P 向横截面形心平移后，可以得到一个力 P 和一个力偶 M。力 P 使杆产生拉伸变形，力偶 M 使杆产生弯曲变形。悬臂梁产生的是拉伸与弯曲的组合变形。只是直杆各横截面的弯矩和轴力均为常值，即弯矩 $M=Pe$，轴力 $N=P$。强度分析方法与上述情况相同。

上述讨论的是偏心力的作用点位于杆横截面某一条对称轴上的情况，更一般的情况是力的作用点不在横截面对称轴上，而是作用在任意位置上，如图 7.5 所示。设偏心压力作用在 K 点，其坐标为（y_K，z_K），y、z 轴为主形心惯性轴。将偏心压力平移到截面形心 O 点后，横截面上得到三个内力：轴力 F、弯矩 M_y 和弯矩 M_z，且 $M_y=Fz_K$，$M_z=Fy_K$。轴力将产生压缩变形，弯矩 M_y 将产生 xz 平面内的弯曲变形，而弯矩 M_z 将产生 xy 平面内的弯曲变形。

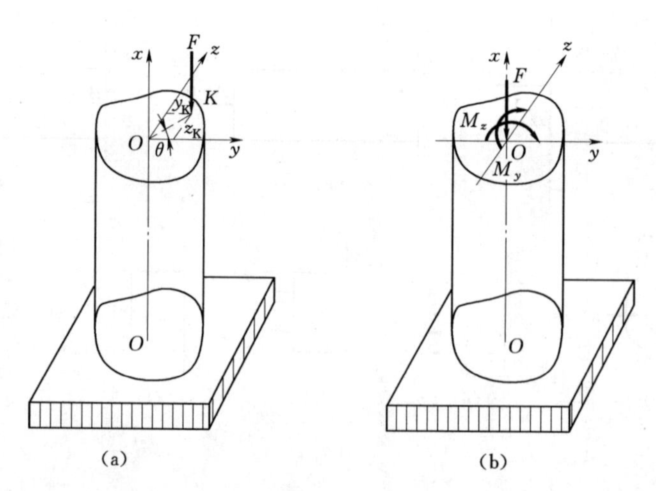

图 7.5

利用叠加法可得到横截面上任意一点的正应力为

$$\sigma=-\frac{F}{A}-\frac{M_y z}{I_y}-\frac{M_z y}{I_z}=-\frac{F}{A}\left(1+\frac{y_K y}{i_z^2}+\frac{z_K z}{i_y^2}\right) \tag{7.13}$$

$$i_y=\sqrt{\frac{I_y}{A}},\quad i_z=\sqrt{\frac{I_z}{A}}$$

式中　i_y、i_z——惯性半径。

横截面上离中性轴最远的点正应力为最大，因此在进行强度分析时，需要先确定中性轴的位置。设中性轴上各点的坐标为（y_0，z_0），则由于中性轴上各点的正应力等于零，

把点的坐标（y_0，z_0）代入式（7.13），得

$$-\frac{F}{A}\left(1+\frac{y_K}{i_z^2}y_0+\frac{z_K}{i_y^2}z_0\right)=0$$

则可得到中性轴的直线方程为

$$1+\frac{y_K}{i_z^2}y_0+\frac{z_K}{i_y^2}z_0=0 \tag{7.14}$$

可见，中性轴是一条不通过横截面形心的直线（图7.6）。若中性轴在y轴和z轴上的截距分别为a_y和a_z，则由式（7.14）可得

$$a_y=-\frac{i_z^2}{y_K},\quad a_z=-\frac{i_y^2}{z_K} \tag{7.15}$$

从式（7.15）可以看出，a_y与y_K符号相反，说明中性轴与外力作用点恒位于相对的两个坐标象限，即分别位于坐标原点（截面形心）的两侧，如图7.6所示。中性轴把截面划分为两个区域，一个是拉应力区域，另一个是压应力区域。最大拉应力和最大压应力则分别位于与中性轴平行且与截面周边相切的D_1和D_2点，它们是离中性轴最远的点。

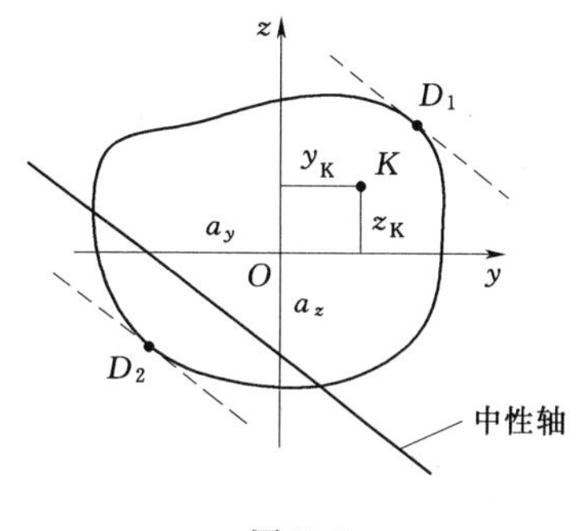

图7.6

式（7.15）还表明，若偏心力F作用点逐渐向截面形心靠近，即y_K、z_K逐渐减小，则截距a_y和a_z逐渐增大，即中性轴逐渐远离形心。当偏心力作用点位于截面形心附近某一区域时，就可以保证中性轴不穿过横截面，整个截面上就只有同一种符号的应力，这个区域称为截面核心。

工程中常见的混凝土、砖石或铸铁等材料，其抗拉强度低于抗压强度，当这类构件偏心受压时，其横截面上最好不出现拉应力。混凝土或岩石构筑的挡水墙和水坝在设计时应绝对避免出现拉应力，为此应保证偏心压力作用于截面核心内，使得中性轴不穿过横截面，以保证横截面上只有压应力存在。

当偏心力作用在截面核心边界上时，中性轴正好与横截面周边相切，根据这一特点，可以利用式（7.15）确定截面核心的边界。具体方法可参看有关文献。

【例7.2】 如图7.7所示起重架的最大起吊重量（包括行走的滑车等）为$P=40$kN，横梁AC由两根No.18b槽钢组成，材料为Q235钢，许用应力$[\sigma]=120$MPa。试校核梁的强度。

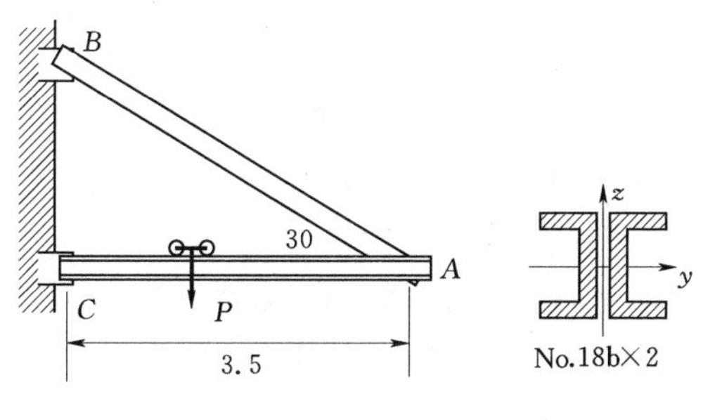

图7.7

分析：起重机在吊起重物时，斜拉杆AB将对梁AC产生压力，而梁AC在重物重力的作用下将产生弯曲变形，故梁AC产生的变形是压缩和弯曲的组合变形。

解： 作用在梁AC上的力［图7.8（a）］有：载荷P、斜拉杆拉力F_A及支座约束反力F_x、F_y。力P、F_y及F_A在铅直方向上

的分力使梁发生弯曲变形；力 F_x、F_A 在水平方向上的分力使梁发生压缩变形。

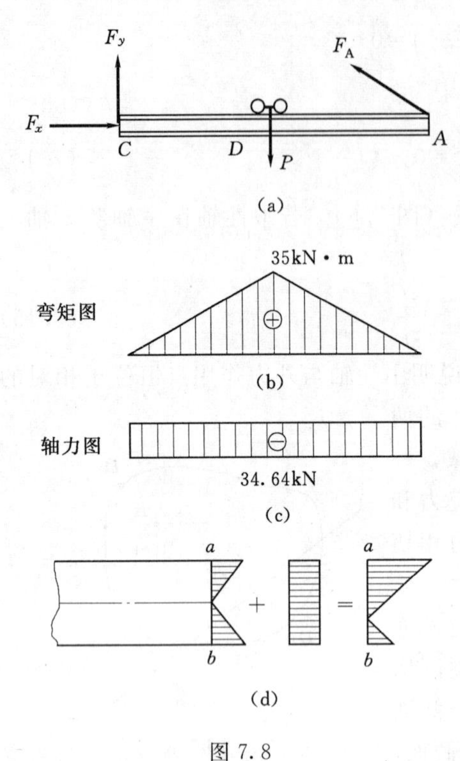

图 7.8

(1) 外力分析。当滑车行走至横梁中间 D 时最危险，此时梁 AC 的受力如图 7.8 (a) 所示，需求出约束反力的大小。

由平衡方程可求得

$$F_A=40\text{kN},\quad F_x=34.64\text{kN},\quad F_y=20\text{kN}$$

(2) 内力计算，作梁的弯矩图和轴力图，如图 7.8 (b)、(c) 所示。

此时横梁发生压缩与弯曲的组合变形，横梁中间 D 截面为危险截面，其截面上的弯矩为最大弯矩，且

$$N=F_x=34.64\text{kN}$$

$$M_{\max}=\frac{Pl}{4}=\frac{40\times3.5}{4}=35(\text{kN}\cdot\text{m})$$

(3) 由型钢表查得 No.18b 槽钢：

$$W_z=152\text{cm}^3,\quad A=29.299\text{cm}^2$$

注意：梁 AC 是由两根槽钢组成的，组合截面的抗弯系数和面积是两根槽钢之和。

(4) 强度校核。此时，数值最大的正应力发生在跨度中央截面的上边缘点 a，为压应力。压缩与弯曲组合变形的合成应力分布图如图 7.8 (d) 所示，它的数值为

$$\sigma_{\max}=\frac{N}{2A}+\frac{M_{\max}}{2W_z}=\frac{36.64\times10^3}{2\times29.299\times10^{-4}}+\frac{35\times10^3}{2\times152\times10^{-6}}=121(\text{MPa})>[\sigma]$$

最大应力超过许用应力，但是由于

$$\frac{\sigma_{\max}-[\sigma]}{[\sigma]}\times100\%=\frac{121-120}{120}\times100\%=0.83\%<5\%$$

故梁 AC 满足强度要求。

【例 7.3】 如图 7.9 (a) 所示的压力机，工作时床身立柱受到力 $P=1600\text{kN}$ 的作用，偏心矩 $e=535\text{mm}$。床身材料为灰铸铁，考虑到工作情况，材料的许用压应力取 $[\sigma_c]=80\text{MPa}$，许用拉应力取 $[\sigma_t]=28\text{MPa}$，m—n 截面的面积 $A=181\times10^3\text{mm}^2$，$I_z=13.7\times10^9\text{mm}^4$，$a=550\text{mm}$，$b=250\text{mm}$。试校核床身的强度。

分析：压力机工作时受到力 P 的作用，由于力的作用线与立柱的轴线不重合，有偏心距，故力 P 将对立柱截面形心会产生一个力矩，使立柱产生弯曲变形。同时力 P 也会使立柱产生拉伸变形，叠加两种变形，立柱产生的是拉伸和弯曲的组合变形。由于床身材料为灰铸铁，拉伸和压缩强度的许用应力不同，需要同时考虑两种强度条件。

解： 用截面法将立柱于 m—n 处截开，取立柱的上半部分为研究对象 [图 7.9 (b)]，

(1) 内力计算。由静力平衡条件知 m—n 截面上的内力分别为

轴向拉力　　　$N=P=1600\text{kN}$

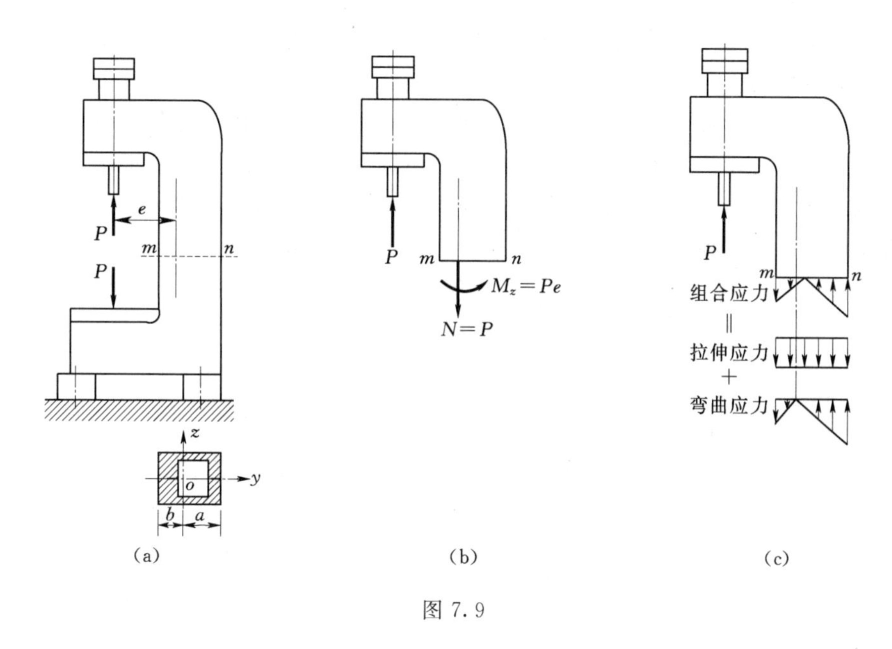

图 7.9

弯矩 $M_z=Pe=1600\times10^3\times535\times10^{-3}=856(\text{kN})$

(2) 应力计算。确定危险点的位置并计算最大应力。

由轴向拉伸引起的正应力是均匀分布的［图 7.9 (c)］，由弯矩引起的正应力在两侧边缘最大［图 7.9 (c)］，根据叠加原理可以判定，危险点为 m 点或 n 点，如图 7.9 (c) 所示，故其应力及强度条件为

$$\sigma_{\max}^{-}=\sigma_n=\frac{N}{A}-\frac{M_z a}{I_z}=\frac{1.6\times10^6}{181\times10^3\times(10^{-3})^2}-\frac{856\times10^3\times550\times10^{-3}}{13.7\times10^9\times(10^{-3})^4}$$

$$=(8.84-34.4)\times10^6$$

$$=-25.6(\text{MPa})$$

即 $|\sigma_n|<[\sigma_c]$，故不会压坏。

$$\sigma_{\max}^{+}=\sigma_m=\frac{N}{A}+\frac{M_z b}{I_z}=\frac{1.6\times10^6}{181\times10^3\times(10^{-3})^2}+\frac{856\times10^3\times250\times10^{-3}}{13.7\times10^9\times(10^{-3})^4}$$

$$=(8.84+15.6)\times10^6$$

$$=24.4(\text{MPa})<[\sigma_t]$$

故拉应力强度也满足要求。

从以上计算结果可知，压力机床身的强度是足够的。

7.4 弯曲与扭转组合变形

弯曲与扭转的组合变形是机械工程中最常见的情况。下面以如图 7.10 所示的传动轴为例来分析弯曲与扭转的组合变形。C 轮上的横向力 P 作用在轮的边缘上并与轮缘相切，轴还受到外力偶矩 M_e 作用。将载荷向横截面形心简化得到计算简图如图 7.10 (b) 所示。横向力 P 将使轴产生弯曲变形，而力偶矩 M_e 将使轴产生扭转变形，即轴产生弯曲和扭转

的组合变形。轴的弯矩图和扭矩图如图7.10（c）、（d）所示。从内力图上可知，C截面内力最大，故为危险截面。

在C截面上弯矩将产生正应力σ，扭矩产生切应力τ，轴的周边上某一点的应力分布图如图7.10（e）所示。在C截面上，与弯矩相对应的弯曲正应力σ在水平直径上两端点a和a'处为最大［图7.10（e）］；与扭矩相对应的扭转切应力τ，在横截面的周边各点为最大［图7.10（e）］。所以，a和a'两点处的弯曲正应力σ和扭转切应力τ均为最大值，因此为危险截面上的危险点。其应力状态如图7.10（f）所示，是二向应力状态。

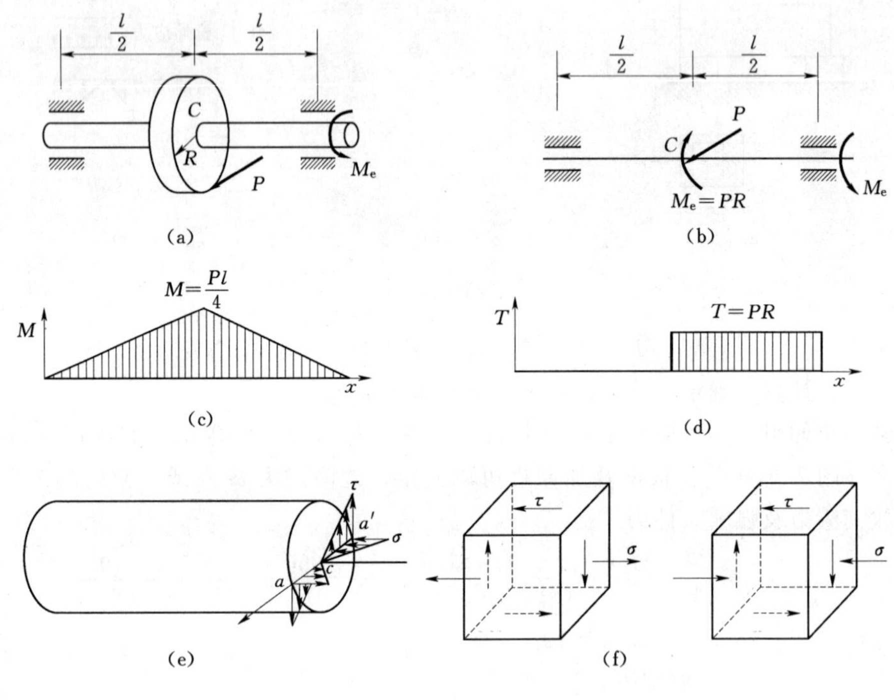

图7.10

危险截面上的最大正应力为

$$\sigma=\frac{M}{W} \tag{7.16}$$

其中 $$W=\frac{\pi d^3}{32}\approx 0.1d^3$$

危险截面上的最大切应力为

$$\tau=\frac{T}{W_t} \tag{7.17}$$

其中 $$W=\frac{\pi d^3}{16}\approx 0.2d^3$$

对图7.10（f）所示的二向应力状态建立强度条件之前，先需计算出主应力。根据第6章介绍的主应力计算方法，由式（6.15）和式（6.16）得出三个主应力分别是

$$\left.\begin{matrix}\sigma_1\\ \sigma_3\end{matrix}\right\}=\frac{\sigma}{2}\pm\frac{1}{2}\sqrt{\left(\frac{\sigma}{2}\right)^2+4\tau^2}$$

$$\sigma_2=0 \tag{7.18}$$

传动轴为塑性材料，宜采用第三强度理论，则如图 7.10（f）所示的二向应力状态强度条件为

$$\sigma_1-\sigma_3=\sqrt{\sigma^2+4\tau^2}\leqslant[\sigma] \tag{7.19}$$

如采用第四强度理论，强度条件为

$$\sqrt{\frac{1}{2}[(\sigma_1-\sigma_2)^2+(\sigma_2-\sigma_3)^2+(\sigma_3-\sigma_1)^2]}=\sqrt{\sigma^2+3\tau^2}\leqslant[\sigma] \tag{7.20}$$

式（7.19）和式（7.20）中　σ、τ——危险截面上危险点的正应力、切应力。

如将式（7.16）和式（7.17）代入式（7.19）和式（7.20），并注意到圆轴的抗扭截面模量 W_t 是抗弯截面模量 W 的二倍，最后得到圆轴弯、扭组合变形时的第三强度理论用内力表示的另一种形式为

$$\frac{\sqrt{M^2+T^2}}{W}\leqslant[\sigma] \tag{7.21}$$

如为第四强度理论，则用内力表示的形式为

$$\frac{\sqrt{M^2+0.75T^2}}{W}\leqslant[\sigma] \tag{7.22}$$

式中　M、T——危险截面的弯矩和扭矩；

　　　W——圆轴的抗弯截面模量。

【例 7.4】 手摇绞车如图 7.11 所示。轴的直径 $d=30\text{mm}$，材料为 Q235 钢，$[\sigma]=80\text{MPa}$，试按第三强度理论求绞车的最大起重量 P。

解： 将作用于轮子上的力向轴线简化，得到轴的计算简图，如图 7.12 所示。

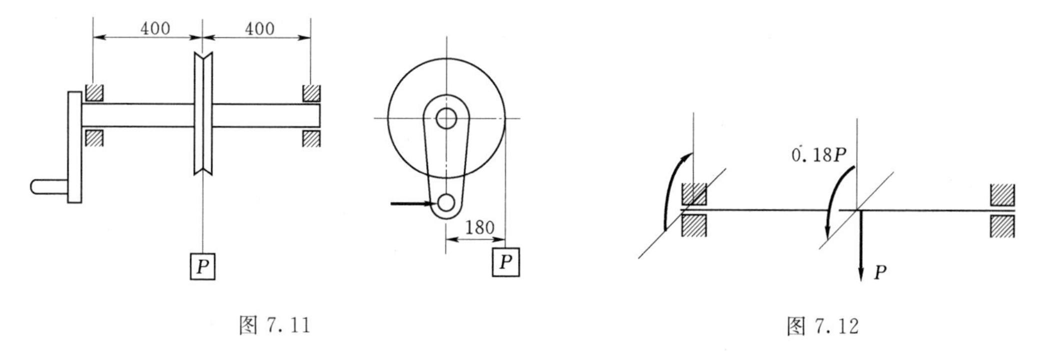

图 7.11　　　　图 7.12

则作用在轮上的外力偶矩为

$$M_e=0.18P$$

绞车梁在铅垂力 P 作用下产生弯曲变形，在外力偶 M_e 作用下产生扭转变形。

作出绞车梁的内力图（图 7.13）。

在梁中间截面弯矩和扭矩都为最大值，故危险截面在梁的中间截面。

$$M_{\max}=0.2P,\quad T=0.18P$$

按第三强度理论建立的强度条件为

$$\frac{\sqrt{M^2+T^2}}{W}=\frac{32}{\pi d^3}\sqrt{(0.2P)^2+(0.18P)^2}\leqslant[\sigma]$$

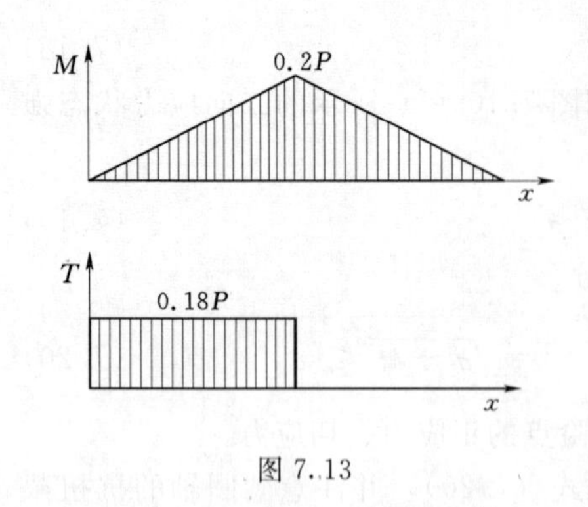

图 7.13

所以　　　　　　$P\leqslant 788\text{N}$

所以绞车的最大起重量为 788N。

【例 7.5】 如图 7.14 所示皮带轮传动轴传递功率 $P_k=7\text{kW}$，转速 $n=200\text{r/min}$。皮带轮重量 $Q=1.8\text{kN}$。左端齿轮上的啮合力 P_n 与齿轮节圆切线的夹角（压力角）为 20°。传动轴材料的许用应力 $[\sigma]=80\text{MPa}$。试分别在忽略和考虑皮带轮重量的两种情况下，按第三强度理论估算轴的直径。

解：将作用在齿轮和皮带轮上的力向传动轴的轴线简化，得到传动轴的计算简图（图 7.15），左端

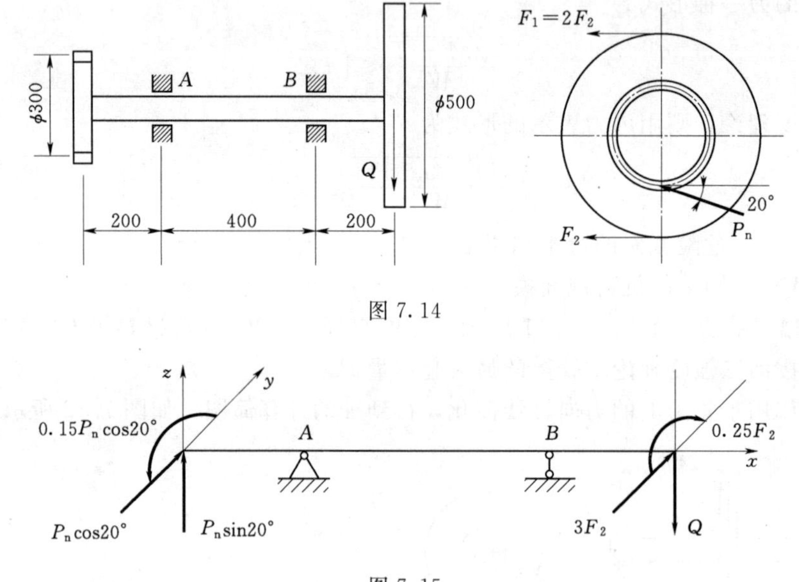

图 7.14

图 7.15

齿轮上的啮合力 P_n 分别向垂直和水平方向分解，对轴横截面形心的力偶矩为 $0.15P_n\cos 20°$；右端皮带轮上拉力的合力为 $3F_2$，对形心的合力偶矩为 $0.25F_2$。

计算传动轴的外力偶矩及传动力。

$$M_e=9549\,\frac{P_k}{n}=\frac{9549\times 7}{200}=334.2(\text{N}\cdot\text{m})$$

齿轮啮合力和皮带轮传动力可由平衡条件求出。

$$M_e=0.25F_2=0.15P_n\cos 20°$$

所以　　　　　　$F_1=2674\text{N}$，　$F_2=1337\text{N}$，　$P_n=2371.3\text{N}$

（1）忽略皮带轮的重量（$Q=0$）的强度计算。这种情况下传动轴的扭矩图如图 7.16（a）所示，在整个轴上的扭矩为常量，其值为

$$T=M_e=334.2\text{N}\cdot\text{m}$$

传动轴在垂直的 xz 平面内的受力情况如图 7.16（b）所示，B 截面上弯矩最大，最大弯矩值为

$$M_{ymax}=0.2P_n\sin20°=0.2\times2371.3\sin20°=162.2(\text{N}\cdot\text{m})$$

传动轴在水平的 xy 平面内的受力情况如图 7.16（c）所示，C 截面上弯矩最大，最大弯矩值为

$$M_{zmax}=3F_2\times0.2=1337\times3\times0.2=802.2(\text{N}\cdot\text{m})$$

A 截面上受有两个方向的弯矩，其合成弯矩为

$$M_A=\sqrt{162.2^2+445.7^2}=474.3(\text{N}\cdot\text{m})$$

而 B 截面弯矩值

$$M_B=802.2\text{N}\cdot\text{m}$$

比较 A、B 截面上弯矩值和扭矩值，B 截面上弯矩值和扭矩值均为最大值，故是危险截面。其弯矩和扭矩分别为

$$M_B=802.2\text{N}\cdot\text{m},\quad T_B=334.3\text{N}\cdot\text{m}$$

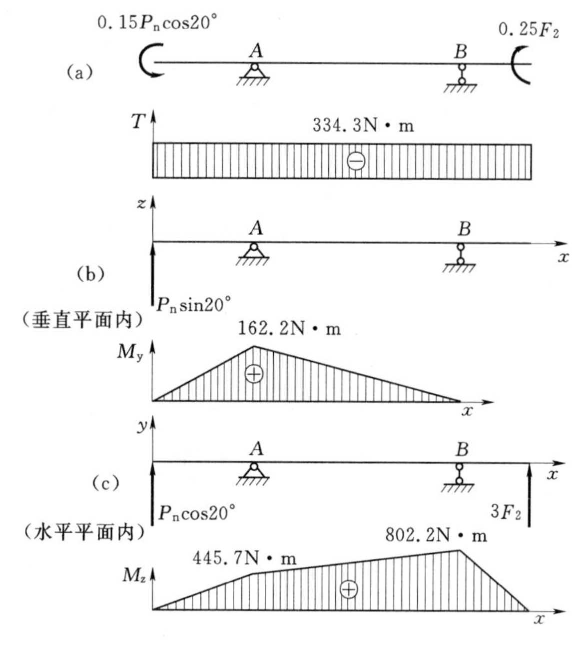

图 7.16

由第三强度理论得到强度条件为

$$\frac{\sqrt{M_B^2+T_B^2}}{W}\leqslant[\sigma] \tag{a}$$

且

$$W=\frac{\pi d^3}{32}$$

将数据代入式（a），得

$$d^3\geqslant\frac{32\sqrt{M_B^2+T_B^2}}{\pi[\sigma]}=\frac{32\times\sqrt{802.2^2+334.3^2}}{\pi\times80\times10^6}=110.65\times10^{-6}(\text{m})$$

$$d\geqslant48\text{mm}$$

（2）考虑皮带轮的重量。传动轴的受力变化只是增加了皮带轮的重力，其余与情形（1）相同。因此，只需在垂直平面内的计算简图上加上皮带轮的重力，垂直平面内的计算简图及弯矩图如图 7.17 所示。

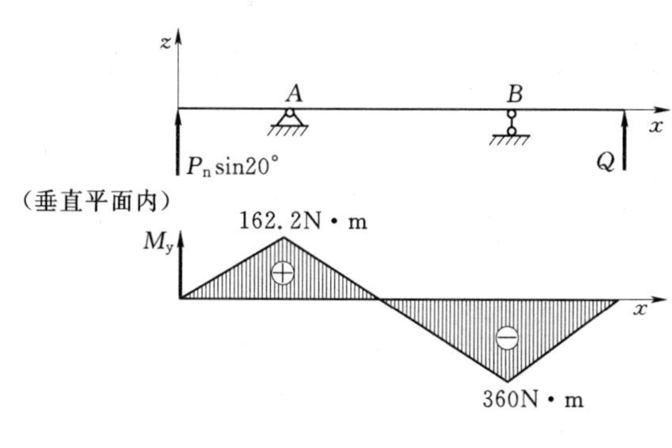

图 7.17

A 截面上的弯矩值与扭矩值不变，仍为 $M_A=474.3\text{N}\cdot\text{m}$，$T_A=334.3\text{N}\cdot\text{m}$。危险截面 B 截面的弯矩值及扭矩值分别为

$$M_B=\sqrt{360^2+802.2^2}=879.3(\text{N}\cdot\text{m})$$

$$T_B=334.3\text{N}\cdot\text{m}$$

故危险截面是 B 截面。将 B 截面的内力数值代入第三强度理论的强度条件式（a），得

$$d\geqslant49.3\text{mm}$$

习 题

7.1 一矩形截面悬臂梁，梁的尺寸及受力如习题7.1图示。求梁横截面上的最大正应力；若$E=100\times10^{9}$GPa，求梁的最大挠度。

7.2 如习题图7.2所示，作用于悬臂木梁上的载荷为：xy平面内的$P_1=800$N，xz平面内的$P_2=1650$N。若木材的许用应力$[\sigma]=10$MPa，矩形截面边长之比为$h/b=2$，试确定截面的尺寸。

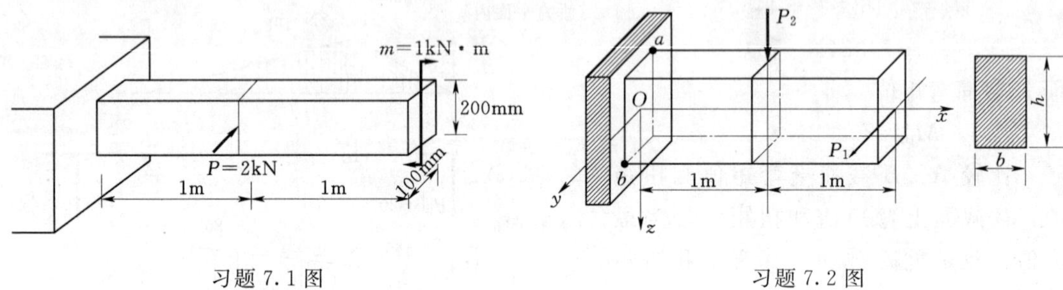

习题7.1图　　　　习题7.2图

7.3 如习题7.3图所示，16号工字钢简支梁受载荷已知$L=4$m，$P=6$kN，求C点截面1、2、3、4点的正应力。若$E=200\times10^{9}$GPa，求梁跨中点的挠度。

7.4 如习题7.4图所示为一混凝土挡水墙，浇筑于牢固的基础上。若已知墙高$H=2$m，墙厚$B=0.5$m，试求：

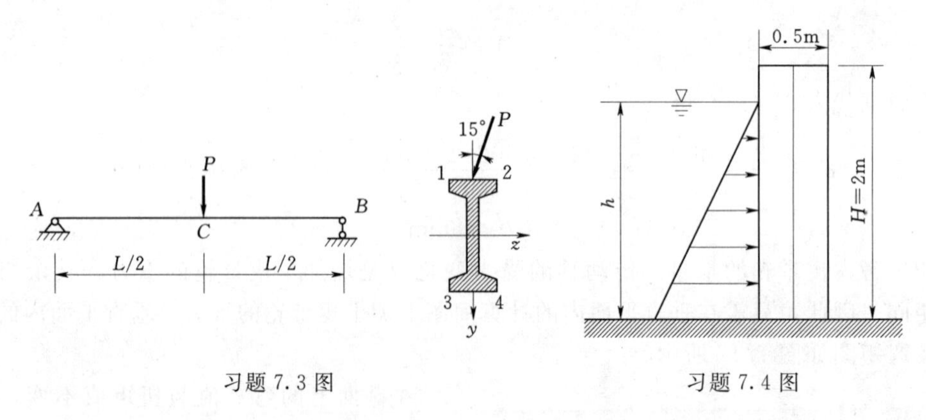

习题7.3图　　　　习题7.4图

(1) 当水位达到墙顶时，墙底处的最大拉应力和最大压应力（设混凝土重度$\gamma=24\text{kN/m}^3$）。

(2) 如果要求混凝土中不出现拉应力，试问最大允许水深h是多少？

7.5 如习题7.5图所示为一起重结构，$a=1$m，最大起重量$Q=40$kN，材料许用应力$[\sigma]=140$MPa，试为AB杆选一对槽钢截面。

7.6 一伞形水塔，受力如习题7.6图所示，其中P为满水时的重量，Q为预测地震发生时引起的水平载荷，立柱的外径$D=2$m，壁厚$t=0.5$m，如材料的许用应力$[\sigma]=8$MPa，试校核其强度。

7.7　起重机受力如习题 7.7 图所示，$P_1=30\text{kN}$，$P_2=220\text{kN}$，$P_3=60\text{kN}$，它们的作用线离立柱中心线的距离分别为 10m，1.2m 和 1.6m。如立柱为实心钢柱，材料的许用应力为 $[\sigma]=160\text{MPa}$，试设计其底部 A—A 处的直径。

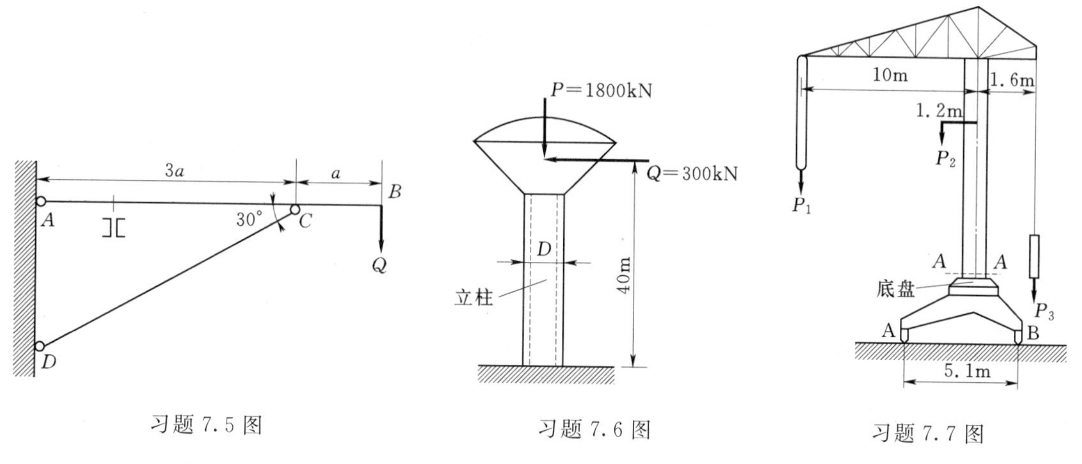

习题 7.5 图　　习题 7.6 图　　习题 7.7 图

7.8　习题 7.7 中，若立柱为空心钢管，内外径之比为 $d/D=0.9$，试设计 AA 处的直径。

7.9　单臂液压机架及其立柱的横截面尺寸如习题 7.9 图所示。$P=1600\text{kN}$，材料的许用应力 $[\sigma]=160\text{MPa}$。试校核立柱的强度。

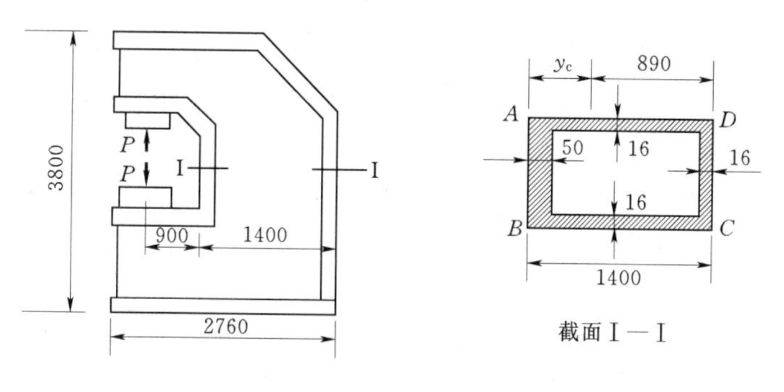

习题 7.9 图

7.10　材料为灰铸铁的压力机架如习题 7.10 图所示，铸铁许用拉应力为 $[\sigma_t]=30\text{MPa}$，许用压应力为 $[\sigma_c]=80\text{MPa}$。试校核框架立柱的强度。

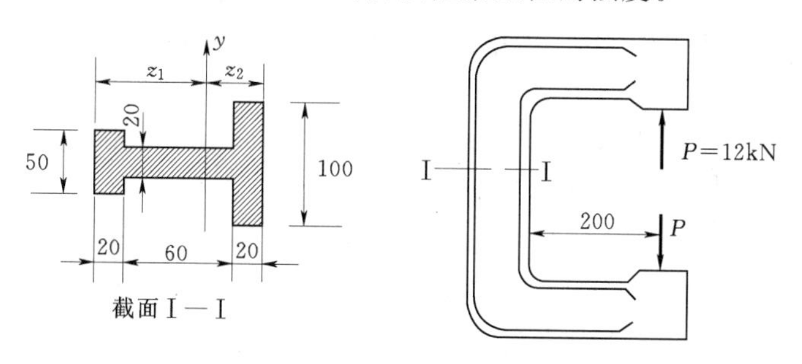

习题 7.10 图

7.11　如习题7.11图所示钻床的立柱为铸铁制成，许用拉应力为 $[\sigma_t]=35\text{MPa}$，若 $P=15\text{kN}$，试确定立柱所需要的直径 d。

7.12　已知一牙轮钻机钻杆用无缝钢管制成，外径为152mm，内径为120mm，如习题7.12图所示。钻杆的最大推进压力为 $P=180\text{kN}$，扭矩为 $T=17.3\text{kN}\cdot\text{m}$，当材料的许用应力为 $[\sigma]=100\text{MPa}$ 时，试按第三强度理论校核该钻杆的强度。

7.13　如习题7.13图所示的短柱，截面为200mm×200mm的正方形，偏心压力500kN作用在距一个对称轴50mm，距另一个对称轴75mm处。试求横截面中的最大拉应力和最大压应力数值。

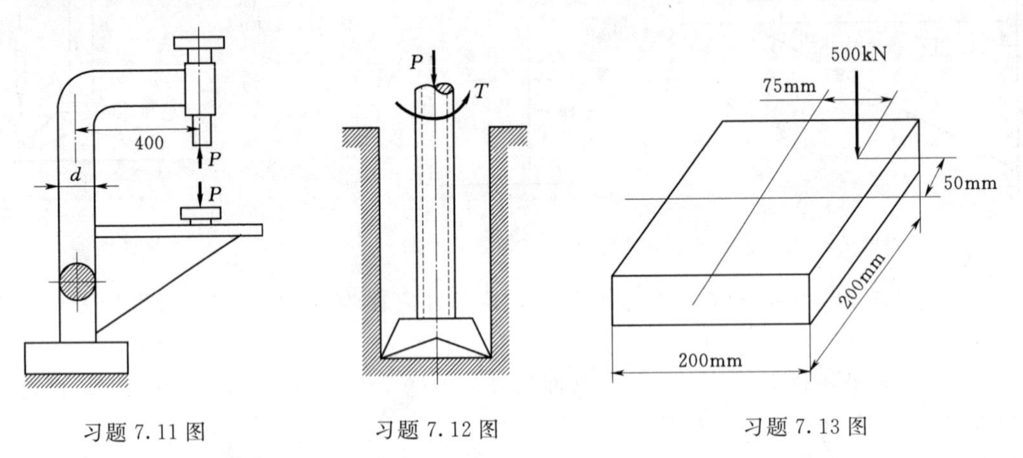

习题7.11图　　　习题7.12图　　　习题7.13图

7.14　薄壁圆柱形压力容器平均直径为100mm，壁厚为1mm，承受的内压为1MPa，同时还承受轴向拉力 F。如果材料的许用应力为 $[\sigma]=200\text{MPa}$，试求许可的轴向拉力 $[F]$。

7.15　平均直径为150mm的薄壁圆柱形压力容器同时承受 $1\text{kN}\cdot\text{m}$ 扭矩及3MPa的内压的共同作用。如果材料的许用应力为 $[\sigma]=150\text{MPa}$，试分别按照第三和第四强度理论确定所需要的壁厚。

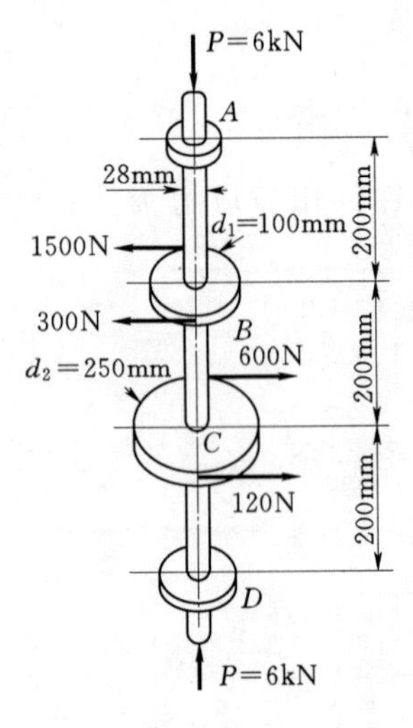

习题7.16图

7.16　一垂直轴安装胶带轮两只，如习题7.16图所示。B 轮直径 $d_1=100\text{mm}$，C 轮直径 $d_2=250\text{mm}$。轴在工作时受到胶带的张力和轴向压力如图所示。试计算危险点的应力，并计算其最大剪应力和主应力（A、D 为轴承）。

7.17　如习题7.17图所示钢制圆轴上有两个齿轮，齿轮 C 上作用着铅直切线力 $P_1=5\text{kN}$，齿轮 D 上作用着水平切线力 $P_2=10\text{kN}$。若 $[\sigma]=100\text{MPa}$，齿轮 C 直径 $d_C=300\text{mm}$，齿轮 D 直径 $d_D=150\text{mm}$。试用第四强度理论求轴的直径。

7.18　操纵装置水平杆如习题7.18图所示。杆的截面为空心圆，内径 $d=24\text{mm}$，外径 $D=30\text{mm}$。材料为Q235钢，$[\sigma]=100\text{MPa}$。控制片受力 $P_1=600\text{N}$。试用第三强度理论校核杆的强度。

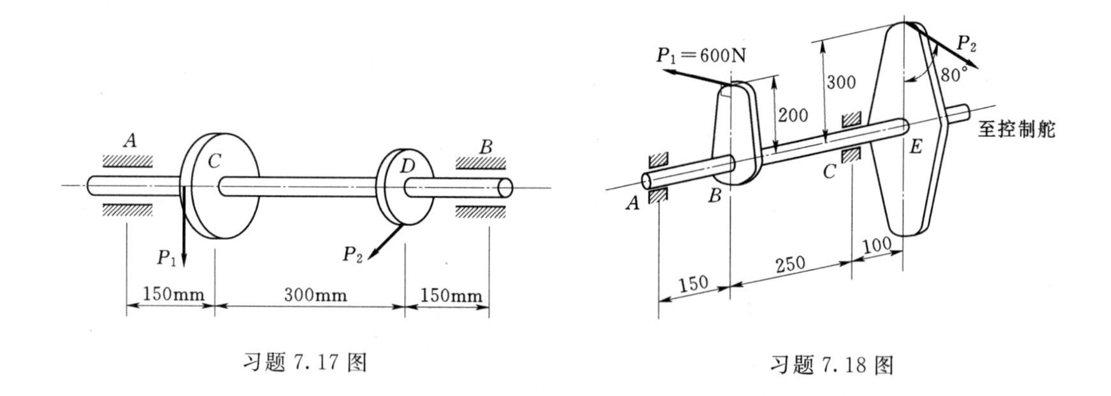

习题 7.17 图

习题 7.18 图

第8章 压 杆 稳 定

8.1 压杆稳定的概念

构件除了强度、刚度失效外，还可能发生稳定失效。前面讨论轴向压缩时，认为满足压缩强度条件即可保证构件安全工作。而这一结论对于细长杆件不再适用。如图 8.1 (a) 所示的粗短杆受压时，在压力 F 逐渐增大的过程中，杆件始终保持原有的直线平衡形式，直到压力 F 达到屈服强度载荷 F_s（或抗压强度载荷 F_b），杆件发生强度破坏。但是，如果用相同的材料，做一根如图 8.1 (b) 所示的细长的杆件，当压力 F 比较小时，该细长杆件尚能保持直线的平衡形式，而当压力 F 逐渐增大至某一数值 F_1 时，杆件将突然变弯，不再保持原有的直线平衡形式，因而丧失了承载能力。我们把受压直杆突然变弯，丧失稳定性的现象，称为失稳。此时，F_1 可能远小于 F_s（或 F_b）。可见，细长杆在尚未产生强度破坏时，就可能因失稳而破坏。由于构件的失稳往往是突然发生的，因而其危害性也较大。历史上曾多次发生因构件失稳而引起的重大事故。因此，稳定问题在工程设计中占有重要地位。

失稳现象并不限于压杆，例如：狭长的矩形截面梁，在横向载荷作用下，会出现侧向弯曲和绕轴线的扭转（图 8.2）；受外压作用的圆柱形薄壳，当外压过大时，其形状可能突然变成椭圆（图 8.3）；圆环形拱受径向均布压力时，也可能产生失稳（图 8.4）。本章中，我们只研究受压杆件的稳定性。

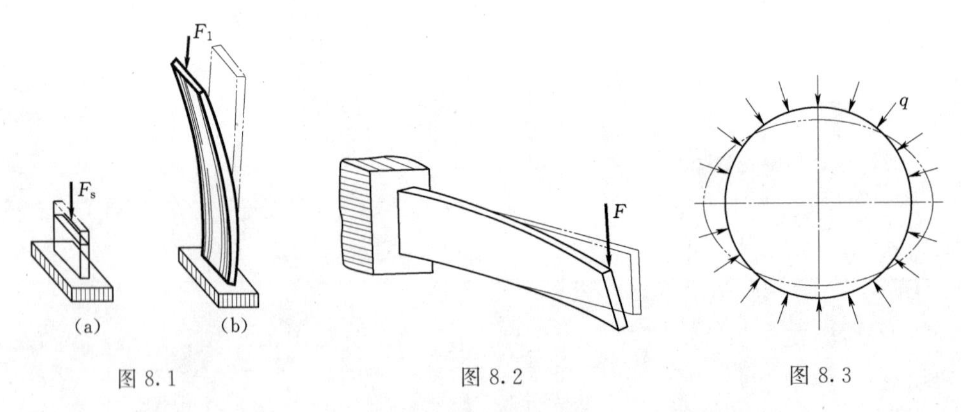

图 8.1　　图 8.2　　图 8.3

所谓的稳定性是指杆件保持原有直线平衡形式的能力。实际上它是指平衡状态的稳定性。可以借助于小球处于三种平衡状态的情况来形象地加以说明。

第一种状态，小球在凹面内的 O 点处于平衡状态，如图 8.5 (a) 所示。先用外加干扰力使其偏离原有的平衡位置，然后再把干扰力去掉，小球能回到原来的平衡位置。因此，小球原有的平衡状态是稳定平衡。

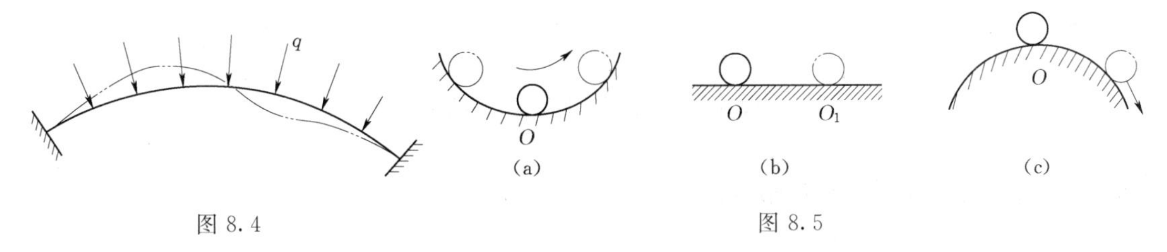

图 8.4　　　　图 8.5

第二种状态，小球在凸面上的 O 点处于平衡状态，如图 8.5（c）所示。当用外加干扰力使其偏离原有的平衡位置后，小球将继续下滚，不再回到原来的平衡位置。因此，小球原有的平衡状态是不稳定的。

第三种状态，小球在平面上的 O 点处于平衡状态，如图 8.5（b）所示，当用外加干扰力使其偏离原有的平衡位置后，把干扰力去掉后，小球将在新的位置 O_1 再次处于平衡，既没有恢复原位的趋势，也没有继续偏离的趋势。因此。我们称小球原有的平衡状态为随遇平衡。

在研究压杆稳定时，我们也用一微小横向干扰力使处于直线平衡状态的压杆偏离原有的位置，如图 8.6（a）所示。当载荷小于一定的数值时，微小外界扰动使其偏离初始平衡构形；外界扰动除去后，构件仍能回复到初始平衡构形，则称初始平衡构形是稳定的；当载荷大于一定的数值时，微小外界扰动使其偏离初始平衡构形；外界扰动除去后，构件不能回复到初始平衡构形，则称初始平衡构形是不稳定的。此即判别弹性稳定性的静力学准则。

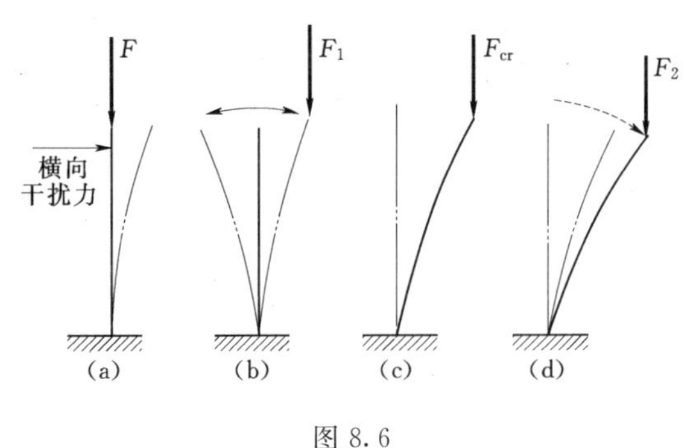

图 8.6

当轴向压力 F 由小变大的过程中，可以观察到：

（1）当压力值 F_1 较小时，给其一横向干扰力，杆件偏离原来的平衡位置。若去掉横向干扰力后，由于压杆的弹性，将在直线平衡位置左右摆动，最终将恢复到原来的直线平衡位置，如图 8.6（b）所示。所以，该杆原有直线平衡状态是稳定平衡。

（2）当压力值 F_2 超过其一限度 F_{cr} 时，平衡状态的性质发生了质变。这时，只要有一轻微的横向干扰，压杆就会继续弯曲，不再恢复原状，如图 8.6（d）所示。因此，该杆原有直线平衡状态是不稳定平衡。

（3）界于前二者之间，存在着一种临界状态。当压力值正好等于 F_{cr} 时，一旦去掉横向干扰力，压杆将在微弯状态下达到新的平衡，既不恢复原状，也不再继续弯曲，如图 8.6（c）所示。因此，该杆原有直线平衡状态是随遇平衡，该状态又称为临界状态。

临界状态是杆件从稳定平衡向不稳定平衡转化的极限状态。压杆处于临界状态时的轴向压力称为临界力或临界载荷，用 F_{cr} 表示。

由上述可知，压杆的原有直线平衡状态是否稳定，与所受轴向压力大小有关。当轴向压力达到临界力时，压杆即向失稳过渡。所以，对于压杆稳定性的研究，关键在于确定压杆的临界力。

8.2 压杆的临界压力和临界应力

8.2.1 两端铰支细长压杆的临界力

图8.7（a）为一两端为球形铰支的细长压杆，现推导其临界力公式。

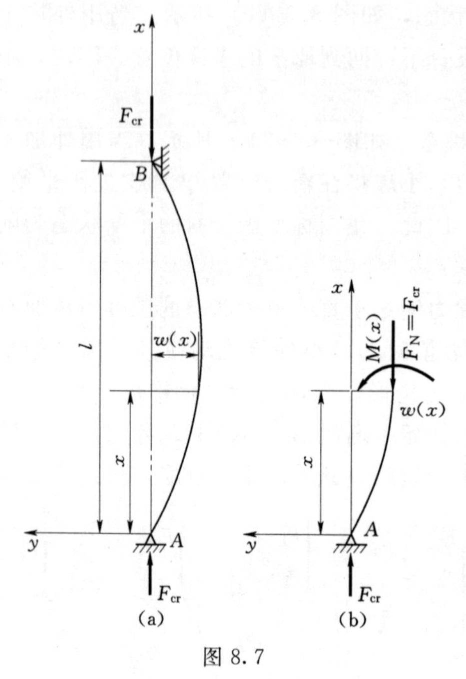

图8.7

根据之前的讨论，轴向压力到达临界力时，压杆的直线平衡状态将由稳定转变为不稳定。在微小横向干扰力解除后，它将在微弯状态下保持平衡。因此，可以认为能够保持压杆在微弯状态下平衡的最小轴向压力，即为临界力。

选取坐标系如图8.7（a）所示，假想沿任意截面将压杆截开，保留部分如图8.7（b）所示。由保留部分的平衡得

$$M(x)=-F_{cr}w \tag{8.1}$$

在式（8.1）中，轴向压力F_{cr}取绝对值。这样，在图示的坐标系中弯矩M与挠度w的符号总相反，故式（8.1）中加了一个负号。当杆内应力不超过材料比例极限时，根据挠曲线近似微分方程有

$$\frac{d^2w}{dx^2}=\frac{M(x)}{EI}=-\frac{F_{cr}w}{EI} \tag{8.2}$$

由于两端是球铰支座，它对端截面在任何方向的转角都没有限制。因而，杆件的微小弯曲变形一定发生于抗弯能力最弱的纵向平面内，所以上式中的I应该是横截面的最小惯性矩。令

$$k^2=\frac{F_{cr}}{EI} \tag{8.3}$$

式（8.2）可改写为

$$\frac{d^2w}{dx^2}+k^2w=0 \tag{8.4}$$

此微分方程的通解为

$$w=C_1\sin(kx)+C_2\cos(kx) \tag{8.5}$$

式中　C_1、C_2——积分常数。

由压杆两端铰支这一边界条件得

$$x=0,\quad w=0 \tag{8.6}$$

$$x=l,\quad w=0 \tag{8.7}$$

将式（8.6）代入式（8.5），得$C_2=0$，于是

$$w=C_1\sin(kx) \tag{8.8}$$

将式（8.7）代入式（8.8），有

$$C_1\sin(kl)=0 \tag{8.9}$$

在式（8.9）中，积分常数 C_1 不能等于零，否则将会有 $w\equiv 0$，这意味着压杆处于直线平衡状态，与事先假设压杆处于微弯状态相矛盾，所以只能有

$$\sin(kl)=0 \tag{8.10}$$

由式（8.10）解得

$$kl=n\pi \quad (n=0,1,2,\cdots)$$

$$k=\frac{n\pi}{l} \tag{8.11}$$

则

$$k^2=\frac{n^2\pi^2}{l^2}=\frac{F_{cr}}{EI}$$

或

$$F_{cr}=\frac{n^2\pi^2EI}{l^2} \quad (n=0,1,2,\cdots) \tag{8.12}$$

因为 n 可取 0，1，2，…中任一个整数，所以式（8.12）表明，使压杆保持曲线形态平衡的压力，在理论上是多值的。而这些压力中，使压杆保持微小弯曲的最小压力，才是临界力。取 $n=0$，没有意义，只能取 $n=1$。于是得两端铰支细长压杆临界力公式：

$$F_{cr}=\frac{\pi^2EI}{l^2} \tag{8.13}$$

式（8.13）又称为欧拉公式。

在此临界力作用下，$k=\frac{\pi}{l}$，则式（8.8）可写成

$$w=C_1\sin\frac{\pi x}{l} \tag{8.14}$$

可见，两端铰支细长压杆在临界力作用下处于微弯状态时的挠曲线是条半波正弦曲线。将 $x=\frac{l}{2}$ 代入式（8.14），可得压杆跨长中点处挠度，即压杆的最大挠度

$$w_{x=\frac{l}{2}}=C_1\sin\frac{\pi x}{l}\frac{l}{2}=C_1=w_{max}$$

C_1 是任意微小位移值。C_1 之所以没有一个确定值，是因为式（8.2）中采用了挠曲线的近似微分方程式。如果采用挠曲线的精确微分方程式，那么 C_1 值便可以确定。这时可得到最大挠度 w_{max} 与压力 F 之间的理论关系，如图 8.8 所示的 OAB 曲线。此曲线表明，当压力小于临界力 F_{cr} 时，F 与 w_{max} 之间的关系是直线 OA，说明压杆一直保持直线平衡状态。当压力超过临界力 F_{cr} 时，压杆挠度急剧增加。

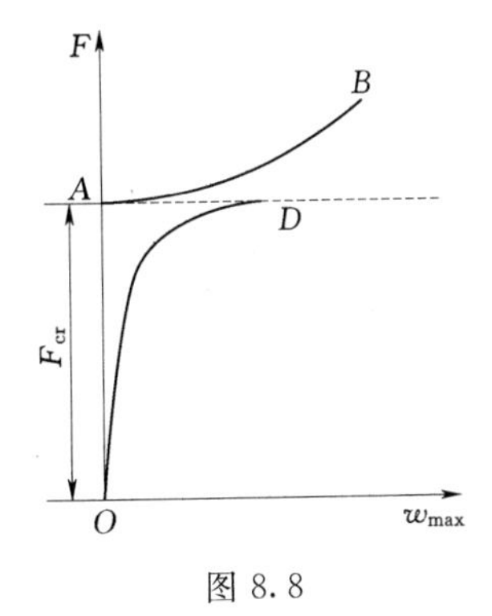

图 8.8

在以上讨论中，假设压杆轴线是理想直线，压力 $\boldsymbol{F}$ 是轴向压力，压杆材料均匀连续。这是一种理想情况，称为理想压杆。但工程实际中的压杆并非如此。压杆的轴线难以避免有一些初弯曲，压力也无法保证没有偏心，材料也经常有不均匀或存在缺陷的情况。实际压杆的这些与理想压杆不符的因素，就相当于作用在杆件上的压力有一个微小的偏心距 e。试验结果

表明，实际压杆的 $\boldsymbol{F}$ 与 $w_{\max}$ 的关系用如图 8.8 所示的曲线 OD 表示，偏心距越小，曲线 OD 越靠近 OAB。

8.2.2 不同杆端约束情况下细长压杆的临界力

压杆临界力公式（8.13）是在两端铰支的情况下推导出来的。由推导过程可知，临界力与约束有关。约束条件不同，压杆的临界力也不相同，即杆端的约束对临界力有影响。但是，不论杆端具有怎样的约束条件，都可以仿照两端铰支临界力的推导方法求得其相应的临界力计算公式，这里不详细讨论，仅用类比的方法导出几种常见约束条件下压杆的临界力计算公式。

1. 一端固定另一端自由细长压杆的临界力

图 8.9 为一端固定另一端自由的压杆。当压杆处于临界状态时，它在曲线形式下保持平衡。将挠曲线 AB 对称于固定端 A 向下延长，如图中假想线所示。延长后挠曲线是一条半波正弦曲线，与两端铰支细长压杆的挠曲线一样。所以，对于一端固定另一端自由且长为 l 的压杆，其临界力等于两端铰支长为 $2l$ 的压杆的临界力，即

$$F_{cr}=\frac{\pi^2 EI}{(2l)^2}$$

2. 两端固定细长压杆的临界力

在这种杆端约束条件下，挠曲线如图 8.10 所示。该曲线的两个拐点 C 和 D 分别在距上、下端为 $\frac{l}{4}$ 处。在中间的 $\frac{l}{2}$ 长度内，挠曲续是半波正弦曲线。所以，对于两端固定且长为 l 的压杆，其临界力等于两端铰支长为 $\frac{l}{2}$ 的压杆的临界力，即

$$F_{cr}=\frac{\pi^2 EI}{\left(\frac{l}{2}\right)^2}$$

3. 一端固定另一端铰支细长压杆的临界力

在这种杆端约束条件下，挠曲线形状如图 8.11 所示。在距铰支端 B 为 $0.7l$ 处，该曲线有一个拐点 C。因此，在 $0.7l$ 长度内，挠曲线是一条半波正弦曲线。所以，对于一端固定另一端铰支且长为 l 的压杆，其临界力等于两端铰支长为 $0.7l$ 的压杆的临界力，即

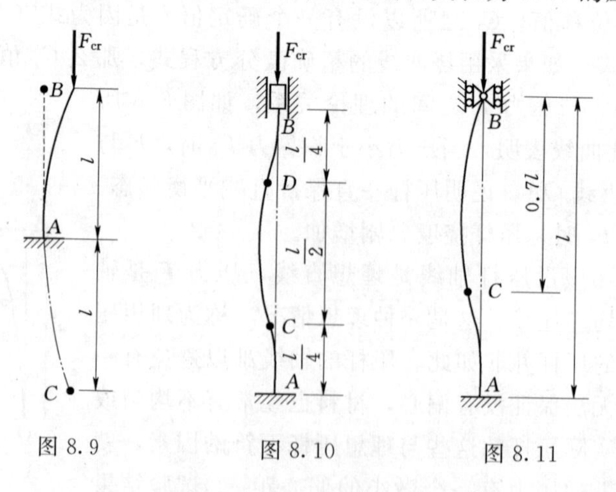

图 8.9　　图 8.10　　图 8.11

$$F_{cr}=\frac{\pi^2 EI}{(0.7l)^2}$$

综上所述，任何杆端约束条件的临界力可统一写为

$$F_{cr}=\frac{\pi^2 EI}{(\mu l)^2} \tag{8.15}$$

式（8.15）称为欧拉公式的一般形式。由式（8.15）可见，杆端约束对临界力的影响表现在系数 μ 上。μ 称为长度系数，μl 为压杆的相当长度，表示把长为 l 的压杆折算成两端铰支压杆后的长度。几种常见约束情况下的长度系数 μ 见表 8.1。

表 8.1　　压杆的长度系数

支承情况	两端铰支	一端固定 一端铰支	两端固定	一端固定 一端自由
μ 值	1.0	0.7	0.5	2
挠曲线形状	F_{cr}　l	F_{cr}　$0.7l$　l	F_{cr}　$\frac{l}{4}$　$\frac{l}{2}$　$\frac{l}{4}$	F_{cr}　l

8.2.3 欧拉公式的适用范围及经验公式

1. 压杆的临界应力、柔度

压杆在临界力作用下横截面上的应力称为临界应力，用 σ_{cr} 表示。根据临界力的欧拉公式可以求得临界应力为

$$\sigma_{cr}=\frac{F_{cr}}{A}=\frac{\pi^2 EI}{A(\mu l)^2} \tag{8.16}$$

式中　A——压杆的横截面面积。

引入截面的惯性半径 $i=\sqrt{\frac{I}{A}}$，得

$$\sigma_{cr}=\frac{\pi^2 E}{\left(\frac{\mu l}{i}\right)^2}$$

若令

$$\lambda=\frac{\mu l}{i} \tag{8.17}$$

则有

$$\sigma_{cr}=\frac{\pi^2 E}{\lambda^2} \tag{8.18}$$

式（8.18）为压杆临界应力公式，是欧拉公式的另一表达形式。式中，λ 称为压杆的柔度或长细比，它集中反映了压杆的长度、约束条件、截面尺寸和形状等因素对临界应力

的影响。从式（8.18）可以看出，压杆的临界应力与柔度的平方成反比，柔度越大，则压杆的临界应力越低，压杆越容易失稳。因此，在压杆稳定问题中，柔度 λ 是压杆稳定计算的一个重要参数。

2. 欧拉公式的适用范围

在推导欧拉公式时，曾使用了弯曲时挠曲线近似微分方程式 $\frac{d^2w}{dx^2}=\frac{M(x)}{EI}$，而这个方程是建立在材料服从胡克定律基础上的。故必须在临界应力小于比例极限的条件下，欧拉公式才能适用，即

$$\sigma_{cr}=\frac{\pi^2 E}{\lambda^2}\leqslant\sigma_p$$

由此可求得对应比例极限的柔度 λ_p：

$$\lambda_p=\pi\sqrt{\frac{E}{\sigma_p}} \tag{8.19}$$

λ_p 仅与压杆材料的弹性模量 E 和比例极限 σ_p 有关。例如，对于常用的 Q235 钢，$E=200\text{GPa}$，$\sigma_p=200\text{MPa}$，代入式（8.19），得

$$\lambda=\pi\times\sqrt{\frac{200\times10^9}{200\times10^6}}=99.3$$

满足 $\lambda\geqslant\lambda_p$ 的压杆称为细长杆或大柔度杆。

从以上分析可以看出：当 $\lambda\geqslant\lambda_p$ 时，$\sigma_{cr}\leqslant\sigma_p$，这时才能应用欧拉公式来计算压杆的临界力或临界应力，故欧拉公式只适用于大柔度杆。

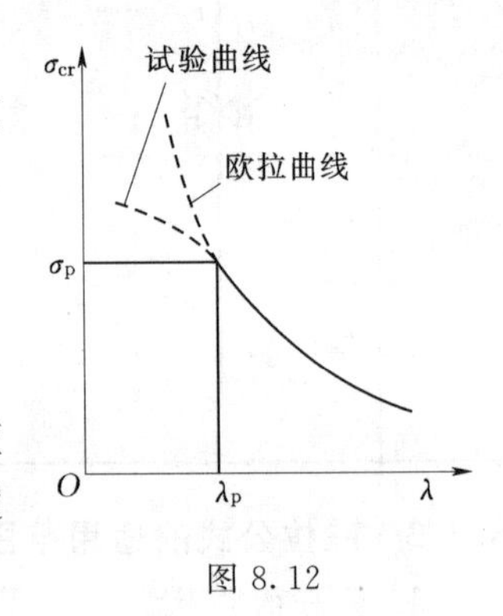

图 8.12

3. 中柔度杆的临界应力

对于不能应用欧拉公式计算临界应力的压杆，即压杆内的工作应力大于比例极限但小于屈服极限（塑性材料）时，可应用在试验基础上建立的经验公式。经验公式有直线公式和抛物线公式等。

其中直线公式比较简单、方便。把临界应力与压杆的柔度表示成如下的线性关系：

$$\sigma_{cr}=a-b\lambda \tag{8.20}$$

式中 a、b——与材料性质有关的系数，可以查相关手册得到，见表 8.2。

由式（8.20）可见，临界应力 σ_{cr} 随着柔度 λ 的减小而增大。

直线公式虽然是以 $\lambda<\lambda_p$ 的压杆建立的，但绝不能认为凡是 $\lambda<\lambda_p$ 的压杆都可以应用直线公式。因为当 λ 值很小时，按直线公式求得的临界应力较高，可能早已超过了材料的屈服强度 σ_s 或抗压强度 σ_b，这是杆件强度条件所不允许的。因此，只有在临界应力 σ_{cr} 不超过屈服强度 σ_s（或抗压强度 σ_b）时，直线公式才能适用。若以塑性材料为例，它的应用条件可表示为

$$\sigma_{cr}=a-b\lambda\leqslant\sigma_s \text{ 或 } \lambda\geqslant\frac{a-\sigma_s}{b}$$

若用 λ_s 表示对应于 σ_s 时的柔度值，则

表 8.2　　直线经验公式的系数 a 和 b

材料（σ_b、σ_s 的单位为 MPa）		a/MPa	b/MPa
Q235 钢	$\sigma_b \geqslant 372$ $\sigma_s = 235$	304	1.12
优质炭钢	$\sigma_b \geqslant 471$ $\sigma_s = 306$	461	2.568
硅钢	$\sigma_b \geqslant 510$ $\sigma_s = 353$	578	3.744
铬钼钢		9807	5.296
铸铁		332.2	1.454
强铝		373	2.15
松木		28.7	0.19

$$\lambda_s = \frac{a - \sigma_s}{b} \tag{8.21}$$

式中　λ_s——柔度值，是直线公式成立时压杆柔度 λ 的最小值，它仅与材料有关。

对 Q235 钢来说，$\sigma_s = 235\text{MPa}$，$a = 304\text{MPa}$，$b = 1.12\text{MPa}$。将这些数值代入式（8.21），得 $\lambda_s = \frac{304-235}{1.12} = 61.6$。当压杆的柔度 λ 值满足 $\lambda_s \leqslant \lambda < \lambda_p$ 条件时，临界应力用直线公式计算，这样的压杆被称为中柔度杆或中长杆。

4. 小柔度杆的临界应力

当压杆的柔度 λ 满足 $\lambda < \lambda_s$ 条件时，这样的压杆称为小柔度杆或短粗杆。试验证明，小柔度杆主要是由于应力达到材料的屈服强度 σ_s（或抗压强度 σ_b）而发生破坏，破坏时很难观察到失稳现象。这说明小柔度杆是由于强度不足而引起破坏的，应当以材料的屈服强度或抗压强度作为极限应力。若形式上也作为稳定问题来考虑，则可将材料的屈服强度 σ_s（或抗压强度 σ_b）看作临界应力 σ_{cr}，即

$$\sigma_{cr} = \sigma_s (\text{或 } \sigma_b)$$

8.2.4　临界应力总图

综上所述，压杆的临界应力随着压杆柔度变化情况可用如图 8.13 所示的曲线表示，该曲线是采用直线公式的临界应力总图，总图说明如下：

（1）当 $\lambda \geqslant \lambda_p$ 时，是细长杆，存在材料比例极限内的稳定性问题，临界应力用欧拉公式计算。

（2）当 λ_s（或 λ_b）$< \lambda_p$ 时，是中长杆，存在超过比例极限的稳定问题，临界应力用直线公式计算。

（3）当 $\lambda < \lambda_s$（或 λ_b）时，是短粗杆，不存在稳定性问题，只有强度问题，临界应力就是屈服强度 σ_s 或抗压强度 σ_b。

由图 8.13 还可以看到，随着柔度的增大，压杆的破坏性质由强度破坏逐渐向失稳破坏转化。

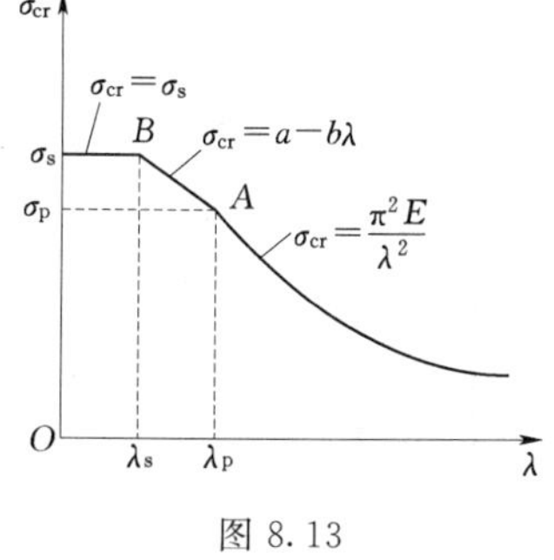

图 8.13

8.3 压杆稳定性计算

压杆的临界力 F_{cr} 与压杆实际承受的轴向压力 F 之比值，为压杆的工作安全系数 n，它应该不小于规定的稳定安全系数 n_{st}。因此压杆的稳定性条件为

$$n=\frac{F_{cr}}{F}\geqslant n_{st} \tag{8.22}$$

由稳定性条件便可对压杆稳定性进行计算，在工程中主要是稳定性校核。通常，n_{st} 的规定值比强度安全系数高，原因是一些难以避免的因素（例如压杆的初弯曲、材料不均匀、压力偏心以及支座缺陷等）对压杆稳定性影响远远超过对强度的影响。

式（8.22）是用安全系数形式表示的稳定性条件，在工程中还可以用应力形式表示稳定性条件：

$$\sigma=\frac{F}{A}\leqslant[\sigma]_{st} \tag{8.23}$$

其中

$$[\sigma]_{st}=\frac{\sigma_{cr}}{n_{st}} \tag{8.24}$$

式中 $[\sigma]_{st}$——稳定许用应力。

由于临界应力 σ_{cr} 随压杆的柔度而变，而且对不同柔度的压杆又规定不同的稳定安全系数 n_{st}，所以，$[\sigma]_{st}$ 是柔度 λ 的函数。在某些结构设计中，常常把材料的强度许用应力 $[\sigma]$ 乘以一个小于 1 的系数 φ 作为稳定许用应力 $[\sigma]_{st}$，即

$$[\sigma]_{st}=\varphi[\sigma] \tag{8.25}$$

式中 φ——折减系数。

因为 $[\sigma]_{st}$ 是柔度 λ 的函数，所以 φ 也是 λ 的函数，且总有 $\varphi<1$。引入折减系数后，式（8.23）可写为

$$\sigma=\frac{F}{A}\leqslant\varphi[\sigma] \tag{8.26}$$

折减系数 φ 可从我国钢结构设计规范中查到，这里不再赘述。

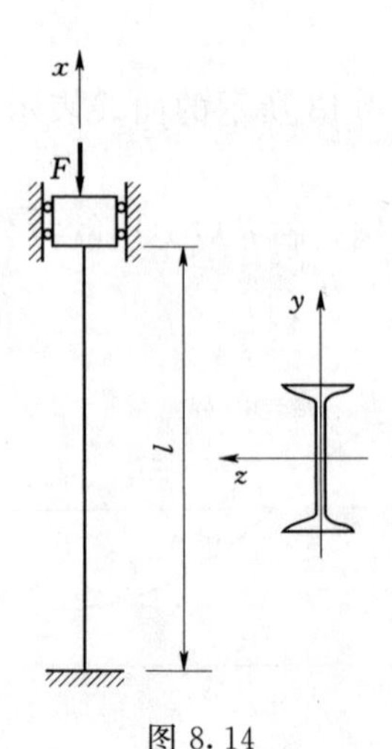

图 8.14

【例 8.1】 图 8.14 为一用 No.20a 工字钢制成的压杆，材料为 Q235 钢，$E=200\text{GPa}$，$\sigma_p=200\text{MPa}$，压杆长度 $l=5\text{m}$，$F=200\text{kN}$。若 $n_{st}=2$，试校核压杆的稳定性。

解：（1）计算 λ。由附录中的型钢表查得 $i_y=2.12\text{cm}$，$i_z=8.51\text{cm}$，$A=35.5\text{cm}^2$。压杆在 i 最小的纵向平面内抗弯刚度最小，柔度最大，临界应力将最小。因而压杆失稳一定发生在压杆 λ_{max} 的纵向平面内。

$$\lambda_{max}=\frac{\mu l}{i_y}=\frac{0.5\times5}{2.12\times10^{-2}}=117.9$$

（2）计算临界应力，校核稳定性。

$$\lambda_p=\pi\sqrt{\frac{E}{\sigma_p}}=\pi\sqrt{\frac{200\times10^9}{200\times10^6}}=99.3$$

因为 $\lambda_{max} > \lambda_p$，此压杆属细长杆，要用欧拉公式来计算临界应力。

$$\sigma_{cr} = \frac{\pi^2 E}{{\lambda_{max}}^2} = \frac{\pi^2 \times 200 \times 10^3}{117.9^2} = 142(\text{MPa})$$

$$F_{cr} = A\sigma_{cr} = 35.5 \times 10^{-4} \times 142 \times 10^6$$

$$= 504.1 \times 10^3(\text{N}) = 504.1(\text{kN})$$

$$n = \frac{F_{cr}}{F} = \frac{504.1}{200} = 2.57 > n_{st}$$

所以此压杆稳定。

【例 8.2】 如图 8.15 所示的连杆，材料为 Q235 钢，其 $E=200\text{MPa}$，$\sigma_p=200\text{MPa}$，$\sigma_s=235\text{MPa}$，承受轴向压力 $F=110\text{kN}$。若 $n_{st}=3$，试校核连杆的稳定性。

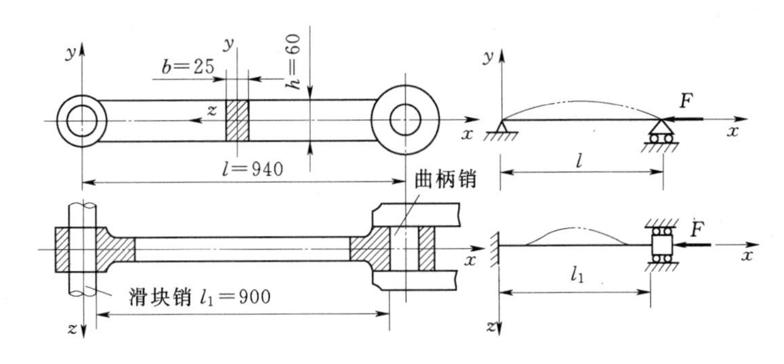

图 8.15

解： 根据图 8.15 中连杆端部约束情况，在 xy 纵向平面内可视为两端铰支；在 xz 平面内可视为两端固定约束。又因压杆为矩形截面，所以 $I_y \neq I_z$。

根据上面的分析，首先应分别算出杆件在两个平面内的柔度，以判断此杆将在哪个平面内失稳，然后再根据柔度值选用相应的公式来计算临界力。

（1）计算 λ。在 xy 纵向平面内，$\mu=1$，z 轴为中性轴：

$$i_z = \sqrt{\frac{I_z}{A}} = \frac{h}{2\sqrt{3}} = \frac{6}{2\sqrt{3}}(\text{cm}) = 1.732(\text{cm})$$

$$\lambda_z = \frac{\mu l}{i_z} = \frac{1 \times 94}{1.732} = 54.3$$

在 xz 纵向平面内，$\mu=0.5$，y 轴为中性轴：

$$i_y = \sqrt{\frac{I_y}{A}} = \frac{b}{2\sqrt{3}} = \frac{2.5}{2\sqrt{3}}(\text{cm}) = 0.722(\text{cm})$$

$$\lambda_y = \frac{\mu l}{i_y} = \frac{0.5 \times 90}{0.722} = 62.3$$

$\lambda_y > \lambda_z$，$\lambda_{max} = \lambda_y = 62.3$。连杆若失稳必发生在 xz 纵向平面内。

（2）计算临界力，校核稳定性：

$$\lambda_p = \pi\sqrt{\frac{E}{\sigma_p}} = \pi \times \sqrt{\frac{200 \times 10^9}{200 \times 10^6}} \approx 99.3$$

$\lambda_{max} < \lambda_p$，该连杆不属细长杆，不能用欧拉公式计算其临界力。这里采用直线公式，

查表 8.2，Q235 钢的 $a=304\text{MPa}$，$b=1.12\text{MPa}$，则

$$\lambda_s=\frac{a-\sigma_s}{b}=\frac{304-235}{1.12}=61.6$$

$\lambda_s<\lambda_{max}<\lambda_p$，属中等杆，因此

$$\sigma_{cr}=a-b\lambda_{max}=304-1.12\times62.3=234.2(\text{MPa})$$

$$F_{cr}=A\sigma_{cr}=6\times2.5\times10^{-4}\times234.2\times10^3=351.3(\text{kN})$$

$$n_{st}=\frac{F_{cr}}{F}=\frac{351.3}{110}=3.2>[n]_{st}$$

该连杆稳定。

【例 8.3】 某液压缸活塞杆承受轴向压力作用。已知活塞直径 $D=65\text{mm}$，油压 $p=1.2\text{MPa}$。活塞杆长度 $l=1250\text{mm}$，两端视为铰支，材料为碳钢，$\sigma_p=220\text{MPa}$，$E=210\text{GPa}$。取 $[n]_{st}=6$，试设计活塞直径 d。

解：(1) 计算 F_{cr}。活塞杆承受的轴向压力为

$$F=\frac{\pi}{4}D^2p=\frac{\pi}{4}\times(65\times10^{-3})^2\times1.2\times10^6=3982(\text{N})$$

活塞杆工作时不失稳所应具有的临界力值为

$$F_{cr}\geqslant n_{st}F=6\times3982=23892(\text{N})$$

(2) 设计活塞杆直径。因为直径未知，无法求出活塞杆的柔度，不能判定用怎样的公式计算临界力。为此，在计算时可先按欧拉公式计算活塞杆直径，然后再检查是否满足欧拉公式的条件：

$$F_{cr}=\frac{\pi^2EI}{(\mu l)^2}=\frac{\pi^2E\frac{\pi d^4}{64}}{l^2}\geqslant23892\text{N}$$

$$d\geqslant\sqrt[4]{\frac{64\times23892\times1.25^2}{\pi^3\times210\times10^9}}=0.0246(\text{m})$$

可取 $d=25\text{mm}$，然后检查是否满足欧拉公式的条件：

$$\lambda=\frac{\mu l}{i}=\frac{4\mu l}{d}=\frac{4\times1250}{25}=200$$

$$\lambda_p=\pi\sqrt{\frac{E}{\sigma_p}}=\pi\times\sqrt{\frac{210\times10^9}{220\times10^6}}\approx97$$

由于 $\lambda>\lambda_p$，所以用欧拉公式计算是正确的。

8.4　提高压杆稳定性的措施

通过以上讨论可知，影响压杆稳定性的因素有压杆的截面形状、压杆的长度、约束条件和材料的性质等。因而，当讨论如何提高压杆的稳定件时，也应从这几方面入手。

1. 选择合理截面形状

从欧拉公式可知，截面的惯性 I 越大，临界力 F_{cr} 越高。从经验公式可知。柔度 λ 越

小，临界应力越高。由于 $\lambda=\frac{\mu l}{i}$，所以提高惯性半径 i 的数值就能减小 λ 的数值。可见，在不增加压杆横截面面积的前提下，应尽可能把材料放在离截面形心较远处，以取得较大的 I 和 i，提高临界压力。例如空心圆环截面要比实心圆截面合理。

如果压杆在过其主轴的两个纵向平面约束条件相同或相差不大，那么应采用圆形或正多边形截面；若约束不同，应采用对两个主形心轴惯性半径不等的截面形状，例如矩形截面或工字形截面，以使压杆在两个纵向平面内有相近的柔度值。这样，在两个相互垂直的主惯性纵向平面内有接近相同的稳定性。

2. 尽量减小压杆长度

由式（8.17）可知，压杆的柔度与压杆的长度成正比。在结构允许的情况下，应尽可能减小压杆的长度；甚至可改变结构布局，将压杆改为拉杆［如图 8.16（a）所示的托架改成如图 8.16（b）所示的形式］等。

3. 改善约束条件

改变压杆的支座条件可直接影响临界力的大小。例如长为 l 两端铰支的压杆，其 $\mu=1$，$F_{cr}=\frac{\pi^2 EI}{l^2}$。若在这一压杆的中点增加一个中间支座或者把两端改为固定端（图 8.17）。则相当长度变为 $\mu l=\frac{1}{2}$，临界力变为

$$F_{cr}=\frac{\pi^2 EI}{\left(\frac{l}{2}\right)^2}=\frac{4\pi^2 EI}{l^2}$$

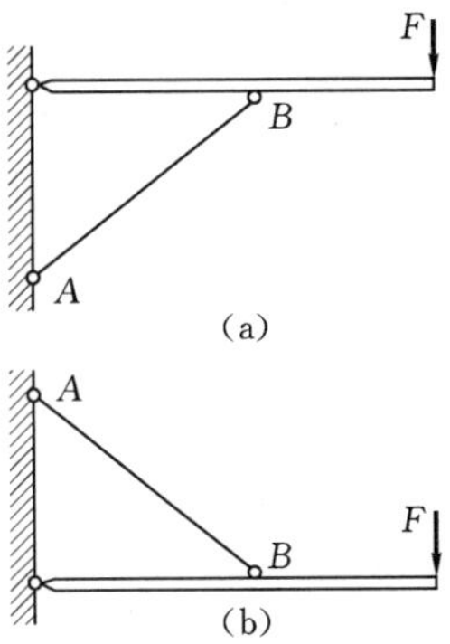

图 8.16

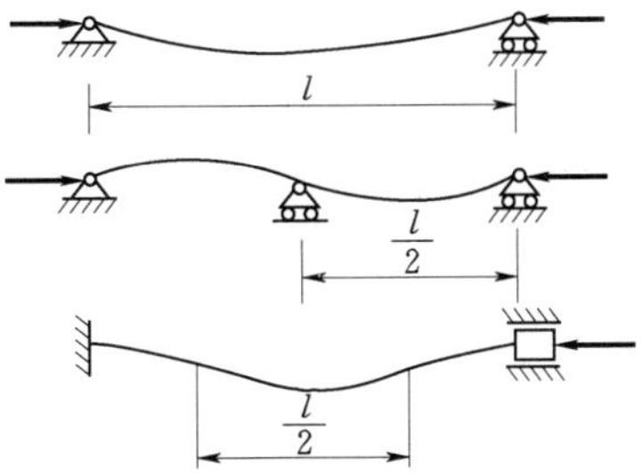

图 8.17

可见临界力变为原来的四倍。一般说增加压杆的约束，使其更不容易发生弯曲变形，都可以提高压杆的稳定性。

4. 合理选择材料

由欧拉公式［式（8.18）］可知，临界应力与材料的弹性模量 E 有关。然而，由于各种钢材的弹性模量 E 大致相等，所以对于细长杆，选用优质钢材或低碳钢并无很大差别。对于中等杆，无论是根据经验公式或理论分析，都说明临界应力与材料的强度有关，优质钢材在一定程度上可以提高临界应力的数值。至于短粗杆，本来就是强度问题，选择优质

钢材自然可以提高其强度。

习　题

8.1　某型柴油机的挺杆长度 $l=25.7\text{cm}$，圆形横截面的直径 $d=8\text{mm}$，钢材的 $E=210\text{GPa}$，$\sigma_P=240\text{MPa}$。挺杆所受最大压力 $P=1.76\text{kN}$。规定的稳定安全系数 $n_{st}=2\sim5$。试校核挺杆的稳定性。

8.2　三根圆截面压杆，直径均为 $d=160\text{mm}$，材料为 Q235 钢，$E=200\text{GPa}$，$\sigma_s=240\text{MPa}$。两端均为铰支，长度分别为 l_1、l_2 和 l_3，且 $l_1=2l_2=4l_3=5\text{m}$。试求各杆的临界压力 P_{cr}。

8.3　无缝钢管厂的穿孔顶杆如习题 8.3 图所示。杆端承受压力。杆长 $l=4.5\text{m}$，横截面直径 $d=15\text{cm}$。材料为低合金钢，$E=210\text{GPa}$。两端可简化为铰支座，规定稳定安全系数 $n_{st}=3.3$。试求顶杆的许可载荷。

8.4　蒸汽机车的连杆如习题 8.4 图所示。截面为工字形，材料为 Q235 钢，连杆承受的最大轴向压力为 465kN。连杆在摆动平面（xy 平面）内发生弯曲时，两端可视为铰支；而在与摆动平面垂直的 xz 平面内发生弯曲时，两端可认为是固定支座。试确定其工作安全因数。

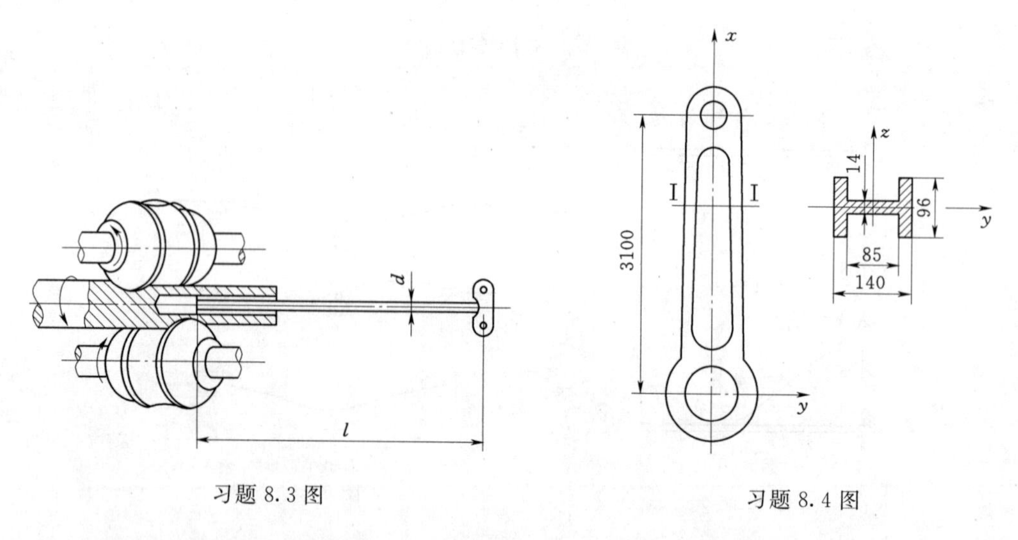

习题 8.3 图　　习题 8.4 图

8.5　某厂自制的简易起重机如习题 8.5 图所示，其压杆 BD 为 No. 20b 槽钢，材料为 Q235 钢。起重机的最大起重量是 $P=40\text{kN}$。若规定的稳定安全系效为 $n_{st}=5$，试校核 BD 杆的稳定性。

8.6　在如习题 8.6 图所示铰接杆系 ABC 中，AB 和 BC 皆为细长压杆，且截面相同，材料一样。若因在 ABC 平面内失稳而破坏，并规定 $0<\theta<\frac{\pi}{2}$，试确定 P 为最大值时的 θ 角。

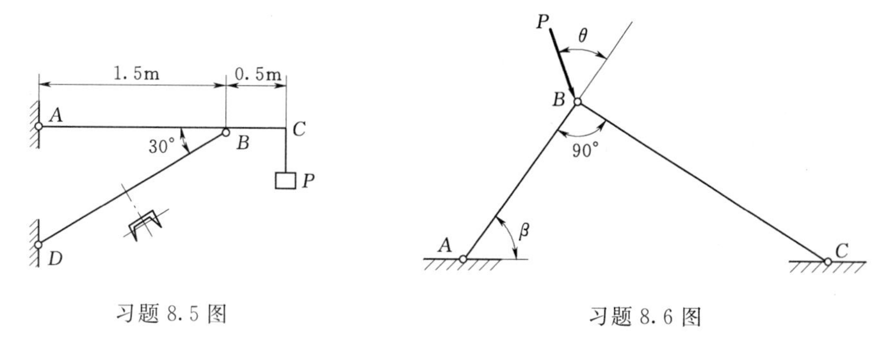

习题 8.5 图　　　　习题 8.6 图

8.7　千斤顶（可视为下端固定，上端自由）的最大承载压力为 $P=150\text{kN}$，螺杆内径 $d=52\text{mm}$，$l=50\text{cm}$。材料为 Q235 钢，$E=200\text{GPa}$。稳定安全系数规定为 $n_{st}=3$。试校核其稳定性。

8.8　如习题 8.8 图所示为五杆组成的正方形桁架，正方形边长为 l，各杆横截面的抗弯刚度 EI 相同，且均为细长杆，试求结构失稳时的最大荷载 F。如果将荷载 F 的方向改为压力，则失稳时的最大荷载又是多少？

8.9　载荷有一偏心距 e 的压杆的计算简图如习题 8.9 图所示。试求最大应力。

8.10　压杆的一端固定，另一端自由［习题 8.10 图（a)］。为提高其稳定性，在中点增加支座，如习题 8.10 图（b）所示。试求加强后压杆的欧拉公式表达式，并与加强前的压杆比较临界力的比值。

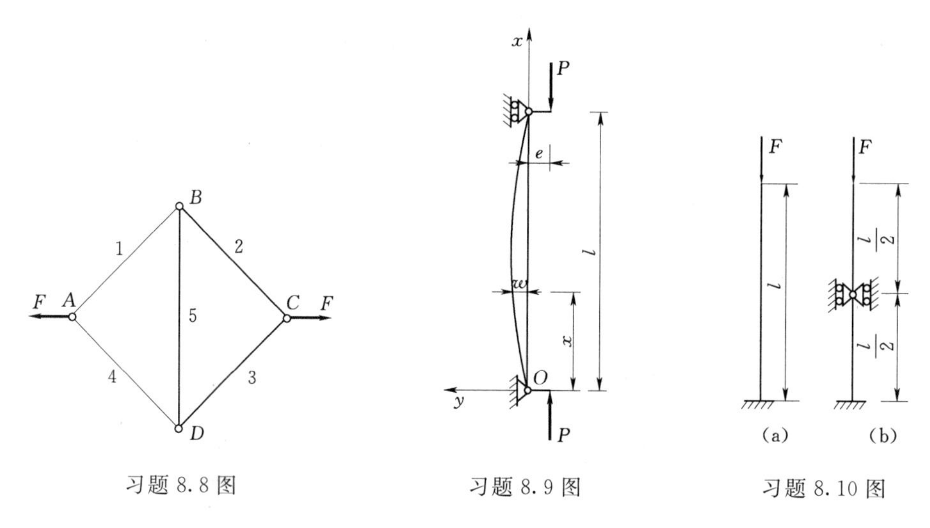

习题 8.8 图　　　　习题 8.9 图　　　　习题 8.10 图

8.11　习题 8.11 图（a）为万能机的示意图，四根立柱的长度为 $l=3\text{m}$。钢材的 $E=210\text{GPa}$。立柱丧失稳定后的变形曲线如习题 8.11 图（b）所示。若 F 的最大值为 1000kN，规定的稳定安全系数为 $n_{st}=4$，试按稳定条件设计立柱的直径。

8.12　如习题 8.12 图所示的梁及柱的材料均为 Q235 钢，$E=200\text{GPa}$，$\sigma_s=240\text{MPa}$，均布载荷 $q=24\text{kN/m}$，竖杆为两根 $63\text{mm}\times63\text{mm}\times5\text{mm}$ 等边角钢（连接成一整体）。试确定梁及柱的工作安全系数。

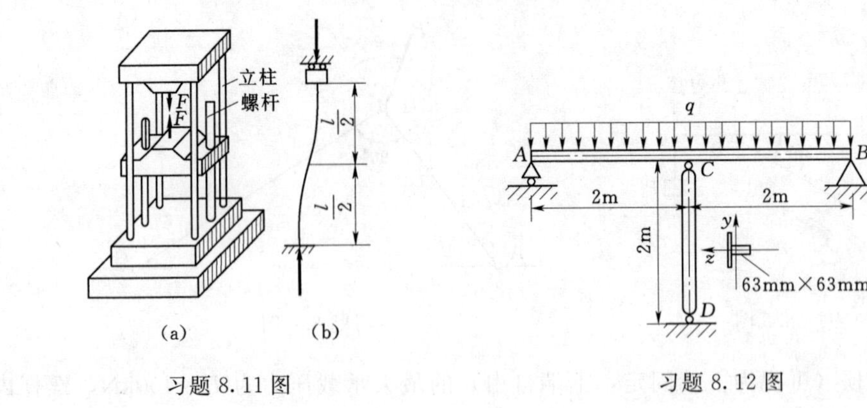

习题 8.11 图

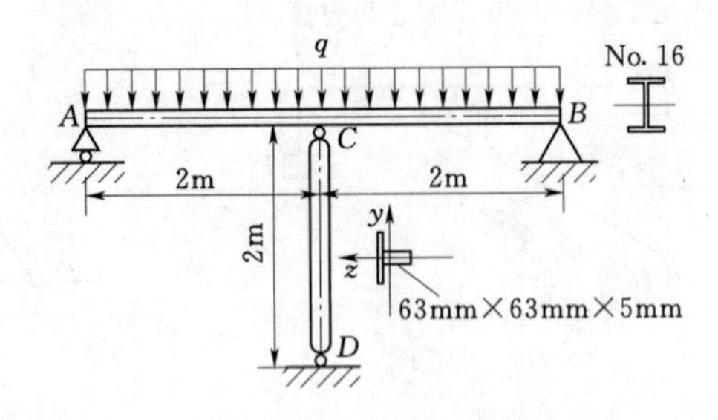

习题 8.12 图

第9章　动　载　荷

9.1　概　　述

前面研究了静载荷作用下的强度、刚度和稳定性问题。所谓静载荷是指构件所承受的载荷从零开始缓慢地增加到最终值，然后不再随时间而改变。这时，构件在变形过程中各质点的加速度很小，加速度对变形和应力的影响可以忽略不计。当载荷引起构件质点的加速度较大，不能忽略它对变形和应力的影响时，这种载荷就称为动载荷。构件在动载荷作用下产生的应力和变形分别称为动应力和动变形。试验表明，在静载荷下服从胡克定律的材料，只要动应力不超过比例极限，在动载荷下胡克定律仍然有效，并且弹性模量也与静荷载时相同。

静载荷和动载荷对于构件的作用是不同的，根据加载速度和应力随时间变化情况的不同，工程中常遇到下列四类动载荷：

（1）惯性载荷。例如起吊重物，旋转飞轮等。对于这类构件，主要考虑运动加速度对构件应力的影响，材料的机械性质可认为与静载荷时相同。

（2）冲击载荷。它的特点是加载时间短，载荷的大小在极短时间内有较大的变化，因此加速度及其变化都很剧烈，不易直接测定。工程中的冲击实例很多，例如汽锤锻造、落锤打桩、传动轴突然刹车等。这类构件的应力及材料机械性质都与静载荷时不同。

（3）振动载荷。它的特点是在多次循环中，载荷相继呈现相同的时间历程。如旋转机械装置因质量不平衡引起的离心力。对于承受这类动载荷的构件，载荷产生的瞬时应力可以近似地按静载荷公式计算，但其材料的机械性质与静载荷时有很大区别。

（4）引起交变应力的变载荷。机械上有许多零件在工作时承受着随时间变化的应力，这种随时间作周期性变化的应力称为交变应力。交变应力将引起构件的疲劳破坏。

本章主要论述三个方面的内容：利用动静法求构件有加速度时的应力、构件受冲击时应力计算、交变应力及构件的疲劳强度计算。

9.2　动静法的应用

为了介绍动静法，先说明惯性力。一个质点有加速度 a，其惯性力等于质点的质量 m 与加速度 a 的乘积，方向与加速度方向相反。由达朗贝尔原理，对于做加速运动的质点系，如果假想地在每一质点上加上惯性力，则质点系上的原力系与惯性力系构成平衡力系。这样，动力学问题在形式上可以作为静力学问题来处理，这就是动静法。前面章节关于应力和变形的计算方法，也可直接用于增加了惯性力的构件。下面分几种类型来说明。

9.2.1　构件做匀变速直线运动时的应力计算

现以用起重机匀加速起吊重物为例，来说明构件做匀加速直线运动时动荷应力的计算方法。

如图9.1（a）所示为一被起吊时的杆件，其横截面面积为A，长为l，材料密度为ρ，吊索的起吊力为F，起吊时的加速度为a，方向向上。要求杆中任意横截面I—I上的正应力。

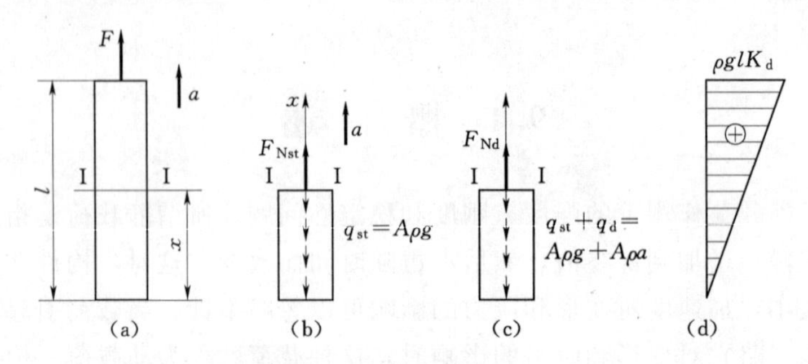

图9.1

仍用截面法，取任一截面I—I以下部分杆为研究对象，该部分杆长为x［图9.1（b）］，研究对象所受外力有自身的重力，其集度为

$$q_{st}=A\rho g \tag{9.1}$$

若不考虑加速度的影响，只考虑静载荷重力的作用，则在截面I—I上静荷轴力为

$$F_{Nst}=A\rho g \tag{9.2}$$

但是杆件具有加速度，则根据动静法（达朗伯原理），方向向上的加速度将产生方向向下的惯性力，如果把这部分杆的惯性力看作用为虚拟力，其集度为

$$q_d=A\rho g\ \frac{a}{g} \tag{9.3}$$

则作用在这部分杆上的自重、惯性力和轴力（即动荷轴力）可看作是平衡力系［图9.1（c）］。应用平衡条件很易求得动荷轴力。

根据平衡条件$\sum F_x=0$，由此求得

$$F_{Nd}=(q_{st}+q_d) \tag{9.4}$$

将式（9.1）和式（9.3）代入式（9.4），得

$$F_{Nd}=A\rho gx\left(1+\frac{a}{g}\right) \tag{9.5}$$

式中　$A\rho gx$——这部分杆的自重，相当于静荷载。

将式（9.2）代入式（9.5），可得

$$F_{Nd}=F_{Nst}\left(1+\frac{a}{g}\right) \tag{9.6}$$

由式（9.6）可见，动荷轴力等于静荷轴力乘以系数$\left(1+\frac{a}{g}\right)$，令

$$K_d=1+\frac{a}{g} \tag{9.7}$$

式中　K_d——杆件做铅垂匀加速上升运动时的动荷系数，它与加速度a成比例。

将式（9.7）代入式（9.6）得

$$F_{Nd}=K_dF_{Nst} \tag{9.8}$$

即动荷轴力等于静荷轴力乘以动荷系数。当 $a=0$ 时，$K_d=1$，即动荷轴力等于静荷轴力。

欲求截面上的动荷正应力 σ_d，可将动荷轴力除以截面面积 A 即可，即

$$\sigma_d=\frac{F_{Nd}}{A}=\rho gx\left(1+\frac{a}{g}\right) \tag{9.9}$$

而静应力为

$$\sigma_{st}=\frac{F_{Nst}}{A}=\rho gx \tag{9.10}$$

所以式（9.9）也可写成：

$$\sigma_d=K_d\sigma_{st} \tag{9.11}$$

即动应力等于静应力乘以动荷系数。

如图 9.1（d）所示为动应力 σ_d 分布图，显示动应力是关于 x 的线性函数，当 $x=l$ 时，最大动应力 $\sigma_{d,max}$ 为

$$\sigma_{d,max}=\rho gl\left(1+\frac{a}{g}\right)=\sigma_{st,max}K_d \tag{9.12}$$

对于线弹性结构，其变形、应力等均与载荷呈线性关系。动载荷作用下杆件的动伸长或缩短 Δl_d，可由静伸长或缩短 Δl_{st}乘以动荷系数 K_d 得到，即

$$\Delta l_d=\Delta l_{st}K_d \tag{9.13}$$

以上分析方法，叫动荷系数法。即对于线弹性体有

$$\frac{F_d}{F_{st}}=\frac{\sigma_d}{\sigma_{st}}=\frac{\delta_d}{\delta_{st}}=K_d \tag{9.14}$$

式中　F_d、σ_d、δ_d——动载荷、动应力、动位移；

F_{st}、σ_{st}、δ_{st}——静载荷、静应力和静位移。

9.2.2 构件做等角速度转动时的应力计算

工程中除了做匀速直线运动的构件外，还有许多做匀速转动的构件，如内燃机上的飞轮。飞轮或带轮等做匀速转动时，若不计轮辐的影响，其力学模型可以看成是一薄壁圆环绕通过圆心且垂直于圆环平面的轴做匀速转动的情况，如图 9.2（a）所示。下面分析轮缘上横截面上的应力。

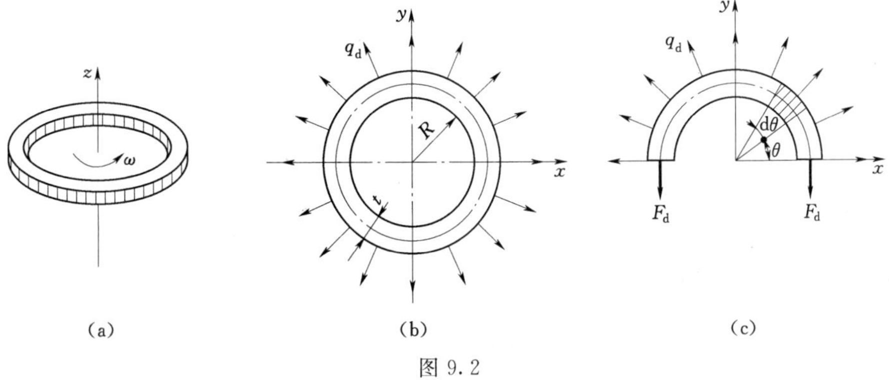

图 9.2

设飞轮的厚度为 t，平均半径为 R，且 t 远小于 R，轮缘横截面面积为 A。飞轮做匀角速度转动时，有向心加速度 $a_n=R\omega^2$，于是各质点将产生离心惯性力，离心惯性力集度为

$$q_d=A\rho R\omega^2 \tag{9.15}$$

其作用点假设在平均圆周上，方向向外辐射，如图 9.2（b）所示。

欲求横截面上的动荷内力，可取半个圆环为研究对象进行分析［图 9.2（c）］。按动静法，半个圆环受离心惯性力 q_d 及动荷轴力 F_d 的作用而平衡，于是由 $\sum F_y=0$，有

$$2F_d-\int q_d\mathrm{d}s\sin\theta=2F_d-\int_0^{\pi}A\rho\omega^2R\cdot R\mathrm{d}\theta\sin\theta=0$$

由此得

$$F_d=A\rho\omega^2R^2 \tag{9.16}$$

动荷应力为

$$\sigma_d=\frac{F_d}{A}=\rho\omega^2R^2 \tag{9.17}$$

飞轮的强度条件为

$$\sigma_d=\frac{F_d}{A}=\rho\omega^2R^2\leqslant[\sigma] \tag{9.18}$$

上式表明，对于同样半径的圆环，其应力的大小与截面积 A 的大小无关，而与角速度 ω^2 成比例。所以，增加轮缘部分的横截面面积，无助于提高飞轮的强度，要保证飞轮的强度，须限制飞轮的转速。

9.2.3　构件作变角速度转动时的应力计算

工程中绕定轴转动的刚体通常有质量对称面，当刚体绕垂直于此质量对称面的轴做定轴转动时，由达朗贝尔原理可知：惯性力系向转动轴与对称平面交点简化时，得位于此平面内的一个力和一个力偶。这个力等于刚体质量与质心加速度的乘积，方向与质心加速度方向相反，作用线通过转轴；这个力偶的矩等于刚体对转轴的转动惯量与角加速度的乘积，转向与角加速度相反。

如图 9.3 所示，构件在其质量对称平面内绕 O 点定轴转动，质心为 C 点。构件的质量为 M，对 O 点的转动惯量为 J_O，质心 C 的加速度为 a_C，构件转动的角速度和角加速度分别为 ω 和 α，则惯性力系向 O 点简化可得到一个惯性力 F_I 和一个惯性力偶 M_{IO}，将惯性力 F_I 分别向质心转动半径的法向和切向分解，得到法向和切向的惯性力分别为

$$F_{In}=Ma_C^n,F_{It}=Ma_C^t \tag{9.19}$$

惯性力偶矩的大小为

$$M_{IO}=J_O\alpha \tag{9.20}$$

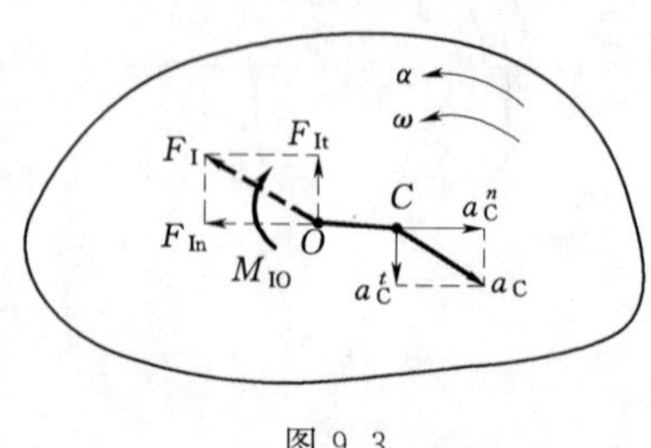

图 9.3

各惯性力方向及惯性力偶的转向如图 9.3 所示。

由动静法，构件在外力系和惯性力系的共同作用下处于平衡状态，因而可以判断构件的变形形式，并根据截面法求出构件的内力，进而计算构件的应力和变形。

【例 9.1】　在 AB 轴的 B 端有一个质量很大的飞轮（图 9.4）。与飞轮相比，轴的质量可以忽略不计。

轴的另一端 A 装有刹车离合器。飞轮的转速为 $n=100\mathrm{r/min}$，转动惯量为 $J_x=0.5\mathrm{kN\cdot m\cdot s^2}$。轴的直径 $d=100\mathrm{mm}$。刹车时使轴在 10s 内均匀减速停止转动。求轴内最大动应力。

分析：飞轮的质心位于转轴上，在刹车的过程中，质心始终处于静止，惯性力等于零。由于飞轮是匀减速转动，角加速度与初始角速度转向相反，因而存在惯性力偶，该力偶与初始角速度转向相同（图 9.4）。根据动静法，AB 轴在刹车离合器产生的摩擦力矩和惯性力矩的作用下可以看成是平衡的，这一对力偶将使轴产生扭转变形，轴内的最大动应力是扭转时的切应力，在轴横截面的边缘上。

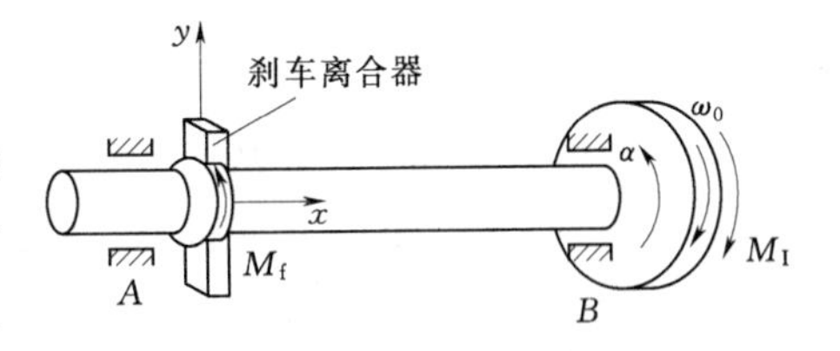

图 9.4

解：飞轮与轴的转动角速度为

$$\omega_0=\frac{n\pi}{30}=\frac{\pi\times 100}{30}=\frac{10\pi}{3}(\mathrm{rad/s})$$

当飞轮与轴同时均匀减速时，其角加速度为

$$\alpha=\frac{\omega_1-\omega_0}{t}=\frac{0-\frac{10}{3}\pi}{10}=-\frac{\pi}{3}(\mathrm{rad/s^2})$$

等号右边的负号只是表示 α 与 ω_0 的方向相反（图 9.4）。按动静法，在飞轮上加上方向与 α 相反的惯性力偶矩 M_1，且

$$M_1=J_O|\alpha|=0.5\times\left|-\frac{\pi}{3}\right|=\frac{0.5\pi}{3}(\mathrm{kN\cdot m})$$

惯性力偶的转向与角加速度转向相反。

设作用于轴上的摩擦力矩为 M_f，由平衡方程 $\sum M_x=0$，求出

$$M_f=M_1=\frac{0.5\pi}{3}(\mathrm{kN\cdot m})$$

AB 轴由于摩擦力矩 M_f 和惯性力偶矩 M_1 引起扭转变形，横截面上的扭矩为

$$T=M_1=\frac{0.5\pi}{3}(\mathrm{kN\cdot m})$$

横截面上的最大扭转剪应力为

$$\tau_{max}=\frac{T}{W_t}=\frac{\frac{0.5\pi}{3}\times 10^3}{\frac{\pi}{16}\times(100\times 10^{-3})^3}=2.67\times 10^6(\mathrm{Pa})=2.67(\mathrm{MPa})$$

9.3　杆件受冲击时应力和变形的计算

9.3.1　概述

在 9.2 节讨论中，构件运动时各质点具有不可忽略的加速度，产生惯性力或惯性力偶，从而产生动应力。这类问题中，加速度比较容易计算，只要将由加速度引起的惯性力作为静载荷施加在构件上，就可以计算构件的应力和变形。

但在工程和生活中，有些物体产生冲击运动，由于相互作用力的时间极短，而且不易精确测出，因此加速度的大小很难确定。这样就不能引入惯性力，无法用9.2节介绍的动静法求出冲击时的应力和变形。例如，用重锤打桩、汽锤锻造、吊车突然刹车、金属冲压加工等都是工程中常见的冲击问题。

这些冲击现象都是一个运动物体以某一速度与另一静止物体相撞，物体的速度在极短的时间内发生急剧的变化，从而受到很大的作用力。这种现象称为冲击。其中运动的物体称为冲击物，受冲击物体称为被冲击物。被冲击物因受冲击而引起的应力称为冲击应力。

由于冲击时间非常短促，在工程实际中，一般采用能量法来计算被冲击物中的最大动应力和最大动变形。为了简化计算，还需采用如下几个假设：

(1) 冲击物的变形很小，可视为刚体。

(2) 被冲击物的质量引起的应力可单独分析，对冲击影响小，分析冲击时忽略不计。

(3) 冲击物与被冲击物接触后，两者即附着在一起运动。

(4) 略去冲击过程中的能量损失（如热能的损失），只考虑动能与势能（重力势能和弹性应变能）的转化。

因此，由能量守恒定律可知，在冲击过程中，冲击物所减少的动能 T 和势能 V 之和应等于被冲击物所增加的弹性应变能 V_ε，即

$$T+V=V_\varepsilon \tag{9.21}$$

式（9.21）为用能量法求解冲击问题的基本方程。

9.3.2 用能量法计算冲击时应力及位移

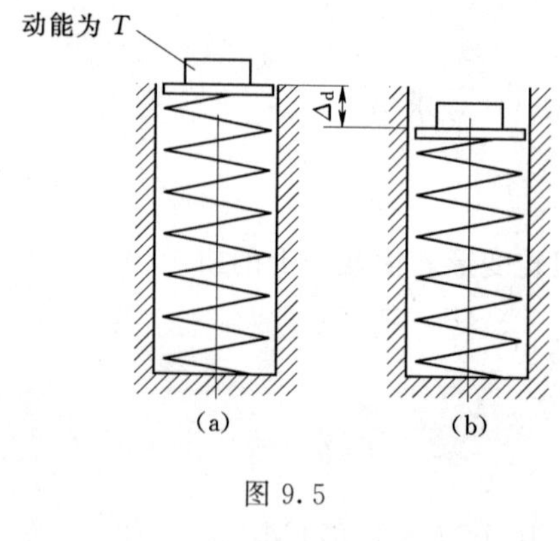

图 9.5

(1) 垂直冲击问题。任一弹性杆件或结构都可简化成图9.5中的弹簧。设重量为 Q 的冲击物与受冲弹簧接触［图9.5(a)］后便立即相互附着共同运动。若省略弹簧的质量，只考虑其弹性，便简化成一个自由度的运动体系。设冲击物体在与弹簧开始接触的瞬时动能为 T；由于弹簧的阻抗，当弹簧变形到达最底位置［图9.5(b)］时，体系的速度为零，弹簧的变形为 Δ_d。从冲击物与弹簧开始接触到变形发展到最底位置，动能由 T 变为零，其变化量为 T；重物 Q 向下移动的距离为 Δ_d，势能的变化为

$$V=Q\Delta_d \tag{9.22}$$

若以 V_ε 表示弹簧的应变能，并省略冲击中变化不大的其他能量（如热能），根据机械能守恒定律，冲击系统的动能和势能的变化应等于弹簧的应变能，即

$$T+V=V_\varepsilon$$

设体系的速度为零时弹簧的动载荷为 P_d，在材料服从胡克定律的情况下，它与弹簧的变形成正比，且都是从零开始增加到最终值。

所以，冲击过程中动载荷完成的功为 $\frac{1}{2}P_d\Delta_d$，它等于弹簧的应变能，即

$$V_{\varepsilon}=\frac{1}{2}P_{d}\Delta_{d} \tag{9.23}$$

若重物 Q 以静载的方式作用于构件上，设构件的静变形和静应力为 Δ_{st} 和 σ_{st}。在动载荷 P_d 作用下，相应的动变形和动应力为 Δ_d 和 σ_d。在线弹性范围内，载荷、变形和应力成正比，故有

$$\frac{P_{d}}{Q}=\frac{\Delta_{d}}{\Delta_{st}}=\frac{\sigma_{d}}{\sigma_{st}} \tag{9.24}$$

或者写成

$$P_{d}=\frac{\Delta_{d}}{\Delta_{st}}Q,\quad \sigma_{d}=\frac{\Delta_{d}}{\Delta_{st}}\sigma_{st} \tag{9.25}$$

把式（9.25）中的 P_d 代入式（9.23），得

$$V_{\varepsilon}=\frac{1}{2}\frac{\Delta_{d}^{2}}{\Delta_{st}}Q \tag{9.26}$$

将式（9.22）和式（9.26）代入式（9.21），经过整理，得

$$\Delta_{d}^{2}-2\Delta_{st}\Delta_{d}-\frac{2T\Delta_{st}}{Q}=0$$

从以上方程中解出

$$\Delta_{d}=\Delta_{st}\left(1+\sqrt{1+\frac{2T}{Q\Delta_{st}}}\right) \tag{9.27}$$

引用记号

$$K_{d}=\frac{\Delta_{d}}{\Delta_{st}}=1+\sqrt{1+\frac{2T}{Q\Delta_{st}}} \tag{9.28}$$

式中　K_d——冲击动荷系数。

这样，式（9.24）就可写成

$$P_{d}=K_{d}Q,\quad \Delta_{d}=K_{d}\Delta_{st},\quad \sigma_{d}=K_{d}\sigma_{st} \tag{9.29}$$

可见以 K_d 乘静载荷、静变形和静应力，即可求得冲击时的载荷、变形和应力。这里 P_d、Δ_d 和 σ_d 是指受冲击构件到达最大变形位置，冲击物速度等于零时的瞬时载荷、变形和应力。

若冲击是重为 Q 的物体从高为 h 处自由下落造成的，则物体与弹簧接触时，物体的速度 $v^2=2gh$，于是物体的动能为 $T=\frac{1}{2}\frac{Q}{g}v^{2}=Qh$，代入式（9.28）得

$$K_{d}=\frac{\Delta_{d}}{\Delta_{st}}=1+\sqrt{1+\frac{2h}{\Delta_{st}}} \tag{9.30}$$

这是物体自由下落时的动荷系数。

突然加于构件上的载荷，相当于物体自由下落时 $h=0$ 的情况。由式（9.30）可知，$K_d=2$。所以在突加载荷下，构件的应力和变形皆为静载荷时的两倍。

（2）水平冲击问题。对水平放置的系统，例如图 9.6 所示的情况，冲击过程中系统的势能不变，$V=0$。

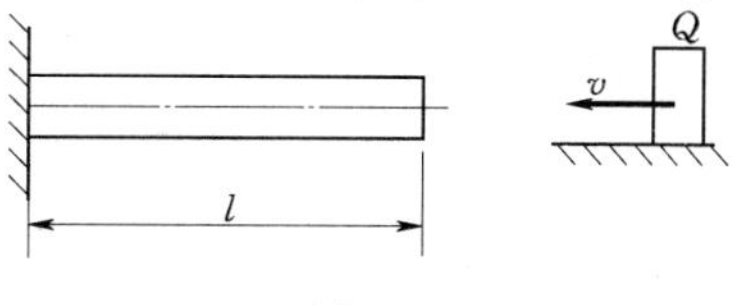

图 9.6

若冲击物与杆件接触时的速度为 v，则动能 T 为

$$T=\frac{1}{2}\frac{Q}{g}v^2$$

将 V、T 和式（9.26）中的 V_ε 代入式（9.21），得

$$\frac{1}{2}\frac{Q}{g}v^2=\frac{1}{2}\frac{\Delta_d^2}{\Delta_{st}}Q$$

$$\Delta_d=\sqrt{\frac{v^2}{g\Delta_{st}}}\Delta_{st} \tag{9.31}$$

由式（9.25）又可求出

$$P_d=\sqrt{\frac{v^2}{g\Delta_{st}}}Q,\quad \sigma_d=\sqrt{\frac{v^2}{g\Delta_{st}}}\sigma_{st} \tag{9.32}$$

以上各式中带根号的系数也就是动荷系数 K_d。

从式（9.28）、式（9.30）和式（9.32）都可看到，在冲击问题中，若能增大静位移 Δ_{st}，就可以降低冲击载荷和冲击应力。这是因为静位移的增大表示构件较为柔软，因而能更多地吸收冲击物的能量。但是，增加静变形 Δ_{st} 应尽可能地避免增加静应力，否则，降低了动荷系数 K_d，却又增加了 σ_d，结构动应力未必就会降低。汽车大梁与轮轴之间安装叠板弹簧，火车车厢架与轮轴之间安装压缩弹簧，某些机器或零件上加上橡皮座垫或垫圈，都是为了既提高静变形 Δ_{st}，又不改变构件的静应力。这样可以明显地降低冲击应力，起很好的缓冲作用。又如把承受冲击的汽缸盖螺栓，由短螺栓［图 9.7（a）］改为长螺栓［图 9.7（b）］，增加了螺栓的静变形就可以提高其承受冲击的能力。

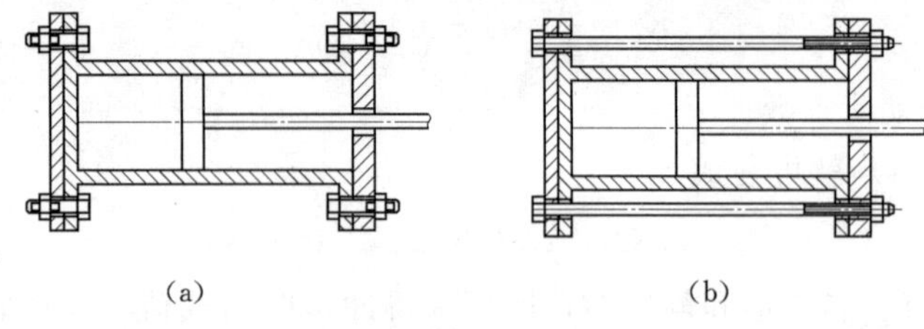

图 9.7

上述计算方法，省略了其他种能量的损失。事实上，冲击物体减少的动能和势能不可能全部转变为受冲构件的变形能。所以，按上述方法算出的受冲构件的变形能的数值偏高，由这种方法求得的结果偏于安全。

（3）突然制动问题。用下例来说明突然制动时，能量守恒原理在冲击问题中的应用。如图 9.8 所示的重物，在匀速下降过程中圆轮突然制动，被卡住，吊索则在重物的惯性冲击作用下继续伸长，重物的速度很快就由 v 变成 0。则重物原来具有的动能 T 全部转化为重物的重力势能和吊索的弹性应变能。制动前后能量守恒。

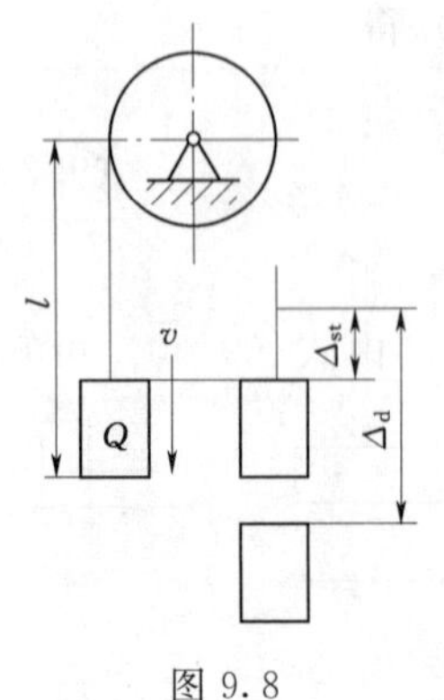

图 9.8

制动前能量为：重物具有的动能 $\frac{1}{2}\frac{Q}{g}v^2$、吊索在重力作用下静伸长而使重物具有的势能 $-Q\Delta_{st}$、吊索在重力作用下静伸长而具有的应变能 $\frac{1}{2}k\Delta_{st}^2$。

制动后能量为：重物具有的动能0、吊索在重力惯性冲击作用下产生动伸长而使重物具有的势能$-Q\Delta_d$、吊索动伸长而具有的应变能$\frac{1}{2}k\Delta_d^2$。其中k为弹性系数。

根据能量守恒，有

$$\frac{1}{2}\frac{Q}{g}v^2-Q\Delta_{st}+\frac{1}{2}k\Delta_{st}^2=0-Q\Delta_d+\frac{1}{2}k\Delta_d^2$$

注意到$\frac{Q}{k}=\Delta_{st}$，于是上式可化为

$$\Delta_d^2-2\Delta_{st}\Delta_d+\Delta_{st}^2\left(1-\frac{v^2}{g\Delta_{st}}\right)=0$$

解出

$$\Delta_d=\Delta_{st}\left(1\pm\sqrt{\frac{v^2}{g\Delta_{st}}}\right) \tag{9.33}$$

因为有$\Delta_d>\Delta_{st}$，故动荷系数K_d为

$$K_d=1+\sqrt{\frac{v^2}{g\Delta_{st}}} \tag{9.34}$$

【例9.2】 如图9.9所示为受相同自由落体冲击的两个相同的钢梁，一个钢梁支于刚性支座上，另一个钢梁支于弹簧系数$k=100\text{N/mm}$的弹簧上。已知$l=3\text{m}$，$h=50\text{mm}$，$Q=1\text{kN}$，钢梁的轴惯性矩$I_z=34\times10^6\text{mm}^4$，抗弯截面系数$W_z=309\times10^3\text{mm}^3$，弹性模量$E=200\text{GPa}$。试比较两者的动应力。

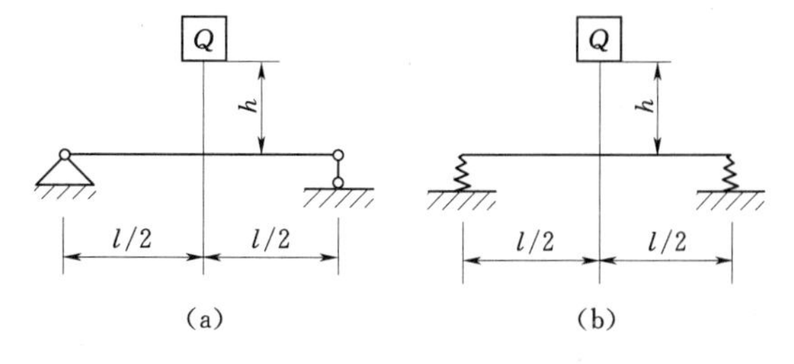

图9.9

分析：该冲击属于自由落体冲击，可先计算静载荷作用下的静应力，再计算出动荷系数，即可求出动应力。但由于两种情况下的支座不同，静变形不同，得到的结果会大不相同。

解： 自由落体冲击情况下，由动荷系数计算公式［式(9.30)］得

$$K_d=1+\sqrt{1+\frac{2h}{\Delta_{st}}}$$

对于图9.9(a)中的简支梁在跨度中点受集中力作用的情形：

$$\Delta_{st}=\frac{Ql^3}{48EI_z}=\frac{(1\times10^3)\times3^3}{48\times(200\times10^9)\times(3400\times10^{-8})}=8.27\times10^{-5}(\text{m})$$

$$K_d=1+\sqrt{1+\frac{2\times(5\times10^{-2})}{8.27\times10^{-5}}}=35.8$$

最大静应力为

$$\sigma_{st,max}=\frac{Ql}{4W_z}=\frac{(1\times10^3)\times3}{4\times(3.9\times10^{-6})}=2.43\times10^6(\text{Pa})=2.43(\text{MPa})$$

于是最大动应力为

$$\sigma_{d,max}=K_d\sigma_{st,max}=35.8\times2.43=86.9(\text{MPa})$$

对于图 9.9（b）中所示的情形：

$$\Delta_{st}=\frac{Ql^3}{48EI_z}+\frac{Q}{2k}=8.27\times10^{-5}+\frac{1\times10^3}{2\times(100\times10^3)}=5.0827\times10^{-3}(\mathrm{m})$$

$$K_d=1+\sqrt{1+\frac{2\times(5\times10^{-2})}{5.0827\times10^{-3}}}=5.55$$

于是最大动应力为

$$\sigma_{d,\max}=K_d\sigma_{st,\max}=5.55\times2.43=13.5(\mathrm{MPa})$$

从结果上看，如图 9.9（b）所示的钢梁采用了弹簧支座，减小了系统的刚度，因而使动荷系数大幅降低，使得梁的最大动应力也相应降低，这是降低冲击应力的有效方法。

【例 9.3】 在［例 9.1］中的刹车制动装置（图 9.4）中的 AB 轴在 A 端突然制动（即 A 端突然停止转动），试求轴内的最大动应力。设轴长 $l=1\mathrm{m}$，$G=80\mathrm{GPa}$，轴的直径 $d=100\mathrm{mm}$，飞轮的角速度与转动惯量分别为 $\omega=\frac{10\pi}{3}\mathrm{s}^{-1}$，$J_z=0.5\mathrm{kN\cdot m\cdot s^2}$。

分析：与［例 9.1］中的匀变速制动不同，本例中是紧急制动，B 端的飞轮因惯性继续转动，因而 AB 轴受扭转冲击，发生扭转变形，由于制动时间非常短促，角加速度无法计算，故不宜用动静法来计算动应力。冲击过程的最终结果是飞轮的角速度降到零，其动能全部转变为轴的应变能，能量守恒。

解： 飞轮在制动前后动能改变量为

$$T=\frac{1}{2}J_z\omega^2$$

设材料仍为线弹性的，由第 3 章弹簧应变能的计算方法，用 T_d 表示 AB 轴制动中的冲击扭矩，可以类似推出 AB 轴由于冲击扭转变形产生的应变能为

$$V_\varepsilon=\frac{1}{2}T_d\varphi=\frac{T_d^2l}{2GI_P}$$

根据能量守恒原理

$$\frac{1}{2}J_z\omega^2=\frac{T_d^2l}{2GI_P}$$

$$T_d=\omega\sqrt{\frac{J_zGI_P}{l}}$$

轴内最大扭转冲击切应力为

$$\tau_{d,\max}=\frac{T_d}{W_t}=\omega\sqrt{\frac{J_zGI_P}{lW_t^2}}$$

对于圆轴有

$$\frac{I_P}{(W_t)^2}=\frac{\frac{\pi d^4}{32}}{\left(\frac{\pi d^3}{16}\right)^2}=\frac{2}{\frac{\pi d^2}{4}}=\frac{2}{A}$$

于是有

$$\tau_{d,\max}=\omega\sqrt{\frac{2J_zG}{lA}}=\frac{10\pi}{3}\times\sqrt{\frac{2\times(0.5\times10^3)\times80\times10^9}{1\times\frac{1}{4}\times(100\times10^{-3})^2\pi}}=1057(\mathrm{MPa})$$

与［例 9.1］相比，动应力的增大是惊人的。但这里提到的全无缓冲的急刹车是极端情况，实际上很难实现，况且在应力达到如此高之前，轴早已出现塑性变形，上述计算的前提条件已不适用。从扭转冲击时轴内最大动应力计算公式可以看出，$\tau_{d,max}$与轴的体积 lA 有关，体积越大，最大动应力就越小。

9.4 交变应力及构件的疲劳强度计算

9.4.1 交变应力及材料的疲劳破坏

机械上有许多零件在工作时承受着随时间变化的应力，这种随时间做周期性变化的应力称为交变应力。例如，内燃机的连杆等受交变载荷而产生的应力、传动轴上各点因转动而产生的随时间做周期性变化的应力等。可以说绝大多数机械零件都是处于交变应力状态下工作的。习惯上将构件在交变应力作用下产生的破坏称为疲劳破坏。据估计，所有构件失效中，有 80％以上是属于疲劳破坏。

实践表明，构件在交变应力作用下的破坏形式与静载荷下全然不同。在交变应力下，虽然最大应力低于屈服极限，但在长期重复之后，也会突然断裂。即使是塑性较好的材料，断裂前也没有明显地塑性变形。这种现象习惯上称为疲劳破坏。对疲劳破坏的一般解释是：由于构件的形状和材料不均匀等原因，构件某一区域的应力特别高。在长期交变应力作用下，在上述应力特别高的区域，逐步形成微观裂纹。裂纹的尖端处存在严重应力集中，促使裂纹逐渐扩展，由微观变为宏观。裂纹尖端一般处于三向拉伸应力状态下，不易出现塑性变形。当裂纹逐步扩展到一定限度时，便可能骤然迅速扩展，使物件截面严重削弱，最后沿严重削弱了的截面发生突然脆性断裂。

以上解释与典型的疲劳破坏断口比较吻合。观察圆轴疲劳破坏断口照片。可以发现断口明显地分成光滑和粗糙两个区域（图 9.10）。在裂纹形成后，裂纹的两个侧面在交变应力作用下时而分开时而压紧，不断反复，因而形成光滑区。至于粗糙的颗粒状区域，则是最后突然脆性断裂时形成的。

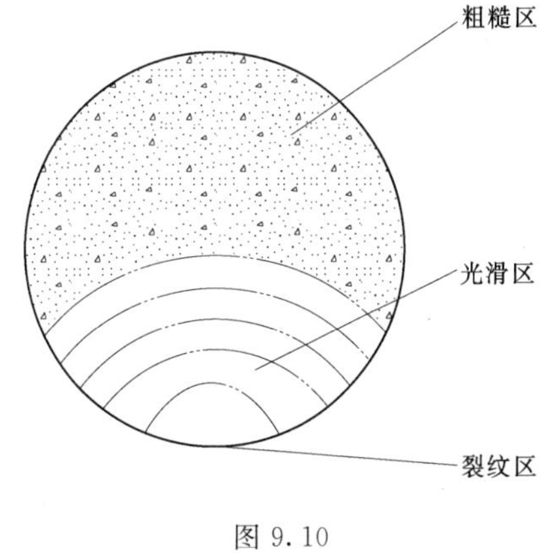

图 9.10

9.4.2 交变应力参数

为完整描述引起疲劳破坏的交变应力，我们引入以下交变应力的基本参数。为此定义其两个应力极值间变化一次的过程为应力循环。循环中代数值最大和最小的应力分别称为最大和最小应力，并相应记作 σ_{max}、σ_{min}。而最大应力和最小应力代数和的二分之一称为平均应力，即

$$\sigma_m = \frac{\sigma_{max} + \sigma_{min}}{2} \tag{9.35}$$

最大应力和最小应力代数差的二分之一称为应力幅，即

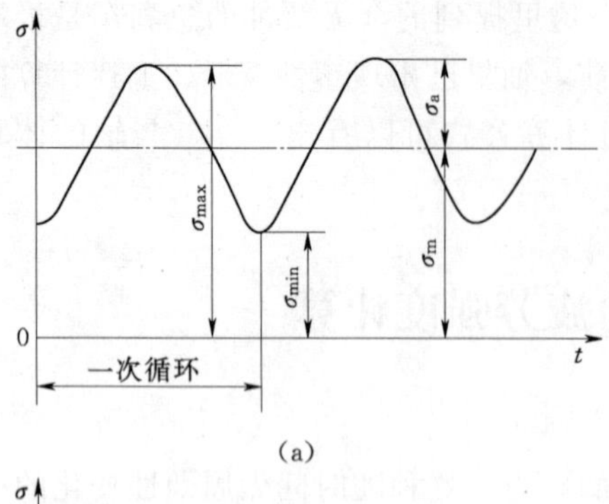

(a)

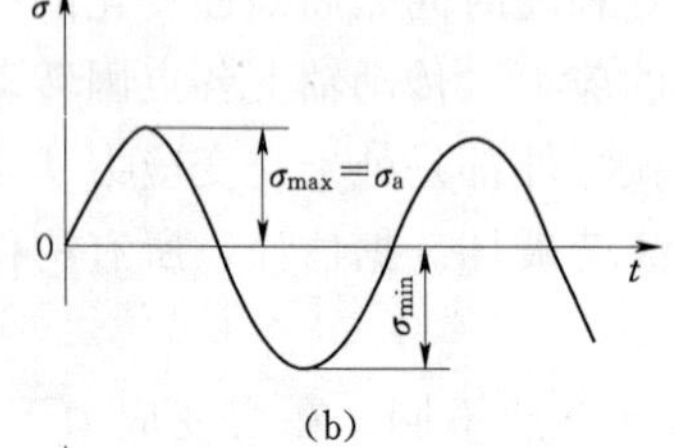

(b)

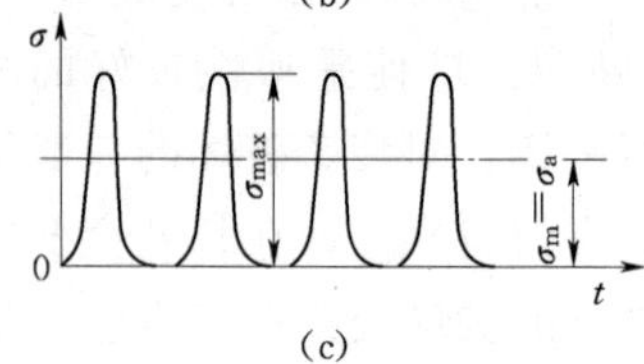

(c)

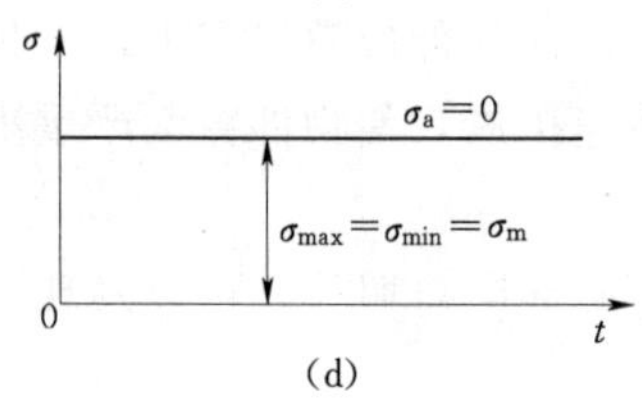

(d)

图 9.11

$$\sigma_a=\frac{\sigma_{max}-\sigma_{min}}{2} \tag{9.36}$$

最小应力和最大应力的比值称为交变应力的循环特征或应力比，即

$$r=\frac{\sigma_{min}}{\sigma_{max}} \tag{9.37}$$

图 9.11（a）表示一般情况下的 $\sigma-t$ 曲线。图 9.11（b）～（d）则表示的是几种重要的特殊情形，其中图 9.11（b）为对称循环，传动轴在弯曲交变应力下的工作就是这种情形，其特点是 $\sigma_{max}=-\sigma_{min}$，由式（9.37）有

$$r=-1,\quad \sigma_m=0,\quad \sigma_a=\sigma_{max}$$

图 9.11（c）为脉动循环。单方向转动的啮合齿轮，其根部的弯曲应力在转动一周后即经受一次这种在零与某一最大值 σ_{max} 之间变化的应力，其循环特征和应力特点为

$$r=0,\quad \sigma_{max}\neq 0,\quad \sigma_{min}=0,\quad \sigma_m=\sigma_a=\frac{1}{2}\sigma_{max}$$

图 9.11（d）实际上是静应力，静应力可视作变应力的一种特例。其循环特征和应力特点为

$$r=1,\quad \sigma_{max}=\sigma_{min}=\sigma_m,\quad \sigma_a=0$$

比较图 9.11（a）和图 9.11（d）可见，平均应力 σ_m 相当于由静载荷引起的静应力，而应力幅 σ_a 则是交变应力中的动应力部分。由式（9.35）和式（9.36）容易看出

$$\sigma_{max}=\sigma_m+\sigma_a,\quad \sigma_{min}=\sigma_m-\sigma_a \tag{9.38}$$

当构件受交变切应力 τ 作用时，以上概念仍然适用，此时只需易 σ 为 τ 即可。又以上五个参数中常任选两个（通常是 σ_{max} 及 r）以表示一种交变应力的状况。

9.4.3 持久极限

交变应力下，应力低于屈服极限时金属就可能发生疲劳，因此，静载下测定的屈服极限或强度极限已不能作为强度指标。金属疲劳的强度指标应重新测定。

在对称循环下测定疲劳强度指标，技术上比较简单，最为常见。测定时将金属加工成 $d=7\sim10$mm、表面光滑的试样（光滑削试样），每组试样约为 10 根。把试样装于疲劳试验机上，使它承受纯弯曲。在最小直径截面上，最大弯曲应力为

$$\sigma=\frac{M}{W}=\frac{Pa}{W}$$

保持载荷 P 的大小和方向不变，以电动机带动试样旋转。每旋转一周，截面上的点便经历一次对称应力循环。

试验时，使第一根试样的最大应力 $\sigma_{max,1}$ 较高，约为强度极限 σ_b 的 70%。经历 N_1 次

循环后，试样疲劳。N_1 称为应力为 $\sigma_{max,1}$ 时的疲劳寿命（简称寿命）。然后，使第二根试样的应力 $\sigma_{max,2}$ 略低于第一根试样，疲劳时的循环数为 N_2。一般说，随着应力水平的降低，循环次数（寿命）迅速增加。逐步降低应力水平，得出各试样疲劳时的相应寿命。以应力 σ 为纵坐标，寿命 N 为横坐标，由试验结果描成的曲线，称为应力-寿命曲线或 $S-N$ 曲线（图 9.12）。钢试样的疲劳试验表明，当应力将到某一极限值时，$S-N$ 曲线趋近于水平线。这表明只要应力不超过这一极限值，N 可无限增长，即试样可以经历无限次循环而不发生疲劳。交变应力的这一值称为疲劳极限或持久极限。对称循环的持久极限记为 σ_{1}，下标"-1"表示对称循环的循环特征为 $r=-1$。

常温下的试验结果表明，若钢制试样经历 10^7 次循环仍未疲劳，则再增加循环次数，也不会疲劳。所以，就把在 10^7 次循环下仍未疲劳的最大应力，规定为钢材的持久极限，而把 $N_0=10^7$ 称为循环基数。有色金属的 $S-N$ 曲线无明显趋于水平的直线部分。通常规定一个循环基数，例如 $N_0=10^8$，把它对应的最大应力作为这类材料的"条件"持久极限。

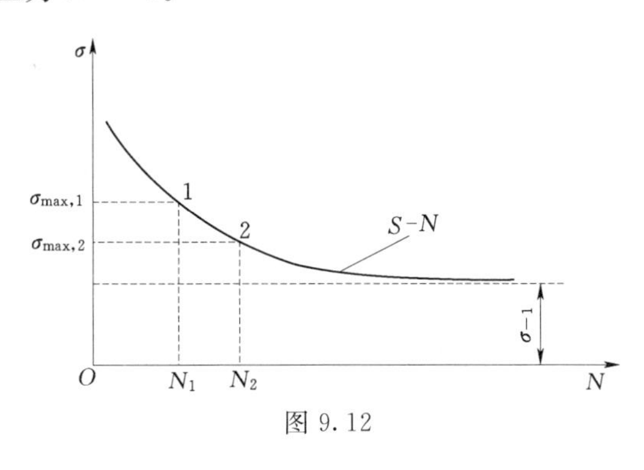

图 9.12

9.4.4 影响持久极限的因素

对称循环的持久极限 σ_{-1}，一般是常温下用光滑小试样测定的。但这样测定的值不能直接用于实际构件。构件的外形、尺寸以及表面加工情况都不同于标准的光滑小试件，而这些因素对于疲劳强度都有影响。

1. 构件外形的影响

大部分机械零件的界面都是变化的，如零件上有螺纹、键槽、轴肩（不同直径的过渡）等。这种截面尺寸的变化必然引起应力集中，即在变化处的局部出现应力突然增大。由于疲劳破坏是在应力集中处出现细微裂纹并逐步扩展所致，所以有应力集中源的构件的持久极限比同尺寸的光滑试件有所降低。一般用有效应力集中系数（简称有效集中系数）k_σ 来表示其降低的程度，即

$$k_\sigma=\frac{\text{光滑件的持久极限}}{\text{同尺寸而有应力集中件的持久极限}} \tag{9.39}$$

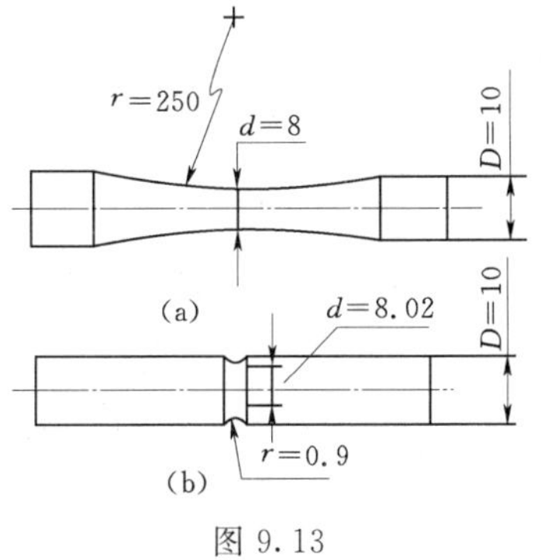

图 9.13

例如用 Q275 钢（$\sigma_s=280\text{MPa}$，$\sigma_b=500\text{MPa}$）制成两种试件：①平缓过渡试件［图 9.13（a）］；②有凹槽试件［图 9.13（b）］。在弯曲疲劳试验机上测出前一种试件在对称循环时的持久极限为 225MPa；而当 $r=0.9\text{mm}$、$\frac{d}{D}\approx0.8$、$\frac{r}{d}=0.11$ 时测得凹槽试件在对称循环时的持久极限为 135MPa。那么这个凹槽试件的有效集中系数按照式（9.39）为 $k_\sigma=\frac{225}{135}=1.67$。如果加大凹

槽圆弧半径，$r=2\text{mm}$、$\frac{d}{D}=0.8$、$\frac{r}{d}=0.25$，测得持久极限为 180MPa，这种凹槽试件的有效集中系数为 $k_\sigma=\frac{225}{180}=1.25$。可见加大凹槽处的圆弧半径，可降低有效集中系数。

图 9.14～图 9.16 给出了当 $\frac{D}{d}=2$ 时钢阶梯轴在弯曲、扭转和拉压对称循环时的有效集中系数。如果 $\frac{D}{d}<2$，则利用下列公式求有效集中系数：

$$k'_\sigma=1+\zeta(k_\sigma-1) \tag{9.40}$$

$$k'_\tau=1+\zeta(k_\tau-1) \tag{9.41}$$

式中　k_σ、k_τ——由图 9.14～图 9.16 查出的有效集中系数；

ζ——和比值 $\frac{D}{d}$ 有关的修正系数，由图 9.17 查出，弯曲和拉压时查曲线 1，扭转时查曲线 2。

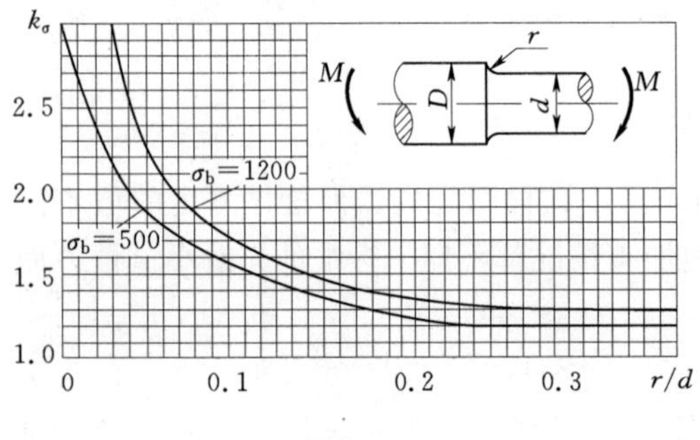

图 9.14

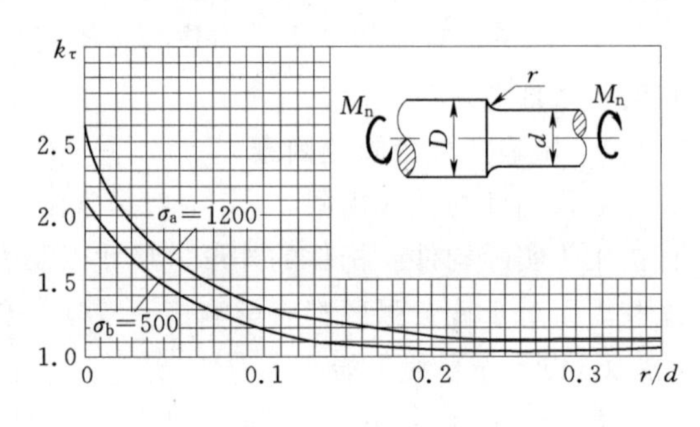

图 9.15

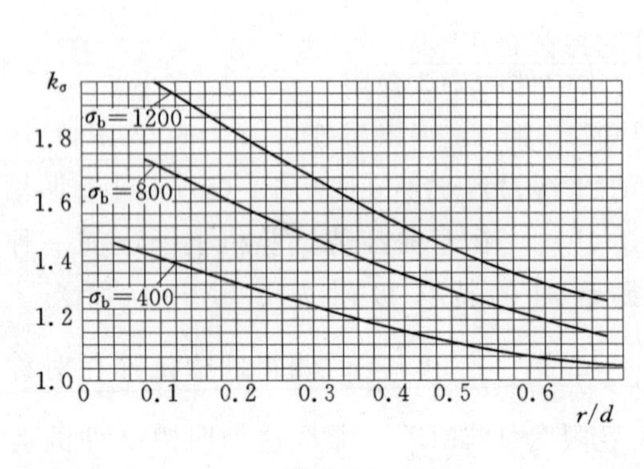

图 9.16

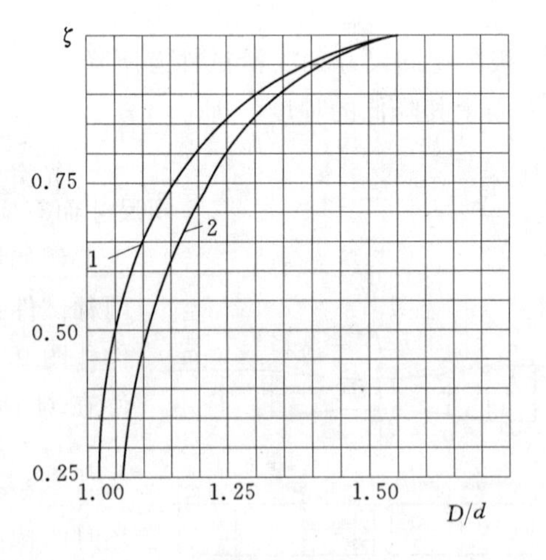

图 9.17

表 9.1 和表 9.2 分别给出带孔圆截面和螺纹、键槽的有效集中系数。

表 9.1　　带孔圆截面的有效应力集中系数

σ_b/MPa	K_σ		K_τ
	$\frac{d_0}{d}=0.05\sim0.15$	$\frac{d_0}{d}=0.15\sim0.25$	$\frac{d_0}{d}=0.15\sim0.25$
400	1.90	1.70	1.70
500	1.95	1.75	1.75
600	2.00	1.80	1.80
700	2.05	1.85	1.80
800	2.10	1.90	1.85
900	2.15	1.95	1.90
1000	2.20	2.00	1.90
1200	2.30	2.10	2.00

表 9.2　　螺纹和键槽有效应力集中系数

(k_σ—弯曲，k_τ—扭转)

材料强度 σ_b /MPa	螺纹 ($k_\tau=1$) k_σ	端铣刀切制		盘铣刀切制		直齿花键	
		k_σ	k_τ	k_σ	k_τ	k_σ	k_τ
400	1.45	1.51	1.20	1.30	1.20	1.35	2.10
500	1.78	1.64	1.37	1.38	1.37	1.45	2.25
600	1.96	1.76	1.54	1.46	1.54	1.55	2.35
700	2.20	1.89	1.71	1.54	1.71	1.60	2.45
800	2.32	2.01	1.88	1.62	1.88	1.65	2.55
900	2.47	2.14	2.05	1.69	2.05	1.70	2.65
1000	2.61	2.26	2.22	1.77	2.22	1.72	2.70
1200	2.90	2.50	2.39	1.92	2.39	1.75	2.80

由所给图表可看出下列两点：

(1) 对于强度极限 σ_b 大的钢材，其 k_σ 和 k_τ 值比较大，高强度钢的有效集中系数比低碳钢为大。这说明应力集中对高碳钢的持久极限影响比较大。

(2) 对于给定的直径 d，圆角半径 r 越小，有效集中系数增加较大，因而其持久极限的降低越显著。

2. 构件尺寸的影响

利用大直径的试件做疲劳试验，结果表明构件的持久极限随其直径的增大而降低，其降低程度用尺寸系数 ε 表示，即

$$\varepsilon=\frac{\text{大直径光滑试件的持久极限}}{\text{光滑小试件的持久极限}} \tag{9.42}$$

尺寸系数是一个小于 1 的数值。试验指出，同样尺寸的构件在弯曲和扭转时的尺寸系数相同，即 $\varepsilon_\sigma=\varepsilon_\tau$。此外，尺寸对于轴向拉伸、压缩的持久极限并无影响，即轴向拉压的尺寸系数 $\varepsilon_\sigma=1$。尺寸系数可由图 9.18 查出，曲线 1 用于低碳钢，$\sigma_b=500\text{MPa}$，曲线 2 用于合金钢，$\sigma_b=1200\text{MPa}$。强度极限为其他值时可用线性插值来求。

尺寸加大使持久极限降低，这种情况可用图 9.19 加以说明。图中显示出承受弯曲的两个不同直径的试件，两者的最大应力相同，而大试件内处于高应力区的金属结晶颗粒数比小试件内的多，故大试件更易于形成疲劳裂纹，由图 9.18 可看出高强度钢的持久极限受尺寸的影响比低强度钢的严重。

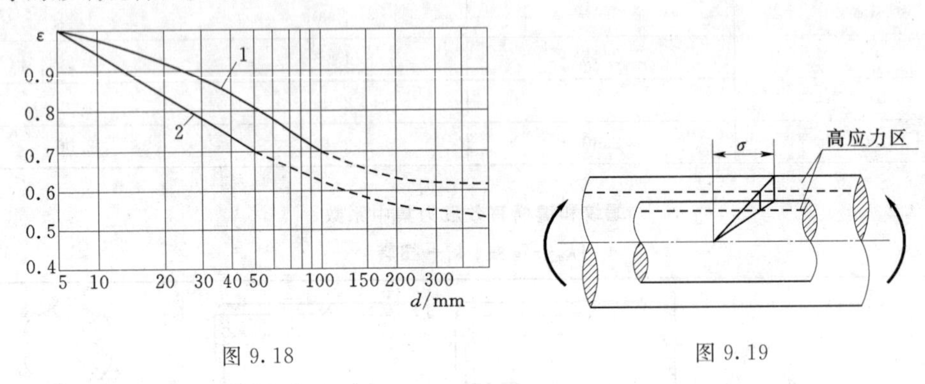

图 9.18　　图 9.19

3. 构件表面质量的影响

构件表面加工情况如粗车、精车、抛光等都对持久极限有程度不同的影响，这是因为不同的加工精度在表面上造成的切削痕迹有粗有细，因而也呈现出不同程度的应力集中。表面质量对持久极限的影响用表面状态系数 β 表示，即

$$\beta=\frac{\text{表面状态不同的构件的持久极限}}{\text{表面磨光的标准试件的持久极限}} \tag{9.43}$$

β 的数值可由图 9.20 查出。由图可看出表面加工质量对高强度钢的持久极限影响较显著，所以对于高强度钢，要合理加工才能充分发挥其高强度作用。因为疲劳裂纹多发生于表面，如使零件表面经过淬火、渗碳等表面处理后可提高表面强度，使持久极限增加，这时 $\beta>1$，这种表面强化系数 β 可查有关机械设计手册。

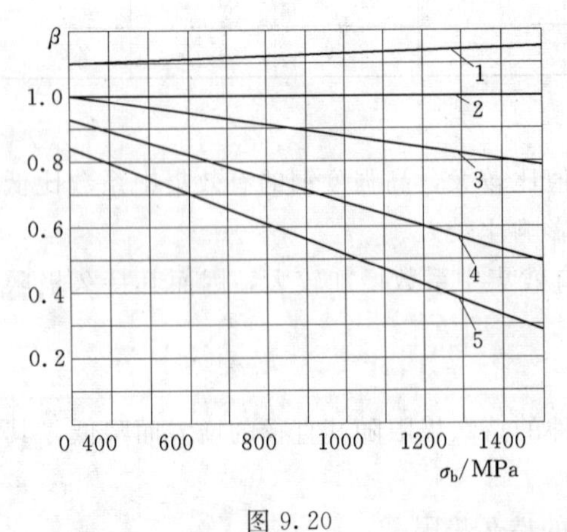

图 9.20

1—抛光；2—磨削；3—精车；4—粗车；5—未加工

根据式 (9.39)、式 (9.42) 和式 (9.43) 三式，把影响构件持久极限的诸因素都考虑进去，可得 $r=-1$ 时的弯曲构件的持久极限。若以 σ_{-1}^{0} 表示，则

$$\sigma_{-1}^{0}=\sigma_{-1}\frac{\beta\varepsilon}{k_\sigma}=\frac{\sigma_{-1}}{K_\sigma} \tag{9.44}$$

其中

$$K_\sigma=\frac{k_\sigma}{\beta\varepsilon} \tag{9.45}$$

式中　K_σ——综合影响系数。

类似地，$r=-1$ 扭转构件的持久极限是 $\tau_{-1}^{0}=\frac{\tau_{-1}}{K_{\tau}}$，而综合影响系数 K_{τ} 为

$$K_{\tau}=\frac{k_{\tau}}{\beta\varepsilon} \tag{9.46}$$

式（9.39）～式（9.46）这一系列公式表明：构件应力集中、尺寸大小和表面质量在交变应力下对材料的强度有影响，但这些因素在静应力下对塑性材料基本上没有影响。所以在静应力下强度校核时都没有考虑这些因素。

9.4.5　构件的疲劳强度计算

1. 对称循环下构件的疲劳强度计算

构件在交变应力下的疲劳破坏与静应力下的破坏是有着本质的差别：后者是由于构件危险截面处产生过大的残余变形或最终断裂，而前者却是构件局部区域在交变应力下形成裂纹，再扩展为宏观裂纹导致最后断裂的。这表明疲劳计算中不能用静强度设计中所用材料强度指标如 σ_s、σ_b 等作为依据。由于交变应力时构件的极限应力不仅与材料有关，而且与构件截面尺寸、外形等因素有关，故只有当构件尺寸、外形等确定之后，才能确定构件的疲劳极限。因此交变应力的强度条件只能用作校核。工程上通常是先按静强度预确定构件截面尺寸、并按工艺和结构要求确定其外形以定出构件的疲劳极限，然后据此进行强度校核。

以疲劳极限 σ_{-1}^{0} 为极限应力，选定适当的安全系数 n（通常取 $n=1.5\sim2.5$）后，得构件的许用应力 $[\sigma_{-1}]=\frac{\sigma_{-1}^{0}}{n}=\frac{\varepsilon_{\sigma}\beta}{k_{\sigma}}\cdot\frac{\sigma_{-1}}{n}$，若构件危险点上交变应力的最大应力为 σ_{max}，则构件的强度条件应为

$$\sigma_{max}\leqslant[\sigma_{-1}] \tag{9.47}$$

工程设计中，上面条件也常写成以安全系数表示的形式：

$$n_{\sigma}=\frac{\sigma_{-1}^{0}}{\sigma_{max}}=\frac{\varepsilon_{\sigma}\beta}{k_{\sigma}}\cdot\frac{\sigma_{-1}}{\sigma_{max}}\geqslant n \tag{9.48}$$

式中　n_{σ}——构件的工作安全系数。

类似的，对扭转对称循环的情形有

$$n_{\tau}=\frac{\varepsilon_{\tau}\beta}{k_{\tau}}\cdot\frac{\sigma_{-1}}{\sigma_{max}}\geqslant n \tag{9.49}$$

【例 9.4】 如图 9.21 所示机车车轴承受由车厢传来的载荷 $P=80$kN，轴的材料为 45 号钢，$\sigma_b=500$MPa，$\sigma_{-1}=200$MPa，指定安全系数 $n=1.5$，试校核 I 截面的疲劳强度。

解： 轴在对称循环下工作。先找 I 截面的综合影响系数 k_{σ}'。

首先算出

$$\frac{r}{d}=\frac{10}{120}=0.083,\quad \frac{D}{d}=\frac{140}{120}=1.17$$

然后由图 9.14 查出 $\frac{r}{d}=0.083$，$\frac{D}{d}=1.17$ 时的弯曲有效集中系数

$$k_{\sigma}=1.65$$

由图 9.17 的曲线 1 查出 $\frac{D}{d}=1.17$ 时的修正系数

$$\zeta=0.77$$

则

$$k'_\sigma=1+\zeta(k_\sigma-1)=1+0.77\times(1.65-1)=1.50$$

由图 9.18 曲线 1 查出 $d=120\text{mm}$ 时的尺寸系数 $\varepsilon=0.68$，根据表面光洁度▽8 和 $\sigma_b=500\text{MPa}$，由图 9.20 的曲线 3 查出 $\beta=0.96$，则

$$K_\sigma=\frac{k_\sigma}{\beta\varepsilon}=\frac{1.5}{0.96\times0.68}=2.3$$

I 截面弯矩 $M=80\times10^3\times0.105=8400$ (N·m)，$W=\pi\times120^3/32\text{mm}^3$，故

$$\sigma_{\max}=\frac{32\times8400\times10^3}{\pi\times120^3}=49.5(\text{MPa})$$

$$n_\sigma=\frac{\dfrac{\sigma_{-1}}{K_\sigma}}{\sigma_{\max}}=\frac{200}{2.3\times49.5}=1.76>n=1.5$$

故轴是安全的。

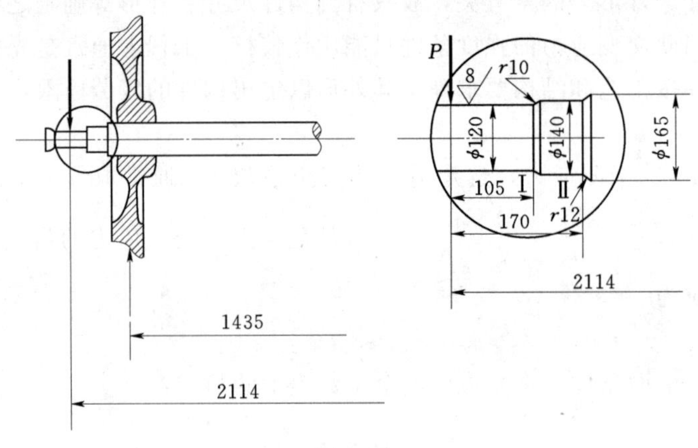

图 9.21

2. 不对称循环下构件的疲劳强度计算

当构件承受不对称循环交变应力时，由式（9.35）和式（9.36）求平均应力 σ_m 和应力幅 σ_a，并根据构件尺寸、外形及表面质量求出 ε、K_σ 和 β，构件的工作安全系数可按照下式计算：

$$n_\sigma=\frac{\sigma_{-1}}{\dfrac{k_\sigma}{\varepsilon_\sigma\beta}\sigma_a+\psi_\sigma\sigma_m} \tag{9.50}$$

同理，对于切应力情形有

$$n_\tau=\frac{\tau_{-1}}{\dfrac{k_\tau}{\varepsilon_\tau\beta}\tau_a+\psi_\tau\tau_m} \tag{9.51}$$

式中，系数 ψ_σ 与材料有关，对于承受拉压或弯曲的碳钢，$\psi_\sigma=0.1\sim0.2$，$\psi_\tau=0.05\sim0.10$，对于合金钢，$\psi_\sigma=0.2\sim0.3$，$\psi_\tau=0.1\sim0.2$，按上式算出的工作安全系数应大于或等于规定的安全系数 n，强度条件仍为

$$n_\sigma\geqslant n \tag{9.52}$$

需要指出的是，除满足疲劳强度条件外，构件危险点的最大应力 σ_{max} 还应低于屈服极限 σ_s。一般说，对 $r>0$ 的情况，还应校核静强度，其静强度条件为

$$n_\sigma=\frac{\sigma_s}{\sigma_{max}}\geqslant n_s \tag{9.53}$$

即工作安全系数等于屈服极限与最大应力之比，应当大于或等于规定的静强度下的安全系数。

【例 9.5】 如图 9.22 所示圆杆上有一个沿直径的贯穿圆孔，非对称交变弯矩 $M_{max}=5M_{min}=512\text{N}\cdot\text{m}$。材料为合金钢，$\sigma_b=950\text{MPa}$，$\sigma_s=540\text{MPa}$，$\sigma_{-1}=430\text{MPa}$，$\psi_\sigma=0.2$。圆杆表面经磨削加工。若规定疲劳安全系数 $n=2$，静强度安全系数 $n_s=1.5$，试校核此杆的强度。

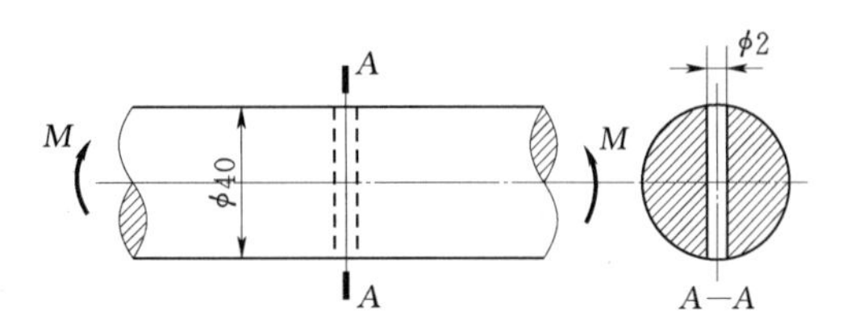

图 9.22

解：(1) 计算圆杆的工作应力。

抗弯截面系数为

$$W=\frac{\pi}{32}d^3=\frac{\pi}{32}\times4^3=6.28(\text{cm}^3)$$

最大应力

$$\sigma_{max}=\frac{M_{max}}{W}=\frac{512}{6.28\times10^{-6}}=8.15\times10^6(\text{Pa})=8.15(\text{MPa})$$

最小应力

$$\sigma_{min}=\frac{1}{5}\sigma_{max}=16.3\text{MPa}$$

循环特征

$$r=\frac{\sigma_{min}}{\sigma_{max}}=\frac{1}{5}=0.2$$

平均应力

$$\sigma_m=\frac{\sigma_{max}+\sigma_{min}}{2}=\frac{81.5+16.3}{2}=48.9(\text{MPa})$$

应力幅

$$\sigma_a=\frac{\sigma_{max}-\sigma_{min}}{2}=\frac{81.5-16.3}{2}=32.6(\text{MPa})$$

(2) 确定系数 k_σ、ε_σ、β。按照圆杆的尺寸，$\frac{d_0}{d}=\frac{2}{40}=0.05$，由表 9.1 中查得，当 $\sigma_b=950\text{MPa}$ 时，$k_\sigma=2.18$。由图 9.18 查出：$\varepsilon_\sigma=0.77$。由图 9.20 查出：$\beta=1$。

(3) 疲劳强度校核。由式 (9.50) 计算工作安全系数：

$$n_\sigma=\frac{\sigma_{-1}}{\frac{k_\sigma}{\varepsilon_\sigma\beta}\sigma_a+\psi_\sigma\sigma_m}=\frac{430}{\frac{2.18}{0.77\times1}\times32.6+0.2\times48.9}=4.21$$

规定的安全系数为 $n=2$，$n_\sigma>n$，所以疲劳强度是足够的。

(4) 静强度校核。因为循环特征 $r=0.2>0$，所以需要校核静强度。由式 (9.53) 算

出最大应力对屈服极限的工作安全系数为

$$n_\sigma=\frac{\sigma_s}{\sigma_{max}}=\frac{540}{81.6}=6.62>n_s$$

所以静强度条件也是满足的。

3. 弯扭组合交变应力下的构件疲劳强度计算

弯曲和扭转组合下的交变应力在工程中最为常见，在同步的弯扭组合对称循环交变应力作用下，若 n_σ 是单一弯曲对称循环的工作安全系数，n_τ 是单一扭转对称循环的工作安全系数，用 $n_{\sigma\tau}$ 表示在弯扭组合变形下构件的工作安全系数，则强度条件可写成

$$n_{\sigma\tau}=\frac{n_\sigma n_\tau}{\sqrt{n_\sigma^2+n_\tau^2}}\geqslant n \tag{9.54}$$

当弯扭组合为非对称循环时，仍按式（9.54）计算强度条件，但这时 n_σ 和 n_τ 应由非对称循环的式（9.50）和式（9.51）求出。

【例9.6】 某齿轮减速器输出轴如图9.23所示，其传递之扭矩 $M=1\text{kN}\cdot\text{m}$，齿轮节圆直径 $D=230\text{mm}$，压力角 $\alpha=20°$，键槽为端面铣刀加工，$btl=18\text{mm}\times5.5\text{mm}\times80\text{mm}$。材料的 $\sigma_b=600\text{MPa}$，$\sigma_{-1}=260\text{MPa}$，$\tau_{-1}=150\text{MPa}$，规定安全系数 $n=2.2$。试校核轴的疲劳强度。

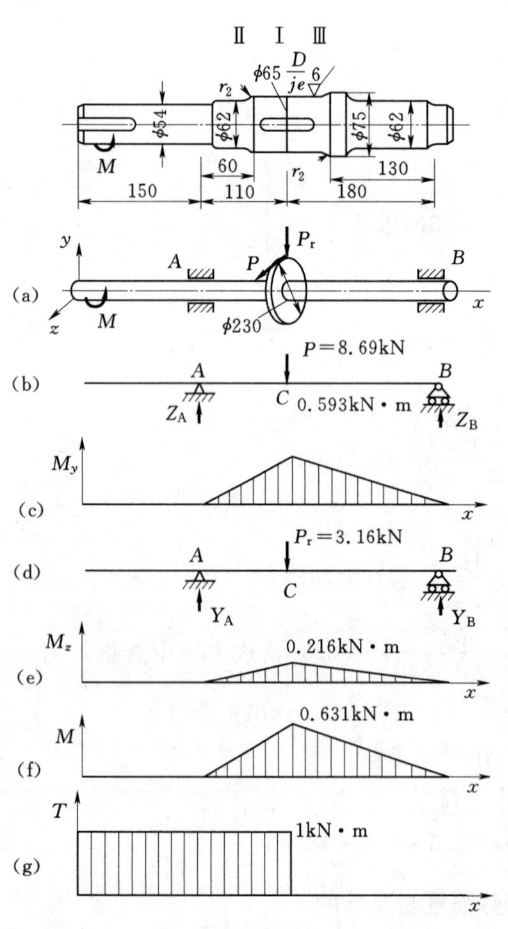

图9.23

解： 轴的计算简图如图9.23（a）所示。齿轮上的切向力及径向力分别为

$$P=\frac{2M}{D}=\frac{2\times10^3}{230}=8.69(\text{kN})$$

$$P_r=P\tan20°=3.16(\text{kN})$$

由图9.23（b）、（d）求得水平面和铅垂面内的最大弯矩为

$$M_y=0.59\text{kN}\cdot\text{m},\quad M_z=0.216\text{kN}\cdot\text{m}$$

水平面和铅垂面内的弯矩图如图9.23（c）、（e）所示，合成弯矩如图9.23（f）所示，最大合成弯矩为

$$M=\sqrt{M_y^2+M_z^2}=0.631\text{kN}\cdot\text{m}$$

扭矩为　　$T=M=1\text{kN}\cdot\text{m}$

扭矩图如图9.23（g）所示。

根据内力图及轴的结构知，轴的危险截面为Ⅰ、Ⅱ、Ⅲ三个截面。下面校核Ⅰ截面，Ⅱ、Ⅲ截面的校核读者可以试完成之。

截面Ⅰ的抗弯和抗扭截面系数分别为

$$W=\frac{\frac{\pi d^3}{64}-\left[\frac{bt^3}{12}+bt\left(\frac{d}{2}-\frac{t}{2}\right)^2\right]}{\frac{d}{2}}$$

$$\approx\frac{\pi d^3}{32}-\frac{bt(d-t)^2}{2d}$$

$$=\frac{\pi\times65^3}{32}-\frac{18\times5.5\times(65-5.5)^2}{2\times65}$$

$$=24.3\times10^3(\text{mm}^3)$$

$$W_p=\frac{\pi d^3}{16}-\frac{bt(d-t)^2}{2d}$$

$$=\frac{\pi\times65^3}{16}-\frac{18\times5.5\times(65-5.5)^2}{2\times65}$$

$$=51.3\times10^3\ (\text{mm}^3)$$

弯曲正应力为对称循环应力，则

$$\sigma_{\max}=\frac{M_{\max}}{W}=\frac{0.63\times10^6}{24.3\times10^3}=26(\text{MPa})$$

$$\sigma_{\min}=-\sigma_{\max}=-26\text{MPa}$$

$$\sigma_a=\sigma_{\max}=26\text{MPa},\quad \sigma_m=0$$

扭转切应力，变化较小，但考虑到轴常停止转动，而可将其作为脉动循环去计算：

$$\tau_{\min}=0,\quad \tau_a=\tau_m=\frac{\tau_{\max}}{2}=9.75\text{MPa}$$

$$\tau_{\max}=\frac{T}{W_p}=\frac{1\times10^6}{51.3\times10^3}=19.5(\text{MPa})$$

下面确定各影响系数。

由表 9.2 查得 $k_\sigma=1.76$，$k_\tau=1.54$。由图 9.18 得 $\varepsilon_\sigma=\varepsilon_\tau=0.83$。由图 9.20 查得 $\beta=0.92$，最后来计算工作安全系数。

$$n_\sigma=\frac{\varepsilon_\sigma\beta\sigma_{-1}}{k_\sigma\sigma_a+\psi_\sigma\sigma_m\varepsilon_\sigma\beta}=\frac{0.83\times0.92\times260}{1.76\times26}=4.34$$

$$n_\tau=\frac{\tau_{-1}}{\dfrac{k_\tau\tau_a}{\varepsilon_\tau\beta}+\psi_\tau\tau_m}=\frac{150}{\dfrac{1.54\times9.75}{0.83\times0.92}+0.1\times9.75}=7.27$$

代入式 (9.54) 得

$$n_{\sigma\tau}=\frac{n_\sigma n_\tau}{\sqrt{n_\sigma^2+n_\tau^2}}=\frac{4.34\times7.27}{\sqrt{4.34^2+7.27^2}}=3.73>n$$

故截面 I 疲劳强度足够。

9.4.6 提高构件疲劳强度的措施

构件的疲劳破坏通常是始于最大应力处，而应力集中处又往往是疲劳裂纹的根源，故提高疲劳强度的关键在于消除或改善应力集中。例如，在设计方面除要求材料具有一定的塑性、足够的疲劳极限及较高质量外，重要零件（如涡流机叶片、柴油机曲轴、压力容器等）必须作探伤检验，所设计的构件外形应保证尽可能低的应力集中影响（如直径变化大处开卸荷槽、直径变化处的直角改为圆角等）；在工艺方面应保证表面有足够的光洁度（特别是对高强钢构件）、赋以相应的表面强化处理，此外还可采用预变形工艺等。

习　题

9.1　如习题 9.1 图所示均质等截面杆，长为 l，重为 G，横截面面积为 A，水平放置在一排光滑的滚子上。杆两端受轴向力 P_1 和 P_2 作用，且 $P_2>P_1$。试求杆内正应力沿杆件长度分布的情况（设滚动摩擦可以忽略不计）。

9.2 如习题图9.2所示，CD 杆以匀角速度 ω 绕竖直轴转动，杆的截面面积为 A，杆材料的密度为 ρ。试求 CD 杆内产生的最大正应力，并画出 CD 杆的轴力图，由自重引起的弯曲应力很小，可略去。

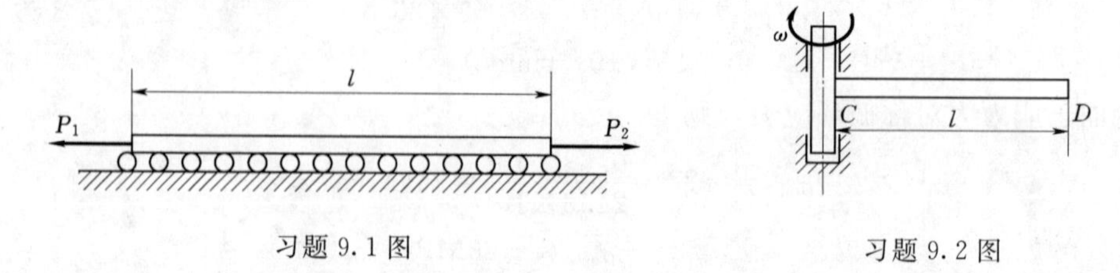

习题9.1图

习题9.2图

9.3 如习题9.3图所示的简支梁由两个No.20a工字钢组成。其上安装有重 $P=5\text{kN}$ 的起重机。设起重机在跨度中点处以匀加速度提升重 $G=50\text{kN}$ 的物体，在前3s内等加速将物体提升10m。已知许用应力 $[\sigma]=170\text{MPa}$，试校核梁的强度。不计绳索和梁的自重，$g=9.8\text{m/s}^2$。

9.4 如习题9.4图所示，钢吊索 AB 的下端挂一重为 $Q=50\text{kN}$ 的重物，并以速度 $v=1\text{m/s}$ 下降，当吊索长为 $l=20\text{m}$ 时，滑轮 C 突然被卡住，求吊索所受到的冲击载荷 P_{d}。设钢吊索的横截面面积 $A=500\text{mm}^2$，弹性模量 $E=170\text{GPa}$，滑轮和吊索的质量不计。

9.5 如习题9.5图所示，16两杆的材料相同，若两杆的最小截面面积相同，问那一根杆承受冲击的能力强？

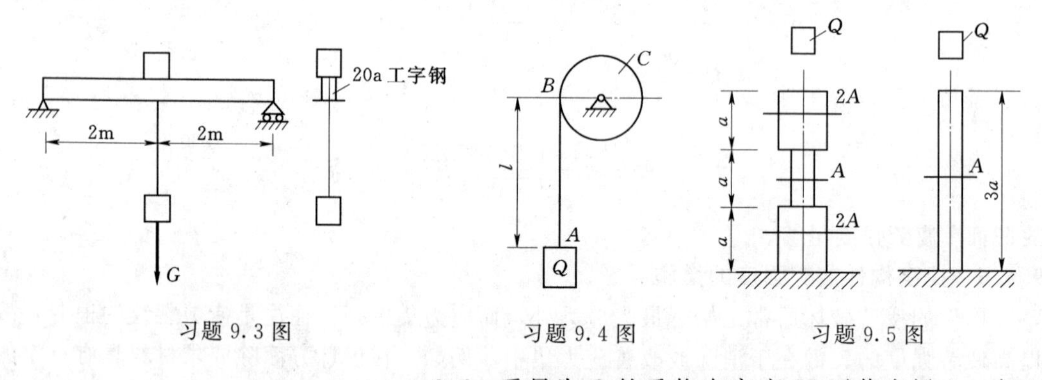

习题9.3图

习题9.4图

习题9.5图

9.6 重量为 Q 的重物自高度 H 下落在梁上，如习题9.6图所示。设梁的 E、I 及抗弯截面系数 W 为已知，试求冲击时梁内的最大正应力及梁中间截面的挠度。

习题9.6图

9.7 如习题9.7图所示钢杆的下端有一固定圆盘，盘上放置弹簧。弹簧在1kN的静载荷作用下缩短0.0625cm。钢杆的直径 $d=4\text{cm}$，$l=4\text{m}$，许用应力，$[\sigma]=120\text{MPa}$，$E=200\text{GPa}$。若有重为15kN的重物自由落下，求其许可的高度 H。又若没有弹簧，则许可高度

H 将等于多大？

9.8　如习题 9.8 图所示，No.16 工字钢左端铰支，右端置于螺旋弹簧上。弹簧共有 10 圈，其平均直径 $D=10\text{cm}$。簧丝的直径 $d=20\text{mm}$。梁的许用应力 $[\sigma]=160\text{MPa}$，弹性模量 $E=200\text{GPa}$，弹簧的许用剪应力 $[\tau]=200\text{MPa}$，剪变模量 $G=80\text{GPa}$。今有重量 $Q=2\text{kN}$ 的重物从梁的跨度中点上方自由落下，试求其许可高度 H。

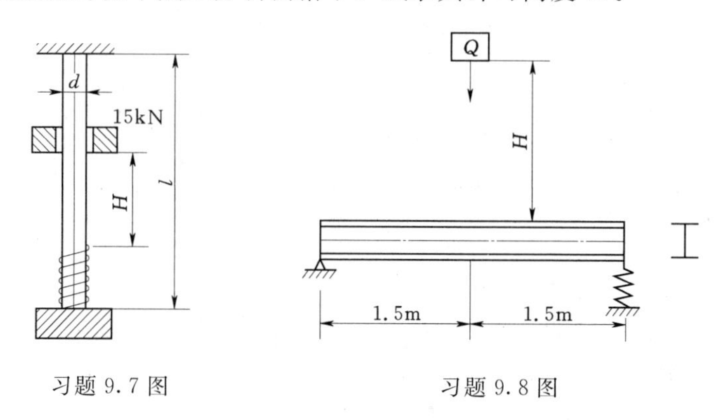

习题 9.7 图　　　　习题 9.8 图

9.9　如习题 9.9 图所示机车车轮以 $n=300\text{r/min}$ 的转速旋转。平行杆 AB 的横截面为矩形，$h=56\text{mm}$，$b=28\text{mm}$，长度 $l=2\text{m}$，$r=250\text{mm}$，材料的密度为 $\rho=7.8\text{g/cm}^3$。试确定平行杆最危险的位置和杆内最正应力。

9.10　如习题 9.10 图所示，速度为 v、重为 Q 的重物，沿水平方向冲击于梁的截面 C。试求梁的最大动应力。设已知梁的 E、I 和 W，且 $a=0.6l$。

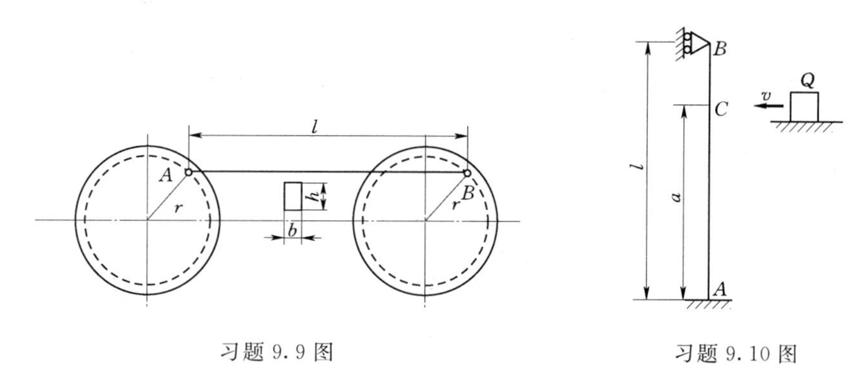

习题 9.9 图　　　　习题 9.10 图

9.11　火车轮轴受力情况如习题 9.11 图所示。$a=500\text{mm}$，$l=1435\text{mm}$，轮轴中段直径 $d=15\text{cm}$。若 $P=50\text{kN}$，试求轮轴中段截面边缘上任一点的最大应力 $\sigma_{\max}$、最小应力 $\sigma_{\min}$、循环特征 r，并作出 $\sigma-\tau$ 曲线。

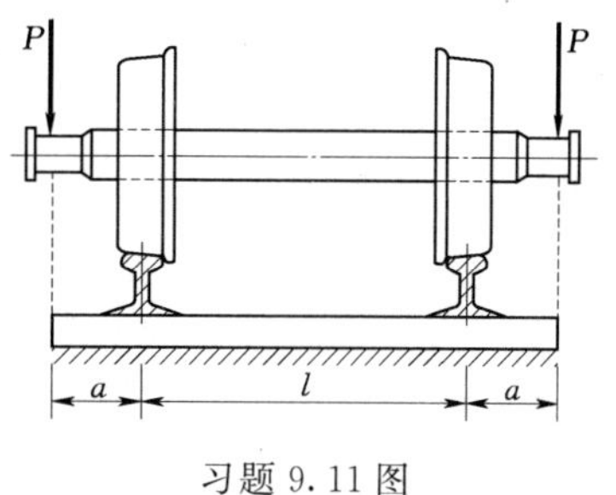

习题 9.11 图

9.12　如习题 9.12 图所示，电动机轴直径为 30mm，轴上开有端铣加工的键槽。轴的材料是合金钢，$\sigma_b=750\text{MPa}$，$\tau_b=400\text{MPa}$，$\tau_s=260\text{MPa}$，$\tau_{-1}=190\text{MPa}$。轴在 $n=750\text{r/min}$ 的转速下传递功率 $N=14.7\text{kW}$。该轴时而工作，时而停止，但没有反向旋转。轴表面经磨削加工。若规定安全系数 $n=2$，$n_s=1.5$，

试校核轴的强度。

9.13 如习题9.13图所示圆杆表面未经加工，且应径向圆孔而削弱。杆受由$0\sim P_{max}$的交变轴向力作用。已知材料为普通碳钢，$\sigma_b=600MPa$，$\sigma_s=340MPa$。取$\psi_\sigma=0.1$，规定安全系数$n=1.7$，$n_s=1.5$，试求最大载荷。

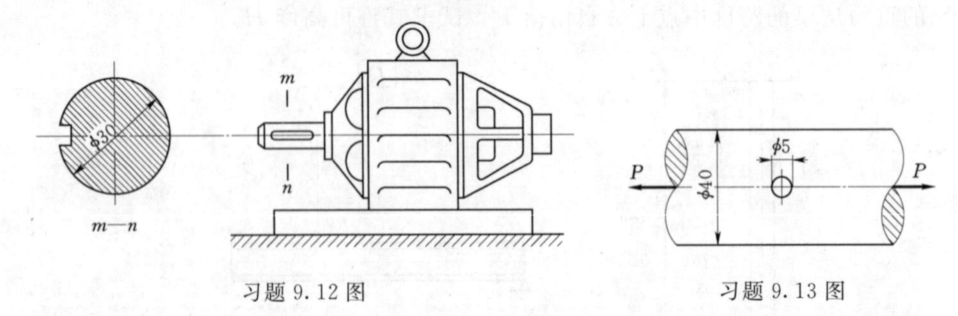

习题9.12图　　习题9.13图

9.14 卷扬机的阶梯轴的某段需要安装一滚珠轴承，因滚珠轴承内座圈上圆角半径很小，若装配时不用定距环［习题9.14图（a）］，则轴上的圆角半径应为$r_1=1mm$，若增加一定距环［习题9.14图（b）］，则轴上圆角直径可增加为$r_2=5mm$。已知材料为A5钢，$\sigma_b=520MPa$，$\sigma_{-1}=220MPa$，$\beta=1$，规定安全系数$n=1.7$。试比较轴在习题9.14图（a）、（b）两种情况下，对称循环许可弯矩［M］。

9.15 直径$D=50mm$、$d=40mm$的阶梯轴，受交变弯矩和扭矩的联合作用，如习题9.15图所示。圆角半径$r=2mm$。正应力从50MPa变到－50MPa；剪应力从40MPa变到20MPa。轴的材料为碳钢，$\sigma_b=550MPa$，$\sigma_{-1}=220MPa$，$\tau_{-1}=120MPa$，$\sigma_s=300MPa$，$\tau_s=180MPa$。若取$\psi_\sigma=0.1$，试求此轴的工作安全系数。设$\beta=1$。

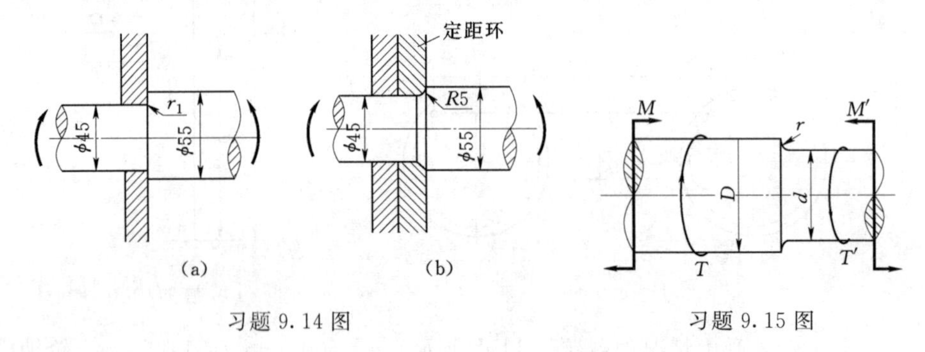

习题9.14图　　习题9.15图

第10章 能 量 方 法

10.1 概　　述

在工程实际中，为了校核构件的刚度，或者求解超静定结构和动载荷计算等问题，都有必要计算构件由于变形而引起的位移。利用功和能的概念求解可变形固体的位移、变形和内力等的方法，统称为能量法。能量法的应用很广，也是用有限单元法求解固体力学问题的重要理论基础。

固体在外力作用下发生变形，外力作用点要产生位移．因此外力沿其作用方向做了功，称为外力功，用 W 表示。对于弹性体，因为变形是可逆的，外力功将以一种能量形式积蓄在弹性体内部。当将载荷逐渐卸除时，该能量又将重新释放出来做功，使弹性体恢复到变形前的形状，通常把这种形式的能量称为弹性应变能或弹性变形能，用 V_ε 表示。若外力从零开始缓慢增加到最终值，变形中的每一瞬时弹性体都处于平衡状态，动能和其他形式的能量的变化都可不计，则由功能原理可知，弹性体的应变能 V_ε 在数值上等于外力所做的功 W，亦即

$$V_\varepsilon = W \tag{10.1}$$

在本章中，我们先研究线弹性体的应变能，然后再利用应变能与外力做功的关系计算线弹性体上需求点的位移。

10.2 应变能的计算公式及其特征

10.2.1 轴向拉伸（或压缩）杆件的应变能

当拉（压）杆的变形处于线弹性范围内时，外力所做的功为

$$W = \frac{1}{2}F\Delta l \tag{10.2}$$

由于外力所做的功以应变能的形式储存于弹性体内，则杆内的应变能为

$$V_\varepsilon = W = \frac{1}{2}F\Delta l$$

若只在杆件的两端作用着拉力或压力 F，杆件任一横截面上的轴力为

$$N = F$$

根据胡克定律有

$$\Delta l = \frac{Nl}{EA}$$

所以，拉（压）杆的应变能为

$$V_{\varepsilon}=\frac{N^2 l}{2EA} \tag{10.3}$$

当沿杆件轴线轴力 $F_N(x)$ 为变量时，可先求出微段 $\mathrm{d}x$ 内应变能为

$$\mathrm{d}V_{\varepsilon}=\frac{N^2(x)\mathrm{d}x}{2EA}$$

积分求出整个杆件的应变能

$$V_{\varepsilon}=\int_l \frac{N^2(x)\mathrm{d}x}{2EA} \tag{10.4}$$

对于承受均匀拉力的杆，杆内各部分的受力和变形情况相同，所以每单位体积内积蓄的应变能相等，可用杆的应变能 V_{ε} 除以杆的体积 V 来计算。这种单位体积内的应变能，称为应变能密度，并用 v_{ε} 表示，于是

$$v_{\varepsilon}=\frac{V_{\varepsilon}}{V}=\frac{\frac{1}{2}Nl}{Al}=\frac{1}{2}\sigma\varepsilon \tag{10.5}$$

10.2.2 剪切变形时的应变能

线弹性范围内，纯剪切的应变能密度为

$$v_{\varepsilon}=\frac{1}{2}\tau\gamma=\frac{\tau^2}{2G}=\frac{G\gamma^2}{2} \tag{10.6}$$

10.2.3 圆轴扭转时的应变能

如图 10.1 (a) 所示的受扭圆轴，若外力偶矩由零开始缓慢增加到最终值 M_e，则在线弹性范围内，相对扭转角 φ 与外力偶矩 M_e 间的关系是一条直线［图 10.1 (b)］。与轴向拉伸杆件相似，扭转圆轴的应变能应为

$$V_{\varepsilon}=W=\frac{1}{2}M_e\varphi \tag{10.7}$$

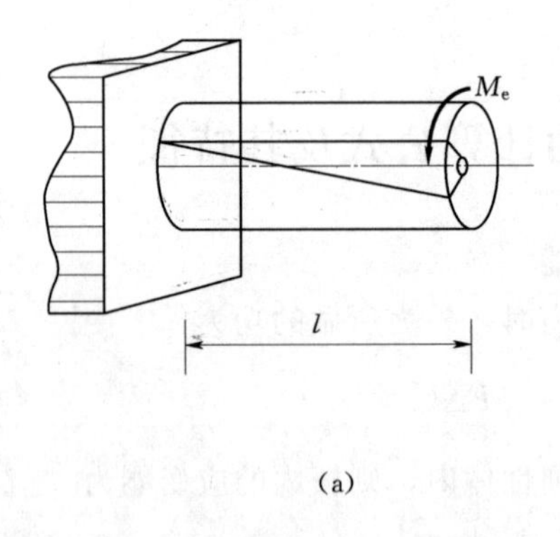

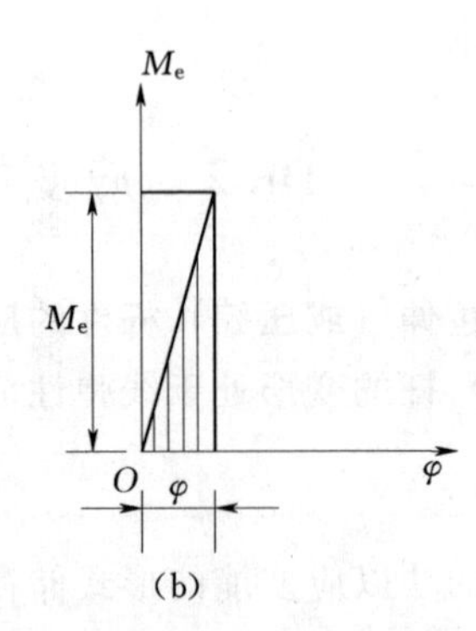

图 10.1

由于圆轴横截面上的扭矩 $T=M_e$，且

$$\varphi=\frac{Tl}{GI_p}$$

所以轴的应变能为

$$V_{\varepsilon}=\frac{T^2 l}{2GI_p} \tag{10.8}$$

同理，若扭矩 M_n 沿杆轴线改变，或轴为变截面轴时，整个轴的扭转变形能的表达式为

$$V_\varepsilon=\int_l \frac{T^2(x)\mathrm{d}x}{2GI_p} \tag{10.9}$$

10.2.4 弯曲变形时的应变能

1. 纯弯曲梁

设如图 10.2（a）所示的简支梁在两端的纵向对称平面内受到外力偶 M_0 作用而发生纯弯曲，在加载过程中，梁的各横截面上的弯矩均有 $M=M_0$，故梁在线弹性范围内工作时，其轴线弯曲成为一段圆弧［图 10.2（a）］，两端横截面有相对的转动，其夹角 θ 与外力偶 M_0 满足胡克定律，其曲线如图 10.2（b）所示的斜直线，在小变形情况下具体函数关系可近似为

$$\theta=\frac{l}{\rho}$$

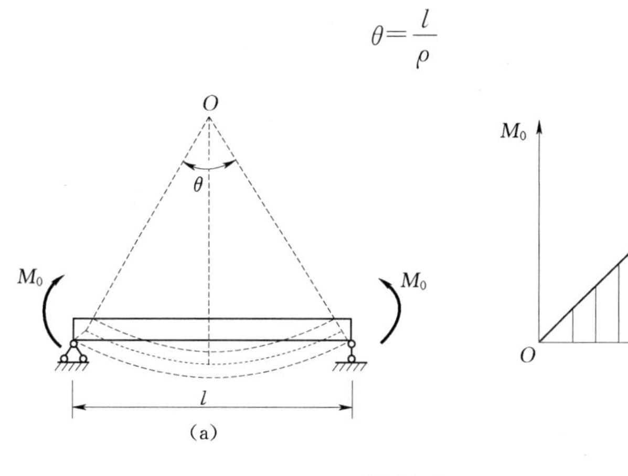

图 10.2

且

$$\frac{1}{\rho}=\frac{M_0}{EI}$$

故

$$\theta=\frac{M_0 l}{EI}$$

所以杆件纯弯曲变形时的应变能为

$$V_\varepsilon=W=\frac{1}{2}M_0\theta=\frac{M^2 l}{2EI} \tag{10.10}$$

2. 横力弯曲

受横力弯曲的梁［图 10.3（a）］横截面上同时有剪力和弯矩，所以梁的应变能应包括两部分：弯曲应变能和剪切应变能。由于剪力和弯矩通常均随着截面位置的不同而变化，都是 x 的函数，因此，计算梁的应变能应从分析梁上长为 $\mathrm{d}x$ 的微段开始［图 10.3（b）］。

在弯矩的作用下，微段两端横截面有相对的转动［图 10.3（c）］；在剪力的作用下，微段两端横截面有相对的错动［图 10.3（d）］。在小变形的情况下满足叠加原理，可以先分别计算出弯矩和剪力在各自相应的变形位移上所做的功，然后将它们叠加起来。

由于在工程中常用的梁往往为细长梁，与剪应力对应的剪切应变能，比与弯矩对应的

弯曲应变能小得多，可以不计，所以只需要计算弯曲应变能。

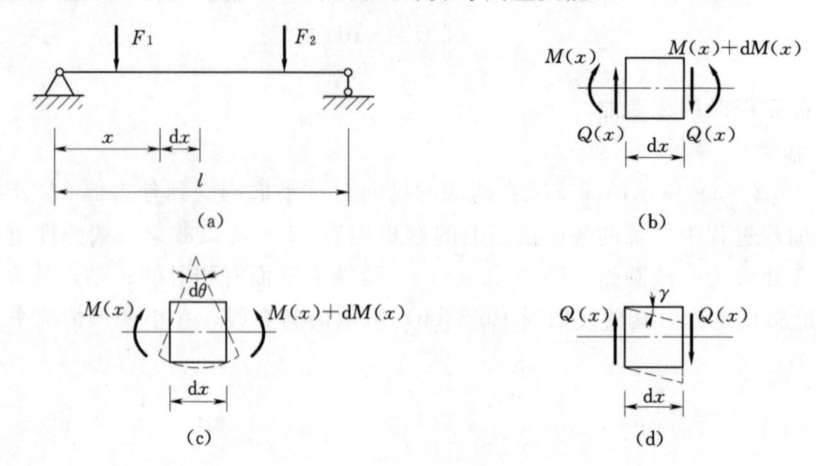

图 10.3

微段梁左右两端横截面上的弯矩应分别为 $M(x)$ 和 $M(x)+\mathrm{d}M(x)$。在计算其应变能时，弯矩增量 $\mathrm{d}M(x)$ 所做的功为二阶微量，可忽略不计，因此可将该微段看作是纯弯曲的情况。微段的弯曲应变能为

$$\mathrm{d}V_\varepsilon=\frac{M^2(x)\mathrm{d}x}{2EI}$$

全梁的弯曲应变能则可积分上式得到

$$V_\varepsilon=\int_l\frac{M^2(x)\mathrm{d}x}{2EI} \tag{10.11}$$

如果梁中各段内的弯矩 $M(x)$ 由不同的函数表示，上列积分应分段进行，然后再求其总和。

【例 10.1】 计算图 10.4 示梁的应变能。

解：（1）方法 1：利用功能原理求梁的应变能。

1）首先求出外力偶作用处 C 截面的转角，查表 5.1 得

$$\theta_C=\frac{M}{6EIl}\left(l^2-3\,\frac{4l^2}{9}-3\,\frac{l^2}{9}\right)=-\frac{Ml}{9EI}$$

2）由功能原理，则外力偶做的功等于梁的变形能

$$V_\varepsilon=W=\frac{1}{2}M\theta_C=\frac{M^2l}{18EI}$$

（2）方法 2：利用式（10.11）求梁的应变能。

1）列出梁（图 10.5）的弯矩方程。

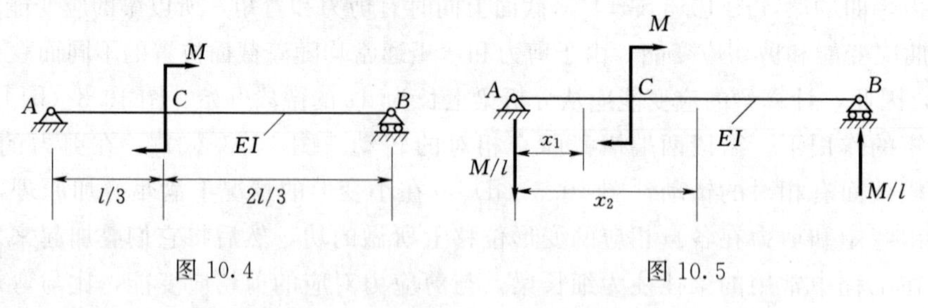

图 10.4　　　　图 10.5

$$M(x_1)=-\frac{M}{l}x_1 \quad (0\leqslant x_1<\frac{l}{3})$$

$$M(x_2)=-\frac{M}{l}x_2+M \quad (\frac{l}{3}\leqslant x_1\leqslant l)$$

2）求弯曲应变能。

$$V_\varepsilon=\int_0^{l/3}\frac{M^2(x_1)}{2EI}\mathrm{d}x_1+\int_{l/3}^{l}\frac{M^2(x_2)}{2EI}\mathrm{d}x_2$$

$$=\frac{M^2l}{162EI}+\frac{8M^2l}{162EI}=\frac{M^2l}{18EI}$$

【例 10.2】 轴线为半圆形的平面曲杆如图 10.6 所示，作用于 A 端的集中力 F 垂直于轴线所在的平面。试求 F 力作用点的垂直位移。

解： 设任意横截面 $m—m$ 的位置由圆心角 φ 来确定。由曲杆的俯视图［图 10.6（b）］可以看出，截面 $m—m$ 上的弯矩和扭矩分别为

$$M=FR\sin\varphi$$

$$T=FR(1-\cos\varphi)$$

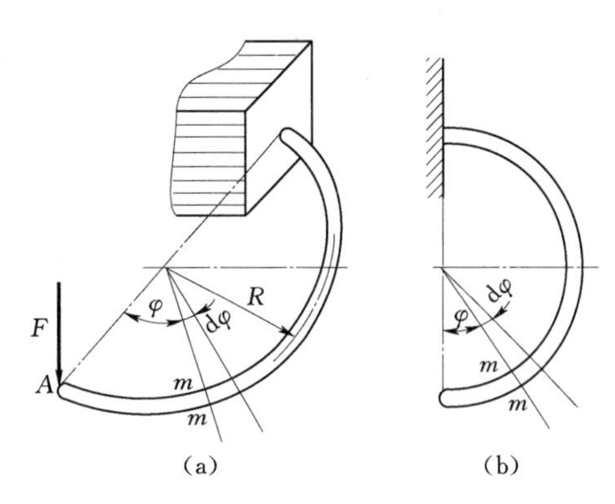

图 10.6

对横截面尺寸远小于半径的曲杆，应变能计算可借用直杆公式。这样，微段 $R\mathrm{d}\varphi$ 内的应变能是

$$\mathrm{d}V_\varepsilon=\frac{M^2R\mathrm{d}\varphi}{2EI}+\frac{T^2R\mathrm{d}\varphi}{2GI_p}$$

$$=\frac{F^2R^3\ \sin^2\varphi\mathrm{d}\varphi}{2EI}+\frac{F^2R^3\ (1-\cos\varphi)^2\mathrm{d}\varphi}{2GI_p}$$

积分求得整个曲杆的应变能为

$$V_\varepsilon=\int_0^\pi\frac{F^2R^3\ \sin^2\varphi\mathrm{d}\varphi}{2EI}+\int_0^\pi\frac{F^2R^3\ (1-\cos\varphi)^2\mathrm{d}\varphi}{2GI_p}$$

$$=\frac{F^2R^3\pi}{4EI}+\frac{3F^2R^3\pi}{4GI_p}$$

若 F 力作用点沿 F 的方向的位移为 δ_A，在变形过程中，集中力 F 所做的功为

$$W=\frac{1}{2}F\delta_A$$

由 $V_\varepsilon=W$，得

$$\frac{1}{2}F\delta_A=\frac{F^2R^3\pi}{4EI}+\frac{3F^2R^3\pi}{4GI_p}$$

所以

$$\delta_A=\frac{FR^3\pi}{2EI}+\frac{3FR^3\pi}{2GI_p}$$

10.2.5 复杂受力情况下应变能的计算

1. 有关应变能的两个重要概念

（1）是否可以应用叠加原理计算应变能。下面以图 10.7（a）所示的拉杆为例加以说明。拉杆在 F_1、F_2 同时作用下的应变能为

$$V_{\varepsilon}=\frac{(F_1+F_2)^2 l}{2EA}=\frac{F_1^2 l}{2EA}+\frac{F_1 F_2 l}{EA}+\frac{F_2^2 l}{2EA} \tag{10.12}$$

而当 F_1、F_2 单独作用时［图 10.7（b）、(c)］，杆的应变能分别为

$$V_{\varepsilon 1}=\frac{F_1^2 l}{2EA},\quad V_{\varepsilon 2}=\frac{F_2^2 l}{2EA}$$

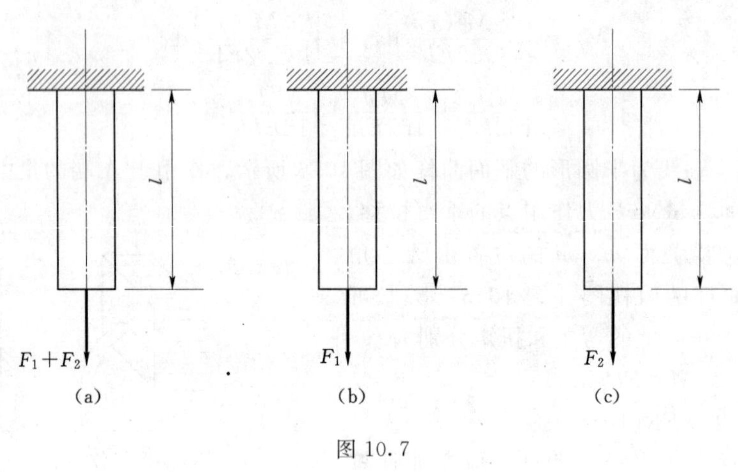

图 10.7

显然

$$V_{\varepsilon}\neq V_{\varepsilon 1}+V_{\varepsilon 2}$$

可见对图 10.7（a）所示的情况不能用叠加原理计算应变能。其原因是这些载荷所做的功是互相影响的，即载荷除在其自身引起的位移上做功外，在其他载荷引起的位移上也要做功，所以不能将各载荷单独分析再进行叠加。例如若先将 F_1 作用在拉杆上，杆件有伸长 Δl_1，则 F_1 所做的功为

$$W_1=\frac{1}{2}F_1\Delta l_1$$

在 F_1 不卸除的情况下，再施加 F_2，杆件又伸长了 Δl_2，故变力 F_2、常力 F_1 所做的功分别为

$$W_2=\frac{1}{2}F_2\Delta l_2,\quad W_3=F_1\Delta l_2$$

则整个加载过程外力所做的功为

$$W=W_1+W_2+W_3=\frac{1}{2}F_1\Delta l_1+\frac{1}{2}F_2\Delta l_2+F_1\Delta l_2$$

将上式转化为应变能则同样得到式（10.12）。其中 W_3 就是两力所做功互相影响的结果。通过类似的计算可以证明，杆件内积蓄的应变能与上述分析结果一样，即产生同一种基本变形的一组外力在杆内所产生的应变能，不等于各力分别作用时产生的应变能。

（2）应变能是否与加载次序及过程有关。对于上述的拉杆，若先施加 F_2 再施加 F_1 时的应变能，与先施加 F_1 再施加 F_2 时的应变相等。可见，积蓄在弹性体内的弹性应变能只决定于弹性体变形的最终状态，或者说只决定于作用在弹性体上的载荷和位移的最终值，与加载的先后次序无关。

2. 组合变形时的应变能

如果作用在杆件上的某一载荷作用方向上，其他载荷均不在该载荷方向上引起位移，则仍可应用叠加原理计算应变能，即是说，可以单独计算每一载荷作用下杆件的应变能，然后叠加计算杆件的总应变能。组合变形时的应变能就属于这种情况。

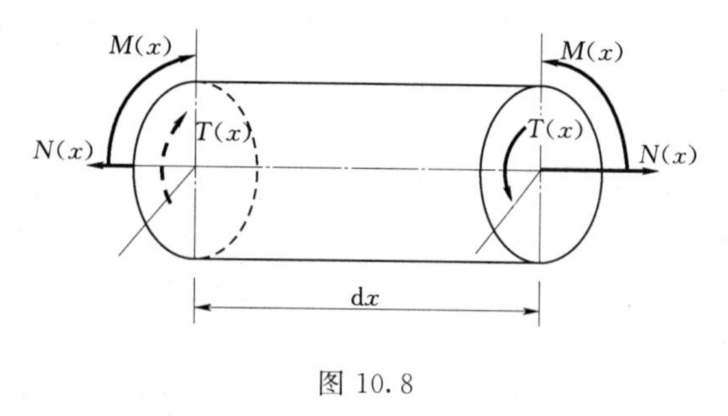

图 10.8

如图 10.8 所示的微段杆是从处于拉、弯、扭组合变形下的圆杆中取出的，其长度为 dx，横截面上的轴力 $N(x)$、弯矩 $M(x)$和扭矩 M_n 均只在各自引起的位移 $d(\Delta l)$、$d\theta$ 和 $d\varphi$ 上做功，各类载荷所做的功互相没有影响，故微段杆内的应变能可用叠加原理计算，即

$$\begin{aligned}dV_\varepsilon &= dW=\frac{1}{2}N(x)d(\Delta l)+\frac{1}{2}M(x)d\theta+\frac{1}{2}T(x)d\varphi \\ &=\frac{N^2(x)dx}{2EA}+\frac{M^2(x)dx}{2EI}+\frac{T^2(x)dx}{2GI_p}\end{aligned}$$

整个圆杆的应变能则为

$$V_\varepsilon=\int_l\frac{N^2(x)dx}{2EA}+\int_l\frac{M^2(x)dx}{2EI}+\int_l\frac{T^2(x)dx}{2GI_p} \tag{10.13}$$

这是指圆截面的情况。若截面并非圆形，则上式右边第三项中的 I_p 应成 I_t。

10.3 应变能的普遍表达式

以上讨论了杆件在基本变形和简单组合变形下应变能的计算，现在研究更普遍的情况。

设有 n 个广义力 F_1、F_2、…、F_n 作用在如图 10.9 所示的物体上，且设物体的约束条件足以使它只会发生由于变形引起的位移，不会发生刚体位移。Δ_1、Δ_2、…、Δ_n 表示载荷沿各自作用方位上的广义位移（图 10.9）。由前面的分析我们已经知道，弹性体在变形过程中积蓄的应变能，只决定于作用在弹性体上的载荷和位移的最终值，与加载的先后次序无关。于是，不管实际加载的情况如何，在计算应变能时，为计算方便起见，可以假设这些载荷按同一比例从零开始逐渐增加到最终值，则弹性体的应变能等于各广义力在加载过程中所做功的总和，即

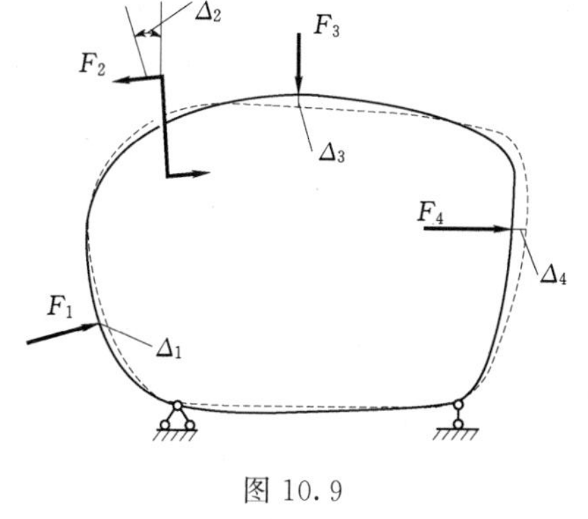

图 10.9

$$V_\varepsilon=\sum_{i=1}^{n}\int_0^{\Delta_i}F_i d\Delta_i \tag{10.14}$$

当作用于弹性体上的载荷与其相应位移之间的关系是线性时，即物体为线弹性体，则应变能的计算式为

$$V_\varepsilon=\sum_{i=1}^{n}\frac{1}{2}F_i\Delta_i \tag{10.15}$$

这表示线弹性体的应变能等于各载荷与其相应位移乘积的1/2的总和。这一结论称为克拉贝依隆原理。式中的载荷 F_i 应理解为广义力，它可以是集中力或集中力偶；与此相应，式中的 Δ_i 为广义位移，可以是线位移或角位移。若广义力 F_i 是集中力，则其相应的广义位移 Δ_i 指的是在力作用点沿力方向的线位移；若广义力 F_i 为力偶，则其相应的广义位移 Δ_i 是指在力偶作用平面内的角位移，即截面的转角在力偶作用平面上的分量；若广义力 F_i 为一对大小相等、方向相反的集中力，则其相应的广义位移 Δ_i 指的是这一对力的两个作用点的力方向的相对位移；若广义力 F_i 为一对大小相等、转向相反的力偶，那么，其相应的广义位移 Δ_i 是指这一对力偶的两个作用平面的相对转角。

10.4 功的互等定理和位移互等定理

由前面的讨论可知，线弹性体结构积蓄在弹性体内的弹性应变能只决定于作用在弹性体上的载荷的最终值，与加载的先后次序无关。由此可以导出功的互等定理和位移互等定理。它们在结构分析中有重要应用。

下面以一处于线弹性阶段的简支梁为例进行说明。图10.10（a）、（b）代表梁的两种受力状态，截面1、截面2为其上任意两截面。如图10.10（a）所示，F_1 使梁在截面1、截面2上的位移分别为 Δ_{11} 和 Δ_{21}；在图10.10（b）中，当 F_2 作用时，在截面1、截面2上的产生的位移则分别为 Δ_{12} 和 Δ_{22}。在位移符号的角标中，第一个表示截面位置，第二个指是由哪个力引起的。

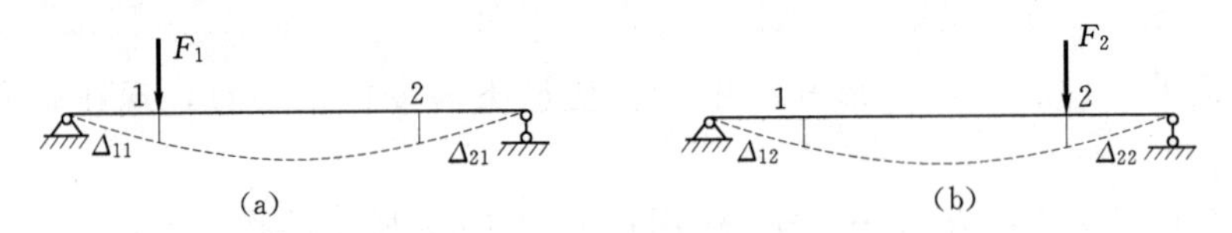

图10.10

现在用两种办法在梁上加载，来计算 F_1、F_2 共同作用时外力的功。先施加 F_1 再施加 F_2 时［图10.11（a）］，外力的功为

$$W_1=\frac{1}{2}F_1\Delta_{11}+\frac{1}{2}F_2\Delta_{22}+F_1\Delta_{12}$$

而当先施加 F_2 再施加 F_1 时［图10.11（b）］，外力的功为

$$W_2=\frac{1}{2}F_2\Delta_{22}+\frac{1}{2}F_1\Delta_{11}+F_2\Delta_{21}$$

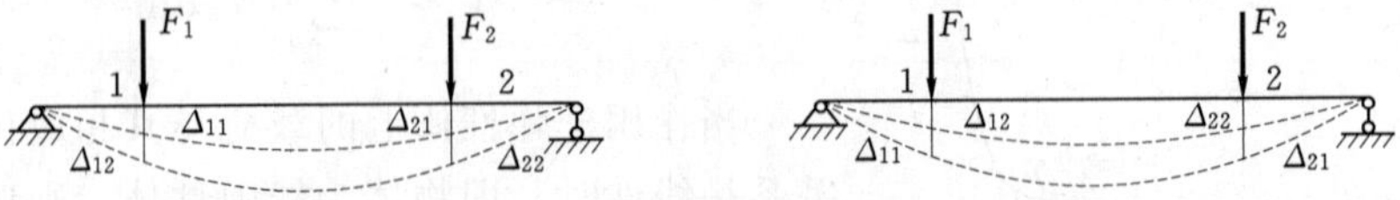

图10.11

由于杆件的应变能等于外力的功，与加载次序无关，即 $V_\varepsilon = W_1 = W_2$，所以有

$$F_1\Delta_{12} = F_2\Delta_{21} \tag{10.16}$$

这表明，第一个力在第二个力引起的位移上所做的功，等于第二个力在第一个力引起的位移上所做的功。这就是功的互等定理。

当 $F_1 = F_2$ 时，由式（10.16）可推出一个重要的推论，即

$$\Delta_{12} = \Delta_{21} \tag{10.17}$$

这表明，作用在方位 1 上的载荷使杆件在方位 2 上产生的位移 Δ_{21}，等于将此载荷作用在方位 2 上而在方位 1 上产生的位移 Δ_{12}。这就是位移互等定理。

若令 $F_1 = F_2 = 1$（即为单位力），且此时用 δ 表示位移，则有

$$\delta_{12} = \delta_{21}$$

由于 1、2 两截面是任意的，故上述关系可写为以下一般形式

$$\delta_{ij} = \delta_{ji}$$

即 j 处作用的单位力在 i 处产生的位移，等于 i 处作用的单位力在 j 处产生的位移。这是位移互等定理的特殊表达形式，在结构分析中十分有用。

以上分析对弹性体上作用的集中力偶显然也是适用的，不过相应的位移是角位移，所以上述互等定理中的力和位移泛指广义力和广义位移。

10.5　卡　氏　定　理

设有一个线弹性系统，在结构支座约束下无刚性位移，承受 F_1，F_2，…，F_n 广义力作用（图 10.12）。这时，弹性系统将发生变形，在各个广义力作用处，其相应的广义位移分别为 δ_1，δ_2，…，δ_n。若将作用在弹性系统上的每一个广义力作为独立变量，即不受其他任何外力制约（包括其大小、方向和转向）的自变量，于是，该弹性系统的应变能 V_ε 为诸广义力的函数，即

$$V_\varepsilon = f(F_1, F_2, \cdots, F_n)$$

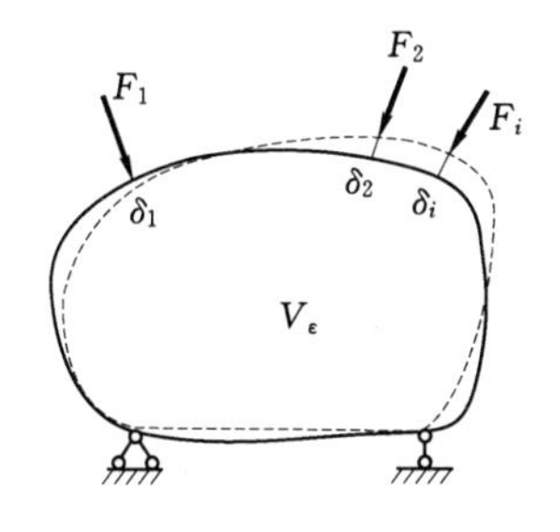

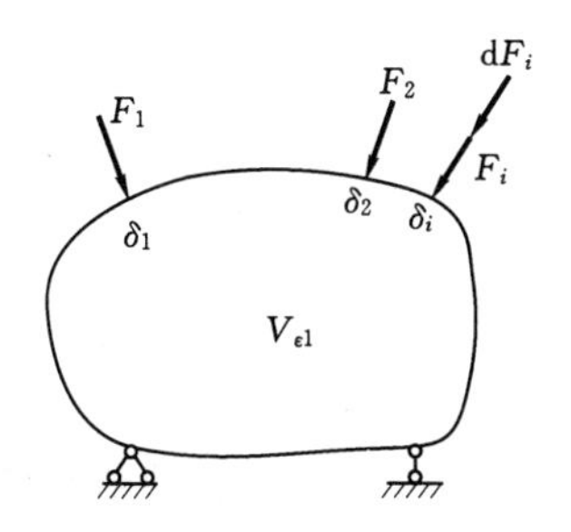

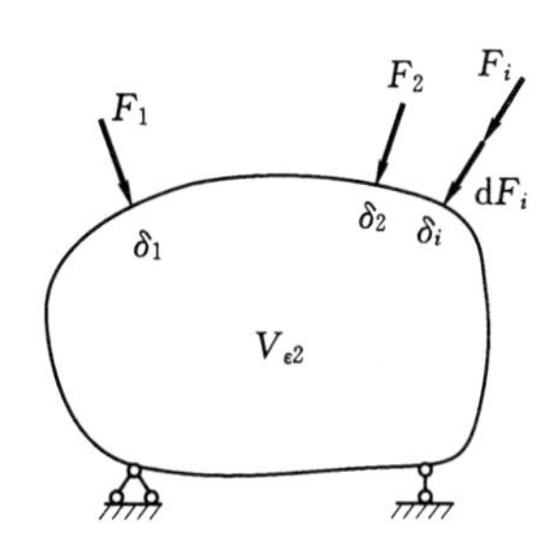

图 10.12

如欲求某一广义力 F_i 在其作用点 i（或其作用面）沿 F_i 方向与其相应的广义位移 δ_i，则只要将此弹性系统的总应变能 V_ε 对该广义力 F_i 偏导一次，即

$$\delta_i=\frac{\partial V_\varepsilon}{\partial F_i} \tag{10.18}$$

这即是卡氏第二定理，该定理只适用于线弹性系统，是计算广义位移的一个普遍规律。本书只介绍第二定理，简称为卡氏定理。

下面利用前述弹性系统内的应变能与加载次序无关的特性来证明卡氏定理。

设有一线弹性系统在结构支座约束下，无任何刚性位移。F_1，F_2，…，F_n为作用于弹性系统上外力的最终值，而δ_1，δ_2，…，δ_n为相应的位移最终值，则

$$V_\varepsilon=f(F_1,F_2,\cdots,F_n)$$

假设弹性系统先施加广义力F_1，F_2，…，F_n，然后给广义力F_i加一个增量$\mathrm{d}F_i$，则应变能的增量为$\Delta V_\varepsilon=\frac{\partial V_\varepsilon}{\partial F_i}\mathrm{d}F_i$，则按此种加载方式得到的系统应变能为

$$V_{\varepsilon1}=V_\varepsilon+\frac{\partial V_\varepsilon}{\partial F_i}\mathrm{d}F_i$$

若改变加载方式，系统先加$\mathrm{d}F_i$，然后再加各广义力F_1，F_2，…，F_n。先作用$\mathrm{d}F_i$时，其作用点沿$\mathrm{d}F_i$方向的位移为$\mathrm{d}\delta_i$，应变能为$\frac{1}{2}\mathrm{d}F_i\mathrm{d}\delta_i$。再作用$F_1$，$F_2$，…，$F_n$时，虽然系统上事先已有$\mathrm{d}F_i$存在，但对线弹性系统来说，$F_1$，$F_2$，…，$F_n$引起的位移仍然与未曾作用$\mathrm{d}F_i$一样，这些广义力做的功，仍然等于未曾作用$\mathrm{d}F_i$时的功，亦等于系统的应变能，而$\mathrm{d}F_i$在位移$\delta_i$（由广义力$F_i$产生）上所做的功为$\delta_i\mathrm{d}F_i$，则按第二种加载方式，系统应变能为

$$V_{\varepsilon2}=\frac{1}{2}\mathrm{d}F_i\mathrm{d}\delta_i+V_\varepsilon+\mathrm{d}F_i\delta_i$$

因材料服从胡克定律，小变形线弹性应变能与加载次序无关，则

$$V_{\varepsilon1}=V_{\varepsilon2}$$

$$V_\varepsilon+\frac{\partial V_\varepsilon}{\partial F_i}\mathrm{d}F_i=\frac{1}{2}\mathrm{d}F_i\mathrm{d}\delta_i+V_\varepsilon+\mathrm{d}F_i\delta_i$$

略去二阶微量$\frac{1}{2}F_i\mathrm{d}\delta_i$得

$$\delta_i=\frac{\partial V_\varepsilon}{\partial F_i}$$

上式即为卡氏定理：线弹性系统的应变能，对某一外力的偏导数，即等于该外力作用点沿其作用方向的位移。

应用卡氏定理，可以很方便地计算出杆在各种基本变形和组合变形中产生的位移，也可以很方便地计算桁架结构的位移。

(1) 轴向拉伸或压缩杆。

$$\delta_i=\frac{\partial V_\varepsilon}{\partial F_i}=\frac{\partial}{\partial F_i}\left(\int_l\frac{N^2(x)\mathrm{d}x}{2EA}\right)=\int_l\frac{N(x)}{EA}\frac{\partial N(x)}{\partial F_i}\mathrm{d}x \tag{10.19}$$

（2）扭转圆轴。

$$\delta_i=\frac{\partial V_\varepsilon}{\partial F_i}=\frac{\partial}{\partial F_i}\left(\int_l\frac{T^2(x)\mathrm{d}x}{2GI_\mathrm{p}}\right)=\int_l\frac{T(x)}{GI_\mathrm{p}}\frac{\partial T(x)}{\partial F_i}\mathrm{d}x \tag{10.20}$$

（3）平面弯曲梁。

$$\delta_i=\frac{\partial V_\varepsilon}{\partial F_i}=\frac{\partial}{\partial F_i}\left(\int_l\frac{M^2(x)\mathrm{d}x}{2EI}\right)=\int_l\frac{M(x)}{EI}\frac{\partial M(x)}{\partial F_i}\mathrm{d}x \tag{10.21}$$

（4）组合变形杆件。

$$\delta_i=\frac{\partial V_\varepsilon}{\partial F_i}=\int_l\frac{N(x)}{EA}\frac{\partial N(x)}{\partial F_i}\mathrm{d}x+\int_l\frac{T(x)}{GI_\mathrm{p}}\frac{\partial T(x)}{\partial F_i}\mathrm{d}x+\int_l\frac{M(x)}{EI}\frac{\partial M(x)}{\partial F_i}\mathrm{d}x \tag{10.22}$$

（5）简单桁架结构。由于桁架的每根杆件均受均匀拉伸或压缩，若桁架共有 n 根杆件，故

$$\delta_i=\frac{\partial V_\varepsilon}{\partial F_i}=\sum_{i=1}^{n}\frac{N_i l_i}{E_i A_i}\frac{\partial N_i}{\partial F_i} \tag{10.23}$$

根据卡氏定理的表达式，我们知道在计算结构某处的位移时，该处应有与所求位移相应的外力作用，如果这种外力不存在，可在该处附加虚设的外力 $\vec{F}$，从而仍然可以采用卡氏定理求解。

【例 10.3】 试求如图 10.13 所示简支梁 B 端产生的转角。

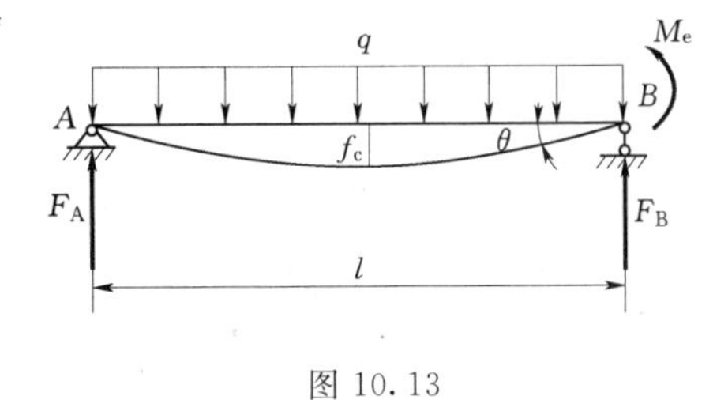

图 10.13

解： 首先应求出支座所受到的支反力：

$$F_{\mathrm{RA}}=\frac{1}{2}ql+\frac{M_\mathrm{e}}{l}$$

$$F_{\mathrm{RB}}=\frac{1}{2}ql-\frac{M_\mathrm{e}}{l}$$

则简支梁的弯矩方程及对 B 端外力偶的偏导数为

$$M(x)=F_{\mathrm{RA}}x-\frac{1}{2}qx^2=\frac{1}{2}qlx+\frac{M_\mathrm{e}}{l}x-\frac{1}{2}qx^2$$

$$\frac{\partial M(x)}{\partial M_\mathrm{e}}=\frac{x}{l}$$

利用卡氏定理，可求出 B 端转角为

$$\theta=\int_0^l\frac{M(x)}{EI}\frac{\partial M(x)}{\partial M_\mathrm{e}}\mathrm{d}x=\int_0^l\frac{\frac{1}{2}qlx+\frac{M_\mathrm{e}}{l}x-\frac{1}{2}qx^2}{EI}\frac{x}{l}\mathrm{d}x=\frac{1}{EI}\left(\frac{ql^3}{24}+\frac{M_\mathrm{e}l}{3}\right)$$

正号说明 θ 转向与 M_e 方向一致。

【例 10.4】 试求如图 10.14 所示悬臂梁自由端截面 B 处的挠度和转角。

分析：要求悬臂梁在自由端 B 处的挠度与转角，但此处无集中力和力偶，所以不能直接应用卡氏定理。为此设想在自由端 B 处作用有虚加力 F_f（对应于挠度）和 M_f（对应于转角），此时梁已经不同于原来的梁（施加上虚加力后的悬臂梁受力情况如图 10.15 所示）。在求出梁的变形后再令虚加上的广义力等于零即可。

解： 如图 10.15 所示，在原载荷与虚加力 F_f 和 M_f 共同作用下梁的弯矩方程：

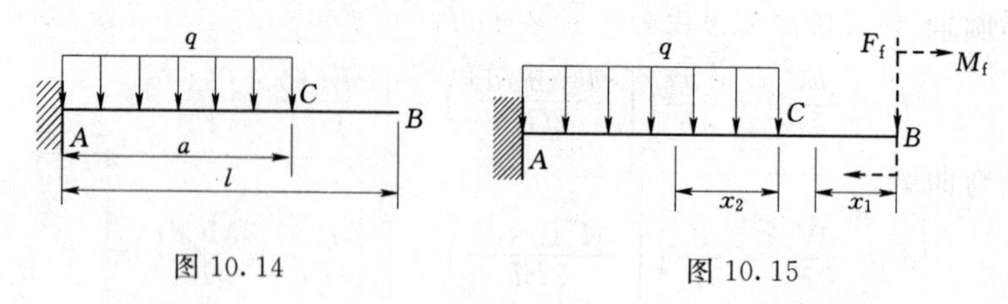

图 10.14　　　　图 10.15

BC 段：

$$M(x_1)=-F_f x_1-M_f$$

CA 段：

$$M(x_2)=-\frac{1}{2}qx_2^2-F_f(l-a+x_2)-M_f$$

求出梁各段弯矩方程分别对 F_f 和 M_f 的偏导数：

$$\frac{\partial M(x_1)}{\partial F_f}=-x_1,\quad \frac{\partial M(x_2)}{\partial F_f}=-(l-a+x_2)$$

$$\frac{\partial M(x_1)}{\partial M_f}=-1,\quad \frac{\partial M(x_2)}{\partial M_f}=-1$$

采用卡氏定理来求悬臂梁在自由端 *B* 处的挠度和转角

$$f_B=\frac{\partial V_\varepsilon}{\partial F_f}=\int_{\overline{BC}}\frac{M(x_1)}{EI}\frac{\partial M(x_1)}{\partial F_f}dx_1+\int_{\overline{CA}}\frac{M(x_2)}{EI}\frac{\partial M(x_2)}{\partial F_f}dx_2$$

$$=\int_0^{l-a}\frac{(-F_f x_1-M_f)}{EI}(-x_1)dx_1+\int_0^a\frac{-\frac{1}{2}qx_2^2-F_f(l-a+x_2)-M_f}{EI}[-(l-a+x_2)]dx_2$$

$$\theta_B=\frac{\partial V_\varepsilon}{\partial M_f}=\int_{l_1}\frac{M(x_1)}{EI}\frac{\partial M(x_1)}{\partial M_f}dx_1+\int_{l_2}\frac{M(x_2)}{EI}\frac{\partial M(x_2)}{\partial M_f}dx_2$$

$$=\int_0^{l-a}\frac{(-F_f x_1-M_f)}{EI}(-1)dx_1+\int_0^a\frac{-\frac{1}{2}qx_2^2-F_f(l-a+x_2)-M_f}{EI}(-1)dx_2$$

这里求出的挠度和转角是梁所承受的真实载荷与虚设力共同作用下挠度和转角，令上两式中的 F_f 和 M_f 为零，则对上两式进行积分，得

$$f_B=0+\int_0^a\frac{-\frac{1}{2}qx_2^2}{EI}[-(l-a+x_2)]dx_2=\frac{qa^3}{24EI}(4l-a)$$

$$\theta_B=0+\int_0^a\frac{-\frac{1}{2}qx_2^2}{EI}(-1)dx_2=\frac{qa^3}{6EI}$$

挠度和转角的结果为正，表示其方向与虚加力的方向一致。

其实只有在计算弯矩的偏导数需要虚加力，以后就可以令其等于零，再进行积分计算。

【例 10.5】 如图 10.16 所示桁架各杆的材料相同，截面面积相等，在载荷 *P* 作用下，试求节点 *B* 与 *D* 间的相对位移。

分析：由于在 *B* 处没有集中力，不能直接利用卡氏定理求 *B* 与 *D* 间的相对位移，故在 *B*、*D* 连线方向作用一对虚加力 F_f（图 10.17），这是因为需求的广义位移是两点间的

相对位移，则与之相应的广义力便为一对集中力。在求出相对位移后令虚加力 F_f 等于零，则得到在原载荷作用下 B、D 连线方向的相对位移。

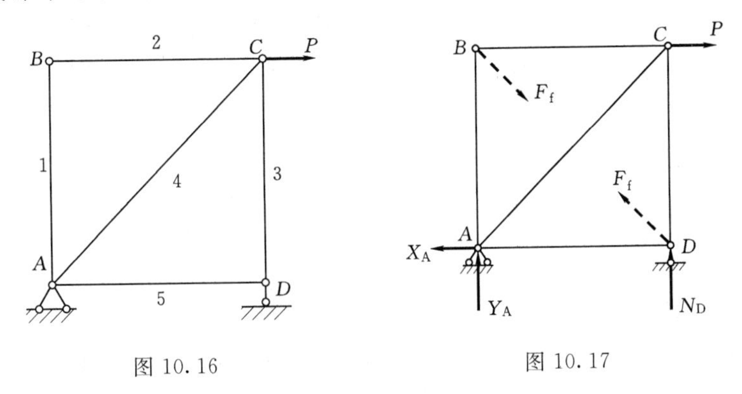

图 10.16　　　　图 10.17

解： 在桁架 B、D 连线方向作用一对虚加力 F_f（图 10.17），则在载荷 P 与一对虚加力 F_f 共同作用下，结构的约束反力为

$$X_A = P,\quad Y_A = -P,\quad N_D = P$$

求出各杆的轴力

$$N_1 = -\frac{\sqrt{2}}{2}F_f,\quad N_2 = -\frac{\sqrt{2}}{2}F_f,\quad N_3 = -P - \frac{\sqrt{2}}{2}F_f$$

$$N_4 = \sqrt{2}P + F_f,\quad N_5 = -\frac{\sqrt{2}}{2}F_f$$

并分别求出各杆轴力对 F_f 的偏导数

$$\frac{\partial N_1}{\partial F_f} = -\frac{\sqrt{2}}{2},\quad \frac{\partial N_2}{\partial F_f} = -\frac{\sqrt{2}}{2},\quad \frac{\partial N_3}{\partial F_f} = -\frac{\sqrt{2}}{2},\quad \frac{\partial N_4}{\partial F_f} = 1,\quad \frac{\partial N_5}{\partial F_f} = -\frac{\sqrt{2}}{2}$$

用卡氏定理求 B 点沿 BD 方向的位移，在利用式（10.23）计算之前，可先令 $F_f = 0$，求出只有载荷 P 作用时结构 B 点沿 BD 方向的位移为

$$\begin{aligned}
\delta_{BD} &= \frac{\partial V_\varepsilon}{\partial F_f} = \sum_{i=1}^{5}\frac{N_i l_i}{EA}\frac{\partial N_i}{\partial F_f} \\
&= 0 + 0 + \frac{-Pl}{EA}\left(-\frac{\sqrt{2}}{2}\right) + \frac{\sqrt{2}P\sqrt{2}l}{EA} + 0 \\
&= \left(\frac{\sqrt{2}}{2} + 2\right)\frac{Pl}{EA} \approx 2.71\frac{Pl}{EA}
\end{aligned}$$

结果为正，表示位移方向与虚加力的方向一致，即方向为 B 点向 D 点靠近。

10.6　虚功原理及单位载荷法

外力作用下处于平衡状态的杆件如图 10.18 所示。图中由实线表示的曲线为轴线的真实变形。若杆件受到另外的外力或温度变化，又引起杆件的变形，则用虚线表示杆件位移发生后的位置。可把这种位移称为虚位移。“虚”位移只是表示其他因素造成的位移，以区别于杆件因原有外力引起的位移。虚位移是在平衡位置上再增加的位移，在虚位移中，杆件的原有外力和内力保持不变，且始终是平衡的。虚位移应满足边界条件和连续性条件，并符合小变形要求，例如在铰支座上虚位移应等于零。虚位移 $v^*(x)$ 应是连续函数。又因为虚位移符合小变形要求，它不改变原有外力的效应，建立平衡方程时，仍可用杆件变形前的位置和尺寸。满足了这些要求的任意位移都可作为虚位移。正因为它满足上述要求，所以也是杆件实际上可能发生的位移。杆件上的力由于虚位移而完成的功称为虚功。

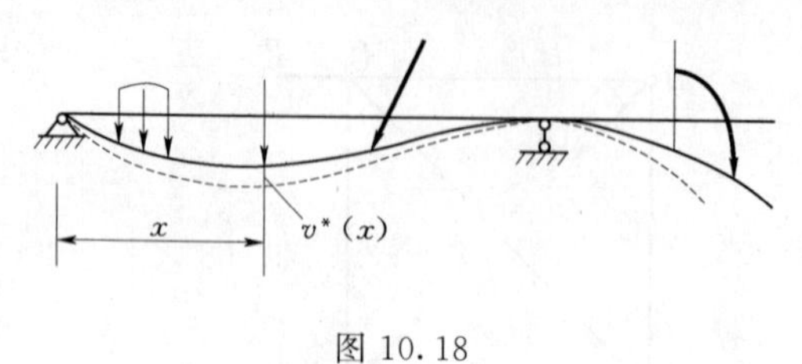

图 10.18

设想把杆件分成无穷多微段，从中取出任一微段如图 10.19 所示。微段上除外力外，两端横截面上还有轴力、弯矩、剪力等内力。当它由平衡位置经虚位移到达由虚线所示的位置时，微段上的内、外力都做了虚功。把所有的微段的内、外力虚功逐段相加（积分），便可求出整个杆件的外力和内力的总虚功。因为虚位移是连续的，两个相邻微段的公共截面的位移和转角是相同的，但相邻微段公共截面上的内力却是大小相等、方向相反的，故它们所做的虚功相互抵消。逐段相加后，就只剩下外力在虚位移中所作的虚功。若以 F_1，F_2，F_3，…，$q(x)$ 表示杆件上的外力（广义力），v_1^*，v_2^*，v_3^*，…，$v^*(x)$ 表示外力，作用点沿外力方向的虚位移，因在虚位移中外力保持不变，故总虚功为

$$W = F_1 v_1^* + F_2 v_2^* + F_3 v_3^* + \cdots + \int_l q(x) v^*(x) \mathrm{d}x + \cdots \tag{10.24}$$

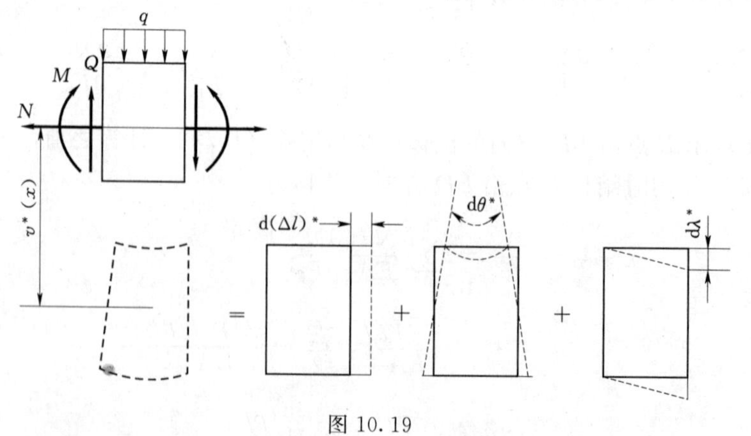

图 10.19

还可按另一方式计算总虚功。在上述杆件中，微段以外的其余部分的变形，使所研究的微段得到刚性虚位移；此外，所研究的微段在虚位移中还发生虚变形。作用于微段上的力系（包括外力，和内力）是一个平衡力系，根据质点系的虚位移原理，这一平衡力系在刚性虚位移上做功的总和等于零，因而只剩下在虚变形中所做的功。微段的虚变形可以分解成：两端截面的轴向相对位移 $\mathrm{d}(\Delta l)^*$，相对转角 $\mathrm{d}\theta^*$，相对错动 $\mathrm{d}\lambda^*$（图 10.18）。在上述微段的虚变形中，只有两端截面上的内力做功，其数值为

$$dW = N d(\Delta l)^* + M d\theta^* + Q d\lambda^* \tag{10.25}$$

积分上式得总虚功为

$$W = \int N d(\Delta l)^* + \int M d\theta^* + \int Q d\lambda^* \tag{10.26}$$

按两种方式求得的总虚功表达式（10.24）与式（10.26）应该相等，即

$$\begin{aligned} & F_1 v_1^* + F_2 v_2^* + F_3 v_3^* + \cdots + \int_l q(x) v^*(x) dx + \cdots \\ & = \int N d(\Delta l)^* + \int M d\theta^* + \int Q d\lambda^* \end{aligned} \tag{10.27}$$

式（10.27）表明，在虚位移中，外力虚功等于内力在相应虚变形上所做虚功。这就是虚功原理。也可把上式右边看作是相应虚位移的应变能。这样，虚功原理表明，在虚位移中，外力虚功等于杆件的虚应变能。

若杆件上还有扭转力偶矩 M_{e1}，M_{e2}，…，与其相应的虚位移为 φ_1^*，φ_2^*，…，则微段两端截面上的内力中还有扭矩 T，因虚位移使两端截面相对扭转 $d\varphi^*$ 角。这样，在公式（10.27）左端的外力虚功中应加入 M_{e1}，M_{e2}，…的虚功，而在右端内力虚功中应加入 T 的虚功。于是有

$$\begin{aligned} & F_1 v_1^* + F_2 v_2^* + F_3 v_3^* + \cdots + \int_l q(x) v^*(x) dx + \cdots + M_{e1}\varphi_1^* + M_{e2}\varphi_2^* + \cdots \\ & = \int N d(\Delta l)^* + \int M d\theta^* + \int Q d\lambda^* + \int T d\varphi^* \end{aligned} \tag{10.28}$$

在导出虚功原理时，并未使用应力-应变关系，故虚功原理与材料的性能无关，它可用于线弹性材料，也可用于非线性弹性材料。虚功原理并不要求力与位移的关系一定是线性的，故可用于力与位移成非线性关系的结构。

下面利用虚功原理推导出计算结构一点位移的单位载荷法。

设在外力作用下，刚架 A 点沿某一任意方向 aa 的位移为 Δ [图 10.20 (a)]。为了计算 Δ，设想在刚架的 A 点上，沿 aa 方向作用一单位力 [图 10.20 (b)]，它与支座反力组成平衡力系。这时刚架横截面上的轴力、弯矩和剪力分别为 $\overline{N}(x)$，$\overline{M}(x)$ 和 $\overline{Q}(x)$。把

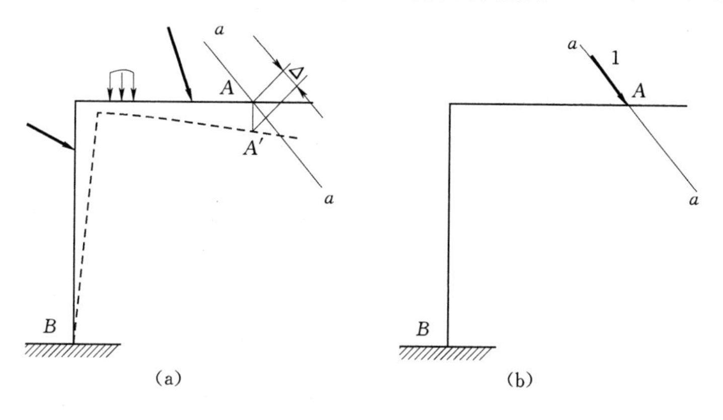

图 10.20

刚架在原有外力作用下的位移（图 10.20（a））作为虚位移，加于单位力作用下的刚架［图 10.20（b）］上。表达虚功原理的式（10.27）化为

$$1 \cdot \Delta = \int \overline{N}(x) \mathrm{d}(\Delta l) + \int \overline{M}(x) \mathrm{d}\theta + \int \overline{Q}(x) \mathrm{d}\lambda \tag{10.29}$$

式（10.29）左端为单位力的虚功，右端各项中的 $\mathrm{d}(\Delta l)$、$\mathrm{d}\theta$、$\mathrm{d}\lambda$ 是原有外力引起的变形，现在已作为虚变形。对以抗弯为主的杆件，式（10.29）右边代表轴力和剪力影响的第一和第三项可以不计，于是有

$$\Delta = \int \overline{M}(x) \mathrm{d}\theta \tag{10.30}$$

对只有轴力的拉伸或压缩杆件，式（10.29）右边只保留第一项

$$\Delta = \int \overline{N}(x) \mathrm{d}(\Delta l) \tag{10.31}$$

若沿杆件轴线轴力为常量，则

$$\Delta = \int \overline{N}(x) \mathrm{d}(\Delta l) = \overline{N} \Delta l \tag{10.32}$$

对有 n 根杆的杆系，如桁架，则式（10.32）应改写成

$$\Delta = \sum_{i=1}^{n} \overline{N}_i \Delta l_i \tag{10.33}$$

仿照上面的推导，如欲求受扭杆件某一截面的扭转角 Δ，则以单位扭转力偶矩作用于该截面上，它引起的扭矩计为 $\overline{T}(x)$，于是

$$\Delta = \int \overline{T}(x) \mathrm{d}\varphi \tag{10.34}$$

式中　$\mathrm{d}\varphi$——杆件微段两端的相对扭转角。

以上诸式称为莫尔定理，式中积分称为莫尔积分，它们适用于弹性结构，式中左端的 Δ 是单位力（或力偶矩）做功 $1 \cdot \Delta$ 的缩写，如求出的 Δ 为正，表示单位力所做的功 $1 \cdot \Delta$ 为正，亦即表示 Δ 与单位力的方向相同。

若材料是线弹性的，则杆件的弯曲、拉伸和扭转变形分别是

$$\mathrm{d}\theta = \frac{\mathrm{d}}{\mathrm{d}x}\left(\frac{\mathrm{d}y}{\mathrm{d}x}\right)\mathrm{d}x = \frac{\mathrm{d}^2 y}{\mathrm{d}x^2}\mathrm{d}x = \frac{M(x)}{EI}\mathrm{d}x$$

$$\Delta l = \frac{Nl}{EA}$$

$$\mathrm{d}\varphi = \frac{T(x)}{GI_\mathrm{p}}\mathrm{d}x$$

于是，式（10.30）、式（10.33）、式（10.34）分别演化为

$$\Delta = \int \frac{M(x)\overline{M}(x)\mathrm{d}x}{EI} \tag{10.35}$$

$$\Delta = \sum_{i=1}^{n} \frac{N_i \overline{N}_i l_i}{EA_i} \tag{10.36}$$

$$\Delta = \int \frac{T(x)\overline{T}(x)\mathrm{d}x}{GI_\mathrm{p}} \tag{10.37}$$

【例 10.6】 平面刚架如图 10.21 所示。刚架各部分截面相同，试求截面 A 的转角。

解： 在外力作用下各杆将产生弯曲变形，首先求出各杆的弯矩方程为

$$M(x_1)=-Px_1,\quad M(x_2)=P(3l-x_2\cos\alpha),\quad M(x_3)=-Px_3$$

其中 x_1、x_2 设定如图 10.22 所示。设想在梁上 A 处单独作用一单位力偶（图 10.23），这时各杆弯矩方程 $\overline{M}(x)$ 为

$$\overline{M}(x_1)=-1,\quad \overline{M}(x_2)=1,\quad \overline{M}(x_3)=-1$$

用莫尔定理求 A 截面的转角，将 $M(x)$ 和 $\overline{M}(x)$ 的表达式代入式（10.35），完成积分得

$$\begin{aligned}\theta_A&=\int_{l_1}\frac{M(x_1)\overline{M}(x_1)}{EI}\mathrm{d}x_1+\int_{l_2}\frac{M(x_2)\overline{M}(x_2)}{EI}\mathrm{d}x_2+\int_{l_3}\frac{M(x_3)\overline{M}(x_3)}{EI}\mathrm{d}x_3\\&=\int_0^{3l}\frac{(-Px_1)(-1)}{EI}\mathrm{d}x_1+\int_0^{5l}\frac{P(3l-x_2\cos\alpha)\times 1}{EI}\mathrm{d}x_2+\int_0^{4l}\frac{(-Px_3)(-1)}{EI}\mathrm{d}x_3\\&=\frac{9Pl^2}{2EI}+\frac{15Pl^2}{2EI}+\frac{9Pl^2}{2EI}=\frac{33Pl^2}{2EI}\end{aligned}$$

转角的方向与单位力偶方向相同。

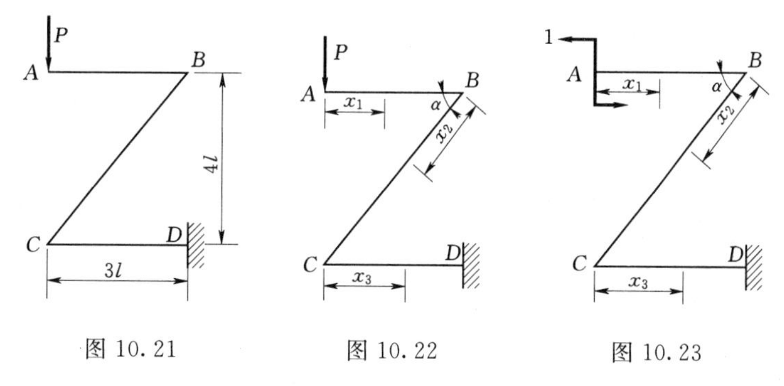

图 10.21　　图 10.22　　图 10.23

【例 10.7】 如图 10.24 所示折杆的横截面为圆形，在力偶矩 M_0 作用下，试求折杆自由端的线位移和角位移。

解： 折杆的水平杆在外力偶作用下产生扭转变形，垂直杆将产生弯曲变形。故首先求出水平杆的扭矩方程和垂直杆的弯矩方程分别为

$$T(x_1)=M_0,\quad M(x_2)=M_0$$

其中坐标 x_1、x_2 设定如图 10.25 所示。由于垂直杆产生的弯曲变形，将使得折杆在自由端产生水平面内的线位移。

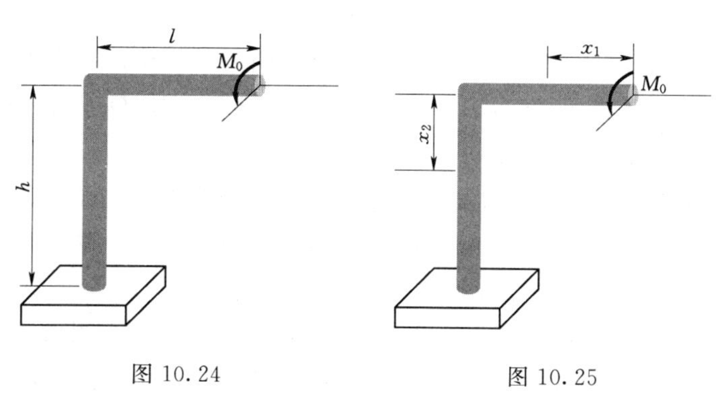

图 10.24　　图 10.25

假设在自由端单独作用一单位力（图 10.26），在单位力作用下各杆相应的扭矩方程 $\overline{T}(x)$ 和弯矩方程 $\overline{M}(x)$ 为

$$\overline{T}(x_1)=0,\quad \overline{M}(x_2)=x_2$$

用莫尔定理求自由端的位移

$$\begin{aligned}\delta_{\mathrm{H}} &= \int_{l_1}\frac{T(x_1)\overline{T}(x_1)}{GI_{\mathrm{p}}}\mathrm{d}x_1+\int_{l_2}\frac{M(x_2)\overline{M}(x_2)}{EI}\mathrm{d}x_2\\ &= 0+\int_0^h\frac{M_0x_2}{EI}\mathrm{d}x_2=\frac{M_0h^2}{2EI}=\frac{32M_0h^2}{E\pi d^4}\end{aligned}$$

最后用莫尔定理求自由端的角位移，设想在自由端单独作用一单位力偶（图 10.27），则折杆产生的扭矩方程 $\overline{T}(x)$ 和弯矩方程 $\overline{M}(x)$ 为

$$\overline{T}(x_1)=1,\quad \overline{M}(x_2)=1$$

$$\begin{aligned}\theta &= \int_{l_1}\frac{T(x_1)\overline{T}(x_1)}{GI_{\mathrm{p}}}\mathrm{d}x_1+\int_{l_2}\frac{M(x_2)\overline{M}(x_2)}{EI}\mathrm{d}x_2\\ &= \int_0^l\frac{M_0\times 1}{GI_{\mathrm{p}}}\mathrm{d}x_1+\int_0^h\frac{M_0\times 1}{EI}\mathrm{d}x_2\\ &= \frac{M_0l}{GI_{\mathrm{p}}}+\frac{M_0h}{EI}=\frac{32M_0l}{G\pi d^4}+\frac{64M_0h}{E\pi d^4}\end{aligned}$$

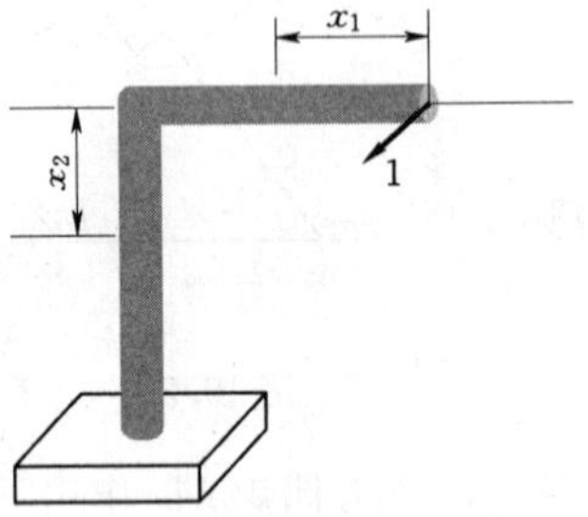

图 10.26

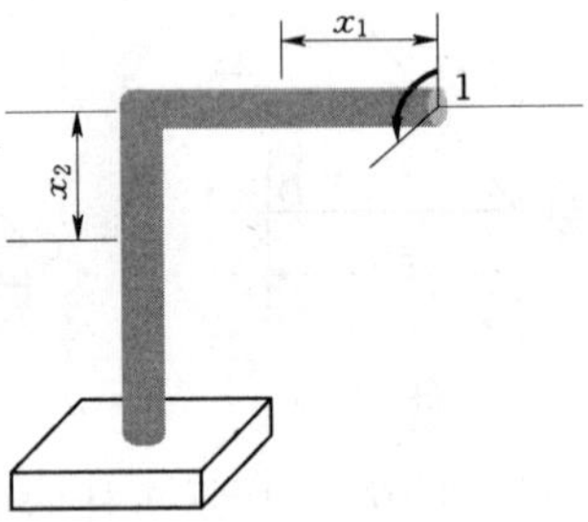

图 10.27

自由端的线位移和角位移和方向与单位力和单位力偶方向一致。

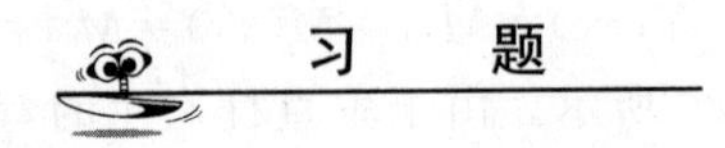

习　题

10.1　计算如习题 10.1 图所示曲杆的应变能。

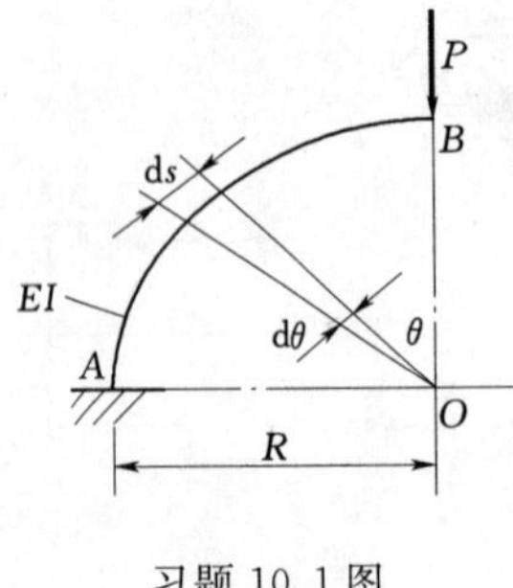

习题 10.1 图

10.2　如习题 10.2 图所示传动轴的抗弯刚度为 EI，抗扭刚度为 GI_{p}。皮带拉力 $T+t=P$，$D=2d$。试计算轴的应变能。设 $a=l/4$。

10.3　试求如习题 10.3 图所示梁截面 B 的挠度和转角。

10.4　试用互等定理求如习题 10.4 图所示梁跨度中点 C 的挠度，设 $EI=$常量。

10.5　直杆受力作用如习题 10.5 图所示。如已知杆的抗拉（压）刚度 EA，抗弯刚度 EI 和抗扭刚度 GI_{p}，试用卡氏定

理计算杆的轴线伸长和扭转角。

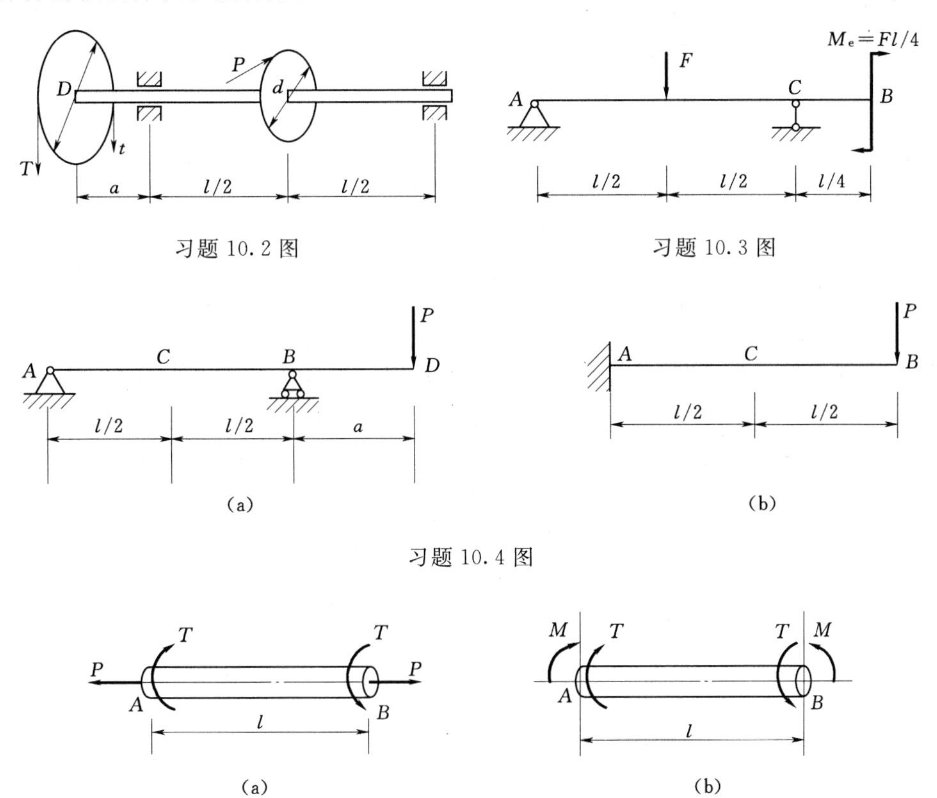

习题 10.2 图

习题 10.3 图

(a)

(b)

习题 10.4 图

(a)

(b)

习题 10.5 图

10.6　若已知梁的抗弯刚度 EI，求如习题 10.6 图所示各梁 C 点的挠度和 B 截面的转角。

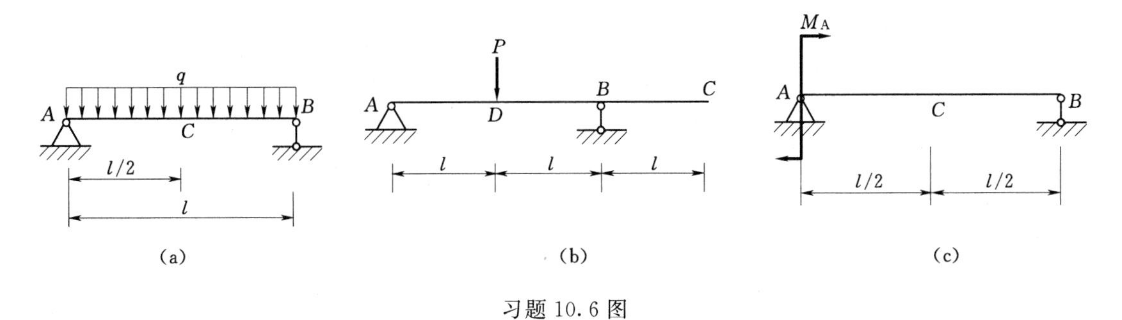

(a)

(b)

(c)

习题 10.6 图

10.7　用卡氏定理求如习题 10.7 图所示组合梁铰链 B 处左、右两截面的相对转角，并求 B 点的挠度（EI、M_C、l 为已知）。

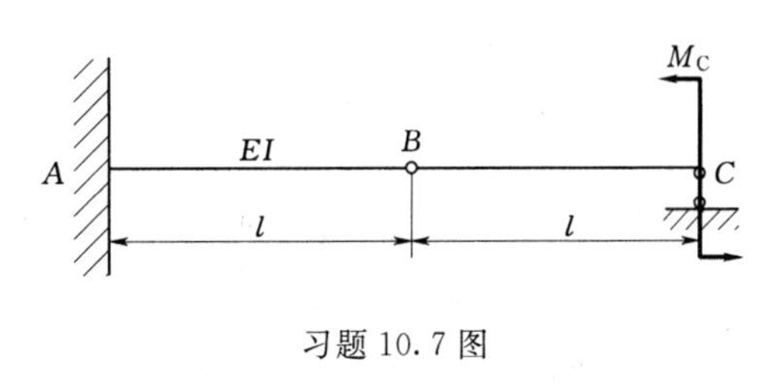

习题 10.7 图

10.8　如习题 10.8 图所示各桁架受力 P 作用后，试求桁架的 A 节点在垂直方向的位移。设各杆的 EA 相等。

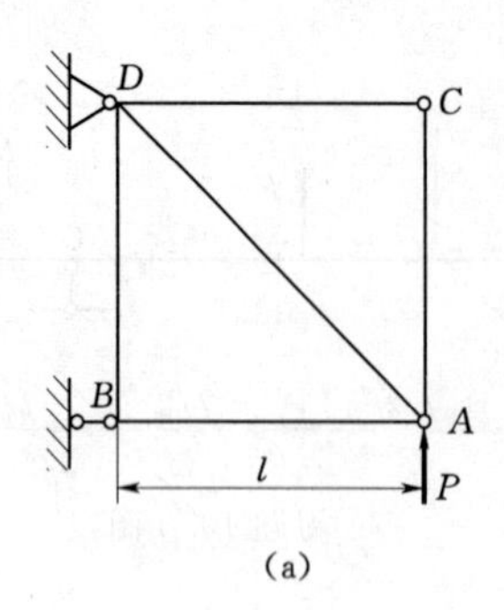

(a)

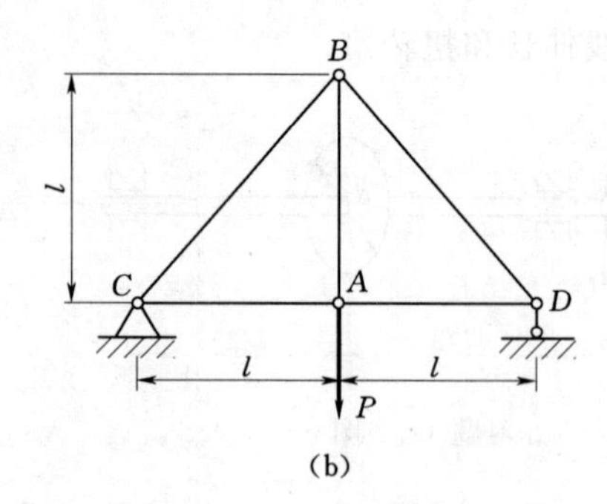

(b)

习题 10.8 图

10.9　如习题 10.9 图所示各刚架，其材料相同，各杆的抗弯刚度 EI 如图所示，试求在力 P 作用下，点 A 的位移和截面 C 的转角。

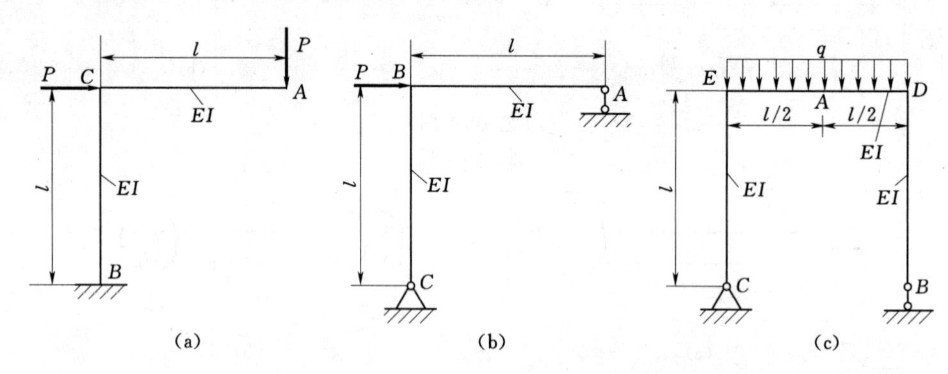

(a)　(b)　(c)

习题 10.9 图

10.10　等截面曲杆，如习题 10.10 图所示，试求点 A 的铅直位移和截面 C 的转角。

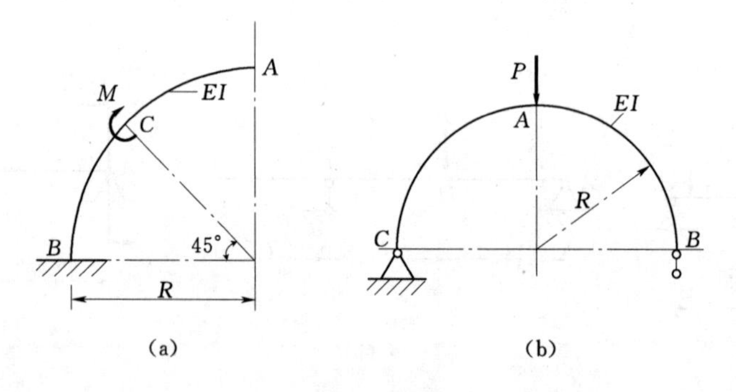

(a)　(b)

习题 10.10 图

10.11　如习题 10.11 图所示刚架，已知 AC 和 CD 两部分的 $I=30\times10^{-6}\mathrm{m}^4$，$E=200\mathrm{GPa}$。若 $P=10\mathrm{kN}$，$l=1\mathrm{m}$，试求截面 D 的水平位移和转角。

10.12　如习题 10.12 图所示桁架，在节点 C 处受垂直集中力 P 作用，试计算桁架节点 C 的水平位移和垂直位移。

10.13　如习题 10.13 图所示简易吊车的撑杆 AC 长为 2m，截面的惯性矩 $I=8.53\times 106\mathrm{mm}^4$。拉杆 BD 的 $A=600\mathrm{mm}^2$。$P=2.83\mathrm{kN}$。如撑杆只考虑弯曲影响，试求 C 点的垂

直位移，设 $E=200\text{GPa}$。

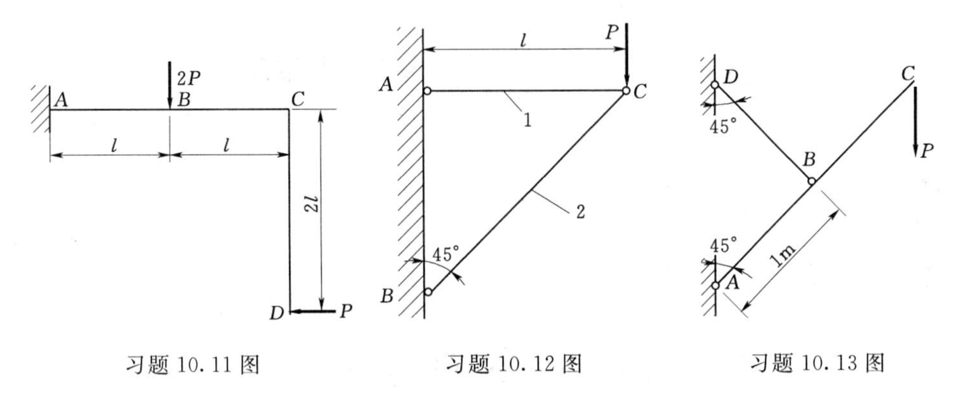

习题 10.11 图　　习题 10.12 图　　习题 10.13 图

10.14　如习题 10.14 图所示在圆截面曲拐的端点 C 上作用集中力 P。设曲拐两段材料相同，直径相同且均为 d，试求 C 点的垂直位移。

10.15　平均半径为 R 的细圆环，截面为圆形，直径为 D。两个力 P 垂直于圆环轴线所在的平面，如习题 10.15 图所示。试求两个力 P 作用点的相对位移。

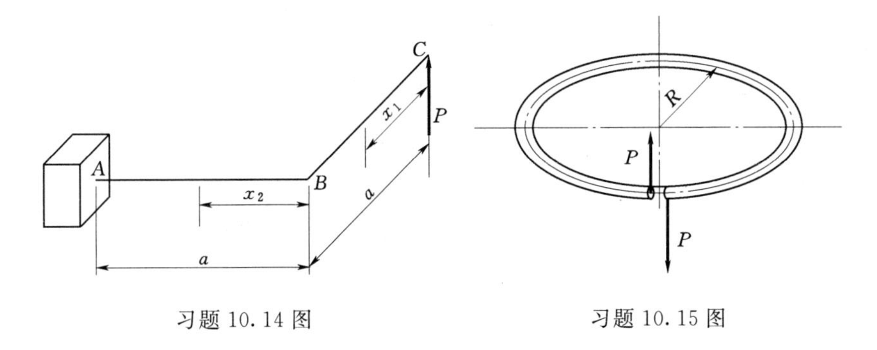

习题 10.14 图　　习题 10.15 图

附录A　平面图形的几何性质

材料力学中计算构件在力作用下的应力和变形时，要用到其横截面的一些几何性质。例如计算轴向拉、压杆件的应力和变形时用到杆件的横截面面积，在计算弯曲和扭矩其强度、刚度时要用到横截面的惯性矩、极惯性矩等。

A.1　形 心 和 静 矩

A.1.1　形心与静矩的概念

在静力学中已建立了重心的概念。如图 A.1 所示任一形状的均质薄板，其重心的纵坐标 y_C 的计算公式为

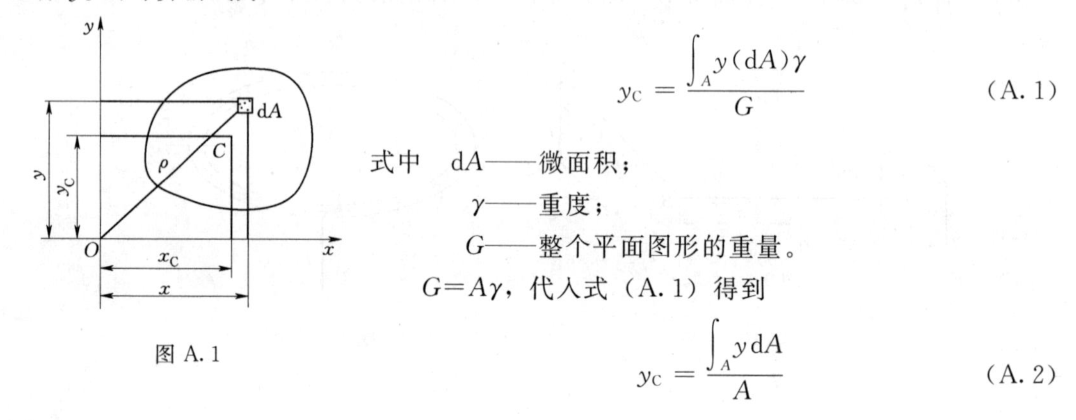

图 A.1

$$y_C = \frac{\int_A y(\mathrm{d}A)\gamma}{G} \tag{A.1}$$

式中　dA——微面积；

γ——重度；

G——整个平面图形的重量。

$G=A\gamma$，代入式（A.1）得到

$$y_C = \frac{\int_A y\mathrm{d}A}{A} \tag{A.2}$$

同理可得

$$x_C = \frac{\int_A x\mathrm{d}A}{A} \tag{A.3}$$

由式（A.2）、式（A.3）可定出坐标值为 x_C，y_C 的 C 点，称为薄板图形的形心。对于均质薄板物体的重心即为形心。上式中微面积 dA 与其对坐标轴 x 的坐标 y 的乘积 ydA 称为微面积 dA 对 x 轴的静矩。ydA 在整个图形范围内的积分，则称为面积 A 对坐标轴 x 的静矩或一次矩，用 S_x 表示；同理可定义面积 A 对坐标轴 y 的静矩，即

$$\left.\begin{aligned} S_x &= \int_A y\mathrm{d}A \\ S_y &= \int_A x\mathrm{d}A \end{aligned}\right\} \tag{A.4}$$

由式（A.4）可看出，静矩不仅与图形有关，而且与参考轴的位置有关。静矩可以是正值、负值，也可能得零，静矩的常用单位为 m^3 或 mm^3。

将式（A.4）代入式（A.1），得

$$\left.\begin{aligned} x_C &= \frac{S_y}{A} \\ y_C &= \frac{S_x}{A} \end{aligned}\right\} \tag{A.5}$$

或

$$\left.\begin{aligned} S_x &= y_C A \\ S_y &= x_C A \end{aligned}\right\} \tag{A.6}$$

式（A.5）表示：平面图形的形心坐标 y_C、x_C，分别等于此图形对坐标轴 x、y 的静矩 S_x、S_y 被图形面积 A 除时所得的商。式（A.5）表示：平面图形对参考轴 x、y 的静矩 S_x、S_y，分别等于此图形面积 A 与其形心坐标 y_C、x_C 的乘积。

如果参考轴通过图形的形心，则 $x_C=0$，$y_C=0$，由式（A.6）可知，此时静矩 S_y 和 S_x 也等于零。即图形对通过形心的坐标轴的静矩等于零。反过来，当图形对某参考轴的静矩为零，则此参考轴必通过图形的形心。例如，对于图 A.2 所示平面图形，它们都具有铅垂对称轴 y，y 轴左、右两边的面积对 y 的静矩数值相等而符号相反，故整个面积对 y 轴的静矩等于零，形心必在此 y 轴上。因此，当图形有对称轴时，形心必在此对称轴上。

如果图形有两个对称轴 x 和 y，如图 A.2（a）～（c）所示，则形心必在此两对称轴的交点上。

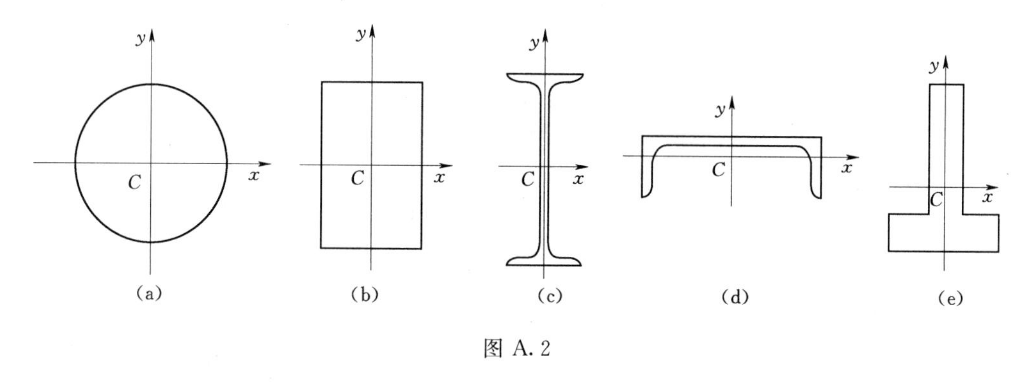

图 A.2

【例 A.1】 求如图 A.3 所示三角形对 y 轴的静矩及形心坐标 z_C。

解： 取微面积 $dA=b(z)dz$，则

$$\frac{b(z)}{b}=\frac{h-z}{h}$$

所以

$$dA=\frac{b(h-z)}{h}dz$$

图形对 y 轴的静矩

$$S_y=\int_A z dA=b\int_A z\frac{h-z}{h}dz=\frac{1}{6}bh^2$$

形心坐标 z_C 为

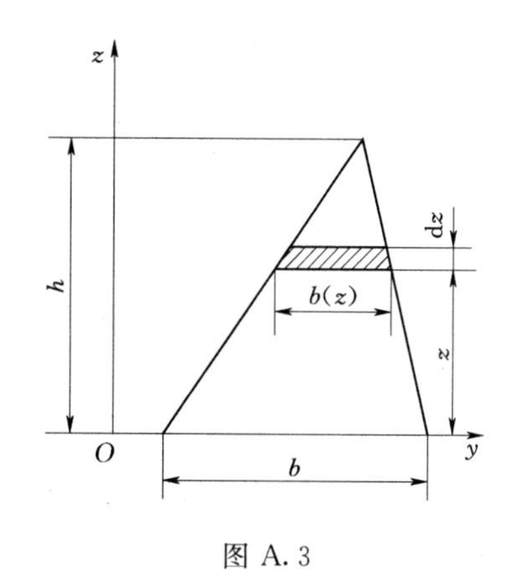

图 A.3

$$z_C=\frac{S_y}{A}=\frac{\frac{1}{6}bh^2}{\frac{1}{2}bh}=\frac{1}{3}h$$

A.1.2 组合图形的形心和静矩

有些复杂图形可以看成是由简单图形（如矩形、圆形）组合而成，故常称为组合图形。组合图形的静矩，根据分块积分原理，等于其各部分图形的静矩之和。例如，当 $A=A_{\mathrm{I}}+A_{\mathrm{II}}$ 时，则

$$S_x=\int_A y\mathrm{d}A=\int_{A\mathrm{I}} y\mathrm{d}A+\int_{A\mathrm{II}} y\mathrm{d}A=S_{x\mathrm{I}}+S_{x\mathrm{II}}$$

式中 $S_{x\mathrm{I}}$、$S_{x\mathrm{II}}$——第Ⅰ、Ⅱ块面积 A_{I}、A_{II} 对 x 轴的静矩。

注意到式（A.5）和式（A.6），则有

$$y_C=\frac{A_{\mathrm{I}}y_{C\mathrm{I}}+A_{\mathrm{II}}y_{C\mathrm{II}}}{A_{\mathrm{I}}+A_{\mathrm{II}}}$$

写成通式，同理可推出

$$\left.\begin{aligned}y_C&=\frac{\sum A_iy_{Ci}}{\sum A_i}\\x_C&=\frac{\sum A_ix_{Ci}}{\sum A_i}\end{aligned}\right\}\tag{A.7}$$

式中 A_i、y_{Ci}、x_{Ci}——各部分图形的面积及其形心坐标。

根据式（A.7），利用简单图形的结果，可使确定复杂图形形心的计算简化。

【例 A.2】 求如图 A.4 所示图形的形心。

解： 将此图形分割为Ⅰ、Ⅱ、Ⅲ三部分，以图形的铅垂对称轴为 y 轴。设组合图形的形心为 C 点，过形心与 y 轴垂直的轴线为 x_1 轴，过Ⅱ、Ⅲ的形心且与 y 轴垂直的轴线取为 x 轴，则由式（A.7）得

$$\begin{aligned}y_C&=\frac{\sum A_iy_{Ci}}{\sum A_i}\\&=\frac{(200\times10)\times(5+150)+2\times(10\times300)\times0}{200\times10+2\times(10\times300)}\\&=38.8(\mathrm{mm})\end{aligned}$$

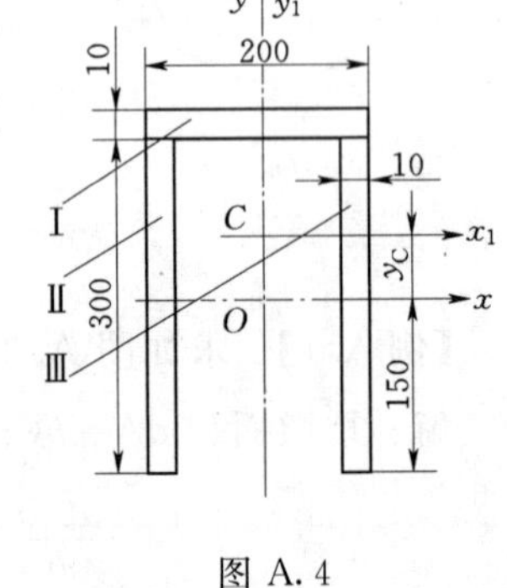

图 A.4

y_C 为 x_1 轴与 x 轴之间的距离。由图形对称性，知 $x_C=0$

A.2 惯性矩、惯性积、极惯性矩、惯性半径

对于图 A.1 的平面图形，取微面积 $\mathrm{d}A$ 与其对 x 轴坐标 y 的平方的乘积，对全面积求积分，称为此图形对 x 轴的惯性矩，也称为对 x 轴的二次矩。同理，对 y 轴的惯性矩表达方式类似，可表示为

$$\left.\begin{aligned} I_x &= \int_A y^2 \mathrm{d}A \\ I_y &= \int_A x^2 \mathrm{d}A \end{aligned}\right\} \tag{A.8}$$

如果取图形微面积 $\mathrm{d}A$ 与其两个坐标（x、y）乘积的积分，则称为此图形对 x、y 轴的惯性积，即

$$I_{xy} = \int_A xy\mathrm{d}A \tag{A.9}$$

当采用极坐标系时，图形微面积 $\mathrm{d}A$ 与其距极坐标原点 O 的距离 ρ（图 A.1）的平方乘积的积分，称为此图形对坐标原点 O 的极惯性矩或截面的二次极矩

$$I_\mathrm{p} = \int_A \rho^2 \mathrm{d}A \tag{A.10}$$

由图 A.1 可看出 $\rho^2 = x^2 + y^2$，将此式代入式（A.10）有

$$I_\mathrm{p} = \int_A \rho^2 \mathrm{d}A = \int_A (x^2 + y^2)\mathrm{d}A = \int_A x^2 \mathrm{d}A + \int_A y^2 \mathrm{d}A$$

即

$$I_\mathrm{p} = I_y + I_x \tag{A.11}$$

式（A.11）表明：图形对其所在平面内任一点的极惯性矩 I_p，等于此图形对过此点的一对正交轴 x、y 的惯性矩 I_x、I_y 之和。因此，尽管过任一点可以作出无限多对正交轴，但图形对过该点任一对正交轴的惯性矩之和始终不变，其值皆等于图形对该点的极惯性矩。

由式（A.8）～式（A.10）可得出下列结果：

（1）惯性矩和极惯性矩恒为正值，而惯性积可能得正值、负值，也可能等于零。三者单位均为 m^4 或 mm^4。

（2）如果图形有一个（或一个以上）对称轴，则图形对包含此对称轴的正交轴系的惯性积必为零。如果图形对 y 轴对称，则在对称轴的两侧，处于对称位置的两面积元 $\mathrm{d}A$ 的 $xy\mathrm{d}A$，其数值相同，而符号相反。使整个截面的惯性积必为零。

在某些应用中，将图形的惯性矩写成该图形面积与某一长度平方的乘积的形式，即

$$\left.\begin{aligned} I_x &= i_x^2 A \\ I_y &= i_y^2 A \end{aligned}\right\} \tag{A.12}$$

式（A.12）可得出惯性半径的计算式

$$i_x = \sqrt{\frac{I_x}{A}}, \quad i_y = \sqrt{\frac{I_y}{A}} \tag{A.13}$$

【例 A.3】 如图 A.5 所示矩形，求该矩形对通过其形心且与边平行的 x、y 轴的惯性矩 I_x、I_y 和惯性积 I_{xy}。

解： 平行 x 轴取一窄长条，其面积为 $\mathrm{d}A = b\mathrm{d}y$，代入式（A.8）得

$$I_x = \int_A y^2 \mathrm{d}A = \int_{-h/2}^{h/2} y^2 (b\mathrm{d}y) = \left[\frac{b}{3}y^3\right]_{-h/2}^{h/2} = \frac{bh^3}{12} \tag{A.14}$$

同理可得

$$I_y=\frac{hb^3}{12} \tag{A.15}$$

又因为 x、y 轴皆为对称轴，故 $I_{xy}=0$。

【例 A.4】 求如图 A.6 所示，直径为 d 的圆关于过圆心任一轴（直径轴）的惯性矩 I_x、I_y 及对圆心的极惯性矩 I_p。

解： 首先求对圆心的极惯性矩。在离圆心 O 为 ρ 处作宽度为 $d\rho$ 的薄圆环，其面积 $dA=2\pi\rho d\rho$，代入式（A.8）得

$$I_p=\int_A \rho^2 dA=\int_0^{d/2}\rho^2(2\pi\rho d\rho)=\left[2\pi\frac{\rho^4}{4}\right]_0^{d/2}=\frac{\pi d^4}{32} \tag{A.16}$$

由于圆形对任意直径轴都是对称的，故 $I_x=I_y$。注意到式（A.9），并利用式（A.13）结果，得到

$$I_x=I_y=\frac{1}{2}I_p=\frac{\pi d^4}{64} \tag{A.17}$$

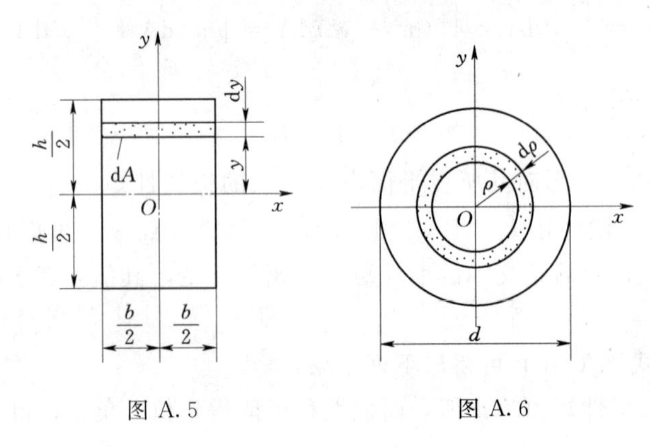

图 A.5　　图 A.6

A.3　平行移轴定理·组合图形的惯性矩与惯性积

与组合图形静矩的计算类似，对组合图形的惯性矩和惯性积的计算，也可以利用简单图形的结果。这里，需要知道当参考轴变换时（包括平移和旋转），对惯性矩、惯性积有何影响。本节只讨论参考轴平移的影响。

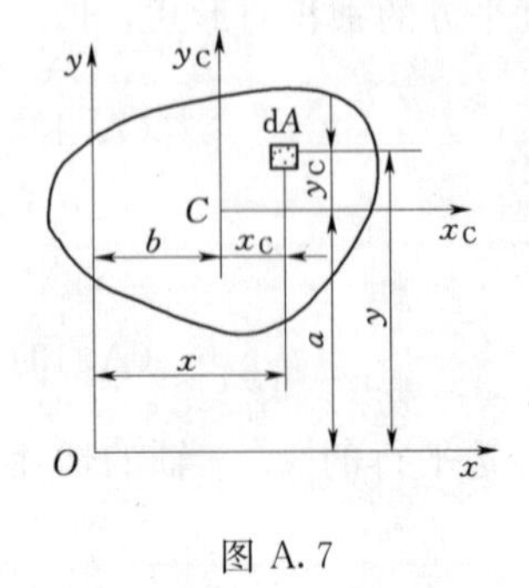

图 A.7

如图 A.7 所示为一任意图形，x_C、y_C 轴为过形心 C 的一对正交轴（形心轴）；x、y 轴分别与 x_C、y_C 轴平行，C 点在 x、y 坐标系中的坐标为（b、a），则由惯性矩定义得

$$I_x=\int_A y^2 dA=\int_A (a+y_C)^2 dA=\int_A (a^2+2ay_C+y_C^2)dA$$
$$=a^2\int_A dA+2a\int_A y_C dA+\int_A y_C^2 dA$$

而 $\int_A dA=A$，$\int_A y_C dA=0$（因为 x_C 轴通过形心），$\int_A y_C^2 dA=I_{x_C}$，故可得

$$\left.\begin{aligned}I_x&=I_{x_C}+a^2A\\I_y&=I_{y_C}+b^2A\\I_{xy}&=I_{x_Cy_C}+abA\end{aligned}\right\}\tag{A.18}$$

式（A.18）称为平行移轴公式，或平行轴定理，即：平面图形对某轴的惯性矩，等于对与此轴平行的形心轴的惯性矩，再加上此两轴距离的平方与图形面积的乘积；平面图形对某正交轴系 x、y 的惯性积，等于对与之相平行的一对正交形心轴 x_C、y_C 的惯性积，再加上形心 C 的坐标（b、a）与面积三者的乘积。

【例 A.5】 求如图 A.4 所示图形对过形心的 x_1、y_1 轴的惯性矩及惯性积。

解： 仍将图形分割为Ⅰ、Ⅱ、Ⅲ三部分，由式（A.14）先写出每一部分对通过其本身的形心轴惯性矩：

$$I_{\mathrm{I}x_0}=\frac{bh^3}{12}=\frac{200\times10^3}{12}=1.667\times10^4(\mathrm{mm}^4)$$

$$I_{\mathrm{II}x_0}=I_{\mathrm{III}x_0}=\frac{10\times300^3}{12}=2.250\times10^7(\mathrm{mm}^4)$$

然后利用平行移轴公式计算每一部分对整个图形的形心轴 x_1 的惯性矩，再相加即得组合图形对 x_1 轴的惯性矩

$$\begin{aligned}I_{x_1}&=I_{\mathrm{I}x_1}+2I_{\mathrm{II}x_1}\\&=1.667\times10^4+(5+150-38.8)^2\times(200\times10)+2\times[2.25\times10^7+38.8^2\times(300\times10)]\\&=8.10\times10^7(\mathrm{mm}^4)\end{aligned}$$

同理

$$\begin{aligned}I_{y_1}&=I_{\mathrm{I}y_1}+I_{\mathrm{II}y_1}+I_{\mathrm{III}y_1}=\frac{10\times200^3}{12}+2\times\left[\frac{300\times10^3}{12}+(100-5)^2\times(300\times10)\right]\\&=6.09\times10^7(\mathrm{mm}^4)\end{aligned}$$

由于截面对 y_1 轴对称，故惯性积 $I_{x_1y_1}=0$。

A.4　转轴公式、主惯性矩

本节讨论参考轴绕坐标原点旋转时，平面图形惯性矩和惯性积的变化。

A.4.1　转轴公式

设一任意图形对以 O 为原点的 x、y 轴的惯性矩与惯性积为

$$I_x=\int_A y^2\mathrm{d}A,\quad I_y=\int_A x^2\mathrm{d}A,\quad I_{xy}=\int_A xy\mathrm{d}A$$

现 x、y 轴绕 O 点旋转 α 角（规定逆时针旋转时为正向），转到 x_1、y_1 轴位置（图 A.8），则由图可知微面积 $\mathrm{d}A$ 的坐标为

$$x_1=OC=OE+BD=x\cos\alpha+y\sin\alpha$$

$$y_1=AC=AD-EB=y\cos\alpha-x\sin\alpha$$

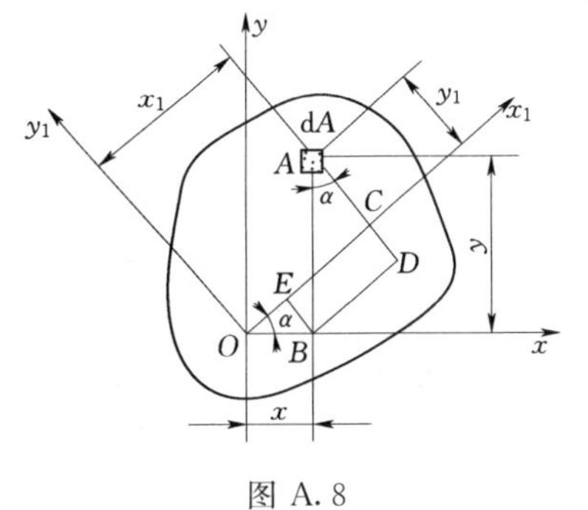

图 A.8

所以

$$\begin{aligned}I_{x_1} &= \int_A y_1^2 \mathrm{d}A \\ &= \int_A (y^2\cos^2\alpha - 2xy\sin\alpha\cos\alpha + x^2\sin^2\alpha)\mathrm{d}A \\ &= I_x\cos^2\alpha - 2I_{xy}\sin\alpha\cos\alpha + I_y\sin^2\alpha\end{aligned}$$

注意到三角函数关系

$$\sin2\alpha = 2\sin\alpha\cos\alpha,\quad \cos^2\alpha = \frac{1+\cos2\alpha}{2},\quad \sin^2\alpha = \frac{1-\cos2\alpha}{2}$$

代入上式，可得

$$I_{x1} = \frac{I_x+I_y}{2} + \frac{I_x-I_y}{2}\cos2\alpha - I_{xy}\sin2\alpha \tag{A.19}$$

同理可得

$$I_{y_1} = \frac{I_x+I_y}{2} - \frac{I_x-I_y}{2}\cos2\alpha + I_{xy}\sin2\alpha \tag{A.20}$$

$$I_{x_1y_1} = \frac{I_x-I_y}{2}\sin2\alpha + I_{xy}\cos2\alpha \tag{A.21}$$

式（A.19）～式（A.21）称为转轴公式，表示当坐标轴绕原点 O 旋转 α 角后，惯性矩与惯性积的变化。

A.4.2　主轴、主惯性矩

由式（A.21）可看出，惯性积 $I_{x_1y_1}$ 是转角 α 的函数，当 α 在 0°～360°之间变化时，$I_{x_1y_1}$ 也在正值和负值之间变化（经过零）。因此，通过原点 O 必可找到一对特殊的 x_0、y_0 轴，其惯性积 $I_{x_0y_0}=0$，相应的转角 $\alpha=\alpha_0$，这对特殊轴以 x_0、y_0 表示，称为图形通过 O 点的主轴，即平面图形对主轴的惯性积 $I_{x_0y_0}$ 等于零。图形对主轴的惯性矩称为主惯性矩。如果开始时把坐标原点选在图形的形心，那么通过形心也能找到一对主轴。这对主轴称为形心主轴，图形对形心主轴的惯性矩称为形心主惯性矩，这是弯曲计算时常用的几何性质。

显然，有对称轴的平面图形，其对称轴就是形心主轴，故图形对于对称轴的惯性矩，就是形心主惯性矩。

为了确定主轴的位置，可将 $\alpha=\alpha_0$ 时 $I_{x_1y_1}=0$ 代入式（A.21），得

$$\frac{I_x-I_y}{2}\sin2\alpha + I_{xy}\cos2\alpha = 0$$

所以

$$\tan2\alpha_0 = -\frac{2I_{xy}}{I_x-I_y} \tag{A.22}$$

将式（A.22）求得的 α_0 值代入式（A.19）和式（A.20），便可求得主惯性矩 I_{x_0}、I_{y_0}。

再由式（A.19）和式（A.20）看出，I_{x_1}、I_{y_1} 的值是随 α 角而连续变化的，故必有极大值与极小值。假设 $\alpha=\alpha_1$ 时 I_{x_1} 有极值，那么

$$\frac{\mathrm{d}I_{x_1}}{\mathrm{d}\alpha} = -(I_x-I_y)\sin2\alpha - 2I_{xy}\cos2\alpha_1 = 0$$

$$\tan 2\alpha_1 = -\frac{2I_{xy}}{I_x - I_y}$$

比较上式与式（A.22），可知 $\alpha_1 = \alpha_0$。此外，由式（A.11）知，图形对于过某点的任何一对正交轴的惯性矩之和为一常数，所以可得到以下结论：图形对过某点所有轴的惯性矩中的极大值和极小值，就是对过该点主轴的两个主惯性矩。

为了计算方便，现导出直接由 I_x、I_y 和 I_{xy} 来计算主惯性矩的公式。由式（A.22）算出：

$$\cos 2\alpha = \frac{1}{\sqrt{1+\tan^2 2\alpha}} = \frac{I_x - I_y}{\sqrt{(I_x - I_y)^2 + 4I_{xy}^2}}$$

$$\sin 2\alpha = \frac{\tan 2\alpha}{\sqrt{1+\tan^2 2\alpha}} = \frac{-2I_{xy}}{\sqrt{(I_x - I_y)^2 + 4I_{xy}^2}}$$

代入式（A.19）和式（A.20），经过化简可得

$$\left.\begin{aligned} I_{\max} &= \frac{I_x + I_y}{2} + \frac{1}{2}\sqrt{(I_x - I_y)^2 + 4I_{xy}^2} \\ I_{\min} &= \frac{I_x + I_y}{2} - \frac{1}{2}\sqrt{(I_x - I_y)^2 + 4I_{xy}^2} \end{aligned}\right\} \tag{A.23}$$

可以证明，由式（A.22）求 α_0 时只取主值（$|2\alpha_0| \leqslant \frac{\pi}{2}$）的条件下，若 $I_x > I_y$，则由 x 轴转过 α_0 到达 x_0 轴时，有 $I_{x_0} = I_{\max}$；若 $I_x < I_y$，则 $I_{x_0} = I_{\min}$。注意，α_0 为正值时应逆时针旋转。

【例 A.6】 试求如图 A.9 所示图形的形心主惯性轴和形心主惯性矩。

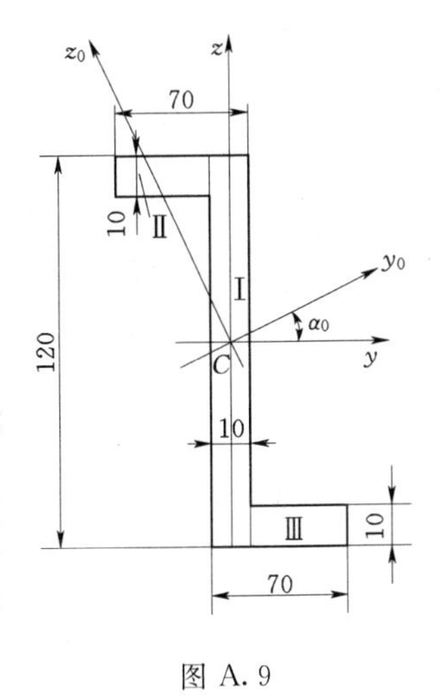

图 A.9

解：（1）确定形心位置。由于图形有对称中心 C，故点 C 即为图形的形心。以形心 C 作为坐标原点，平行于图形棱边的 y、z 轴作为参考坐标系，把图形看作是三个矩形Ⅰ、Ⅱ和Ⅲ的组合图形。矩形Ⅰ的形心 C_1 与 C 重合。矩形Ⅱ的形心 C_2 的坐标为（$-35,55$）。矩形Ⅲ的形心 C_3 坐标为（$35,-55$）。

（2）计算图形对 y 轴和 z 轴的惯性矩和惯性积。

$$I_y = (I_y)_{\text{I}} + (I_y)_{\text{II}} + (I_y)_{\text{III}} = \frac{10\times 120^3}{12} + 2\times\left[\frac{60\times 10^3}{12} + 55^2\times(60\times 10)\right]$$

$$= 508\times 10^4 (\text{mm}^4)$$

$$I_z = (I_z)_{\text{I}} + (I_z)_{\text{II}} + (I_z)_{\text{III}} = \frac{120\times 10^3}{12} + 2\times\left[\frac{10\times 60^3}{12} + 35^2\times(60\times 10)\right]$$

$$= 184\times 10^4 (\text{mm}^4)$$

$$I_{yz} = (I_{yz})_{\text{I}} + (I_{yz})_{\text{II}} + (I_{yz})_{\text{III}} = 0 + (-35\times 55)\times 60\times 10 + (-55\times 35)\times 60\times 10$$

$$= -231\times 10^4 (\text{mm}^4)$$

（3）确定形心主惯性轴的位置。

$$\tan 2\alpha_0=-\frac{2I_{xy}}{I_x-I_y}=\frac{2\times(231\times10^4)}{508\times10^4-184\times10^4}=1.426$$

解得：$\alpha_0=54.9°$及 $234.9°$，则 $\alpha_0=27.5°$及 $117.5°$

由于 α_0 为正值，故将 y 轴绕点逆时针旋转 27.5°，即得到形心主惯性轴 y_0 和 z_0 的位置。

(4) 求形心主惯性矩。由式 (A.23) 可得

$$I_{y_0}=I_{\max}=\frac{I_y+I_z}{2}+\sqrt{\left(\frac{I_y-I_z}{2}\right)^2+(I_{yz})^2}$$

$$=\left[\frac{1}{2}\times(504+184)+\sqrt{\left(\frac{508-184}{2}\right)^2+(-231)^2}\right]\times10^4$$

$$=628\times10^4(\mathrm{mm}^4)$$

$$I_{z_0}=I_{\min}=\frac{I_y+I_z}{2}-\sqrt{\left(\frac{I_y-I_z}{2}\right)^2+(I_{yz})^2}$$

$$=\left[\frac{1}{2}\times(504+184)-\sqrt{\left(\frac{508-184}{2}\right)^2+(-231)^2}\right]\times10^4$$

$$=64\times10^4(\mathrm{mm}^4)$$

由图 A.9 可看出 y_0 轴离上、下翼缘较远，而 z_0 轴通过上、下翼缘，所以也可直观判断 $I_{y_0}=I_{\max}$，$I_{z_0}=I_{\min}$。

习　题

A.1　求如习题 A.1 图所示各图形中阴影部分对 y 轴的静矩。

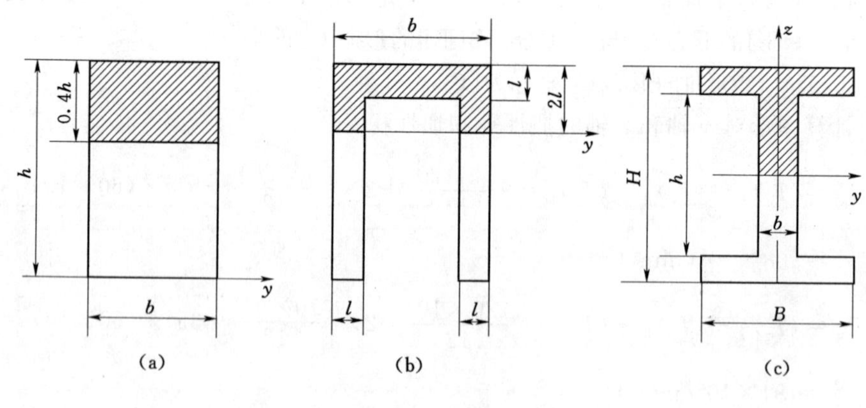

习题 A.1 图

A.2　练习从型钢表（附录 B）中查出如习题 A.2 图所示型钢的形心坐标（x_C、y_C），截面面积 A 和形心轴的 I_x、I_y。

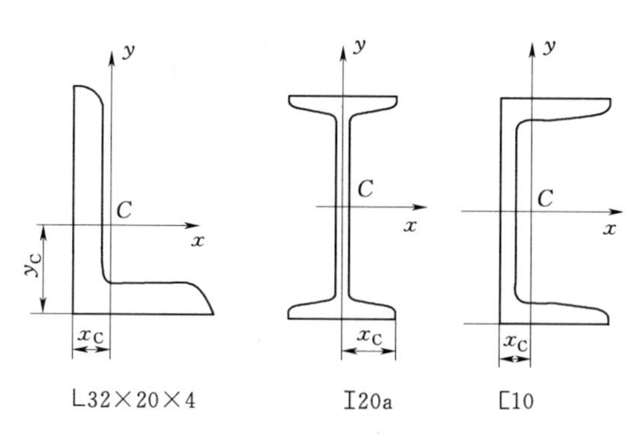

习题 A.2 图

A.3　试求如习题 A.3 图所示各图形对 y、z 轴的惯性矩和惯性积。

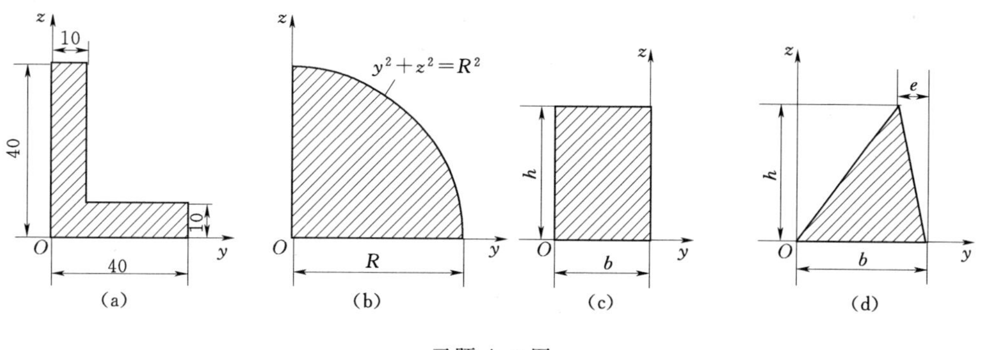

习题 A.3 图

A.4　求如习题 A.4 图所示组合图形的形心坐标 z_C 及对形心轴 y_C 轴的惯性矩。

A.5　求如习题 A.5 图所示图形对形心轴 y 轴的惯性矩和惯性积。

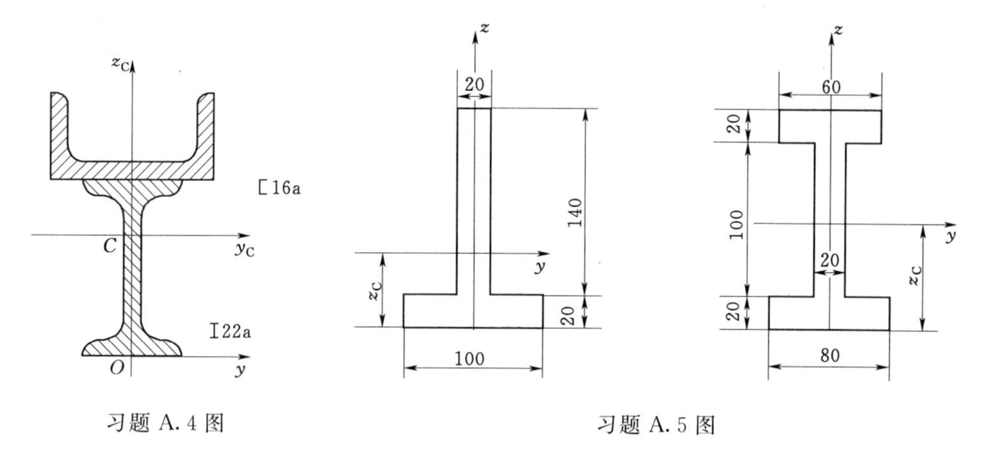

习题 A.4 图　　　　习题 A.5 图

A.6　试求如习题 A.6 图所示图形开键槽后，图形对直径轴 y 轴的惯性矩（键槽可按矩形计算）。

A.7　试确定如习题 A.7 图所示图形对通过坐标原点 O 的主惯性轴的位置，并计算主惯性矩。

A.8　试求如习题 A.8 图所示图形的形心主惯性轴的位置和形心主惯性矩。

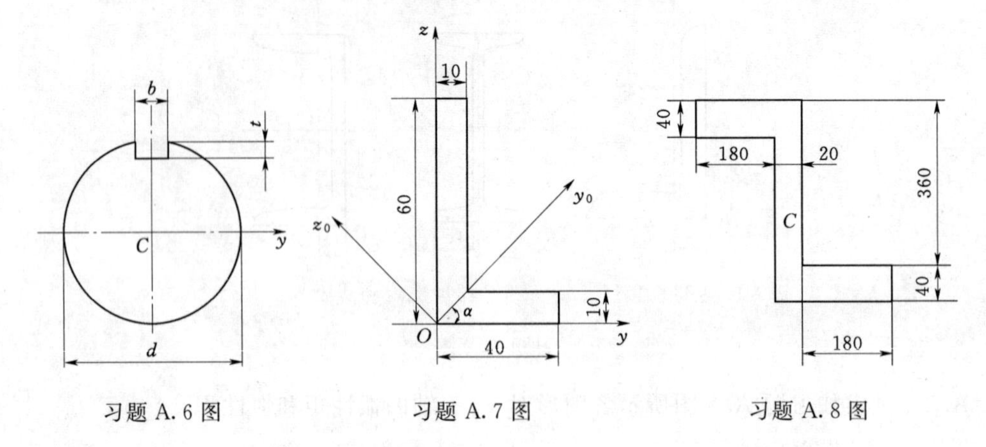

习题 A.6 图　　习题 A.7 图　　习题 A.8 图

附录B　型钢表（GB/T 706—2008）

1. 热轧工字钢

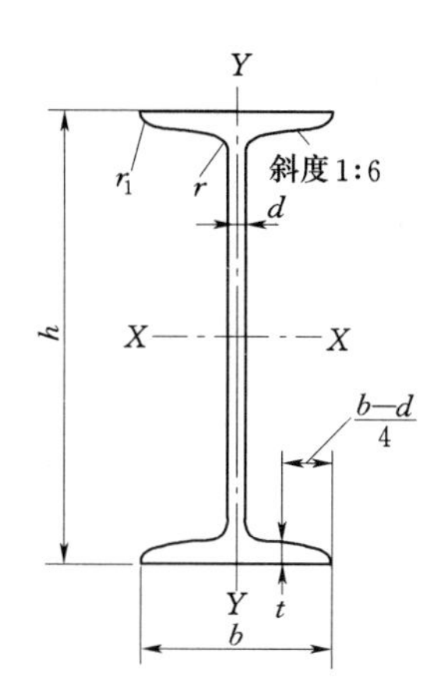

h—高度；
b—腿宽度；
d—腰厚度；
t—平均腿厚度；
r—内圆弧半径；
r_1—腿端圆弧半径

工字钢截面尺寸、截面面积、理论重量及截面特性

型号	截面尺寸 /mm						截面面积 /cm²	理论重量 /(kg/m)	惯性矩 /cm⁴		惯性半径 /cm		截面模数 /cm³	
	h	b	d	t	r	r_1			I_x	I_y	i_x	i_y	W_x	W_y
10	100	68	4.5	7.6	6.5	3.3	14.345	11.261	245	33.0	4.14	1.52	49.0	9.72
12	120	74	5.0	8.4	7.0	3.5	17.818	13.987	436	46.9	4.95	1.62	72.7	12.7
12.6	126	74	5.0	8.4	7.0	3.5	18.118	14.223	488	46.9	5.20	1.61	77.5	12.7
14	140	80	5.5	9.1	7.5	3.8	21.516	16.890	712	64.4	5.76	1.73	102	16.1
16	160	88	6.0	9.9	8.0	4.0	26.131	20.513	1130	93.1	6.58	1.89	141	21.2
18	180	94	6.5	10.7	8.5	4.3	30.756	24.143	1660	122	7.36	2.00	185	26.0
20a	200	100	7.0	11.4	9.0	4.5	35.578	27.929	2370	158	8.15	2.12	237	31.5
20b		102	9.0				39.578	31.069	2500	169	7.96	2.06	250	33.1
22a	220	110	7.5	12.3	9.5	4.8	42.128	33.070	3400	225	8.99	2.31	309	40.9
22b		112	9.5				46.528	36.524	3570	239	8.78	2.27	325	42.7
24a	240	116	8.0	13.0	10.0	5.0	47.741	37.477	4570	280	9.77	2.42	381	48.4
24b		118	10.0				52.541	41.245	4800	297	9.57	2.38	400	50.4
25a	250	116	8.0				48.541	38.105	5020	280	10.2	2.40	402	48.3
25b		118	10.0				53.541	42.030	5280	309	9.94	2.40	423	52.4

续表

型号	截面尺寸/mm						截面面积/cm^2	理论重量/(kg/m)	惯性矩/cm^4		惯性半径/cm		截面模数/cm^3	
	h	b	d	t	r	r_1			I_x	I_y	i_x	i_y	W_x	W_y
27a	270	122	8.5	13.7	10.5	5.3	54.554	42.825	6550	345	10.9	2.51	485	56.6
27b		124	10.5				59.954	47.064	6870	366	10.7	2.47	509	58.9
28a	280	122	8.5				55.404	43.492	7110	345	11.3	2.50	508	56.6
28b		124	10.5				61.004	47.888	7480	379	11.1	2.49	534	61.2
30a	300	126	9.0	14.4	11.0	5.5	61.254	48.084	8950	400	12.1	2.55	597	63.5
30b		128	11.0				67.254	52.794	9400	422	11.8	2.50	627	65.9
30c		130	13.0				73.254	57.504	9850	445	11.6	2.46	657	68.5
32a	320	130	9.5	15.0	11.5	5.8	67.156	52.717	11100	460	12.8	2.62	692	70.8
32b		132	11.5				73.556	57.741	11600	502	12.6	2.61	726	76.0
32c		134	13.5				79.956	62.765	12200	544	12.3	2.61	760	81.2
36a	360	136	10.0	15.8	12.0	6.0	76.480	60.037	15800	552	14.4	2.69	875	81.2
36b		138	12.0				83.680	65.689	16500	582	14.1	2.64	919	84.3
36c		140	14.0				90.880	71.341	17300	612	13.8	2.60	962	87.4
40a	400	142	10.5	16.5	12.5	6.3	86.112	67.598	21700	660	15.9	2.77	1090	93.2
40b		144	12.5				94.112	73.878	22800	692	15.6	2.71	1140	96.2
40c		146	14.5				102.112	80.158	23900	727	15.2	2.65	1190	99.6
45a	450	150	11.5	18.0	13.5	6.8	102.446	80.420	32200	855	17.7	2.89	1430	114
45b		152	13.5				111.446	87.485	33800	894	17.4	2.84	1500	118
45c		154	15.5				120.446	94.550	35300	938	17.1	2.79	1570	122
50a	500	158	12.0	20.0	14.0	7.0	119.304	93.654	46500	1120	19.7	3.07	1860	142
50b		160	14.0				129.304	101.504	48600	1170	19.4	3.01	1940	146
50c		162	16.0				139.304	109.354	50600	1220	19.0	2.96	2080	151
55a	550	166	12.5	21.0	14.5	7.3	134.185	105.335	62900	1370	21.6	3.19	2290	164
55b		168	14.5				145.185	113.970	65600	1420	21.2	3.14	2390	170
55c		170	16.5				156.185	122.605	68400	1480	20.9	3.08	2490	175
56a	560	166	12.5				135.435	106.316	65600	1370	22.0	3.18	2340	165
56b		168	14.5				146.635	115.108	68500	1490	21.6	3.16	2450	174
56c		170	16.5				157.835	123.900	71400	1560	21.3	3.16	2550	183
63a	630	176	13.0	22.0	15.0	7.5	154.658	121.407	93900	1700	24.5	3.31	2980	193
63b		178	15.0				167.258	131.298	98100	1810	24.2	3.29	3160	204
63c		180	17.0				179.858	141.189	102000	1920	23.8	3.27	3300	214

注 表中 r、r_1 的数据用于孔型设计，不做交货条件。

2. 热轧槽钢

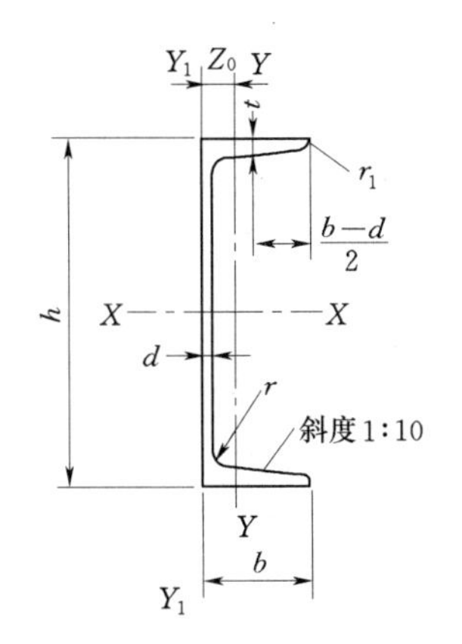

h—高度；
b—腿宽度；
d—腰厚度；
t—平均腿厚度；
r—内圆弧半径；
r_1—腿墙圆弧半径；
Z_0—YY 轴与 Y_1Y_1 轴间距

槽钢截面尺寸、截面面积、理论重量及截面特性

型号	截面尺寸 /mm						截面面积 /cm²	理论重量 /(kg/m)	惯性矩 /cm⁴			惯性半径 /cm		截面模数 /cm³		重心距离 /cm
	h	b	d	t	r	r_1			I_x	I_y	I_{y1}	i_x	i_y	W_x	W_y	Z_0
5	50	37	4.5	7.0	7.0	3.5	6.928	5.438	26.0	8.30	20.9	1.94	1.10	10.4	3.55	1.35
6.3	63	40	4.8	7.5	7.5	3.8	8.451	6.634	50.8	11.9	28.4	2.45	1.19	16.1	4.50	1.36
6.5	65	40	4.3	7.5	7.5	3.8	8.547	6.709	55.2	12.0	28.3	2.54	1.19	17.0	4.59	1.38
8	80	43	5.0	8.0	8.0	4.0	10.248	8.045	101	16.6	37.4	3.15	1.27	25.3	5.79	1.43
10	100	48	5.3	8.5	8.5	4.2	12.748	10.007	198	25.6	54.9	3.95	1.41	39.7	7.80	1.52
12	120	53	5.5	9.0	9.0	4.5	15.362	12.059	346	37.4	77.7	4.75	1.56	57.7	10.2	1.62
12.6	126	53	5.5	9.0	9.0	4.5	15.692	12.318	391	38.0	77.1	4.95	1.57	62.1	10.2	1.59
14a	140	58	6.0	9.5	9.5	4.8	18.516	14.535	564	53.2	107	5.52	1.70	80.5	13.0	1.71
14b		60	8.0				21.316	16.733	609	61.1	121	5.35	1.69	87.1	14.1	1.67
16a	160	63	6.5	10.0	10.0	5.0	21.962	17.24	866	73.3	144	6.28	1.83	108	16.3	1.80
16b		65	8.5				25.162	19.752	935	83.4	161	6.10	1.82	117	17.6	1.75
18a	180	68	7.0	10.5	10.5	5.2	25.699	20.174	1270	98.6	190	7.04	1.96	141	20.0	1.88
18b		70	9.0				29.299	23.000	1370	111	210	6.84	1.95	152	21.5	1.84
20a	200	73	7.0	11.0	11.0	5.5	28.837	22.637	1780	128	244	7.86	2.11	178	24.2	2.01
20b		75	9.0				32.837	25.777	1910	144	268	7.64	2.09	191	25.9	1.95
22a	220	77	7.0	11.5	11.5	5.8	31.846	24.999	2390	158	298	8.67	2.23	218	28.2	2.10
22b		79	9.0				36.246	28.453	2570	176	326	8.42	2.21	234	30.1	2.03

续表

型号	截面尺寸 /mm						截面面积 /cm²	理论重量 /(kg/m)	惯性矩 /cm⁴			惯性半径 /cm		截面模数 /cm³		重心距离 /cm
	h	b	d	t	r	r_1			I_x	I_y	I_{y1}	i_x	i_y	W_x	W_y	Z_0
24a	240	78	7.0	12.0	12.0	6.0	34.217	26.860	3050	174	325	9.45	2.25	254	30.5	2.10
24b		80	9.0				39.017	30.628	3280	194	355	9.17	2.23	274	32.5	2.03
24c		82	11.0				43.817	34.396	3510	213	388	8.96	2.21	293	34.4	2.00
25a	250	78	7.0				34.917	27.410	3370	176	322	9.82	2.24	270	30.6	2.07
25b		80	9.0				39.917	31.335	3530	196	353	9.41	2.22	282	32.7	1.98
25c		82	11.0				44.917	35.260	3690	218	384	9.07	2.21	295	35.9	1.92
27a	270	82	7.5	12.5	12.5	6.2	39.284	30.838	4360	216	393	10.5	2.34	323	35.5	2.13
27b		84	9.5				44.684	35.077	4690	239	428	10.3	2.31	347	37.7	2.06
27c		86	11.5				50.084	39.316	5020	261	467	10.1	2.28	372	39.8	2.03
28a	280	82	7.5				40.034	31.427	4760	218	388	10.9	2.33	340	35.7	2.10
28b		84	9.5				45.634	35.823	5130	242	428	10.6	2.30	366	37.9	2.02
28c		86	11.5				51.234	40.219	5500	268	463	10.4	2.29	393	40.3	1.95
30a	300	85	7.5	13.5	13.5	6.8	43.902	34.463	6050	260	467	11.7	2.43	403	41.1	2.17
30b		87	9.5				49.902	39.173	6500	289	515	11.4	2.41	433	44.0	2.13
30c		89	11.5				55.902	43.883	6950	316	560	11.2	2.38	463	46.4	2.09
32a	320	88	8.0	14.0	14.0	7.0	48.513	38.083	7600	305	552	12.5	2.50	475	46.5	2.24
32b		90	10.0				54.913	43.107	8140	336	593	12.2	2.47	509	49.2	2.16
32c		92	12.0				61.313	48.131	8690	374	643	11.9	2.47	543	52.6	2.09
36a	360	96	9.0	16.0	16.0	8.0	60.910	47.814	11900	455	818	14.0	2.73	660	63.5	2.44
36b		98	11.0				68.110	53.466	12700	497	880	13.6	2.70	703	66.9	2.37
36c		100	13.0				75.310	59.118	13400	536	948	13.4	2.67	746	70.0	2.34
40a	400	100	10.5	18.0	18.0	9.0	75.068	58.928	17600	592	1070	15.3	2.81	879	78.8	2.49
40b		102	12.5				83.068	65.208	18600	640	114	15.0	2.78	932	82.5	2.44
40c		104	14.5				91.068	71.488	19700	688	1220	14.7	2.75	986	86.2	2.42

注 表中 r、r_1 的数据用于孔型设计，不做交货条件。

3. 热轧等边角钢

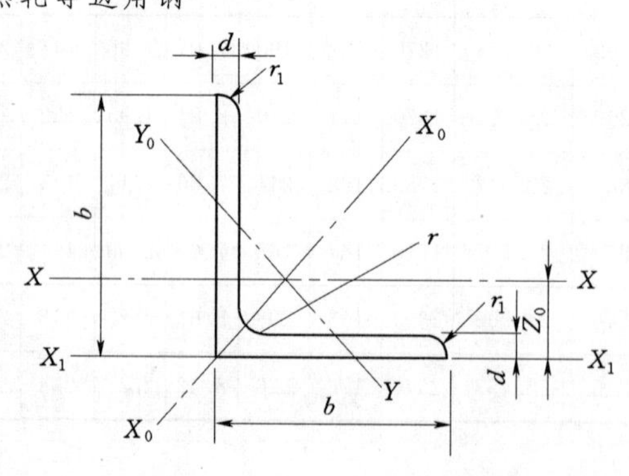

b—边宽度；

d—边厚度；

r—内圆弧半径；

r_1—边端圆弧半径；

Z_0—重心距离

等边角钢截面尺寸、截面面积、理论重量及截面特性

型号	截面尺寸/mm			截面面积/cm²	理论重量/(kg/m)	外表面积/(m²/m)	惯性矩/cm⁴				惯性半径/cm			截面模数/cm³			重心距离/cm
	b	d	r				I_x	I_{x1}	I_{x0}	I_{y0}	i_x	i_{x0}	i_{y0}	W_x	W_{x0}	W_{y0}	Z_0
2	20	3	3.5	1.132	0.889	0.078	0.40	0.81	0.63	0.17	0.59	0.75	0.39	0.29	0.45	0.20	0.60
		4		1.459	1.145	0.077	0.50	1.09	0.78	0.22	0.58	0.73	0.38	0.36	0.55	0.24	0.64
2.5	25	3		1.432	1.124	0.098	0.82	1.57	1.29	0.34	0.76	0.95	0.49	0.46	0.73	0.33	0.73
		4		1.859	1.459	0.097	1.03	2.11	1.62	0.43	0.74	0.93	0.48	0.59	0.92	0.40	0.76
3.0	30	3	4.5	1.749	1.373	0.117	1.46	2.71	2.31	0.61	0.91	1.15	0.59	0.68	1.09	0.51	0.85
		4		2.276	1.786	0.117	1.84	3.63	2.92	0.77	0.90	1.13	0.58	0.87	1.37	0.62	0.89
3.6	36	3		2.109	1.656	0.141	2.58	4.68	4.09	1.07	1.11	1.39	0.71	0.99	1.61	0.76	1.00
		4		2.756	2.163	0.141	3.29	6.25	5.22	1.37	1.09	1.38	0.70	1.28	2.05	0.93	1.04
		5		8.382	2.654	0.141	3.95	7.84	6.24	1.65	1.08	1.36	0.70	1.56	2.45	1.00	1.07
4	40	3	5	2.359	1.852	0.157	3.59	6.41	5.69	1.49	1.23	1.55	0.79	1.23	2.01	0.96	1.09
		4		3.086	2.422	0.157	4.60	8.56	7.29	1.91	1.22	1.54	0.79	1.60	2.58	1.19	1.13
		5		3.791	2.976	0.156	5.53	10.74	8.76	2.30	1.21	1.52	0.78	1.96	3.10	1.39	1.17
4.5	45	3		2.659	2.088	0.177	5.17	9.12	8.20	2.14	1.40	1.76	0.89	1.58	2.58	1.24	1.22
		4		3.486	2.736	0.177	6.65	12.18	10.56	2.75	1.38	1.74	0.89	2.05	3.32	1.54	1.26
		5		4.292	3.369	0.176	8.04	15.2	12.74	3.33	1.37	1.72	0.88	2.51	4.00	1.81	1.30
		6		5.076	3.985	0.176	9.33	18.36	14.76	3.89	1.36	1.70	0.8	2.95	4.64	2.06	1.33
5	50	3	5.5	2.971	2.332	0.197	7.18	12.5	11.37	2.98	1.55	1.96	1.00	1.96	3.22	1.57	1.34
		4		3.897	3.059	0.197	9.26	16.69	14.70	3.82	1.54	1.94	0.99	2.56	4.16	1.96	1.38
		5		4.803	3.770	0.196	11.21	20.90	17.79	4.64	1.53	1.92	0.98	3.13	5.03	2.31	1.42
		6		5.688	4.465	0.196	13.05	25.14	20.68	5.42	1.52	1.91	0.98	3.68	5.85	2.63	1.46
5.6	56	3	6	3.343	2.624	0.221	10.19	17.56	16.14	4.24	1.75	2.20	1.13	2.48	4.08	2.02	1.48
		4		4.390	3.446	0.220	13.18	23.43	20.92	5.46	1.73	2.18	1.11	3.24	5.28	2.52	1.53
		5		5.415	4.251	0.220	16.02	29.33	25.42	6.61	1.72	2.17	1.10	3.97	6.42	2.98	1.57
		6		6.420	5.040	0.220	18.69	35.26	29.66	7.73	1.71	2.15	1.10	4.68	7.49	3.40	1.61
		7		7.404	5.812	0.219	21.23	41.23	33.63	8.82	1.69	2.13	1.09	5.36	8.49	3.80	1.64
		8		8.367	6.568	0.219	23.63	47.24	37.37	9.89	1.68	2.11	1.09	6.03	9.44	4.16	1.68
6	60	5	6.5	5.829	4.576	0.236	19.89	36.05	31.57	8.21	1.85	2.33	1.19	4.59	7.44	3.48	1.67
		6		6.914	5.427	0.235	23.25	43.33	36.89	9.60	1.83	2.31	1.18	5.41	8.70	3.98	1.70
		7		7.977	6.262	0.235	26.44	50.65	41.92	10.96	1.82	2.29	1.17	6.21	9.88	4.45	1.74
		8		9.020	7.081	0.235	29.47	58.02	46.66	12.28	1.81	2.27	1.17	6.98	11.00	4.88	1.78
6.3	63	4	7	4.978	3.907	0.248	19.03	33.35	30.17	7.89	1.96	2.46	1.26	4.13	6.78	3.29	1.70
		5		6.143	4.822	0.248	23.17	41.73	36.77	9.57	1.94	2.45	1.25	5.08	8.25	3.90	1.74
		6		7.288	5.721	0.247	27.12	50.14	43.03	11.20	1.93	2.43	1.24	6.00	9.66	4.46	1.78
		7		8.412	6.603	0.247	30.87	58.60	48.96	12.79	1.92	2.41	1.23	6.88	10.99	4.98	1.82
		8		9.515	7.469	0.247	34.46	67.11	54.56	14.33	1.90	2.40	1.23	7.75	12.25	5.47	1.85
		10		11.657	9.151	0.246	41.09	84.31	64.85	17.33	1.88	2.36	1.22	9.39	14.56	6.36	1.93

续表

型号	截面尺寸/mm			截面面积/cm^2	理论重量/(kg/m)	外表面积/(m^2/m)	惯性矩/cm^4				惯性半径/cm			截面模数/cm^3			重心距离/cm
	b	d	r				I_x	I_{x1}	I_{x0}	I_{y0}	i_x	i_{x0}	i_{y0}	W_x	W_{x0}	W_{y0}	Z_0
7	70	4	8	5.570	4.372	0.275	26.39	45.74	41.80	10.99	2.18	2.74	1.40	5.14	8.44	4.17	1.86
		5		6.875	5.397	0.275	32.21	57.21	51.08	13.31	2.16	2.73	1.39	6.32	10.32	4.95	1.91
		6		8.160	6.406	0.275	37.77	68.73	59.93	15.61	2.15	2.71	1.38	7.48	12.11	5.67	1.95
		7		9.424	7.398	0.275	43.09	80.29	68.35	17.82	2.14	2.69	1.38	8.59	13.81	6.34	1.99
		8		10.667	8.373	0.274	48.17	91.92	76.37	19.98	2.12	2.68	1.37	9.68	15.43	6.98	2.03
7.5	75	5	9	7.412	5.818	0.295	39.97	70.56	63.30	16.63	2.33	2.92	1.50	7.32	11.94	5.77	2.04
		6		8.797	6.905	0.294	46.95	84.55	74.38	19.51	2.31	2.90	1.49	8.64	14.02	6.67	2.07
		7		10.160	7.976	0.294	53.57	98.71	84.96	22.18	2.30	2.89	1.48	9.93	16.02	7.44	2.11
		8		11.503	9.030	0.294	59.96	112.97	95.07	24.86	2.28	2.88	1.47	11.20	17.93	8.19	2.15
		9		12.825	10.068	0.294	66.10	127.30	104.71	27.48	2.27	2.86	1.46	12.43	19.75	8.89	2.18
		10		14.126	11.089	0.293	71.98	141.71	113.92	30.05	2.26	2.84	1.46	13.64	21.48	9.56	2.22
8	80	5		7.912	6.211	0.315	48.79	85.36	77.33	20.25	2.48	3.13	1.60	8.34	13.67	6.66	2.15
		6		9.397	7.376	0.314	57.35	102.50	90.98	23.72	2.47	3.11	1.59	9.87	16.08	7.65	2.19
		7		10.860	8.525	0.314	65.58	119.70	104.07	27.09	2.46	3.10	1.58	11.37	18.40	8.58	2.23
		8		12.303	9.658	0.314	73.49	136.97	116.60	30.39	2.44	3.08	1.57	12.83	20.61	9.46	2.27
		9		13.725	10.774	0.314	81.11	154.31	128.60	33.61	2.43	3.06	1.56	14.25	22.73	10.29	2.31
		10		15.126	11.874	0.313	88.43	171.74	140.09	36.77	2.42	3.04	1.56	15.64	24.76	11.08	2.35
9	90	6	10	10.637	8.350	0.354	82.77	145.87	131.26	34.28	2.79	3.51	1.80	12.61	20.63	9.95	2.44
		7		12.301	9.656	0.354	94.83	170.30	150.47	39.18	2.78	3.50	1.78	14.54	23.64	11.19	2.48
		8		13.944	10.946	0.353	106.47	194.80	168.97	43.97	2.76	3.48	1.78	16.42	26.55	12.35	2.52
		9		15.566	12.219	0.353	117.72	219.39	186.77	48.66	2.75	3.46	1.77	18.27	29.35	13.46	2.56
		10		17.167	13.476	0.353	128.58	244.07	203.90	53.26	2.74	3.45	1.76	20.07	32.04	14.52	2.59
		12		20.306	15.940	0.352	149.22	293.76	236.21	62.22	2.71	3.41	1.75	23.57	37.12	16.49	2.67
10	100	6	12	11.932	9.366	0.393	114.95	200.07	181.98	47.92	3.10	3.90	2.00	15.68	25.74	12.69	2.67
		7		13.796	10.830	0.393	131.86	233.54	208.97	54.74	3.09	3.89	1.99	18.10	29.55	14.26	2.71
		8		15.638	12.276	0.393	148.24	267.09	235.07	61.41	3.08	3.88	1.98	20.47	33.24	15.75	2.76
		9		17.462	13.708	0.392	164.12	300.73	260.30	67.95	3.07	3.86	1.97	22.79	36.81	17.18	2.80
		10		19.261	15.120	0.392	179.51	334.48	284.68	74.35	3.05	3.84	1.96	25.06	40.26	18.54	2.84
		12		22.800	17.898	0.391	208.90	402.34	330.95	86.84	3.03	3.81	1.95	29.48	46.80	21.08	2.91
		14		26.256	20.611	0.391	236.53	470.75	374.06	99.00	3.00	3.77	1.94	33.73	52.90	23.44	2.99
		16		29.627	23.257	0.390	262.53	539.80	414.16	110.89	2.98	3.74	1.94	37.82	58.57	25.63	3.06

续表

型号	截面尺寸/mm			截面面积/cm²	理论重量/(kg/m)	外表面积/(m²/m)	惯性矩/cm⁴				惯性半径/cm			截面模数/cm³			重心距离/cm
	b	d	r				I_x	I_{x1}	I_{x0}	I_{y0}	i_x	i_{x0}	i_{y0}	W_x	W_{x0}	W_{y0}	Z_0
11	110	7	12	15.196	11.928	0.433	177.16	310.64	280.94	73.38	3.41	4.30	2.20	22.05	36.12	17.51	2.96
		8		17.238	13.535	0.433	199.46	355.20	316.49	82.42	3.40	4.28	2.19	24.95	40.69	19.39	3.01
		10		21.261	16.690	0.432	242.19	444.65	384.39	99.98	3.38	4.25	2.17	30.60	49.42	22.91	3.09
		12		25.200	19.782	0.431	282.55	534.60	448.17	116.93	3.35	4.22	2.15	36.05	57.62	26.15	3.16
		14		29.056	22.809	0.431	320.71	625.16	508.01	133.40	3.32	4.18	2.14	41.31	65.31	29.14	3.24
12.5	125	8	14	19.750	15.504	0.492	297.03	521.01	470.89	123.16	3.88	4.88	2.50	32.52	53.28	25.86	3.37
		10		24.373	19.133	0.491	361.67	651.93	573.89	149.46	3.85	4.85	2.48	39.97	64.93	30.62	3.45
		12		28.912	22.696	0.491	423.16	783.42	671.44	174.88	3.83	4.82	2.46	41.17	75.96	35.03	3.53
		14		33.367	26.193	0.490	481.65	915.61	763.73	199.57	3.80	4.78	2.45	54.16	86.41	39.13	3.61
		16		37.739	29.625	0.489	537.31	1048.62	850.98	223.65	3.77	4.75	2.43	60.93	96.28	42.96	3.68
14	140	10		27.373	21.488	0.551	514.65	915.11	817.27	212.04	4.34	5.46	2.78	50.58	82.56	39.20	3.82
		12		32.512	25.522	0.551	603.68	1099.28	958.79	248.57	4.31	5.43	2.76	59.80	96.85	45.02	3.90
		14		37.567	29.490	0.550	688.81	1284.22	1093.56	284.06	4.28	5.40	2.75	68.75	110.47	50.45	3.98
		16		42.539	33.393	0.549	770.24	1470.07	1221.81	318.67	4.26	5.36	2.74	77.46	123.42	55.55	4.06
15	150	8		23.750	18.644	0.592	521.37	899.55	827.49	215.25	4.69	5.90	3.01	47.36	78.02	38.14	3.99
		10		29.373	23.068	0.591	637.50	1125.09	1012.79	262.21	4.66	5.87	2.99	58.35	95.49	45.51	4.08
		12		34.912	27.406	0.591	748.85	1351.26	1189.97	307.73	4.63	5.84	2.97	69.04	112.19	52.38	4.15
		14		40.367	31.688	0.590	855.64	1578.25	1359.30	351.98	4.60	5.80	2.95	79.45	128.16	58.83	4.23
		15		43.063	33.804	0.590	907.39	1692.10	1441.09	373.69	4.59	5.78	2.95	84.56	135.87	61.90	4.27
		16		45.739	35.905	0.589	958.08	1806.21	1521.02	395.14	4.58	5.77	2.94	89.59	143.40	64.89	4.31
16	160	10	16	31.502	24.729	0.630	779.53	1365.33	1237.30	321.76	4.98	6.27	3.20	66.70	109.36	52.76	4.31
		12		37.441	29.391	0.630	916.58	1639.57	1455.68	377.49	4.95	6.24	3.18	78.98	128.67	60.74	4.39
		14		43.296	33.987	0.629	1048.36	1914.68	1665.02	431.70	4.92	6.20	3.16	90.95	147.17	68.24	4.47
		16		49.067	38.518	0.629	1175.08	2190.82	1865.57	484.59	4.89	6.17	3.14	102.63	164.89	75.31	4.55
18	180	12		42.241	33.159	0.710	1321.35	2332.80	2100.10	542.61	5.59	7.05	3.58	100.82	165.00	78.41	4.89
		14		48.896	38.383	0.709	1514.48	2723.48	2407.42	621.53	5.56	7.02	3.56	116.25	189.14	88.38	4.97
		16		55.467	43.542	0.709	1700.99	3115.29	2703.37	698.60	5.54	6.98	3.55	131.13	212.40	97.83	5.05
		18		61.055	48.634	0.708	1875.12	3502.43	2988.24	762.01	5.50	6.94	3.51	145.64	234.78	105.14	5.13

续表

型号	截面尺寸/mm			截面面积/cm²	理论重量/(kg/m)	外表面积/(m²/m)	惯性矩/cm⁴				惯性半径/cm			截面模数/cm³			重心距离/cm
	b	d	r				I_x	I_{x1}	I_{x0}	I_{y0}	i_x	i_{x0}	i_{y0}	W_x	W_{x0}	W_{y0}	Z_0
20	200	14	18	54.642	42.894	0.788	2103.55	3734.10	3343.26	863.83	6.20	7.82	3.98	144.70	236.40	111.82	5.46
		16		62.013	48.680	0.788	2366.15	4270.39	3760.89	971.41	6.18	7.79	3.96	163.65	265.93	123.96	5.54
		18		69.301	54.401	0.787	2620.64	4808.13	4164.54	1076.74	6.15	7.75	3.94	182.22	294.48	135.52	5.62
		20		76.505	60.056	0.787	2867.30	5347.51	4554.55	1180.04	6.12	7.72	3.93	200.42	322.06	146.55	5.69
		24		90.661	71.168	0.785	3338.25	6457.16	5294.97	1381.53	6.07	7.64	3.90	236.17	374.41	166.65	5.87
22	220	16	21	68.664	53.901	0.866	3187.36	5681.62	5063.73	1310.99	6.81	8.59	4.37	199.55	325.51	153.81	6.03
		18		76.752	60.250	0.866	3534.30	6395.93	5615.32	1453.27	6.79	8.55	4.35	222.37	360.97	168.29	6.11
		20		84.756	66.533	0.865	3871.49	7112.04	6150.08	1592.90	6.76	8.52	4.34	244.77	395.34	182.16	6.18
		22		92.676	72.751	0.865	4199.23	7830.19	6668.37	1730.10	6.73	8.48	4.32	266.78	428.66	195.45	6.26
		24		100.512	78.902	0.864	4517.83	8550.57	7170.55	1865.11	6.70	8.45	4.31	288.39	460.94	208.21	6.33
		26		108.264	84.987	0.864	4827.58	9273.39	7656.98	1998.17	6.68	8.41	4.30	309.62	492.21	220.49	6.41
25	250	18	24	87.842	68.956	0.985	5268.22	9379.11	8369.04	2167.41	7.74	9.76	4.97	290.12	473.42	224.03	6.84
		20		97.015	76.180	0.984	5779.34	10426.97	9181.94	2376.74	7.72	9.73	4.95	319.66	519.41	242.85	6.92
		24		115.201	90.433	0.983	6763.93	12529.74	10742.67	2785.19	7.66	9.66	4.92	377.34	607.70	278.38	7.07
		26		124.154	97.461	0.982	7238.08	13585.18	11491.33	2984.84	7.63	9.62	4.90	405.50	650.05	295.19	7.15
		28		133.022	104.422	0.982	7700.60	14643.62	12219.38	3181.81	7.61	9.58	4.89	433.22	691.23	311.42	7.22
		30		441.807	111.318	0.981	8151.80	15705.30	12927.26	3376.34	7.58	9.55	4.83	460.81	731.28	327.12	7.30
		32		150.508	118.149	0.981	8592.01	16770.41	13615.32	3568.71	7.56	9.51	4.87	487.30	770.20	342.33	7.37
		35		163.402	128.271	0.930	9232.44	18374.95	14611.16	3853.72	7.52	9.46	4.86	526.97	826.53	364.30	7.48

注 截面图中的 $r_1=1/3d$ 及表中 r 的数据用于孔型设计，不做交货条件。

4. 不等边角钢

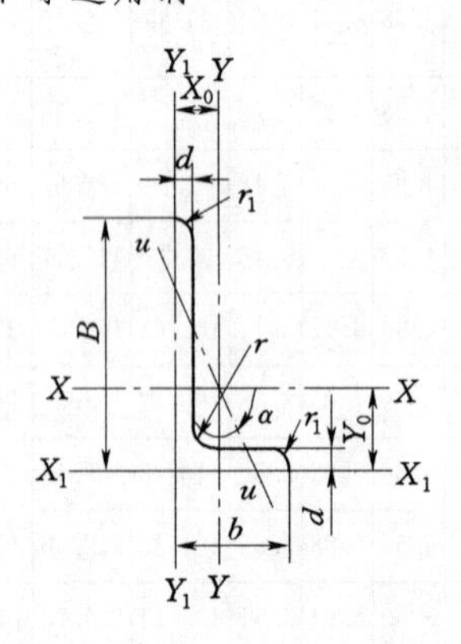

B—长边宽度；
b—短边宽度；
d—边厚度；
r—内圆弧半径；
r_1—边端圆弧半径；
X_0—重心距离；
Y_0—重心距离

不等边角钢截面尺寸、截面面积、理论重量及截面特性

型号	截面尺寸 /mm				截面面积 /cm²	理论重量 /(kg/m)	外表面积 /(m²/m)	惯性矩 /cm⁴					惯性半径 /cm			截面模数 /cm³			tanα	重心距离 /cm	
	B	b	d	r				I_x	I_{x1}	I_y	I_{y1}	I_u	i_x	i_y	i_u	W_x	W_y	W_u		X_0	Y_0
2.5/1.6	25	16	3	3.5	1.162	0.912	0.080	0.70	1.56	0.22	0.43	0.14	0.78	0.44	0.34	0.43	0.19	0.16	0.392	0.42	0.86
			4		1.499	1.176	0.079	0.88	2.09	0.27	0.59	0.17	0.77	0.43	0.34	0.55	0.24	0.20	0.381	0.46	1.86
3.2/2	32	20	3		1.492	1.171	0.102	1.53	3.27	0.46	0.82	0.28	1.01	0.55	0.43	0.72	0.30	0.25	0.382	0.49	0.90
			4		1.939	1.522	0.101	1.93	4.37	0.57	1.12	0.35	1.00	0.54	0.42	0.93	0.39	0.32	0.374	0.53	1.08
4/2.5	40	25	3	4	1.890	1.484	0.127	3.08	5.39	0.93	1.59	0.56	1.28	0.70	0.54	1.15	0.49	0.40	0.385	0.59	1.12
			4		2.467	1.936	0.127	3.93	8.53	1.18	2.14	0.71	1.36	0.69	0.54	1.49	0.63	0.52	0.381	0.63	1.32
4.5/2.8	45	28	3	5	2.149	1.687	0.143	445	9.10	1.34	2.23	0.80	1.44	0.79	0.61	1.47	0.62	0.51	0.383	0.64	1.37
			4		2.806	2.203	0.143	5.69	12.13	1.70	3.00	1.02	1.42	0.78	0.60	1.91	0.80	0.66	0.380	0.68	1.47
5/3.2	50	32	3	5.5	2.431	1.908	0.161	6.24	12.49	2.02	3.31	1.20	1.60	0.91	0.70	1.84	0.82	0.68	0.404	0.73	1.51
			4		3.177	2.494	0.160	8.02	16.65	2.58	4.45	1.53	1.59	0.90	0.69	2.39	1.06	0.87	0.402	0.77	1.60
5.6/3.6	56	36	3	6	2.743	2.153	0.181	8.88	17.54	2.92	4.70	1.73	1.80	1.03	0.79	2.32	1.05	0.87	0.408	0.80	1.65
			4		3.590	2.818	0.180	11.45	23.39	3.76	6.33	2.23	1.79	1.02	0.79	3.03	1.37	1.13	0.408	0.85	1.78
			5		4.415	3.466	0.180	13.86	29.25	4.49	7.94	2.67	1.77	1.01	0.78	3.71	1.65	1.36	0.404	0.88	1.82
6.3/4	63	40	4	7	4.058	3.185	0.202	16.49	33.30	5.23	8.63	3.12	2.02	1.14	0.88	3.87	1.70	1.40	0.398	0.92	1.87
			5		4.993	3.920	0.202	20.02	41.63	6.31	10.86	3.76	2.00	1.12	0.87	4.74	2.07	1.71	0.396	0.95	2.04
			6		5.908	4.638	0.201	23.36	49.98	7.29	13.12	4.34	1.96	1.11	0.86	5.59	2.43	1.99	0.393	0.99	2.08
			7		6.802	5.339	0.201	26.53	58.07	8.24	15.47	4.97	1.98	1.10	0.86	6.40	2.78	2.29	0.389	1.03	2.12
7/4.5	70	45	4	7.5	4.547	3.570	0.226	23.17	45.92	7.55	12.26	4.40	2.26	1.29	0.98	4.86	2.17	1.77	0.410	1.02	2.15
			5		5.609	4.403	0.225	27.95	57.10	9.13	15.39	5.40	2.23	1.28	0.98	5.92	2.65	2.19	0.407	1.06	2.24
			6		6.647	5.218	0.225	32.54	68.35	10.62	18.58	6.35	2.21	1.26	0.98	6.95	3.12	2.59	0.404	1.09	2.28
			7		7.657	6.011	0.225	37.22	79.99	12.01	21.84	7.16	2.20	1.25	0.97	8.03	3.57	2.94	0.402	1.13	2.32
7.5/5	75	50	5	8	6.125	4.808	0.245	34.86	70.00	12.61	21.04	7.41	2.39	1.44	1.10	6.83	3.30	2.74	0.435	1.17	2.36
			6		7.260	5.699	0.245	41.12	84.30	14.70	25.37	8.54	2.38	1.42	1.08	8.12	3.88	3.19	0.435	1.21	2.40
			8		9.467	7.431	0.244	52.39	112.50	18.53	34.23	10.87	2.35	1.40	1.07	10.52	4.99	4.10	0.429	1.29	2.44
			10		11.590	9.098	0.244	62.71	140.80	21.96	43.43	13.10	2.33	1.38	1.06	12.79	6.04	4.99	0.423	1.36	2.52

续表

型号	截面尺寸/mm				截面面积/cm^2	理论重量/(kg/m)	外表面积/(m^2/m)	惯性矩/cm^4					惯性半径/cm			截面模数/cm^3			tanα	重心距离/cm	
	B	b	d	r				I_x	I_{x1}	I_y	I_{y1}	I_u	i_x	i_y	i_u	W_x	W_y	W_u		X_0	Y_0
8/5	80	50	5	8	6.375	5.005	0.255	41.96	85.21	12.82	21.06	7.66	2.56	1.42	1.10	7.78	3.32	2.74	0.388	1.14	2.60
			6		7.560	5.935	0.255	49.49	102.53	14.95	25.41	8.85	2.56	1.41	1.08	9.25	3.91	3.20	0.387	1.18	2.65
			7		8.724	6.848	0.255	56.16	119.33	46.95	29.82	10.18	2.54	1.39	1.08	10.58	4.48	3.70	0.384	1.21	2.69
			8		9.867	7.745	0.254	62.83	135.41	18.85	34.32	11.38	2.52	1.38	1.07	11.92	5.03	4.16	0.381	1.25	2.73
9/5.6	90	56	5	9	7.212	5.661	0.287	60.45	121.32	18.32	29.53	10.98	2.90	1.59	1.23	9.92	4.21	3.49	0.385	1.25	2.91
			6		8.557	6.717	0.286	71.03	145.59	21.42	35.58	12.90	2.88	1.58	1.23	11.74	4.96	4.13	0.384	1.29	2.95
			7		9.880	7.756	0.286	81.01	169.60	24.36	41.71	14.67	2.86	1.57	1.22	13.49	5.70	4.72	0.382	1.33	3.00
			8		11.183	8.779	0.286	91.03	194.17	27.15	47.93	16.34	2.85	1.56	1.21	15.27	6.41	5.29	0.380	1.36	3.04
10/6.3	100	63	6	10	9.617	7.550	0.320	99.06	199.71	30.94	50.50	18.42	3.21	1.79	1.38	14.64	6.35	5.25	0.394	1.43	3.24
			7		11.111	8.722	0.320	113.45	233.00	35.26	59.14	21.00	3.20	1.78	1.38	16.88	7.29	6.02	0.394	1.47	3.28
			8		12.534	9.878	0.319	127.37	266.32	39.39	67.88	23.50	3.18	1.77	1.37	19.08	8.21	6.78	0.391	1.50	3.32
			10		15.467	12.142	0.319	153.81	353.06	47.12	85.73	28.33	3.15	1.74	1.35	23.32	9.98	8.24	0.387	1.58	3.40
10/8	100	80	6		10.637	8.350	0.354	107.04	199.83	51.24	102.58	31.65	3.17	2.40	1.72	15.19	10.16	8.37	0.627	1.97	2.95
			7		12.301	9.656	0.354	122.73	233.20	70.08	119.98	36.17	3.16	2.39	1.72	17.52	11.71	9.60	0.626	2.01	3.0
			8		13.944	10.946	0.353	137.92	266.61	78.58	137.37	40.58	3.14	2.37	1.71	19.81	13.21	10.80	0.625	2.05	3.04
			10		17.167	13.476	0.353	166.87	333.63	94.55	172.48	49.10	3.12	2.35	1.69	24.24	16.12	13.12	0.622	2.13	3.12
11/7	110	70	6	10	10.637	8.350	0.354	133.37	265.78	42.92	69.08	25.36	3.54	2.01	1.54	17.85	7.90	6.53	0.403	1.57	3.53
			7		12.301	9.656	0.354	153.00	310.07	49.01	80.82	28.95	3.53	2.00	1.53	20.60	9.09	7.50	0.402	1.61	3.57
			8		13.944	10.946	0.353	172.04	354.39	54.87	92.70	32.45	3.51	1.98	1.53	23.30	10.25	8.45	0.401	1.65	3.62
			10		17.167	13.476	0.353	208.39	443.13	65.88	116.83	39.20	3.48	1.96	1.51	28.54	12.48	10.29	0.397	1.72	3.70
12.5/8	125	80	7	11	14.096	11.066	0.403	227.98	454.99	74.42	120.32	43.81	4.02	2.30	1.76	26.86	12.01	9.92	0.408	1.80	4.01
			8		15.989	12.551	0.403	256.77	519.99	83.49	137.85	49.15	4.01	2.28	1.75	30.41	13.56	11.18	0.407	1.84	4.06
			10		19.712	15.474	0.402	312.04	650.09	100.67	173.40	59.45	3.98	2.26	1.74	37.33	16.56	13.64	0.404	1.92	4.14
			12		23.351	18.330	0.402	364.41	780.39	116.67	209.67	69.35	3.95	2.24	1.72	44.01	19.43	16.01	0.400	2.00	4.22

续表

型号	截面尺寸/mm				截面面积/cm²	理论重量/(kg/m)	外表面积/(m²/m)	惯性矩/cm⁴					惯性半径/cm			截面模数/cm³			tanα	重心距离/cm	
	B	b	d	r				I_x	I_{x1}	I_y	I_{y1}	I_u	i_x	i_y	i_u	W_x	W_y	W_u		X_0	Y_0
14/9	140	90	8	12	18.038	14.160	0.453	365.64	730.53	120.69	195.79	70.83	4.50	2.59	1.98	38.48	17.34	14.31	0.411	2.04	4.50
			10		22.261	17.475	0.452	445.50	913.20	140.03	245.92	85.82	4.47	2.56	1.96	47.31	21.22	17.48	0.409	2.12	4.58
			12		26.400	20.724	0.451	521.59	1096.09	169.79	296.89	100.21	4.44	2.54	1.95	55.87	24.95	20.54	0.406	2.19	4.66
			14		30.456	23.908	0.451	594.10	1279.26	192.10	348.82	114.13	4.42	2.51	1.94	64.18	28.54	23.52	0.403	2.27	4.74
15/9	150	90	8		18.839	14.788	0.473	442.05	898.35	122.80	195.96	74.14	4.84	2.55	1.98	43.86	17.47	14.48	0.364	1.97	4.92
			10		23.261	18.260	0.472	539.24	1122.85	148.62	246.26	89.86	4.81	2.53	1.97	53.97	21.38	17.69	0.362	2.05	5.01
			12		27.600	21.666	0.471	632.08	1347.50	172.85	297.46	104.95	4.79	2.50	1.95	63.79	25.14	20.80	0.359	2.12	5.09
			14		31.856	25.007	0.471	720.77	1572.38	195.62	349.74	119.53	4.76	2.48	1.94	73.33	28.77	23.84	0.356	2.20	5.17
			15		33.952	26.652	0.471	763.62	1684.93	206.50	376.33	126.67	4.74	2.47	1.93	77.99	30.53	25.33	0.354	2.24	5.21
			16		36.027	28.281	0.470	805.51	1797.55	217.07	403.24	133.72	4.73	2.45	1.93	82.60	32.27	26.82	0.352	2.27	5.25
16/10	160	100	10	13	25.315	19.872	0.512	668.69	1362.89	205.03	336.59	121.74	5.14	2.85	2.19	62.13	26.56	21.92	0.390	2.28	5.24
			12		30.054	23.592	0.511	784.91	1635.56	239.06	405.94	142.33	5.11	2.82	2.17	73.49	31.28	25.79	0.388	2.36	5.32
			14		34.709	27.247	0.510	896.30	1908.50	271.20	476.42	162.23	5.08	2.80	2.16	84.56	35.83	29.56	0.385	0.43	5.40
			16		29.281	30.835	0.510	1003.04	2181.79	301.60	548.22	182.57	5.05	2.77	2.16	95.33	40.24	33.44	0.382	2.51	5.48
18/11	180	110	10	14	28.373	22.273	0.571	956.25	1940.40	278.11	447.22	166.50	5.80	3.13	2.42	78.96	32.49	26.88	0.376	2.44	5.89
			12		33.712	26.440	0.571	1124.72	2328.38	325.03	538.94	194.87	5.78	3.10	2.40	93.53	38.32	31.66	0.374	2.52	5.98
			14		38.967	30.589	0.570	1286.91	2716.60	369.55	631.95	222.30	5.75	3.08	2.39	107.76	43.97	36.32	0.372	2.59	6.06
			16		44.139	34.649	0.569	1443.06	3105.15	411.85	726.46	248.94	5.72	3.06	2.38	121.64	49.44	40.87	0.369	2.67	6.14
20/12.5	200	125	12		37.912	29.761	0.641	1570.90	3193.85	483.16	787.74	285.79	6.44	3.57	2.74	116.73	49.99	41.23	0.392	2.83	6.54
			14		43.687	34.436	0.640	1800.97	3726.17	550.83	922.47	326.58	6.41	3.54	2.73	134.65	57.44	47.34	0.390	2.91	6.62
			16		49.739	39.045	0.639	2023.35	4258.88	615.44	1058.86	366.21	6.38	3.52	2.71	152.18	64.89	53.32	0.388	2.99	6.70
			18		55.526	43.588	0.639	2238.30	4792.00	677.19	1197.13	404.83	6.35	3.49	2.70	169.33	71.74	59.18	0.385	3.06	6.78

注　截面图中的 $r_1=1/3d$ 及表中 r 的数据用于孔型设计，不做交货条件。

5. L 型钢

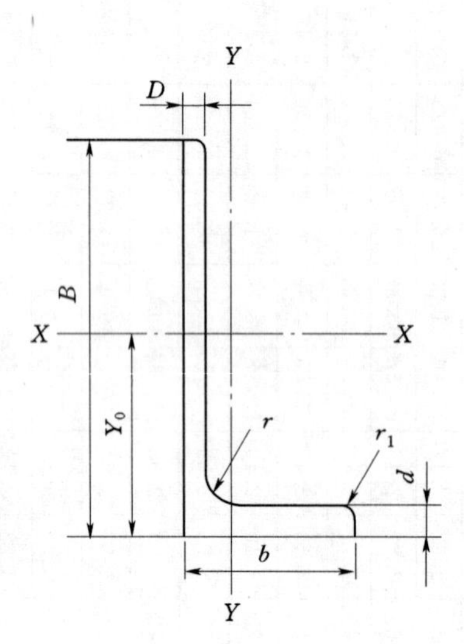

B—长边宽度；
b—短边宽度；
D—长边厚度；
d—短边厚度；
r—内圆弧半径；
r_1—边端圆弧半径；
Y_0—重心距离

L 型钢截面尺寸、截面面积、理论重量及截面特性

<table>
<tr><th rowspan="2">型　　号</th><th colspan="6">截面尺寸/mm</th><th rowspan="2">截面面积
/cm²</th><th rowspan="2">理论重量
/(kg/m)</th><th rowspan="2">惯性矩 I_x
/cm⁴</th><th rowspan="2">重心距离 Y_0
/cm</th></tr>
<tr><th>B</th><th>b</th><th>D</th><th>d</th><th>r</th><th>r_1</th></tr>
<tr><td>L250×90×9×13</td><td rowspan="3">250</td><td rowspan="3">90</td><td>9</td><td>13</td><td rowspan="5">15</td><td rowspan="5">7.5</td><td>33.4</td><td>26.2</td><td>2190</td><td>8.64</td></tr>
<tr><td>L250×90×10.5×15</td><td>10.5</td><td>15</td><td>38.5</td><td>30.3</td><td>2510</td><td>8.76</td></tr>
<tr><td>L250×90×11.5×16</td><td>11.5</td><td>16</td><td>41.7</td><td>32.7</td><td>2710</td><td>8.90</td></tr>
<tr><td>L300×100×10.5×15</td><td rowspan="2">300</td><td rowspan="2">100</td><td>10.5</td><td>15</td><td>45.3</td><td>35.6</td><td>4290</td><td>10.6</td></tr>
<tr><td>L300×100×11.5×16</td><td>11.5</td><td>16</td><td>49.0</td><td>38.5</td><td>4630</td><td>10.7</td></tr>
<tr><td>L350×120×10.5×16</td><td rowspan="2">350</td><td rowspan="2">120</td><td>10.5</td><td>16</td><td rowspan="6">20</td><td rowspan="6">10</td><td>54.9</td><td>43.1</td><td>7110</td><td>12.0</td></tr>
<tr><td>L350×120×11.5×18</td><td>11.5</td><td>18</td><td>60.4</td><td>47.4</td><td>7780</td><td>12.0</td></tr>
<tr><td>L400×120×11.5×23</td><td>400</td><td>120</td><td>11.5</td><td>23</td><td>71.6</td><td>56.2</td><td>11900</td><td>13.3</td></tr>
<tr><td>L450×120×11.5×25</td><td>450</td><td>120</td><td>11.5</td><td>25</td><td>79.5</td><td>62.4</td><td>16800</td><td>15.1</td></tr>
<tr><td>L500×120×12.5×33</td><td rowspan="2">500</td><td rowspan="2">120</td><td>12.5</td><td>33</td><td>98.6</td><td>77.4</td><td>25500</td><td>16.5</td></tr>
<tr><td>L500×120×13.5×35</td><td>13.5</td><td>35</td><td>105.0</td><td>82.8</td><td>27100</td><td>16.6</td></tr>
</table>

习 题 答 案

第2章

2.1 $N_1=-20\text{kN}$，$N_2=-10\text{kN}$，$N_3=10\text{kN}$，$\sigma_1=-50\text{MPa}$，$\sigma_2=-25\text{MPa}$，$\sigma_3=25\text{MPa}$

2.2 $\sigma_1=70\text{MPa}$，$\sigma_2=47.8\text{MPa}$

2.3 $\sigma=76.4\text{MPa}$

2.4 $\sigma_1=127\text{MPa}$，$\sigma_2=63.7\text{MPa}$

2.5 （1）$\sigma_{0°}=100\text{MPa}$，$\tau_{0°}=0\text{MPa}$；$\sigma_{30°}=75\text{MPa}$，$\tau_{30°}=43.3\text{MPa}$；$\sigma_{-60°}=25\text{MPa}$，$\tau_{-60°}=-43.3\text{MPa}$

（2）$\sigma_{\max}=100\text{MPa}$，$\alpha=0°$；$\tau_{\max}=50\text{MPa}$，$\alpha=45°$

2.6 $\sigma_{AF}=-\dfrac{4\sqrt{5}P}{3S}$，$\sigma_{AB}=-\dfrac{8P}{3S}$

2.7 （1）$\sigma=\dfrac{pr}{\delta}$

（2）$\Delta r=\dfrac{pr^2}{E\delta}$

2.8 $d_{AB}=d_{BC}=d_{BD}\geqslant 17.2\text{mm}$

2.9 $\sigma_1=100\text{MPa}$，$\sigma_2=-100\text{MPa}$，$\sigma_3=200\text{MPa}$，强度不够。若材料超过［σ］后仍保持线性，$\Delta l=1\text{mm}$

2.10 $E=205\text{GPa}$，$\mu=0.317$

2.11 $P=20\text{kN}$

2.12 $P=8.66\text{kN}$

2.13 $\sigma=123\text{MPa}$，不超过［σ］5%，仍可使用

2.14 $x=\dfrac{l l_1 E_2 A_2}{l_1 E_2 A_2+l_2 E_1 A_1}$

2.15 $\delta_A=0.249\text{mm}$

2.16 $\delta_{AC}=0.683\times10^{-3}a$

2.17 $F_1=13.9\text{kN}$，$F_2=4.2\text{kN}$

2.18 $\sigma_1=16.2\text{MPa}$，$\sigma_2=45.9\text{MPa}$

2.19 $\sigma_{上}=-66.7\text{MPa}$，$\sigma_{下}=-33.3\text{MPa}$

2.20 $F_{N1}=F_{N2}=\dfrac{\delta E_1 A_1 E_3 A_3\cos^2\alpha}{2E_1 A_1\cos^3\alpha+E_3 A_3}\cdot\dfrac{1}{l}$

2.21 钢筋：$N_1=60\text{kN}$；混凝土：$N_2=240\text{kN}$

2.22 $d=14\text{mm}$

2.23 $\tau=52.6\text{MPa}$，$\sigma_{jy}=90.9\text{MPa}$，$\sigma=166.7\text{MPa}$

2.24 $P=60\text{kN}$，$d=37.5\text{mm}$，$a=60\text{mm}$，$b=115\text{mm}$

2.25 $P=822\text{kN}$

2.26 $M=145\text{N}\cdot\text{m}$

2.27 $\tau=0.952\text{MPa}$，$\sigma_{jy}=7.41\text{MPa}$

2.28 $D=18.6\text{mm}$，$h=5\text{mm}$

第3章

3.1 （略）

3.2 $\tau_\rho=35\text{MPa}$，$\tau_{max}=87.6\text{MPa}$

3.3 $d=111\text{mm}$

3.4 $\tau_{max}=48.8\text{MPa}$，$\varphi_{max}=1.22°$

3.5 （1）AC：$M_n=200\text{N}\cdot\text{m}$；$CD$：$M_n=400\text{N}\cdot\text{m}$；$DB$：$M_n=1000\text{N}\cdot\text{m}$

（2）$\tau_{max}=1.99\text{MPa}$；$\tau_{max}=3.98\text{MPa}$；$\tau_{max}=9.95\text{MPa}$；$\varphi=0.505°$

（3）能减少

3.6 $\tau_{max}=19.2\text{MPa}<[\tau]$，安全

3.7 $\tau_{max}=17.9\text{MPa}<[\tau]$，$\tau_{Hmax}=17.5\text{MPa}$，$\tau_{Cmax}=16.6\text{MPa}<[\tau]$，安全

3.8 $M_{n铝}/M_{n钢}=1.06$

3.9 $d=26.9\text{mm}$

3.10 （略）

3.11 $d=45\text{mm}$，$d_1=23\text{mm}$，$d_2=46\text{mm}$

3.12 （1）$\tau_A=20.4\text{MPa}$，$\gamma_A=0.248\times10^{-3}$

（2）$\tau_{max}=40.7\text{MPa}$，$\theta=1.14°/\text{m}$

3.13 $s\leqslant39.5\text{mm}$

3.14 $\varphi_B=\dfrac{\overline{m}l^2}{2GI_p}$

3.15 $\gamma=0.001\text{rad}$，$\tau=80\text{MPa}$，$m=125.6\text{N}\cdot\text{m}$

3.16 $m_A=m_B=M/3$；$d=83\text{mm}$

3.17 （1）$\tau_{max}=33.1\text{MPa}$

（2）$n=6.5$

3.18 $\tau_{max}=551\text{MPa}$，$\lambda=1.34\text{cm}$

3.19 $\dfrac{\tau_{1max}}{\tau_{2max}}=\dfrac{3d}{2t}$，$\dfrac{\varphi_1}{\varphi_2}=\dfrac{3d^2}{4t^2}$

第4章

4.1 （a）$Q_1=2qa$，$M_1=-\dfrac{3}{2}qa^2$；$Q_2=2qa$，$M_2=-\dfrac{1}{2}qa^2$

（b）$Q_1=-100\text{N}$，$M_1=-20\text{N}\cdot\text{m}$；$Q_2=-100\text{N}$，$M_2=-40\text{N}\cdot\text{m}$；

$Q_3=200\text{N}$，$M_3=-40\text{N}\cdot\text{m}$

（c）$Q_1=1.33\text{kN}$，$M_1=267\text{N}\cdot\text{m}$；$Q_2=-0.667\text{kN}$，$M_2=333\text{N}\cdot\text{m}$

（d）$Q_1=-qa$，$M_1=-\frac{1}{2}qa^2$；$Q_2=-\frac{3}{2}qa$，$M_2=-2qa^2$

（e）$Q_1=-qa$，$M_1=-2qa^2$；$Q_2=2qa$，$M_2=-2qa^2$；$Q_3=2qa$，$M_3=0$

（f）$Q_1=-\frac{1}{2}q_0a$，$M_1=-\frac{1}{6}q_0a^2$；$Q_2=\frac{1}{12}q_0a$，$M_2=-\frac{1}{6}q_0a^2$

4.2 （a）$Q_{max}=\frac{3}{2}qa$，A 截面右侧

$M_{max}=qa^2$，C 截面左侧

（b）$Q_{max}=\frac{3}{2}qa$，A 截面右侧

$M_{max}=qa^2$，C 截面

（c）$Q_{max}=1\text{kN}$，位于 C 截面左侧或 E 截面左侧

$M_{max}=\frac{1}{2}\text{kN}\cdot\text{m}$，位于 C、E 截面

（d）$Q_{max}=qa$，AC 段

$M_{max}=\frac{9}{8}qa^2$，在 CD 截面中间的 $x=\frac{3}{2}a$

（e）$Q_{max}=qa$，在 B 截面左侧

$M_{max}=\frac{3}{4}qa^2$，在 C 截面右侧

（f）$Q_{max}=\frac{3}{2}qa$，在 AB 段

$M_{max}=\frac{1}{2}qa^2$，在 B、C 截面

4.3 （略）

4.4 （a）$|Q_{max}|=4\text{kN}$，$|M_{max}|=4\text{kN}\cdot\text{m}$

（b）$|Q_{max}|=75\text{kN}$，$|M_{max}|=200\text{kN}\cdot\text{m}$

4.5 （略）

4.6 （a）$|M_{max}|=4.5qa^2$

（b）$|M_{max}|=\frac{1}{2}qa^2$

（c）$|M_{max}|=7\text{kN}\cdot\text{m}$

（d）$|M_{max}|=2\text{Pa}$

4.7 $\sigma_{max}=100\text{MPa}$

4.8 $\sigma_1=159\text{MPa}$，$\sigma_2=93.67\text{MPa}$，41.1%

4.9 $\sigma=63.4\text{MPa}$

4.10 $h\geqslant 416\text{mm}$，$b\geqslant 277\text{mm}$

4.11 $P\leqslant 56.88\text{kN}$

4.12 $\sigma=200\text{MPa}$

4.13 $\sigma=58.5\text{MPa}$

4.14 矩形 $b=39\text{mm}$，$h=78\text{mm}$，$A=30.4\times10^{-4}\text{m}^2$

工字形 No. 10，$A=14.3\times10^{-4}\text{m}^2$

圆形 $d=73\text{mm}$，$A=42.0\times10^{-4}\text{m}^2$

圆环形 $D=75\text{mm}$，$A=33.1\times10^{-4}\text{m}^2$

4.15 $[q]=15.7\text{kN/m}$

4.16 $q=43.1\text{kN/m}$，$a=\frac{l}{\sqrt{8}}$

4.17 $P=47.4\text{kN}$

4.18 (1) $2.0\text{m}\leqslant x\leqslant2.67\text{m}$

(2) No. 50b

4.19 $[P]=1.8\text{kN}$

4.20 $b=510\text{mm}$

4.21 （略）

4.22 $\sigma_A=-6.04\text{MPa}$，$\sigma_B=12.94\text{MPa}$；$\tau_A=0.38\text{MPa}$，$\tau_B=0$

4.23 No. 27a 工字钢；$\tau_{max}=14.2\text{MPa}<[\tau]$，安全

4.24 $P=3.75\text{kN}$

4.25 $a=1.386\text{m}$

4.26 $y=h(x)=\sqrt{\frac{6P(L-x)}{b\sigma_0}}$

4.27 $[P]=48.3\text{kN}$

4.28 $[q]=13.93\text{kN/m}$

4.29 $x=\frac{L}{4}$，$\sigma_{max}=\frac{0.377PL}{d^3}$

第5章

5.1 (a) $w_c=-\frac{5ql^4}{384EI}$，$\theta_A=-\frac{ql^3}{24EI}$

(b) $w_c=-\frac{Pl^3}{8EI}$，$\theta_A=-\frac{Pl^2}{12EI}$

(c) $w_c=-\frac{29Pl^3}{48EI}$，$\theta_A=-\frac{Pl^2}{8EI}$

(d) $w_c=\frac{2m_0l^2}{81EI}$，$\theta_A=-\frac{2m_0l}{18EI}$

5.2 (a) $w_A=\frac{qa^3}{6EI}(3l-a)$，$\theta_B=-\frac{qa^3}{2EI}$

(b) $w_A=-\frac{5ql^4}{768EI}$，$\theta_B=\frac{7ql^3}{384EI}$

(c) $w_A=-\frac{3ml}{48EI}$，$\theta_B=\frac{ml}{3EI}$

5.3 (a) $|w|_{max}=\frac{Pa}{48EI}(3l^2-16al-16a^2)$；$|\theta|_{max}=\frac{P}{48EI}(24a^2+16al-3l^2)$

(b) $|w|_{max}=\frac{qal^2}{24EI}(5l+6a)$；$|\theta|_{max}=\frac{ql^2}{24EI}(5l+2a)$

(c) $|w|_{max}=\frac{5qa^4}{24EI}$；$|\theta|_{max}=\frac{ql^3}{4EI}$

(d) $|w|_{max}=\frac{qa}{24EI}(3a^3+4a^2l-l^3)$；$|\theta|_{max}=\frac{q}{24EI}(4a^3+4a^2l-l^3)$

5.4 $w=-\frac{P}{3E}\left(\frac{l_1^3}{I_1}+\frac{l_2^3}{I_2}\right)-\frac{Pl_1l_2}{EI_2}(l_1+l_2)$；$\theta=-\frac{Pl_1^2}{2EI_1}-\frac{Pl_2}{EI_2}\left(\frac{l_2}{2}+l_1\right)$

5.5 $\frac{a}{l}=\frac{2}{3}$

5.6 $w_B=\frac{6.75}{EI}$

5.7 $\theta_{max}=\frac{q_0l^3}{10EI}$

5.8 26.3kN

5.9 27a 工字钢

5.10 $d=190$mm

5.11 $w_C=3.53\times10^{-2}$mm，$\theta_C=0.11\times10^{-3}$rad

5.12 $w(x)=\frac{Px^2(l-x)^2}{3EIl}$

5.13 $w_B=8.21$mm(↓)

5.14 梁内最大正应力 $\sigma_{max}=156$MPa；拉杆的正应力 $\sigma_{max}=185$MPa

5.15 $R=82.6$N

第6章

6.1 (a) $\sigma_{60°}=17.5$MPa，$\tau_{60°}=13$MPa

(b) $\sigma_{120°}=20$MPa，$\tau_{120°}=-16.3$MPa

(c) $\sigma_{-120°}=27.3$MPa，$\tau_{-120°}=27.3$MPa

(d) $\sigma_{-30°}=39.6$MPa，$\tau_{-30°}=-1$MPa

6.3 (a) $\sigma_1=10$MPa，$\sigma_2=0$

(b) $\sigma_1=25$MPa，$\sigma_3=-25$MPa，$\varphi=-45°$

(c) $\sigma_1=57$MPa，$\sigma_3=-7$MPa，$\varphi=19.3°$

(d) $\sigma_1=4.7$MPa，$\sigma_3=-84.7$MPa，$\varphi=-13.3°$

(e) $\sigma_1=54.7$MPa，$\sigma_3=-34.7$MPa，$\varphi=13.3°$

(f) $\sigma_1=40$MPa，$\sigma_3=-60$MPa，$\varphi=26.6°$

6.5 (a) $\sigma_1=51$MPa，$\sigma_2=0$，$\sigma_3=-41$MPa，$\tau_{max}=46$MPa

(b) $\sigma_1=50\text{MPa}$，$\sigma_2=50\text{MPa}$，$\sigma_3=-50\text{MPa}$，$\tau_{max}=50\text{MPa}$

(c) $\sigma_1=25\text{MPa}$，$\sigma_2=0$，$\sigma_3=-25\text{MPa}$，$\tau_{max}=25\text{MPa}$

(d) $\sigma_1=130\text{MPa}$，$\sigma_2=30\text{MPa}$，$\sigma_3=-30\text{MPa}$，$\tau_{max}=80\text{MPa}$

6.7 (1) 单向应力状态：A、E 点

二向应力状态：C（纯剪切），B、D 点

(2) $\sigma_x=80\text{MPa}$，$\sigma_y=0$

6.8 $P=39.7\text{kN}$

6.9 $\varepsilon_{30^\circ}=0.311\times10^{-3}$

6.10 $\Delta D=\dfrac{pD^2}{2tE}\left(1-\dfrac{\mu}{2}\right)$

6.11 纵向（力 F 方向）：$\sigma_y=-35\text{MPa}$；横向：$\sigma_x=\sigma_z=-15\text{MPa}$

6.12 $M=10.89\text{kN}$

6.13 $\Delta\theta=6.54\times10^{-10}\text{m}^3$

6.14 $u_f=12.99\text{kN}\cdot\text{m/m}^3$

第7章

7.1 $\sigma_{max}=7.51\text{MPa}$，$f_{max}=1.044\text{mm}$

7.2 $b\geqslant90\text{mm}$，$h\geqslant180\text{mm}$

7.3 1点：$\sigma=32.2\text{MPa}$；2点：$\sigma=-114.4\text{MPa}$；3点：$\sigma=114.4\text{MPa}$；4点：$\sigma=-32.2\text{MPa}$

$f_C=f_{max}=11.6\text{mm}$

7.4 (1) $\sigma_{tmax}=0.272\text{MPa}$，$\sigma_{cmax}=-0.368\text{MPa}$

(2) $h_{max}=1.063\text{m}$

7.5 2[20a

7.6 $\sigma_{max}=16.72\text{MPa}>[\sigma]=8\text{MPa}$，不安全

7.7 $d=320\text{mm}$，$\sigma_{max}=149.33\text{MPa}<[\sigma]$

7.8 $D=450\text{mm}$，$d=405\text{mm}$，$\sigma_{max}=153.2\text{MPa}<[\sigma]$

7.9 $\sigma_{max}=55.7\text{MPa}<[\sigma]=160\text{MPa}$

7.10 $|\sigma_{cmax}|=\left|\dfrac{N}{A}-\dfrac{Mz_1}{I_y}\right|=32.3\text{MPa}<[\sigma_c]$

7.11 $d\geqslant120.4\text{mm}$

7.12 $\sigma_{r3}=86.2\text{MPa}<[\sigma]$，安全

7.13 $\sigma^+_{max}=34.75\text{MPa}$，$\sigma^-_{max}=-50.0\text{MPa}$

7.14 $[F]=55\text{kN}$

7.15 1.55mm；1.34mm

7.16 危险点应力：$\sigma=-98.88\text{MPa}$，$\tau=13.92\text{MPa}$

主应力：$\sigma_1=1.92\text{MPa}$，$\sigma_2=0$，$\sigma_3=-100.8\text{MPa}$，$\tau_{max}=51.37\text{MPa}$

7.17 $d\geqslant51\text{mm}$

7.18 $\sigma_{r3}=89.2\text{MPa}<[\sigma]=100\text{MPa}$

第8章

8.1 $\sigma_{cr}=126\text{MPa}<\sigma_P$，故安全

8.2 $F_{cr1}=2536\text{kN}$，$F_{cr2}=4702\text{kN}$，$F_{cr3}=4023\text{kN}$

8.3 $[F]=770\text{kN}$

8.4 $n=3.27$

8.5 $n=6.48>n_{st}$，安全

8.6 $\theta=\arctan(\cot^2\beta)$

8.7 $n=3.08>n_{st}$

8.8 $F=\dfrac{\sqrt{2}\pi^2EI}{l^2}n=2.41<n_{st}$，不安全

8.9 $\sigma_{max}=\dfrac{P}{A}\left(1+\dfrac{ec}{i^2}\sec\dfrac{l}{2}\sqrt{\dfrac{P}{EI}}\right)=\dfrac{P}{A}\left(1+\dfrac{ec}{i^2}\sec\dfrac{l}{i}\sqrt{\dfrac{P}{4EA}}\right)$

8.10 $F_{crb}=\dfrac{\pi^2EI}{(1.26l)^2}$，$\dfrac{F_{crb}}{F_{cra}}=2.52$

8.11 $d=97\text{mm}$

8.12 梁的安全系数 $n=3.03$，柱的安全系数 $n_{st}=2.028$

第9章

9.1 $\sigma_d=\dfrac{1}{A}\left[P_1+\dfrac{x}{l}(P_1-P_2)\right]$

9.2 $\sigma_{dmax}=\dfrac{\rho\omega^2l^2}{2}$

9.3 $\sigma_{max}=140\text{MPa}$

9.4 $P_d=197.5\text{kN}$

9.5 $\sigma_{d变}=1.414\sigma_{d等}$

9.6 $\sigma_{d,max}=\dfrac{2Ql}{9W}\left(1+\sqrt{1+\dfrac{243EIH}{2Ql^3}}\right)$； $w_{\frac{l}{2}}=\dfrac{23Ql^3}{1296EI}\left(1+\sqrt{1+\dfrac{243EIH}{2Ql^3}}\right)$

9.7 有弹簧时 $H=384\text{mm}$，无弹簧时 $H=9.56\text{mm}$

9.8 $H=24.3\text{mm}$

9.9 $\sigma_{max}=107\text{MPa}$

9.10 $\sigma_{d,max}=\sqrt{\dfrac{5EIQv^2}{glW^2}}$

9.11 $\sigma_{max}=\sigma_{min}=75.5\text{MPa}$；$r=-1$

9.12 按疲劳强度计算：$n_\tau=5.06>n$，安全；按屈服强度计算：$n_\tau=7.37>n$，安全

9.13 最大载荷 $P_{max}=88.3\text{kN}$

9.14 (a) $[M]=409\text{N}\cdot\text{m}$；(b) $[M]=636\text{N}\cdot\text{m}$

9.15 $n_{\sigma\tau}=2.24>n$，安全

第10章

10.1 $V_{\varepsilon}=\dfrac{\pi P^2 R^3}{8EI}$

10.2 $\dfrac{3P^2 d^2 l}{32GI_{p}}+\dfrac{9P^2 l^3}{384EI}$

10.3 $f_{B}=\dfrac{5Fl^3}{384EI}(4l-a)$，$\theta_{B}=\dfrac{Fl^2}{12EI}$

10.4 (a) $f_{C}=\dfrac{Pal^2}{16EI}$；(b) $f_{C}=-\dfrac{5Pl^3}{48EI}$

10.5 (a) $\Delta l=\dfrac{Pl}{EA}$，$\varphi=\dfrac{Tl}{GI_{p}}$ (b) $\varphi=\dfrac{Tl}{GI_{p}}$，$\theta=\dfrac{Ml}{EI}$

10.6 (a) $f_{C}=\dfrac{5ql^4}{384EI}$，$\theta_{B}=\dfrac{ql^3}{24EI}$

(b) $f_{C}=\dfrac{Pl^3}{4EI}$，$\theta_{B}=\dfrac{Pl^2}{4EI}$

(c) $f_{C}=\dfrac{M_{A}l^2}{16EI}$，$\theta_{B}=\dfrac{M_{A}l}{6EI}$

10.7 $\theta_{B相对}=\dfrac{2M_{C}l}{3EI}$，$\delta_{B}=\dfrac{M_{C}l^2}{3EI}$

10.8 (a) $f_{A}=\dfrac{Pl}{EA}(1+2\sqrt{2})$

(b) $f_{A}=\dfrac{Pl}{EA}\left(\dfrac{3}{2}+\sqrt{2}\right)$

10.9 (a) $\delta_{A}=\dfrac{5Pl^3}{6EI}(\rightarrow)$，$f_{A}=\dfrac{11Pl^3}{6EI}(\downarrow)$，$\theta_{C}=\dfrac{3Pl^2}{2EI}(\hookleftarrow)$

(b) $\delta_{A}=\dfrac{2Pl^3}{3EI}(\rightarrow)$，$f_{A}=0$，$\theta_{C}=\dfrac{5Pl^2}{6EI}(\hookleftarrow)$

(c) $\delta_{A}=\dfrac{ql^4}{24EI}(\rightarrow)$，$f_{A}=\dfrac{5ql^4}{384EI}(\downarrow)$，$\theta_{C}=\dfrac{ql^3}{24EI}(\hookleftarrow)$

10.10 (a) $f_{A}=\dfrac{\sqrt{2}MR^2}{2EI}(\downarrow)$，$\theta_{C}=\dfrac{MR\pi}{2EI}(\hookleftarrow)$

(b) $f_{A}=\left(\dfrac{3\pi}{8}-1\right)\dfrac{PR^3}{EI}$，$\theta_{C}=\dfrac{PR^2}{EI}(\pi-2)(\hookleftarrow)$

10.11 $\delta_{D}=21.1\text{mm}$，$\theta_{B}=0.0117\text{rad}$

10.12 $\delta_{C}=\dfrac{Pl}{EA}$，$f_{C}=\dfrac{(1+2\sqrt{2})\ Pl}{EA}$

10.13 $f_{C}=0.60\text{mm}$

10.14 $f_{C}=\dfrac{128Pa^3}{3E\pi d^4}+\dfrac{32Pa^3}{G\pi d^4}$

10.15 $f_{C}=\dfrac{96PR^3}{Gd^4}+\dfrac{64PR^3}{Ed^4}$

附录A

A. 1 (a) $S_y = 0.32bh^2$

(b) $S_y = t^2\left(t + \frac{3}{2}b\right)$

(c) $S_y = \frac{B(H^2 - h^2)}{8} + \frac{bh^2}{8}$

A. 3 (a) $I_y = I_z = 5.58 \times 10^4 \text{mm}^4$，$I_{yz} = 7.75 \times 10^4 \text{mm}^4$

(b) $I_y = I_z = \frac{\pi R^4}{16}$，$I_{yz} = \frac{R^4}{8}$

(c) $I_y = \frac{bh^3}{3}$，$I_z = \frac{hb^3}{3}$，$I_{yz} = -\frac{b^2h^2}{4}$

(d) $I_y = \frac{1}{12}bh^3$，$I_z = \frac{1}{12}hb(3b^2 - 3bc + c^2)$，$I_{yz} = -\frac{bh^2}{24}(3b - 2c)$

A. 4 $z_C = 154\text{mm}$，$I_{y_C} = 5832 \times 10^4 \text{mm}^4$

A. 5 (a) $I_y = 1210 \times 10^4 \text{mm}^4$，$I_{yz} = 0$

(b) $I_y = 1210 \times 10^4 \text{mm}^4$，$I_{yz} = 0$

A. 6 $I_y = \frac{\pi d^4}{64} - \frac{1}{4}td(d - t)^2$

A. 7 $\alpha = -13.5°$，$I_{y0} = 76.1 \times 10^4 \text{mm}^4$，$I_{z0} = 19.9 \times 10^4 \text{mm}^4$

A. 8 $\alpha_0 = 26°25'$，$I_{y0} = 7.04 \times 10^8 \text{mm}^4$，$I_{z0} = 0.541 \times 10^8 \text{mm}^4$

参 考 文 献

[1] 刘鸿文. 材料力学：(Ⅰ)、(Ⅱ) 册 [M]. 4 版. 北京：高等教育出版社，2004.
[2] 孙训方. 材料力学：(Ⅰ)、(Ⅱ) 册 [M]. 5 版. 北京：高等教育出版社，2009.
[3] 天津大学材料力学教研室. 材料力学：上、下册 [M]. 2 版. 北京：高等教育出版社，1994.
[4] 韦德骏. 材料力学 [M]. 北京：机械工业出版社，1995.
[5] 北京科技大学，东北大学. 工程力学 [M]. 北京：高等教育出版社，1997.
[6] 刘浔江. 应用力学 [M]. 长沙：中南工业大学出版社，1998.
[7] 隋允康，宇慧平，杜家政. 材料力学——杆系变形的发现 [M]. 北京：机械工业出版社，2014.
[8] W. A. Nash. 材料力学 [M]. 赵志岗，译. 北京：科学出版社，2002.